# 气体燃料性质及应用

主　编　宋绍富

副主编　黎小辉

中国石化出版社

## 内 容 提 要

本书介绍了甲烷类燃料(天然气、煤层气、生物质沼气)、液化石油气、煤气、氢气及二甲醚的组成、理化性质、燃烧性质、生产技术、应用特点、安全性及污染控制理论;拓展了人们对新型清洁气体燃料相关专业知识的认识,展示了新型气体燃料的技术优势与发展前景,有利于提高气体燃料在未来能源结构中的地位。

本书内容全面,具有浓厚的能源化工特色,可作为高等院校化学工程与工艺、能源化工工程及相关专业本科教材,亦可供以煤、石油、天然气、生物质为原料从事燃气生产、管理等相关工程技术人员参考。

**图书在版编目(CIP)数据**

气体燃料性质及应用／宋绍富主编 . —北京：
中国石化出版社，2019.4
ISBN 978-7-5114-5255-9

Ⅰ . ①气… Ⅱ . ①宋… Ⅲ . ①气体燃料-性质
Ⅳ . ①TQ517.5

中国版本图书馆 CIP 数据核字(2019)第 050897 号

**中国石化出版社出版发行**
地址：北京市朝阳区吉市口路 9 号
邮编：100020 电话：(010)59964500
发行部电话：(010)59964526
http://www.sinopec-press.com
E-mail：press@ sinopec.com
北京富泰印刷有限责任公司印刷
全国各地新华书店经销
＊
710×1000 毫米 16 开本 22.75 印张 452 千字
2019 年 6 月第 1 版 2019 年 6 月第 1 次印刷
定价：69.00 元

# 前　言

　　随着世界经济的快速发展，传统的煤、石油资源供需矛盾不断尖锐，能源安全问题已成为各个国家的战略问题。传统的固体燃料与液体燃料的资源储量日益减少，但燃烧过程中产生的 $SO_x$、$NO_x$、PM 等污染物严重威胁大气质量，近年来以天然气、煤层气、太阳能、风能、核能、生物质能、氢能为代表的各种新型清洁能源异军突起，如何在有效利用现有资源的基础上，拓展天然气、煤层气、生物质沼气、液化石油气及氢气等清洁燃料在能源构成中的份额，实现经济发展和环境保护的双赢已成为当今能源化工发展的重要方向。

　　气体类燃料具有干净、低污染、易燃烧及高热值的特点，顺应了国内外能源结构的变化，已成为重要的民用燃料，惠及了接近45%的人口。除常规管输天然气外，CNG、LNG、SNG 等气源也已深入到人民群众的衣食住行，了解、认识燃气，经济、安全使用燃气已成为燃气生产、管理和使用者的迫切要求。

　　结合气体燃料清洁、低污染、易燃烧、高热值的燃烧特性和甲烷类燃气快速推广的态势，本书以燃烧、安全、通用、清洁为基础，系统介绍了气体燃料的发展、常规天然气和非常规天然气资源、甲烷类燃料(天然气、煤层气、生物质气)、液化气类燃料、煤气类燃料、氢气燃料以及二甲醚燃料的组成、分类、理化性质、燃烧特征、生产及应用技术、燃气的互换性、安全性及污染控制等内容。以不同组成燃料的燃烧为切入点，分析了不同种类气体燃料安全、经济使用的条件及燃气间的互换性、燃具适应性，探讨了生物质气源今后发展的方向，拓展了人们对新型清洁气体燃料知识的了解、认识和应用，适应了气体燃料在未来能源结构中的发展地位，展示了燃气的技术优势与发展前景，满足了社会对燃气发展的需要。

本书可供高等学校化工、能源、油气储运、建筑环境与设备工程等相关专业的教学使用，也可供以煤、石油、天然气、生物质为原料，从事燃气生产、管理等相关工程技术人员参考使用。

本书由西安石油大学宋绍富任主编(编写第2、7、8、10、11章)，黎小辉任副主编(编写第3、4、6、9章)；刘菊荣(编写第1、5章)等参与了编写工作，黄凤林对全书进行了审阅。在本书的编写过程中，赵笑男、冯超、元慧英等做了部分图、表及文字的录入工作，在此表示感谢。

由于编者水平有限，书中难免有不妥之处，希望使用本书的师生和读者批评指正。

# 目 录 Contents

# 参考文献

# 第1章　能源与燃料

## 1.1　概述

追寻人类文明历史的足迹，能源与人类日常生活、生产、工作息息相关，人类时时、处处都在享受能源带来的福祉。能源是人类社会赖以生存、发展的重要基础性资源之一，能源及其相关问题始终是世界各国关注的热点，一个国家能源的拥有量决定着它的经济发展水平。为促进生产力的提高，改善人类的生存、生活质量，加速社会经济、文明进步，人类每天都要大量使用不同形式的能源，如机械能、热能、电能、生物化学能、风能、核能和辐射能等，不同形式能源的存在方式、使用特点固然千差万别，但在一定条件下相互转化，为人类、社会的进步贡献光与热。不同形式能源的转化、使用效率和对环境影响存在明显差异。

为人类提供所需能量的自然资源称为能源。能源是人类赖以生存发展的重要物质基础，是一个国家安全与发展的命脉所在，也是当今国际政治、经济、军事关注的焦点，可持续发展的经济社会离不开稳定、持续、有效的能源保障。

### 1.1.1　能源的分类

能源有多种不同的存在形式，根据不同来源可采取不同的分类方法。地球上的能源大体可分为三类。第一类能源是以太阳辐射能为原始源泉而形成的能源。太阳辐射能可直接利用，但其品位不高，总利用率低，利用方式和途径受限。目前人类利用的能源主要是经过多年积累的太阳能所转化的生物化学能，如煤炭、石油、天然气及植物体等。植物体拥有的化学能是通过光合作用经过几年或几十年而生成的，而煤炭、石油、天然气等是动植物体在特殊地质条件下经过千百万年的演化形成。风能、水力能是地球在太阳能的影响下引发气候变化而产生的动能。第二类能源是地球本身拥有的核能和地热能。核能是地球上某些元素裂变（如铀235、钚239）或聚变（如氘、氚）所释放的能量。原子核所储存的能量巨大，1kg铀235裂变释放的能量相当于2700t优质煤炭燃烧释放的能量；仅用560t氘核聚变产生的能量即可满足全世界一年的能量需求，海洋中的氘储量可供

1

人类使用几十亿年，是人类取之不尽、用之不竭的清洁能源。地热能是地球内部存在的炽热岩浆所储存的能量，如地热水、热岩、火山爆发、地震等。这种能量非常大，其总量相当于地球上全部煤炭能量的 1.7 亿倍，但这种能量的合理利用相当困难，目前除了地热水外，其他形式的地热还没有适当的有价值的应用技术。第三类能源是地球与月亮、太阳等天体相对运动，由于引力作用而形成的海水流动能如潮汐能，目前这种能源的利用基本上还处于研究阶段。

从自然界获取的未经任何改变或转换的能源称为一次能源，如来自地球以外天体的能量，主要是太阳能；地球本身蕴藏的能量、海洋和陆地内储存的燃料（天然气、原油、原煤、油页岩、煤层气、核能）、地球的热能等；地球与天体相互作用产生的能量，如潮汐能等。一次能源经加工或转化为人类所需形态的能源为二次能源，如汽油、柴油、液化气等各种燃料、电力、煤气、蒸汽、焦炭、酒精等。

原煤、原油、天然气等化石燃料，也称为非再生能源或常规能源。太阳能、生物质能、潮汐能、地热、核裂变、核聚变、风力能、水力能、天然气水合物、氢能等则为可再生能源或新能源。按能源使用性质又可分含能体能源（煤炭、石油、石油产品等）和过程能源（太阳能、电能等）。按环境保护的要求，能源可分为清洁能源（又称绿色能源，如太阳能、氢能、风能、潮汐能、天然气等）和非清洁能源。非再生能源会随着人类社会活动而逐渐减少，可再生能源则不会由于人类活动而变化。

## 1.1.2 世界能源消费与构成

人们日常生产、生活消耗的能源即能源消费。人均占有的能源消费量是衡量一个国家或地区经济发展与人类生活水平的主要标志。国民消耗的能源越多，其所在国家的国民生产总值就越大，国民生活水平就越高，所支配的能源多，相对富裕。在工业化、现代化过程中，能源消费的强度与结构从侧面反映国家的发展水平。人类社会发展史伴随着能源发展史，不同的能源消费代表着不同的发展时代。人类的能源消费过程可以分为四个阶段：薪材、煤炭、石油及新能源。

1950 年以前，世界范围内 99%的能源来源于燃料的直接燃烧，随着水电、核电和其他新能源的出现和发展，由燃料直接燃烧提供的能源在可用总能源中所占的比例持续降低，但大多数发展中国家使用的能源，85%以上仍来源于植物、矿物等燃料的直接燃烧所释放的化学能。燃烧是燃料中的可燃组分与氧化组分在一定条件下发生氧化反应并释放热量的过程，燃料通过燃烧将其内部储存的化学能转化为热能。植物体、矿物等燃料的燃烧是人类获得热能的主要手段，热能在人类社会的进步发展史中发挥了极其重要的作用，人类的文明正是伴随着燃烧燃料获得热能的过程逐渐发展。热能一方面直接用于人类的生活、生产，另一方面可以转化为其他形式的能量，如电能、机械能等，促进人类的文明进步。通过燃烧，人类在获得能量的同时也带来了一些负面影响，燃烧会产生 $CO_2$、CO、HC、$NO_x$、$SO_x$、PM 等多种污染物，造成严重的环境污染，甚至引发如火灾、爆炸、可燃与有毒气体泄漏等不安全隐患，世界上 80% 以上人为造成的环境污染直接或间接与燃烧有关。随着燃烧规模的增大，燃烧污染越来越为世人关注。提高燃烧效率，降低燃烧污染是保障人类、社会、环境和谐发展的关键技术。

图 1-1、图 1-2 分别为 1860—2000 年期间世界能源消费及能源结构的变化趋势。由图 1-1 可知，进入 19 世纪中期以来，煤炭、石油与天然气成为能源的主要形式，1960 年以后，核能与氢能也逐渐进入能源消费行列。受世界经济快速发展与人口增长的双重影响，各国对煤炭、石油、天然气资源的需求量不断攀升，导致能源的有效、安全、清洁供应压力日益增大。由图 1-2 可知，进入 20 世纪以后，尤其是第二次世界大战以后，能源消费结构中薪柴等传统生物质能的消费比例大幅降低，石油和天然气的消费量持续增加，石油逐渐取代了煤炭成为最主要的能源，世界经济和工业体系对化石能源的依赖性增强。在化石能源资源日益短缺与环境污染日趋严重的时代背景下，亟须发展低碳经济，改变能源利用方式，大力发展和开发低碳、高效的清洁能源。

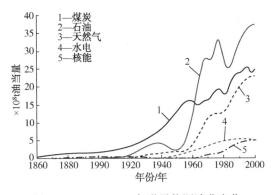

图 1-1　1860~2000 年世界能源消费变化

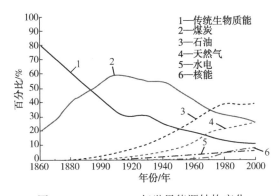

图 1-2　1860~2000 年世界能源结构变化

据统计，1973 年世界一次能源消费量仅为 $57.3 \times 10^8 t$ 油当量，而 2017 年，一次能源消费已达到 $135 \times 10^8 t$ 油当量。在 40 多年内能源消费总量增长了 135%。1977—2017 年的历史数据表明，以煤炭、石油和天然气为代表的化石能源在能源消费中的主体地位仍不可撼动，但其各自所占份额却在不断变化，呈现出石油占比下降、煤炭趋稳、清洁能源快速发展的趋势。其中，石油消费占一次能源比例由 49% 下降至 34%，煤炭消费占比稳定在 26% ~ 28%，天然气消费占比由 18% 提高至 23%，其他能源（如核能、水能、风能、热能、太阳能、生物质能等）占比由 7% 提高至 15%。

表 1-1 为 2001—2017 年世界能源消费情况。由表 1-1 可知，人类进入 21 世纪以后，能源消费总量保持持续增长的同时，不同能源消费结构变化更加明显。煤、石油、天然气等传统能源受资源储量、开采成本与环保压力等多重因素限制，尽管消费总量较大，但增幅有限，消费量年均增速仅为 2%。2009 年以后，全世界可再生能源（生物燃料、风能、太阳能等）消费量以年均 20% ~ 30% 的速率快速增长，替代石油和其他化石燃料的新能源时代即将到来。

表 1-1　2001—2017 年世界能源消费情况　　　　　　$\times 10^6 t$ 油当量

| 年份 | 石油 | 煤 | 天然气 | 水电 | 核能 | 可再生能源 | 合计 |
|------|------|------|--------|------|------|-----------|------|
| 2001 | 3581.3 | 2348.7 | 2216.9 | 585.9 | 600.7 | 54.0 | 9387.5 |
| 2002 | 3615.2 | 2403.1 | 2272.2 | 596.9 | 610.8 | 60.9 | 9559.1 |
| 2004 | 3685.8 | 2595.0 | 2348.4 | 596.5 | 598.5 | 66.4 | 9890.6 |
| 2004 | 3828.1 | 2764.0 | 2420.0 | 633.1 | 625.2 | 75.5 | 10345.9 |
| 2005 | 3877.8 | 2904.0 | 2498.3 | 658.5 | 626.8 | 84.6 | 10650.0 |
| 2006 | 3916.2 | 3039.1 | 2553.9 | 684.3 | 634.9 | 95.0 | 10923.4 |
| 2007 | 4167.8 | 3184.1 | 2543.4 | 696.9 | 621.5 | 107.0 | 11320.7 |
| 2008 | 4148.8 | 3500.6 | 2607.2 | 738.5 | 619.5 | 123.9 | 11738.5 |
| 2009 | 4077.6 | 3447.0 | 2534.6 | 736.5 | 610.5 | 143.7 | 11549.6 |
| 2010 | 4208.9 | 3605.6 | 2730.8 | 777.5 | 626.2 | 170.5 | 12119.5 |
| 2011 | 4252.4 | 3778.9 | 2786.6 | 792.7 | 600.0 | 203.5 | 12414.3 |
| 2012 | 4304.9 | 3794.5 | 2860.8 | 830.7 | 559.5 | 238.7 | 12589.1 |
| 2013 | 4359.3 | 3865.3 | 2899.0 | 859.4 | 563.8 | 282.6 | 12829.4 |
| 2014 | 4394.7 | 3862.2 | 2922.3 | 879.7 | 575.0 | 320.1 | 12954.0 |
| 2015 | 4475.8 | 3765.0 | 2987.3 | 880.5 | 582.8 | 368.8 | 13060.2 |
| 2016 | 4557.3 | 3706.0 | 3073.2 | 913.3 | 591.2 | 417.4 | 13258.4 |
| 2017 | 4621.9 | 3731.5 | 3156.0 | 918.6 | 596.4 | 486.8 | 13511.2 |

注：根据 BP《世界能源统计年鉴》历年数据统计。

2017 年世界主要国家能源消费统计结果如表 1-2 所示。

表 1-2 2017 年世界主要国家能源消费统计　　×10$^6$t 油当量

| 国家 | 石油 | 天然气 | 煤炭 | 核能 | 水电 | 可再生能源 | 合计 |
|---|---|---|---|---|---|---|---|
| 美国 | 913.3 | 635.8 | 332.1 | 191.7 | 67.1 | 94.8 | 2234.8 |
| | (40.87%) | (28.45%) | (14.86%) | (8.58%) | (3.00%) | (4.24%) | |
| 加拿大 | 108.6 | 99.5 | 18.6 | 21.9 | 89.8 | 10.3 | 348.7 |
| | (31.14%) | (28.54%) | (5.33%) | (6.28%) | (25.75%) | (2.96%) | |
| 法国 | 79.7 | 38.5 | 9.1 | 90.1 | 11.1 | 9.4 | 237.9 |
| | (33.50%) | (16.18%) | (3.83%) | (37.87%) | (4.67%) | (3.95%) | |
| 德国 | 119.8 | 77.5 | 71.3 | 17.2 | 4.5 | 44.8 | 335.1 |
| | (35.75%) | (23.13%) | (21.28%) | (5.13%) | (1.34%) | (13.37%) | |
| 意大利 | 60.6 | 62.0 | 9.8 | — | 8.2 | 15.5 | 156.1 |
| | (38.82%) | (39.71%) | (6.28%) | — | (5.25%) | (9.94%) | |
| 英国 | 76.3 | 67.7 | 9.0 | 15.9 | 1.3 | 21.0 | 191.2 |
| | (39.91%) | (35.41%) | (4.71%) | (8.32%) | (0.68%) | (10.97%) | |
| 俄罗斯 | 153.0 | 365.2 | 92.3 | 46.0 | 41.5 | 0.3 | 698.3 |
| | (21.91%) | (52.30%) | (13.22%) | (6.59%) | (5.94%) | (0.04%) | |
| 日本 | 188.3 | 100.7 | 120.5 | 6.6 | 17.9 | 22.4 | 456.4 |
| | (41.26%) | (22.06%) | (26.40%) | (1.45%) | (3.92%) | (4.91%) | |
| 韩国 | 129.3 | 42.4 | 86.3 | 33.6 | 0.7 | 3.6 | 295.9 |
| | (43.70%) | (14.33%) | (29.17%) | (11.36%) | (0.24%) | (1.20%) | |
| 印度 | 222.1 | 46.6 | 424.0 | 8.5 | 30.7 | 21.8 | 753.7 |
| | (29.47%) | (6.18%) | (56.26%) | (1.13%) | (4.07%) | (2.89%) | |
| 中国 | 608.4 | 206.7 | 1892.6 | 56.2 | 261.5 | 106.7 | 3132.1 |
| | (19.42%) | (6.60%) | (60.43%) | (1.79%) | (8.35%) | (3.41%) | |
| 世界合计 | 4621.9 | 3156.0 | 3731.5 | 596.4 | 918.6 | 486.8 | 13511.2 |
| | (34.21%) | (23.36%) | (27.62%) | (4.41%) | (6.80%) | (3.60%) | |

注：根据 BP《世界能源统计年鉴 2017》整理。

由表 1-2 可知，2017 年世界能源结构中，34.21% 为石油，23.36% 为天然气，27.62% 为煤炭，14.81% 为非化石能源，其中 10.40% 为可再生能源，4.41% 为核能。世界能源消费仍集中于煤、石油与天然气这三大常规能源。其中石油及天然气占比较高，煤炭占比进一步萎缩，核能、水电以及其他可再生能源呈现快速发展的趋势。欧盟国家，核能占比 11%，远高于全球 5% 的平均水平，煤炭比例较低，显示了欧盟能源消费的低碳化；美国天然气占比远高于世界平均水平，反映了页岩气革命对美国能源结构的深入影响；OECD（经济合作与发展组织）国家清洁能源消费占比 45%，高于世界 38% 的平均水平，彰显

5

了发达经济体在能源结构变革上的发展方向。与世界平均水平相比，我国能源消费结构严重失衡。2017 年国内能源消费统计结果表明，煤炭占 60.43%，石油占 19.42%，天然气占 6.60%，非化石能源仅占 13.55%。我国能源消费过度依赖煤炭，石油和天然气的支柱作用表现不足，核能发展相对滞后，可再生能源发展态势良好。

美国能源信息署 EIA《国际能源展望 2018》、英国石油公司 (BP)《世界能源展望 2018》、埃克森美孚《2040 年能源展望 (2018 版)》等机构对未来世界能源需求的预测分析结果如图 1-3 与表 1-3 所示：①在能效提升带来世界能源需求增速下降的情况下，能源需求量仍将持续增长。BP 预测未来 25 年世界能源需求增长约 33%，埃克森美孚认为全球能源需求增长 25% 左右。②世界能源结构将持续向低碳能源转型。到 2040 年，世界范围内，除煤炭外其他燃料消费量均呈增加态势 (图 1-3)。从能源结构方面分析，BP 认为煤炭消费总量维持平稳，2040 年煤炭在一次能源中的比例下降至 21%，跌至工业革命以来的最低值。石油消费仍将持续增长，到 2040 年，全球石油的日均消费量将达到 $1.05 \times 10^8$ 桶，比 2016 年增加 11.7%。天然气在 2015 年后超越煤炭，成为世界第二大能源，天然气占一次能源的比例将增至 26.2%。2025 年后随着燃油补贴制度的逐步取消，风能和太阳能相对于其他燃料的竞争力日益增强，将成为可再生能源强劲增长的有力保障。③预计到 2040 年，全球能源消费结构将更加多元化，石油、天然气、煤炭和非化石能源 (可再生资源、核能等) 将各提供世界能源需求的四分之一。

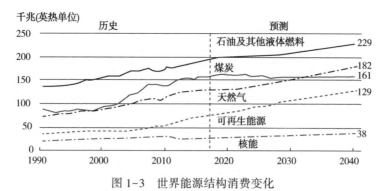

图 1-3  世界能源结构消费变化

表 1-3  2040 年全球一次能源结构预测

| 能源类别 | 国际能源署 (IEA) | 欧佩克 (OPEC) | 美国能源信息署 (EIA) | BP | 埃克森美孚 |
| --- | --- | --- | --- | --- | --- |
| 石油 | 27.50% | 27.10% | 20.7% | 26.90% | 30.9% |
| 天然气 | 24.80% | 25.10% | 25.0% | 26.20% | 25.7% |
| 煤炭 | 22.30% | 23.20% | 21.8% | 20.90% | 20.3% |
| 可再生能源 | 19.70% | 18.20% | 17.4% | 21.00% | 16.3% |
| 核能 | 5.70% | 6.40% | 5.1% | 5.10% | 6.8% |

目前到 21 世纪中叶，世界经济和工业体系对化石能源仍具有很强的依赖性。然而地球上的化石燃料资源有限，随着大规模的开发利用，此类资源可利用量迅速减少，尤其是天然气、石油等优质能源及易于开采的陆地能源。BP 公司 2013 年世界能源年度统计报告显示，截至 2013 年，全球煤炭、石油、天然气剩余探明可采储量分别为 $8915 \times 10^8$ t、$2382 \times 10^8$ t 和 $186 \times 10^{12}$ $m^3$，折合标准煤共计 $1.2 \times 10^{12}$ t。按照目前世界平均开采强度，全球煤炭、石油和天然气分别可开采 113 年、53 年和 55 年。尽管矿物燃料资源的储量不断被探明，但总资源量锐减的趋势不可避免，开发新能源与合理利用现有的化石燃料能源是保障社会、经济持续发展的根本。

## 1.1.3 我国能源消费与构成

（1）我国能源生产和消费状况

随着我国工业化进程的推进，我国已逐渐成为世界能源消费大国，对能源需求不断提高。过去 10 年，我国能源需求增长迅猛，能源消费增长了 54.6%，2017 年能源消费 $31.22 \times 10^8$ t 油当量，占全球能源消费总量的 23.2%。我国近年能源消费增长略有放缓，但 2017 年仍然贡献了全球增长量的 34%，是全世界最大的能源消费国。与此同时，中国资源禀赋相对较差。石油、天然气等优质能源短缺，对外依存度高；煤炭资源丰富，探明储量排名世界第 2 位；铀矿资源潜力巨大，但勘探程度较低，供给不足；可再生能源储量充沛，但开发程度不高。

表 1-4 为 2000—2017 年我国能源生产总量及构成情况，表 1-5 为 2000—2017 年我国能源消费总量及构成。

表 1-4 2000—2017 年我国能源生产总量及构成

| 年份 | 能源生产总量（折合×10⁴ t 标准煤） | 煤炭/% | 原油/% | 天然气/% | 水电、核电、风电/% |
|------|------|------|------|------|------|
| 2000 | 138570 | 72.90 | 16.80 | 2.60 | 7.70 |
| 2001 | 147425 | 72.60 | 15.90 | 2.70 | 8.80 |
| 2002 | 156277 | 73.10 | 15.30 | 2.80 | 8.80 |
| 2003 | 178299 | 75.70 | 13.60 | 2.60 | 8.10 |
| 2004 | 206108 | 76.70 | 12.20 | 2.70 | 8.40 |
| 2005 | 229037 | 77.40 | 11.30 | 2.90 | 8.40 |
| 2006 | 244763 | 77.50 | 10.80 | 3.20 | 8.50 |
| 2007 | 264173 | 77.80 | 10.10 | 3.50 | 8.60 |
| 2008 | 277419 | 76.80 | 9.80 | 3.90 | 9.50 |
| 2009 | 286092 | 76.80 | 9.40 | 4.00 | 9.80 |

| 年份 | 能源生产总量（折合×10⁴t 标准煤） | 煤炭/% | 原油/% | 天然气/% | 水电、核电、风电/% |
|------|------|------|------|------|------|
| 2010 | 312125 | 76.20 | 9.30 | 4.10 | 10.40 |
| 2011 | 340178 | 77.80 | 8.50 | 4.10 | 9.60 |
| 2012 | 351041 | 76.20 | 8.50 | 4.10 | 11.20 |
| 2013 | 358784 | 75.40 | 8.40 | 4.40 | 11.80 |
| 2014 | 361866 | 73.60 | 8.40 | 4.70 | 13.30 |
| 2015 | 361476 | 72.20 | 8.50 | 4.80 | 14.50 |
| 2016 | 346037 | 69.59 | 8.20 | 5.30 | 16.90 |
| 2017 | 359000 | 70.0 | 7.6 | 5.0~5.5 | 16.9~17.4 |

注：数据来自国家统计局网站。

表1-5　2000—2017年我国能源消费总量及构成

| 年份 | 能源生产总量（折合×10⁴t 标准煤） | 煤炭/% | 原油/% | 天然气/% | 水电、核电、风电/% |
|------|------|------|------|------|------|
| 2000 | 146964 | 68.50 | 22.00 | 2.20 | 7.30 |
| 2001 | 155547 | 68.00 | 21.20 | 2.40 | 8.40 |
| 2002 | 169577 | 68.50 | 21.00 | 2.30 | 8.20 |
| 2003 | 197083 | 70.20 | 20.10 | 2.30 | 7.40 |
| 2004 | 230281 | 70.20 | 19.90 | 2.30 | 7.60 |
| 2005 | 261369 | 72.40 | 17.80 | 2.40 | 7.40 |
| 2006 | 286467 | 72.40 | 17.50 | 2.70 | 7.40 |
| 2007 | 311442 | 72.50 | 17.00 | 3.00 | 7.50 |
| 2008 | 320611 | 71.50 | 16.70 | 3.40 | 8.40 |
| 2009 | 336126 | 71.60 | 16.40 | 3.50 | 8.50 |
| 2010 | 360648 | 69.20 | 17.40 | 4.00 | 9.40 |
| 2011 | 387043 | 70.20 | 16.80 | 4.60 | 8.40 |
| 2012 | 402138 | 68.50 | 17.00 | 4.80 | 9.70 |
| 2013 | 416913 | 67.40 | 17.10 | 5.30 | 10.20 |
| 2014 | 425806 | 65.60 | 17.40 | 5.70 | 11.30 |
| 2015 | 429905 | 63.70 | 18.30 | 5.90 | 12.10 |
| 2016 | 435819 | 62.03 | 18.31 | 6.40 | 13.31 |
| 2017 | 449000 | 60.4 | 18.8 | 6.4~7.0 | 13.8~14.4 |

注：数据来自国家统计局网站。

综合比较表1-4、表1-5可知，在全国能源的生产和消费构成组成中，原煤占比最高，原油次之，天然气最小。此外，近年来各种能源产量占比变化差别较大，原煤产量占比逐年减少，原油和天然气的产量占比变化不大，而一次电力及其他能源的产量大幅增加，主要是由于政府近年来大力发展清洁能源，出台了更严苛的环境保护政策导致的。

我国石油储量较低，截至2016年年底，我国石油地质资源量为$1257×10^8t$，可采资源量为$301×10^8t$，剩余技术可采储量仅为$35×10^8t$，占全球的1.5%，排名第13位，储量前景不容乐观。2017年，我国石油产量为$1.92×10^8t$，比2016年减少3.8%，且连续两年产量低于$2×10^8t$。究其原因，一方面是因为低油价背景下投资减少所致，另一方面是由于油价下降，国内原油生产企业普遍以进口原油代替自产原油来减少亏损。据此计算，我国石油资源的储采比(反映技术可采储量的可采年限)仅为18.2，远低于世界石油的平均储采比50.3，石油安全供给形势岌岌可危。随着我国经济高速发展，对石油的需求量日益上升，对外油的依存度也逐年提高。2017年我国石油消费总量为$6.08×10^8t$，同比增长5.2%，其中进口$3.96×10^8t$，比2016年增长10.8%，对外依存度上升到67.4%，创历史新高。

我国常规天然气储量全球排名第9位，但非常规天然气资源潜力巨大，其中页岩气储量较高。我国非常规天然气仍然处在勘探早期，随着勘探程度的加深，其资源潜力将得到进一步释放。近年来我国天然气产量稳步增长，消费规模也持续扩大，但由于自身产量不足，天然气供应对外依存度较高。2017年我国天然气产量为$1487×10^8m^3$，比上年增长8.5%。2017年国内天然气消费量$2373×10^8m^3$，同比增长15.3%。全年进口天然气$920×10^8m^3$，占总消费量的38.0%。目前，我国一次能源消费结构中，天然气占比7%。近年来，我国天然气在能源消费结构中比例虽然有所增长，但仍远低于世界平均水平(24%)，天然气作为清洁能源，仍然有较大的发展空间。

除了煤、石油与天然气这些常规能源外，我国近年来加大了水力、风力、地热能、太阳能等可再生能源的开发利用。根据BP统计数据，2017年我国可再生能源消费量为$3.68×10^8t$油当量，占全国一次能源消费总量的11.8%。我国已经成为可再生能源的消费大国，消费量全球第一，占世界可再生能源消费总量的23.2%。

（2）我国能源发展趋势

国家发改委和能源局印发的《能源生产和消费革命战略（2016—2030）》明确提出我国的能源发展目标：到2020年，能源消费总量控制在$50×10^8t$标准煤以内，煤炭消费比重进一步降低，清洁能源成为能源增量主体，能源结构调整取得明显进展，非化石能源占比15%，单位国内生产总值（GDP）的二氧化碳排放较

2015 年下降 18%，能耗下降 15%；2021—2030 年，能源消费总量控制在 $60 \times 10^8$ t 标准煤以内，新增能源需求主要依靠清洁能源满足，单位 GDP 的二氧化碳排放较 2005 年下降 60%~65%，二氧化碳排放到 2030 年左右达到峰值并争取尽早达峰，单位 GDP 能耗达到目前世界平均水平；到 2050 年，能源消费总量基本稳定，非化石能源占比超过一半。

现阶段，我国能源消费具有以下几方面特点：

① 我国能源消费人均消费量低。近年来，随着人民生活水平提高，我国能源需求不断增长。2017 年，中国人均 GDP 仅为 5.97 万元，低于全球 6.73 万元的平均水平，仍有较大发展空间。中国人均一次能源消费量仅为 3.23t 标准煤，刚刚超过 2.61t 标准煤的全球平均水平，仅为经合组织(34 个国家组成)国家平均 6.3t 标准煤的一半。

② 我国能源结构需逐步调整。长期以来，我国能源结构不尽合理，过度依赖煤炭，能源消费多样化不足，造成了严重的环境问题。因此，能源结构调整是未来我国能源发展的必然趋势，但短期内煤炭为主的消费结构无法改变。煤炭是我国的主体能源和重要工业原料，储量丰富，目前剩余技术可采储量是石油储量的 50 倍，是常规天然气的 30 倍。在经济发展过程中，煤炭支撑了我国经济社会快速发展，保障了我国能源安全，在未来一段时间内，煤炭仍将是我国能源消费的支柱。根据《能源发展"十三五"规划》，到 2020 年我国煤炭消费比重将由 2015 年的 64%降低为 58%，仍然接近六成。为了缓解煤炭消费带来的环境压力，应严控煤炭消费总量，加快淘汰煤电落后产能，推进煤炭集中清洁高效开发利用，发展煤炭深加工，推广煤制燃料、煤制烯烃等工程。

③ 实施能源供给侧结构性改革，构建清洁低碳的绿色能源消费体系。开发煤炭清洁利用技术，提高煤炭利用效率。创新研发超高效火电、硫捕集封存等技术，降低污染排放，有序发展煤炭深加工，稳妥推进煤制燃料、煤制烯烃技术，积极探索深加工与炼油、石化、电力等产业有机融合的创新发展模式。积极推广天然气的高效利用。结合各地资源禀赋、发展现状、发展潜力，兼顾发展质量和社会公平，适度扩大天然气消费规模。推动可再生能源跨越式发展。坚持生态优先，统筹有序合理开发水电，积极推进水电基地能源外送。因地制宜开发风能、太阳能，提高风能、太阳能利用率，优化布局风能和太阳能，开发智能电网技术，有效降低弃风率和弃光率。在确保万无一失的情况下，安全高效发展核能。

④ 逐渐改变中国能源供应现状，保障我国能源安全。2017 年 5 月 14 日，"一带一路"国际合作高峰论坛开幕式上提出："要抓住新一轮能源结构调整和能源技术变革趋势，建设全球能源互联网，实现绿色低碳发展"。通过"一带一路"能源合作建设，沿线国家将不断完善和扩大油气互联通道规模，形成全球能源互

联网，实现能源资源更大范围内的优化配置，增强能源供应抗风险能力，形成开放、稳定的全球能源市场，沿线国家能源供应现状将得到有效改善。根据国家能源局数据，中亚-俄罗斯、非洲、中东、美洲、亚太五大海外油气合作区已经初步建成，西北、东北、西南和海上引进境外资源的四大油气战略通道建设正快速推进，亚洲、欧洲和美洲三大油气运营中心已初具规模。中俄北极地区亚马尔液化天然气 LNG 项目已经投产，成为北方航道上"冰上丝绸之路"的重要支点。随着"一带一路"能源合作的加深，中国能源供应现状将发生根本改变，能源供应安全得到充分保障。

⑤ 依靠科技创新推动能源技术革命，提高能源利用效率。按国家统计局数据初步计算，2017 年我国单位 GDP 能耗为 0.54t 标准煤/万元，同比下降 8.5%，比 2007 年下降 53%，单位 GDP 能耗不断降低，能源利用效率不断提高。然而，按同样标准计算，2017 年国际平均单位 GDP 能耗为 0.37t 标准煤/万元，美国单位 GDP 能耗仅为 0.25t 标准煤/万元，我国能源利用效率仍然有较大提升空间。在发展经济的同时，提高能源转化、利用效率，减缓能源消耗，降低 $CO_2$ 排放已逐渐成为社会、企业、个人的共识和自觉行为。

综上所述，随着资源、环境和气候问题的凸显，全球正在迈入新一轮能源变革，传统能源开采、转化、利用的方式正被逐渐淘汰，而新能源正悄然兴起，新资源、新技术、新理念争先涌动，一个崭新的能源消费时代指日可待。天然气作为一种重要的新能源，其消费增长速度高于石油、煤炭的消费增长速度，未来其在能源消费中的份额可能超过石油或煤炭，预计到 2050 年左右，天然气将成为主要能源资源。鉴于世界能源形势与环境保护的要求，使用优质能源、开发高效能源新技术与开发低碳经济将成为我国经济持续发展的重要目标。

低碳经济的关键体现在三个方面：①新能源与可再生能源的开发与利用；②提高现有能源如煤炭、石油的使用效率；③针对传统化石燃料的使用，开发其环境保护技术。因此，以天然气、煤层气、页岩气等为代表的甲烷气资源，液化石油气资源以及煤气、生物质气和氢能等清洁、高效、低污染气体燃料资源的开发、利用和高效转化，将进一步推进新能源的应用，加快煤炭、石油的替代进程，推动经济、社会、环境的共同发展。

# 1.2 清洁能源

清洁能源指在生产、使用过程中不排放有害物质的能源。清洁能源主要由两部分组成，一是可再生的能源即常规清洁能源，如水力能、太阳能、风能、地热能、海洋能、氢能、生物质能等，这些能源消耗后可以得到补充和恢复，不会产生或者很少产生污染物；二是不可再生低污染能源即新型清洁能源，如核能、甲烷气(油田气、煤层气、页岩气、天然气水合物等)和利用洁净能源技术处理过的洁净煤、洁净油等化石燃料。

目前，人类对第一类清洁能源的认识、开发、利用程度逐渐增加，但现阶段其仍难以经济的满足人类生产、生活的需要，社会的发展仍是以煤、石油、天然气等不可再生的化石能源利用为主。化石能源在促进经济快速发展的同时，造成严重的环境污染，成为制约经济、环境、健康、稳定、持续发展的桎梏，快速发展、利用甲烷气等清洁能源是促进经济、环境协调发展最为现实有效的途径。

## 1.2.1 常规清洁能源

### 1.2.1.1 太阳能

太阳能是指将太阳的光能转换成为其他形式的热能、电能、化学能等，能源转换过程不产生其他有害污染物，是一种安全可靠、清洁环保、无污染、可长期使用的清洁能源。太阳每天辐射到地球上的能量巨大，全世界煤炭、石油、天然气等化石能源的总储量仅相当于地球 20 天左右接收到的太阳辐射能。太阳能是新能源和可再生能源中开发研究最多、应用最为广泛的清洁能源，是一种取之不尽、用之不竭的能源，是 21 世纪最值得发展的新能源。目前太阳能利用主要集中在太阳能发电、太阳能电池、太阳能取暖等，发展、利用太阳能高效利用技术是实现可持续发展战略的重要内容之一。

光伏发电技术可直接将太阳能转化为电能，不需要任何燃料，没有污染，被世界各国积极推广。美国在 2015 年之前，为 350 万用户安装太阳能光伏发电电池；德国已安装的光伏屋顶总功率已经超过 $7.5 \times 10^4 kW$，并提出了"35 万太阳能屋顶计划"；日本提出了"新阳光计划"。

我国是世界上太阳能资源丰富的国家之一。北纬 36°以北地区，除了东北的北部和东部以外，我国年平均日照时数都在 2600h 以上，而锡林浩特、呼和浩特、银川、西宁、拉萨一线以西北的内陆地区，年平均日照时数更是超过 3000h，是中国日照最多的地区。我国太阳能较丰富的区域占国土面积的 2/3 以上，年辐射量超过 $6 \times 10^9 J/m^2$，地表吸收的太阳能大约相当于 $1.7 \times 10^{12} t$ 标准煤/年。

2017 年全球新增光伏装机约 100GW，同比增长 43%。2017 年我国光伏发电新增装机容量 53GW，累计装机超 130GW，同比增长 54%，光伏新增和累计装机容量均为全球第一。但人均值仍然不及德国、日本和美国，近期全球及中国新增光伏装机量与增速如图 1-4 和图 1-5 所示。截至 2018 年 2 月底，我国光伏装机约 $1.32 \times 10^8 kW$，占总装机的比重约 6.1%，太阳能发电仅占全年总发电量的 1%，中国太阳能依然具备很大的发展空间。预计 2020 年全球光伏新增装机规模将达

140~150GW，中国占比由50%降低至40%，以中东地区为主的新兴市场装机规模及全球占比提升。

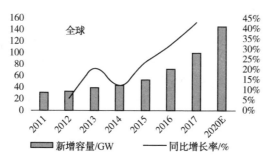

图1-4　2011—2020年全球新增光伏装机量与增速

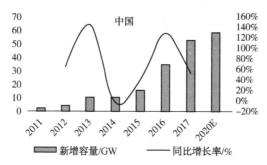

图1-5　2011—2020年中国新增光伏装机量与增速

　　作为一种无污染、可再生的清洁能源，太阳能的利用将大大减少环境污染，改善生态环境。根据国家能源局发布统计数据显示，2017年，我国光伏年发电量首超$1000×10^8kW \cdot h$。2017年1~11月，我国光伏发电量达$1069×10^8kW \cdot h$，可替代$3300×10^4t$标准煤，减排二氧化碳$9300×10^4t$。

#### 1.2.1.2　风能

　　地球表面不同位置受太阳辐射后气温变化的不同和空气中水蒸气含量的不同，引起各地气压的差异，在静压差作用下空气在水平方向发生由高压向低压流动的现象即风。风能是地球表面大量空气流动所产生的动能，受地形影响较大。世界风能资源多集中在沿海和开阔大陆的收缩地带。

　　风能是一种可再生、无污染且储量巨大的能源。随着全球气候变暖和能源危机，加强风能的开发和利用，减少二氧化碳等温室气体的排放，有助于实现低碳经济，保护人类生存环境。风能可以被转换成其他不同形式的能量，如机械能、电能、热能等，风力发电是目前风能利用的主要利用方式。由于风能能量密度低，风能利用装置的体积大，耗材多，投资高。

　　据估算，全世界风能总量约为$1300×10^8kW$，风力发电在可再生能源技术的利用方面发展最快，是最可能成为产业化的技术之一，近些年风能发展技术、市场突飞猛进。德国风能总量已达到 $6×10^6kW$，丹麦风电已达到全国电网总容量的 15%，计划在 2030 年达到 40%。

我国风能资源较为丰富，风能总储量约为 $16×10^8kW$，其中可利用部分约为十分之一。近年风能利用得到大力发展，2017 年，全国新增装机容量 1966×$10^4kW$，累计装机容量达到 $1.88×10^8kW$，同比增长 11.7%。累计并网装机容量达到 $1.64×10^8kW$，占全部发电装机容量的 9.2%。2017 年，风电年发电量 3057×$10^8kW\cdot h$，占全部发电量的 4.8%，比 2016 年提高 0.7 个百分点。截止 2018 年 2 月底，我国风电装机已接近 $1.9×10^8kW$，占总装机的比重约 9.8%、仍有较大提升空间。

中国在新能源领域的研究十分活跃，取得的成就相当显著，在不到 10 年时间里，中国风能发电量已经达到世界第一，水电发电量几乎翻了三番，处于全球光伏市场的主宰地位。我国《"十三五"节能减排综合工作方案》中提出，到 2020 年，煤炭占能源消费总量比重下降到 58% 以下，电煤占煤炭消费比重提高到 55% 以上，非化石能源占能源消费总量比重达到 15%，天然气消费比重提高到 10% 左右。国际能源署预计，2015—2021 年，中国在全球水力发电增量、风力发电增量以及太阳能发电增量中所占比例将分别达到 36%、40% 以及 36%。到 2030 年，中国非化石能源燃料占能源消费总量比重将从 11% 增加至 20%。

### 1.2.1.3　海洋能

海洋能是指海洋本身所蕴藏的能量，主要有潮汐能、海流能、波浪能、温差能、盐差能和化学能，但不包括海底或海底下储存的煤、石油、天然气等化石能源和"可燃冰"，也不包括溶解于海水中的铀、锂等化学能。潮汐能和海流能来源于太阳、月球对地球的引力变化，其他海洋能则源于太阳能。依储存形式的不同，海洋能可分为机械能(潮汐能、海流能和波浪能)、热能(海水温差)和化学能(海水盐差能)三大类。

全世界海洋能中温差能、盐差能最大，均在 $100×10^8kW$ 以上，潮汐能、波浪能居中，在 $10×10^8kW$ 左右，即使最小的海流能，也达几亿千瓦。海水永不间断地接受太阳辐射和月亮、太阳引力作用，海洋能可谓是取之不尽、用之不竭的可再生能源。海洋中再生能源可供利用的能量约为 $70×10^8kW$，是目前全世界总发电能力的十几倍。

全世界海洋总面积为 $3.61×10^8km^2$，约占全球表面的 71%，海洋储水量约为全球总水量的 97%，太阳恩赐给地球的热能，绝大部分由海水吸收和储存，海水中的海洋能蕴藏量十分巨大。据估算，全世界海洋能的理论可再生能超过 760×$10^8kW$，其中，温差能约为 $400×10^8kW$，盐差能约为 $300×10^8kW$，潮汐能大于 30×$10^8kW$，波浪能约为 $30×10^8kW$。

我国沿岸和近海及毗邻海域的各类海洋能资源理论总储量约为 $6.1087×10^{11}$ kW，技术可利用量约为 $9.81×10^8$ kW，见表1-6。

表1-6 我国各类海洋能资源储量

| 能 源 类 型 | | 调查计算范围 | 理论资源储量/kW | 技术可利用量/$×10^8$kW |
|---|---|---|---|---|
| 潮汐能 | | 沿海海湾 | $1.1×10^8$ | 0.2179 |
| 波浪能 | 沿岸 | 沿岸海域 | $1.285×10^7$ | 0.0386 |
| | 海域 | 近海及毗邻海域 | $5.74×10^{11}$ | 5.7400 |
| 潮流能 | | 沿岸海峡、水道 | $1.395×10^7$ | 0.0419 |
| 温差能 | | 近海及毗邻海域 | $3.662×10^{10}$ | 3.6600 |
| 盐差能 | | 主要入海河口海域 | $1.14×10^8$ | 0.1141 |
| 全国海洋能资源储量 | | — | $6.1087×10^{11}$ | 9.8100 |

利用海洋能的主要方式是发电。①波浪发电。据科学家推算，地球上波浪蕴藏的电能高达 $90×10^{12}$ 度。大型波浪发电机组也已问世。我国也对波浪发电进行了研究和试验，并制成了供航标灯使用的发电装置。②潮汐发电。据世界动力会议估计，到2020年，全世界潮汐发电量将达到 $(1000~3000)×10^8$kW。世界上最大的潮汐发电站是法国北部英吉利海峡上的朗斯河口电站，发电能力 $24×10^4$kW，已经工作了30多年。中国在浙江省建造了江厦潮汐电站，总容量达到3000kW。

### 1.2.1.4 地热能

地热能是来源于地球的熔融岩浆和内部长寿命放射性同位素热核反应产生的能量。人类很早以前就开始利用地热能，如利用温泉沐浴、医疗。利用地下热水取暖、建造农作物温室、水产养殖及烘干谷物等。

根据地热水温度的高低，地热资源分为高温（高于150℃）、中温（90~150℃）和低温（低于90℃）三种。中低温（浅层）地热能一般可直接利用，如供热、温室、旅游和疗养等；高温（深层）地热能主要用于发电。

浅层地热能是指蕴藏在地表以下一定深度（一般为200m）范围内的岩土体、地下水和地表水中具有的热能。浅层地热能的资源丰富且分布广泛，温度恒定，略高于当地平均气温3~5℃，开发技术日益成熟，已经广泛应用于供暖和制冷，是一种很好的替代能源和清洁能源。受投资、效率的限制，高温地热能的利用发展进展缓慢。

在我国的地热资源开发中，经过多年的技术积累，地热发电效益显著提升。除地热发电外，直接利用地热水进行建筑供暖、发展温室农业和温泉旅游等利用途径也得到较快发展。全国已经基本形成以西藏羊八井为代表的地热发电、以天津和西安为代表的地热供暖、以东南沿海为代表的疗养与旅游和以华北平原为代表的种植和养殖的开发利用格局。

### 1.2.1.5　氢能

氢能是氢所储存的化学能，指氢与氧反应放出的能量。氢资源丰富，主要以水和碳氢化合物（石油、天然气）等化合态形式存在，是宇宙中分布最广泛的物质。作为一种能源，氢具有放热效率高，燃烧产物只有水，不会造成环境污染等特点，是一种良好的清洁能源。

氢能具有可再生、可储存、易利用、分布广、环保等众多优点，可同时满足资源、环境持续发展的要求，成为全世界关注的热点。

由于氢气必须从水、化石燃料等含氢物质中制得，因此是二次能源。工业上生产氢的方式很多，常见的有水电解制氢、煤炭气化制氢、重油及天然气水蒸气催化转化制氢等。全球对氢能的研发仍处于实验阶段。

### 1.2.1.6　生物质能

生物质包括植物、动物及其排泄物、垃圾及有机废水等，是植物通过光合作用生成的有机物。能量最初来源于太阳能，太阳能照射到地球，一部分转化为热能，另一部分被植物吸收、转化为生物质能，富集、储存在有机物中。生物质是太阳能最主要的吸收器和储存器，生物质能是太阳能的一种，这些能量是人类发展所需能源的源泉和基础。

生物质能的载体——生物质以实物形式存在，相对于风能、水能、太阳能和潮汐能等，生物质能是唯一可存储、运输的可再生能源。生物质的组织结构与常规的化石燃料相似，利用方式与化石燃料类似。无需对常规能源的利用技术做大的改动，即可应用于生物质能。

目前世界上技术较为成熟、实现规模化开发利用的生物质能利用方式主要包括生物质发电、生物液体燃料、沼气和生物质成型燃料。生物质能转化利用途径（图1-6）和技术主要包括：直接燃烧技术、致密成型技术、气化技术、裂解、植物油酯化技术、城市垃圾填埋气发电和供热技术、生物质发酵制乙醇技术、炭化技术、沼气发电技术等。按照生物质能产品划分，生物质能技术研究主要集中在固体生物燃料（生物质成型燃料、生物质直接发电/供热）、气体生物燃料（沼气与车用甲烷、生物质制氢）、液体生物燃料（燃料乙醇、生物柴油、生物质液体）以及替代石油基产品生物基乙烯及乙醇衍生物等。

生物质能由于其在碳减排和清洁能源方面具有的特点，成为各国在能源转型发展中的一个有利选择。

## 1.2.2　新型清洁能源

纵观人类能源发展史，人类对能源的开发利用早已从过去以薪材、煤炭为主的固体燃料时代转为当今以石油、烃类等为主的液体燃料时代。煤炭、石油和天

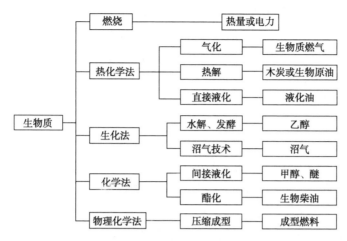

图 1-6　生物质能转化利用途径

然气等化石燃料等不可再生能源的储量有限，大量使用化石能源对大气和环境造成严重污染，已对生态系统、人类生存环境造成严重的危害。石油价格攀升和石油资源逐渐枯竭所带来的全球能源与环境危机导致了人类对清洁可再生能源的迫切需求。在燃料的更替进化过程中，燃料的相对分子质量、碳氢元素比依次降低，过程演变的趋势导致气体燃料主导未来的能源市场，目前燃料正由液体燃料逐渐向以天然气、氢气等气体燃料为主的方向转变。

天然气是指自然界中天然存在的一切气体，包括水圈、岩石圈中及地幔和地核中各种自然过程形成的气体。天然气以甲烷为主，也有以二氧化碳或氮气为主，甚至以硫化氢为主。常用的"天然气"定义，是从能量角度出发的狭义定义，是指天然蕴藏于地层中的烃类和非烃类气体的混合物。随着世界能源需求的快速增长，天然气在世界能源供应中的支撑和替代作用越来越明显和重要。

天然气资源丰富、价格低廉、低碳清洁，为典型的"三 A 能源"——Available（可获取的）、Affordable（可承受的）、Acceptable（可接受的）。在全球追寻低碳、绿色发展的时代，天然气不再只是化石能源向新能源过渡的桥梁，而是一次能源结构中最为重要、不可替代的清洁能源，被视为最有发展前途的清洁燃料。

天然气包括常规天然气和非常规天然气两类。采用传统油气地质理论解释并可用常规技术手段开采的天然气，称为常规天然气。常规天然气一般赋存于圈闭内物性较好的储层中，对地层不经过改造或简单改造即可经济开发、生产和利用。非常规天然气指难以用传统油气地质理论解释，也不能用常规技术手段开采的天然气。非常规天然气储层普遍具有孔隙度低、渗透率低、连续成藏的特点，必须进行储层改造才能开采。非常规天然气主要有页岩气、煤层气、致密砂岩气、天然气水合物等。

2010 年以来，世界天然气生产格局并未发生大的改变，但多元化趋势明显。独联体、北美、亚太和中东仍然是世界最主要的 4 个生产区，天然气产量合计占世界总产量的 78%。俄罗斯、加拿大、阿尔及利亚等传统生产大国的产量保持 1% 左右的速度平缓增长，阿塞拜疆、卡塔尔、中国、哥伦比亚、埃及、哈萨克斯坦等国天然气产量快速增长，在世界天然气供应中的地位日益提高，显示出巨大的潜力。

21 世纪以来，世界天然气工业已经步入发展的黄金时代，主要体现在以下方面：

① 天然气资源丰富。全球常规和非常规天然气可采资源量约为 $790 \times 10^{12} m^3$，与煤炭资源量持平。若按目前天然气的消费水平计算，可供全球使用 250 年。

② 天然气产量快速增长。预计到 2035 年全球天然气产量将达到 $5.1 \times 10^{12} m^3$，届时将超过煤炭成为一次能源结构中仅次于石油的第二大能源。

③ 核能、风能、太阳能等新能源受技术、成本等多方面限制，预计到 2035 年在一次能源中所占比例将保持在 10% 左右的水平，无法撼动化石能源的主导地位。

④ 液化天然气 (LNG) 发展迅速，有效地促进了跨区域天然气贸易。

⑤ 天然气利用更加广泛，天然气发电、LNG 汽车加快发展，预计到 2020 年天然气汽车将从目前的 $1500 \times 10^4$ 辆增加到 $5000 \times 10^4$ 辆，年消耗天然气将达 $2000 \times 10^8 m^3$。

中国政府自 1998 年批准广东液化天然气 (LNG) 引进项目并制订包括西气东输的天然气管道中长期发展规划以来，国家能源发展规划已把"调整城市能源结构，发展清洁能源，不断扩大城市利用天然气规模，提高燃气质量。"作为今后城市燃气事业发展的重点。2017 年我国天然气表观消费量 $2373 \times 10^8 m^3$，同比增长 15.3%，国产天然气（含煤制气）、煤层气、页岩气产量 $1480 \times 10^8 m^3$ 左右，用气增长地区主要来自环渤海和长三角地区，西部地区则增长缓慢。进口气仍是满足需求的重要途径，2017 年天然气进口量 $926 \times 10^8 m^3$，同比增长 24.4%，对外依存度升至 39.4%。自 2012 年以来，液化天然气 (LNG) 进口量重新超过管道气进口量，进口量同比增长 39%，进口量占比 54%。预计 2018 年天然气消费量达到 $2587 \times 10^8 m^3$，增速将保持在 10% 左右，国内天然气产量稳定增加，预计产量 $1606 \times 10^8 m^3$，进口量有望超过日本成为全球第一大进口国，预计全年将进口 $1050 \times 10^8 m^3$，对外依存度升至 40.6%。表 1-7 反映了我国近年来天然气的对外依存度。面对减排、大气污染防治、环境保护日益增长的压力，中国对发展清洁能源和生态环境保护重视程度日益提高，天然气在能效、环境可持续性、能源安全与弹性方面具有的多重优势彰显了巨大的消费潜力。

表 1-7　近年来中国天然气对外依存度

| 年份/年 | 2007 | 2008 | 2009 | 2010 | 2011 | 2012 | 2013 | 2014 | 2015 | 2016 | 2017 |
|---|---|---|---|---|---|---|---|---|---|---|---|
| 进口量/×$10^8 m^3$ | 40 | 46 | 76 | 165 | 313 | 421 | 536 | 595 | 621 | 753 | 955 |
| 出口量/×$10^8 m^3$ | 26 | 32 | 32 | 40 | 32 | 29 | 35.5 | 26 | 33 | 34 | 35 |
| 净进口量/×$10^8 m^3$ | 14 | 12 | 44 | 125 | 280 | 392 | 500.5 | 659 | 588 | 719 | 920 |
| 对外依存度/% | 12.0 | 1.7 | 4.9 | 11.6 | 22.0 | 26.2 | 31.6 | 32.4 | 32.7 | 34.3 | 39% |

未来中国将形成国产常规天然气、页岩气、煤层气、煤制气、进口 LNG、进口管道气等多元化的天然气供应能力，形成以国产为主、进口为辅的"两种资源战略"态势以及"西气东输、海气登陆、就近利用"的供应格局。常规天然气方面，中国将逐步形成塔里木、长庆、川渝、青海以及沿海等主要产气区，预计"十三五"期间探明储量年增（4000~5000）×$10^8 m^3$，2020 年全国累计探明储量达到 15×$10^{12} m^3$，产量接近 2100×$10^8 m^3$。全国非常规天然气资源总量超过 150×$10^{12} m^3$，潜力巨大，页岩气、煤层气是目前比较现实的非常规气资源，预计 2020 年产量分别为 300×$10^8 m^3$ 和 200×$10^8 m^3$。利用我国丰富的煤炭资源以及促进地区经济发展的需要，煤制气产业的规模化、商业化发展势头强劲，预计 2020 年产量达 500×$10^8 m^3$。预计 2020 年我国天然气消费量可达 4000×$10^8 m^3$，天然气供应能力接近 4500×$10^8 m^3$，对外依存度约 34%，在一次能源消费中占比达到 10% 以上，城镇化和气化率水平的提高使居民用气保持快速增长，消费结构不断优化。其中：城市燃气为 1040×$10^8 m^3$（占比 26%），采掘和制造业的用气增长以及工业锅炉的煤改气致使工业燃料用气达 1560×$10^8 m^3$（占比 39%），用于调峰燃气电厂、天然气热电联产以及天然气分布式能源发电用气 920×$10^8 m^3$（占比 23%），化工用气为 480×$10^8 m^3$（占比 12%），交通用气仍具有较大的发展潜力。

# 1.3　非常规天然气

非常规天然气作为新型替代能源为全球的能源需求带来了极大的便利，尤其是页岩气、煤层气等非常规天然气在美国、加拿大、澳大利亚等国家和地区的快速发展，丰富并提高了人类对非常规天然气资源的期望。以吸附状态或游离状态储存于富有机质页岩地层中的天然气聚集物-页岩气在全球各个国家或地区广泛发育、蕴藏，资源潜力巨大。北美是全球唯一实现页岩气商业化生产的地区，近年来，美国页岩气开采量增长速度仍继续保持较高增速。根据 EIA2018 年 1 月 31 日公布数据，2017 年，全美页岩气开采量为 4621×$10^8 m^3$，较 2016 年 4316×$10^8 m^3$ 增长约 7%，且页岩气开采量几乎占到美国天然气开采总量的一半。

全球页岩气总技术可采资源量为 187.7×$10^{12} m^3$，其中中国约占总量的 20%，

为 $36.08×10^{12} m^3$，居世界首位，我国页岩气资源潜力巨大。页岩气低碳高效，污染小，可以很好地优化中国目前的能源结构，页岩气发展是未来中国能源希望。自 2010 年中国产出第 $1m^3$ 页岩气起，中国的页岩气开发就已经驶入了快车道。从 2012 年 $1×10^8 m^3$ 到 2017 年底，我国页岩气产量已达 $91×10^8 m^3$，仅次于美国、加拿大，位居世界第三。国家能源局印发的《页岩气发展规划（2016—2020 年）》指出，我国 2020 年页岩气产量力争达到 $300×10^8 m^3$，年复合增速超过 140%；2030 年达到 $(800\sim1000)×10^8 m^3$。随着我国页岩气开采成本的逐步降低，产能的快速释放，我国页岩气开发进入急剧增长期。2017 年我国页岩气产量占天然气总产量约为 6%，与 2007 年美国页岩气革命时的比例基本相当，2020 年有望达到 16% 左右。

## 1.3.1 页岩气

赋存于富有机质泥页岩及其夹层中，以吸附或游离状态为主要存在方式，主要成分为甲烷的非常规天然气称之为页岩气。

以热解或生物成因为主的页岩气主要以吸附状态和游离状态两种形式存在于页岩孔隙、裂隙中。页岩气藏具有自生自储、无气水界面、大面积连续成藏、低孔、低渗等特征，必须采用先进的储层改造工艺才能实现页岩气的商业性开发。

页岩主要有以下存在形式：

① 页岩。一种成分较复杂具薄页状或薄片状层节理的黏土岩，是弱固结的黏土经较强的压固作用、脱水作用、重结晶作用后形成。用锤打击易分裂成薄片，颜色有绿、黄、红等多种。主要成分除黏土矿物外，还混有石英、长石等碎屑矿物及其他化学物质。

② 钙质页岩。因富含 $CaCO_3$，可与稀盐酸反应起泡，但岩石中 $CaCO_3$ 含量不超过 25%，若超过 25% 即成为泥灰岩。常见于陆相红色地层及海相钙泥质岩系中。

③ 铁质页岩。一种含少量铁的氧化物、氢氧化物、碳酸盐（菱铁矿）及铁的硅酸盐（鲕绿泥石、鳞绿泥石）的页岩。常呈红色或灰绿色，产于红层、煤系地层及海相砂泥质岩系中。

④ 硅质页岩。一种富含游离 $SiO_2$ 的页岩。若岩石中游离 $SiO_2$ 含量增高，即向生物化学成因的硅质岩过渡。它比普通泥岩硬度大，常与铁质岩、锰质岩、磷质岩及燧石等共生。主要有生物、火山及化学等成因。

⑤ 黑色页岩。一种富含有机质及分散状黄铁矿的页岩。外貌与炭质页岩相似，但不污手。厚度大时，可为良好的生油岩系，是一种循环极差的停滞水环境（如深湖、深海、淡化潟湖等）的沉积产物。

⑥ 炭质页岩。一种含大量分散的炭化有机质的页岩。能污手，灰分含量高，

不易燃烧。常形成于湖泊、沼泽环境，与煤层共生。

⑦ 油页岩。一种棕色至黑色纹层状页岩。含液态及气态的碳氢化合物，含油率一般为 4%～20%，最高可达 30%，质轻，具油腻感，刻画痕迹呈暗褐色；用小刀沿层面切削时，常呈刨花状薄片；火柴点燃冒烟，具油味。油页岩为低等生物遗体及黏土物质在闭塞海湾或湖泊环境共同埋藏后在还原条件下转化形成。

## 1.3.2 煤层气

煤层气是指赋存在煤层中以甲烷为主要成分，以吸附在煤基质颗粒表面为主，部分游离于煤孔隙中或溶解于煤层水中的烃类气体，是煤的伴生矿产资源。

煤层气属于自生自储式，煤层既是气源岩，又是储集岩。煤层气主要以吸附态赋存于煤孔隙中(70%～95%)，少量以游离状态自由存在于割理和其他裂缝或孔隙中(10%～20%)，极少量以溶解态存在于煤层内的地下水中。煤层气具有特殊的产出机理：排水—降压—解吸—采气，煤层气井通过排水来降低储层压力，使得甲烷分子从煤基质表面解吸，进而在浓度差的作用下由基质中的微孔隙扩散到割理中，然后在割理系统中运移，最后在流体势的作用下流向生产井筒。

## 1.3.3 致密砂岩气

致密砂岩气简称致密气。一般指赋存于孔隙度低(<10%)、渗透率低(<0.5mD 或<0.1mD)的砂岩储层中的天然气，一般含气饱和度低(<60%)、含水饱和度高(>40%)。致密砂岩气一般为非常规天然气，但当埋藏较浅、开采条件较好时也可作为常规天然气开发。

与常规天然气藏相比，致密砂岩气藏具有以下重要特征：

① 低孔渗性。国内一般将致密砂岩气的储层物性条件界定为孔隙度小于 10%。

② 地层压力异常。原生致密砂岩气藏都属超高压，由于盆地后期抬升运动，气藏会逐步变为常压或负压。

③ 气水关系复杂。油、气、水的重力分异不明显。

## 1.3.4 天然气水合物

天然气水合物是由水分子和天然气分子在一定温度和压力下形成的似冰雪状结晶化合物，又称笼形水合物或"可燃冰"。其结构特点是水分子通过氢键形成多面体笼孔，尺寸适宜的气体分子可包容于笼孔中(1 个笼只能进 1 个分子)。常见的水合物结构有 I 型和 II 型两种。I 型水合物由小笼和中笼按 1：3 的比例构成；Ⅱ型水合物由小笼和大笼按2∶1的比例构成。

天然气水合物广泛蕴藏于深海沉积层与陆地冻土带的水合物藏，以其巨大的资源储量引起了科学界的广泛关注。初步估计，天然气水合物有机碳的储量是目前全球已探明矿物燃料(石油、煤、天然气)的2倍多。具有储量大、分布广、能量密度高、对环境污染小等优点，被认为是21世纪具有巨大商业开采价值的新能源。

人为改变天然气水合物稳定存在的温度、压力条件，促使蕴藏在沉积物中的天然气水合物分解，再将分解的天然气采至地面，是目前开发天然气水合物中甲烷资源的主要方法。目前主要有加热法、降压法、添加化学剂法等三种开采方法，另外还有驱替法、综合法等。这些传统开采方法极易造成水合物赋存地区的地层失稳，同时沉积物中的天然气水合物所处周围环境条件由于外界原因发生变化时，温度-压力平衡遭遇破坏，导致天然气水合物发生解体和逃逸，可能造成海底地质灾害，或对全球气候变化产生影响。以上因素制约着天然气水合物在实际开采过程中的应用。

## 1.3.5 常规天然气与非常规天然气对比

常规天然气与非常规天然气相比，虽然均以甲烷气为主，但在生成条件、运移模式、成藏条件等方面显著不同。

生成条件不同，页岩气成藏的生烃条件、过程与常规天然气藏类同，泥页岩的有机质丰度、有机质类型和热演化特征决定了其生烃能力和时间。

运移模式不同，页岩气成藏体现出无运移或短距离运移的特征，泥页岩中的裂缝、微孔隙为主要的运移通道；而常规天然气成藏除了烃类气体在泥页岩中的初次运移以外，还需通过断裂、孔隙等输导系统的二次运移进入储集层中。

储集层和储集空间不同，常规天然气储集于碎屑岩或碳酸盐岩的孔隙、裂缝、溶孔、溶洞中；页岩气主要储集于泥页岩层系黏土矿物和有机质表面、微孔隙中。

赋存方式存在差异，常规天然气以游离赋存为主，页岩气以吸附和游离赋存方式为主。

成藏条件不同，常规天然气需生、储、盖组合；页岩气属于自生自储，连续成藏。页岩气成藏过程、成藏机理与煤层气极其相似，吸附气成藏机理、活塞式气水排驱成藏机理和置换式运聚成藏机理在页岩气的成藏过程中均有体现。页岩气的勘探开发研究，可在基础地质条件研究的基础上，借助煤层气的研究手段，解释页岩气成藏的特点及规律。

常规天然气与页岩气、煤层气、致密砂岩气对比见表1-8。

表1-8 常规天然气与非常规天然气对比

| 对比项目 | 常规天然气 | 页岩气 | 煤层气 | 致密砂岩气 |
|---|---|---|---|---|
| 界定 | 浮力作用影响下，聚集于储层顶部的天然气 | 主要以吸附和游离态聚集于泥、页岩系中的天然气 | 主要以吸附状态聚集于地层中的天然气 | 不受或部分受浮力作用控制，以游离相聚集于致密砂岩储层中的天然气 |
| 气源成因 | 多样化 | 生物气或热成熟气 | 生物气或热成熟气 | 热成熟气 |
| 储层介质 | 空隙性砂岩、裂缝性碳酸盐岩等 | 页/泥岩及其中的砂质夹层 | 煤层及其中的碎屑夹层 | 致密储层间的泥、煤质夹层 |
| 主要成分 | 甲烷为主，乙烷、丙烷等含量变化较大 | 甲烷为主，少量乙烷、丙烷 | 甲烷为主 | 甲烷为主，乙烷、丙烷等含量变化较大 |
| 赋存状态 | 各种圈闭的顶部高点，不考虑吸附影响因素 | 20%~80%为吸附，其余为游离和水溶 | 85%以上为吸附，其余为游离和水溶气 | 吸附气量小于20%，砂岩底部气，气水倒置 |
| 埋深 | 埋深有深有浅，一般大于1500m | 埋深有深有浅 | 一般小于1500m | 一般小于1500m |
| 成藏时间 | 圈闭形成和天然气开始生成之后 | 天然气开始生成之后 | 煤层气开始生成之后 | 致密层形成和天然气大量生成之后 |
| 成藏特点 | 生、储、盖合理组合 | 自生、自储、自保 | 自生、自储、自保 | 生、储、盖合理组合 |
| 成藏动力 | 浮力、毛细管力、水动力 | 生气膨胀力、毛细管力、水压力、水动力等 | 分子间吸附作用力等 | 生气膨胀力、毛细管力、静水压力、水动力等 |
| 运聚特点 | 二次运移成藏 | 初次运移为主 | 初次运移成藏 | 初次-二次运移成藏 |
| 储层结构及特点 | 多为单空隙结构，双空隙结构；低渗：$K$为0.1~50mD；中渗：$K$为50~300mD；高渗：$K$>300mD | 纳米级空隙；低空、低渗特征；$\Phi$为4%~6%，$K$<0.001mD | 双重孔隙结构（基质和割理系统）；$\Phi$为1%~5%；$K$为0.01~5mD | 微孔隙；$\Phi$<10%；$K$<0.5mD或<0.1mD |
| 主控地质因素 | 气源、输导、圈闭等 | 成分、成熟度、裂缝等 | 煤阶、成分、深埋等 | 气源、储层、源储关系等 |

23

| 对比项目 | 常规天然气 | 页岩气 | 煤层气 | 致密砂岩气 |
|---|---|---|---|---|
| 分布特点 | 构造较高部位的多种圈闭 | 盆地古沉降-沉积中心及斜坡 | 具有生气能力的煤岩内部 | 盆地斜坡、构造深部位及向斜中心 |
| 勘探开发模式 | 滚动勘探开发或先勘探后开发 | 滚动勘探开发 | 滚动勘探开发 | 滚动勘探开发 |
| 开采范围 | 在圈闭范围内 | 大面积连片开采 | 大面积连片开采 | 大面积连片开采 |
| 成藏及勘探开发有利区 | 正向构造(圈闭)的高部位 | 3000m以浅的页岩裂缝带 | 3000m以浅的煤岩成熟区高渗带 | 紧邻烃源岩储层中的"甜点" |
| 井距 | 井距大,可采用单井,一般用少量生产井开采 | 必须采用井网,井的数量较多 | 必须采用井网,井的数量较多 | 必须采用井网,井的数量较多 |
| 储层压力 | 超压或常压 | 欠压或常压 | 欠压或常压 | 欠压或常压 |
| 产出机理 | 气体在自然压力下向井筒流,井服从达西定律;在近井地带可出现紊流 | 大规模压裂气,早期以大孔隙和裂缝中游离气的达西流为主,稳定期以基质空隙内的游离气和吸附气解吸—扩散—渗流为主 | 通过排水降压,气在气压力下降后解吸,在微孔中扩散,然后经裂缝渗流到井筒 | 压裂后经过致密基块—天然裂缝—水力裂缝—井筒的跨尺度、多种传质等复杂过程,气流动包含扩散和渗流 |
| 初期单井产量 | 高 | 低 | 低 | 低 |
| 增产措施 | 一般不需要 | 一定需要 | 一定需要 | 一定需要 |
| 开采技术工艺 | 较简单,常规工艺技术 | 主要有水平井+多段压裂技术、清水压裂技术、同步压裂技术等 | 裸眼完井技术、定向羽状水平井、水平压裂、排水采气工艺技术等 | 较复杂,必须压裂 |
| 生产特点 | 采收率高,初始产气量大,随时间而产出,气水随时间而减少 | 采收率低,生产周期长,无水或很少水产出,气产量随时间增加,直至达最大值,然后下降 | 采收率低,气产量随时间增加,直至达最大值,然后下降,气水随时间而增大 | 早期高产,一段时间后供气明显不足,压力急剧下降,稳定困难 |

# 第2章 矿石气体燃料

燃料是指燃烧时能产生热能(或动力)和光能的可燃物质,凡是可燃的物质即为燃料的说法不正确。人们在生产、生活中遇到的很多物品均为可燃,如家具、棉麻制品、木材、化纤衣物、塑料制品等,但一般不将其称为燃料。燃料具有明确的行业应用背景,有些物质(如煤、原油、天然气)从热能利用角度来说是燃料,但从化工行业来说则是原料,如对化肥行业来说,煤、原油、天然气既是原料也是燃料。

## 2.1 燃料的分类

燃料种类很多,依形态可分为固体、液体和气体三大类,依来源可分为天然燃料和人造燃料两大类。各类燃料的主要种类简述如下。

（1）固体燃料

① 煤,包括无烟煤、烟煤、褐煤;

② 煤的干馏残余物,包括焦炭、半焦炭等;

③ 有机可燃页岩和泥浆;

④ 木柴、植物秸秆、木炭。

（2）液体燃料

① 原油及其炼制产品,包括汽油、煤油、柴油、重油、渣油等;

② 醇类,主要是甲醇、乙醇、杂醇等;

③ 植物油,包括一些产油率较高但不宜食用的植物油和某些低等级植物油。

（3）气体燃料

① 天然气,包括气田气和油田气;

② 液化石油气,石油加工过程中的副产品;

③ 人造煤气,主要有焦炉气、高炉气、发生炉煤气等;

④ 人工沼气,由废弃有机物厌氧发酵得到的气体燃料。

气体燃料是指通过燃烧可产生热能或动力的气态可燃物质,其中的可燃组分包括氢气、一氧化碳、甲烷及其他轻烃类碳氢化合物,不可燃组分包括二氧化碳、氮气等惰性组分，部分气体燃料还含有氧气、水蒸气、$H_2S$ 及少量杂质等。

天然的气体燃料有天然气、非常规天然气。经过人为加工得到的气体燃料有由固体燃料经干馏或气化而成的焦炉气、水煤气、发生炉煤气，生物质热解气化气等，由石油加工而得的液化石油气、炼厂气等，以及由炼铁过程中所产生的高炉气等。不同来源气体燃料的化学组成和性质相差很大，其适用场合也大不相同。

非常规天然气资源是相对于"常规"而言的，特指在成藏机理、赋存状态、分布规律或勘探开发方式等方面有别于常规油气资源中烃类或非烃类资源，主要包括页岩气、煤层气、致密砂岩气、天然气水合物、水溶气、油砂及油页岩等。非常规天然气资源在北美的飞速发展给世界经济带来了巨大的影响。

按气体燃料的来源又可分为矿石气体燃料资源和生物质气等。天然气、非常规天然气、液化气、煤气等气体燃料以消耗不可再生资源为代价，而以循环物质——生物质为原料的生物质热解气、气化气、沼气等生物质气在气体燃料中愈发扮演重要的角色。

工业和民用上大规模使用的燃气主要有天然气、液化石油气、焦炉煤气、混合煤气和发生炉煤气，表2-1列举了典型燃气的组成，表2-2列举了典型燃气的性质。

表 2-1    典型燃气组成

| 燃气类别 | 燃气成分/%(体积) | | | | | | |
|---|---|---|---|---|---|---|---|
| | CO | $CO_2$ | $H_2$ | $CH_4$ | $C_mH_n$ | $N_2$ | $O_2$ |
| 发生炉煤气 | 30.4 | 2.2 | 8.4 | 1.8 | 0.4 | 56.4 | 0.4 |
| 焦炉煤气 | 8.6 | 2.0 | 59.2 | 23.4 | 2.0 | 3.6 | 1.2 |
| 混合煤气 | 20.0 | 4.5 | 48.0 | 13.0 | 1.7 | 12.0 | 0.8 |
| 天然气 | — | — | — | 98.0 | 1.0 | 1.0 | — |
| 液化石油气 | — | — | — | 1.5 | 98.5 | — | — |

表 2-2    典型燃气性质

| 燃气类别 | 密度/(kg/m³) | 相对密度 | 低热值/(MJ/m³) | 华白指数/(MJ/m³) |
|---|---|---|---|---|
| 发生炉煤气 | 1.162 | 0.8992 | 5.744 | 6.33 |
| 焦炉煤气 | 0.469 | 0.362 | 17.62 | 32.93 |
| 混合煤气 | 0.670 | 0.5178 | 13.86 | 21.42 |
| 天然气 | 0.743 | 0.5750 | 36.44 | 53.28 |
| 液化石油气 | 2.350 | 1.8180 | 113.73 | 87.48 |

# 2.2  常规天然气资源

天然气是指在不同地质条件下生成、运移，并以一定压力储集在地下构造中，以烃类为主并含部分非烃的混合气体。它们埋藏在深度不同的地层中，通过井筒引至地面。大多数气田的天然气是可燃性气体，主要成分是甲烷，还含有乙烷、丙烷、丁烷等烷烃，同时可能含硫化氢、氮、二氧化碳、氢、氦、氩等气体。

天然气可分为常规天然气和非常规天然气。在目前技术经济条件下可以进行工业开采的常规天然气主要指油田伴生气(也称油田气、油藏气)、气藏气和凝析气。不同类型的天然气，其组成不同，杂质种类与含量不同，相应的处理、加工方法也不同。根据矿藏特点分类，天然气可分为伴生气和非伴生气。伴生气是随原油共生，与原油同时被采出，故一般又称为油田气，其组成如表2-3和表2-4所示。

表 2-3　国外部分油田伴生气的组成　　　　%(体积)

| 国　　家 | $CH_4$ | $C_2H_6$ | $C_3H_8$ | $C_4H_{10}$ | $C_5H_{12}$ | $C_6^+$ | $CO_2$ | $N_2$ | $H_2S$ |
|---|---|---|---|---|---|---|---|---|---|
| 印度尼西亚 | 71.89 | 5.64 | 2.57 | 1.44 | 2.5 | 1.09 | 14.51 | 0.35 | 0.01 |
| 沙特阿拉伯 | 51.0 | 18.5 | 11.5 | 4.4 | 1.2 | 0.9 | 9.7 | 0.5 | 2.2 |
| 科威特 | 78.2 | 12.6 | 5.1 | 0.6 | 0.6 | 0.2 | 1.6 | — | 0.1 |
| 阿联酋 | 55.66 | 16.63 | 11.65 | 5.41 | 2.81 | 1.0 | 5.5 | 0.55 | 0.79 |
| 伊朗 | 74.9 | 13.0 | 7.2 | 3.1 | 1.1 | 0.4 | 0.3 | — | — |
| 利比亚 | 66.8 | 19.4 | 9.1 | 3.5 | 1.52 | — | — | — | — |
| 卡塔尔 | 55.49 | 13.29 | 9.69 | 5.63 | 3.82 | 1.0 | 7.02 | 11.2 | 2.93 |
| 阿尔及利亚 | 83.44 | 7.0 | 2.1 | 0.87 | 0.36 | — | 0.21 | 5.83 | |

表 2-4　我国主要油田伴生气组成　　　　%(体积)

| 油　　田 | | $CH_4$ | $C_2H_6$ | $C_3H_8$ | $C_4H_{10}$ | $n-C_4H_{10}$ | $C_5H_{12}$ | $n-C_5H_{12}$ | $C_6^+$ | $CO_2$ | $N_2$ | $H_2S$ |
|---|---|---|---|---|---|---|---|---|---|---|---|---|
| 大庆油田 | 萨南 | 76.66 | 5.93 | 6.59 | 3.47 | — | 1.54 | | 2.16 | 0.26 | 2.28 | — |
| | 萨中 | 85.88 | 3.34 | 4.54 | 2.66 | — | 1.16 | | 0.52 | 0.9 | 1.0 | |
| | 杏南 | 68.26 | 10.58 | 11.2 | 5.54 | | 1.91 | | 1.02 | 0.20 | 0.55 | |
| 辽河 | 兴隆台 | 82.7 | 7.21 | 4.16 | 2.2 | — | 0.81 | | 1.04 | 0.42 | 1.47 | |
| | 辽中 | 87.53 | 6.2 | 2.74 | 1.84 | | 0.66 | | 0.67 | 0.03 | 0.33 | |
| 华北任丘 | | 59.37 | 6.48 | 10.02 | 9.21 | | 3.81 | | 2.74 | 4.58 | 1.79 | |
| 大港 | | 80.94 | 10.2 | 4.84 | 1.93 | | 0.34 | | — | 0.41 | 0.34 | |
| 胜利 | | 87.85 | 3.78 | 3.74 | 3.12 | — | 1.47 | — | 0.09 | 0.53 | 0.02 | |
| 中原 | | 75.3 | 10.17 | 6.18 | 4.05 | — | 1.73 | | 1.16 | 0.34 | 0.43 | 0.0003 |
| | | 79.17 | 8.29 | 5.07 | 3.12 | — | 1.04 | | 0.70 | 1.25 | 0.65 | 0.0003 |
| 吐哈 | 丘陵 | 67.61 | 13.51 | 10.69 | 5.61 | — | 1.24 | | 0.25 | 0.40 | 0.60 | |
| | 鄯善 | 65.81 | 12.85 | 10.17 | 6.84 | — | 1.83 | | 0.53 | 1.89 | 0.03 | |

| 油田 | | CH₄ | C₂H₆ | C₃H₈ | C₄H₁₀ | n-C₄H₁₀ | C₅H₁₂ | n-C₅H₁₂ | C₆⁺ | CO₂ | N₂ | H₂S |
|---|---|---|---|---|---|---|---|---|---|---|---|---|
| 克拉2 | E | 98.05 | 0.40 | — | | — | — | — | | 0.94 | 0.60 | — |
| | K | 98.27 | 0.53 | 0.04 | 0.02 | — | 0.01 | — | | 0.55 | 0.60 | — |
| 迪那2 | N₁ⱼ | 88.41 | 7.32 | 1.43 | 0.59 | — | 0.18 | — | | 0.47 | 1.34 | — |
| | E | 88.76 | 7.39 | 1.44 | 0.61 | — | 0.22 | — | | 0.25 | 0.86 | — |
| 英买力7 | E | 86.38 | 4.80 | 2.01 | 0.73 | — | 0.16 | — | | 0.24 | 5.67 | — |
| | K | 90.57 | 4.74 | 0.09 | 0.18 | — | 0.04 | — | | 0.07 | 3.73 | — |
| 牙哈 | N₁ⱼ | 84.35 | 6.99 | 1.98 | 0.80 | — | 0.29 | — | | 0.26 | 5.22 | — |
| | E | 83.81 | 7.08 | 2.64 | 1.09 | — | 0.26 | — | | 0.24 | 4.86 | — |
| | K | 81.40 | 7.76 | 2.84 | 1.59 | | 0.81 | | | 0.86 | 4.30 | |
| 塔中6 | C | 85.61 | 1.55 | 0.59 | 0.40 | | 0.14 | | | 2.16 | 9.55 | |
| 和田河 | C | 77.40 | 0.69 | 0.09 | — | | — | | | 12.20 | 9.63 | |
| | O | 78.08 | 1.81 | 0.54 | 0.31 | | 0.15 | | | 2.39 | 16.72 | |
| 涩北-1 | Q₁₊₂ | 99.24 | 0.06 | 0.02 | — | | — | | | | 0.68 | |
| 涩北-2 | Q₁₊₂ | 96.95 | 0.07 | 0.03 | — | | — | | | 0.68 | 2.17 | |
| 盐湖 | Q₁₊₂ | 95.17 | 0.28 | 0.03 | | | | | | | 3.44 | |
| 长庆 | O | 95.6 | 0.6 | 0.08 | 0.03 | — | 0.04 | | | 3.02 | 0.04 | 0.0264 |
| 大港板桥 | O、P | 68.55 | 11.22 | 6.42 | 3.66 | | 1.77 | — | 6.84 | 1.00 | 0.45 | |
| 华北苏桥 | O、P | 78.58 | 8.26 | 3.13 | 1.98 | | 5.84 | — | 2.21 | | | |
| 东海平湖 | E₂P | 77.76 | 9.74 | 3.85 | 2.33 | | 0.71 | — | 2.95 | 1.39 | 1.27 | |
| 东方1-1 | Nyth | 76.41 | 1.77 | 0.29 | — | | — | | — | 1.23 | 19.73 | |
| 崖13-1 | E₃ₗ | 84.51 | 1.29 | 0.28 | 0.11 | | 0.04 | | 0.13 | 13.14 | 0.50 | 0.0046 |

非伴生气包括纯气田天然气和凝析气田天然气,两者在地层中均为单一的气相。

根据天然气中 $C_3$ 以上烃类、$C_5$ 以上重质烃含量的不同又可将天然气分为干气和湿气、贫气和富气。一般每立方米气体(20℃,101.325kPa)中 $C_5$ 以上重质烃含量按液态计小于 13.5cm³ 的为干气,高于此值为湿气;含 $C_3$ 和 $C_3$ 以上烃类大于 100cm³ 的为富气,低于此值为贫气。

纯气田天然气为干气。其组成见表 2-5 和表 2-6。凝析气田天然气出井口后,经减压降温,分离为气液两相。气相净化后称凝析气,液相主要是凝析油,可能还有部分被凝析的水分。凝析油的组成相当于轻石脑油或全沸程石脑油和粗柴油的混合物,相对分子质量较低,富含烷烃,环烷烃、芳烃含量低,为优异的裂解原料。

油田气和凝析气均属于湿气。为便于运输，可通过加压使其中的丙烷、丁烷以"液化气体"的形式分离出来，这种液化气体称为液化石油气。

表 2-5　我国主要气田和凝析气田的天然气组成　　%（体积）

| 气田名称 | | 甲烷 | 乙烷 | 丙烷 | 异丁烷 | 正丁烷 | 异戊烷 | 正戊烷 | $C_6^+$ | $C_7^+$ | $CO_2$ | $N_2$ | $H_2S$ |
|---|---|---|---|---|---|---|---|---|---|---|---|---|---|
| 长庆气田 | 靖边 | 93.89 | 0.62 | 0.08 | 0.01 | 0.01 | 0.001 | 0.002 | — | — | 5.14 | 0.16 | 0.048 |
| | 榆林 | 94.31 | 3.41 | 0.50 | 0.08 | 0.07 | 0.013 | 0.041 | — | — | 1.20 | 0.33 | |
| | 苏里格 | 92.54 | 4.5 | 0.93 | 0.124 | 0.161 | 0.066 | 0.027 | 0.083 | 0.76 | 0.775 | — | |
| 中原气田 | 气田气 | 94.42 | 2.12 | 0.41 | 0.15 | 0.18 | 0.09 | 0.09 | 0.26 | — | 1.25 | | |
| | 凝析气 | 85.14 | 5.62 | 3.41 | 0.75 | 1.35 | 0.54 | 0.59 | 0.67 | — | 0.84 | | |
| 塔里木气田 | 克拉-2 | 98.02 | 0.51 | 0.04 | 0.01 | 0.01 | 0 | 0 | 0.04 | 0.01 | 0.58 | 0.7 | |
| | 牙哈 | 84.29 | 7.18 | 2.09 | — | — | — | | | | | | |
| 海南崖 13-1 气田 | | 83.87 | 3.83 | 1.47 | 0.4 | 0.38 | 0.17 | 0.10 | 1.11 | — | 7.65 | 1.02 | 70.7 mg/m³ |
| 青海台南气田 | | 99.2 | | 0.02 | | | | | | | | 0.79 | |
| 青海涩北-1 气田 | | 99.9 | | | | | | | | | | 0.10 | |
| 青海涩北-2 气田 | | 99.69 | 0.08 | 0.02 | | | | | | | | 0.2 | |
| 东海平湖凝析气田 | | 81.30 | 7.49 | 4.07 | 1.02 | 0.83 | 0.29 | 0.19 | 0.20 | 0.89 | 3.87 | 0.66 | |
| 新疆柯克亚凝析气田 | | 82.69 | 8.14 | 2.47 | 0.38 | 0.84 | 0.15 | 0.32 | 0.2 | 0.14 | 0.26 | 4.44 | |
| 华北苏桥凝析气田 | | 78.58 | 8.26 | 3.13 | | 1.43 | | 0.55 | 0.39 | 5.45 | 1.41 | 0.8 | |

表 2-6　国外气田气组成　　%（体积）

| 国家 | 气　田 | $CH_4$ | $C_2H_6$ | $C_3H_8$ | $C_4H_{10}$ | $C_5H_{12}$ | CO | $CO_2$ | $N_2$ | $H_2S$ |
|---|---|---|---|---|---|---|---|---|---|---|
| 美国 | Louisiana | 92.18 | 3.33 | 1.48 | 0.79 | 0.25 | 0.05 | 0.9 | 1.02 | — |
| | Texas | 57.69 | 6.24 | 4.46 | 2.44 | 0.56 | 0.11 | 6.0 | 7.5 | 15 |
| 加拿大 | Alberta | 64.4 | 1.2 | 0.7 | 0.8 | 0.3 | 0.7 | 4.8 | 0.7 | 26.3 |
| 委内瑞拉 | San Joaquin | 76.7 | 9.79 | 6.69 | 3.26 | 0.94 | 0.72 | 1.9 | — | — |
| 荷兰 | Goningen | 81.4 | 2.9 | 0.37 | 0.14 | 0.04 | 0.05 | 0.8 | — | 14.26 |
| 英国 | Leman | 95 | 2.76 | 0.49 | 0.20 | 0.06 | 0.04 | 1.3 | | |
| 法国 | Lacq | 69.4 | 2.9 | 0.9 | 0.6 | 0.3 | 0.4 | 10 | — | 15.5 |
| 俄罗斯 | Давщаское | 98.9 | 0.3 | — | — | — | | 0.2 | | |
| | Саратовское | 94.7 | 1.8 | 0.2 | 0.1 | — | | 0.2 | | |
| | Щеоелийнское | 93.6 | 4.0 | 0.6 | 0.7 | 0.25 | 0.15 | 0.1 | 0.6 | |
| | Оренбургское | 84.86 | 3.86 | 1.52 | 0.68 | 0.4 | 0.18 | 0.58 | 6.3 | 1.65 |
| | Сарачганакское | 92.3 | 5.24 | 2.07 | 0.74 | 0.31 | 0.13 | 5.3 | 0.85 | 3.07 |

我国天然气（伴生气）的组分特征：油田伴生气中的乙烷和乙烷以上的烃类

含量较高,往往超过 15%(体积分数);凝析气田天然气中乙烷和乙烷以上的烃类含量比油田伴生气低一些,一般在 5%~10%(体积);气田的天然气组成中乙烷以上的烃类含量较少,即一般称为干气,但也有部分气田的天然气组成中乙烷以上的烃类含量稍高,但一般均小于 5%(体积);在天然气(伴生气)中 $N_2$、$CO_2$、$H_2S$ 等的含量参差不齐,无任何规律可循。

## 2.3 清洁能源战略储备——非常规天然气资源

过去 100 多年间,人类的能源利用经历了从薪柴时代到煤炭时代,再到油气时代的演变。在能源利用总量不断增长的同时,能源结构也在不断变化,甲烷类气体燃料在能源结构中的比例不断增长。全球致密气、煤层气和页岩气 3 类非常规天然气资源丰富,达 $4000×10^{12}m^3$,是常规天然气资源的 4.56 倍,主要分布在加拿大、俄罗斯、美国、中国、拉美等地区。而我国非常规天然气资源总量是常规天然气资源量的 5.01 倍,主要为致密砂岩气,分布在鄂尔多斯、四川、松辽、渤海湾、柴达木及准格尔等 10 余个盆地。我国非常规天然气总资源量达 $190×10^{12}m^3$,其中煤层气 $37×10^{12}m^3$,位居世界第三,已探明储量 2800 多亿立方米;页岩气资源量达 $100×10^{12}m^3$,其中可采储量 $26×10^{12}m^3$,与美国相当。致密气资源量约为 $12×10^{12}m^3$。

北美是页岩气、煤层气、致密砂岩气等非常规天然气资源综合开发最成功的地区之一。较高的天然气价格和非常规天然气开发技术取得的重要进展,使得近年来北美地区的非常规天然气产量大幅度增长并将延续。过去的 20 年,美国页岩气产量呈指数级增长,2017 年,全美页岩气开采量为 $4621×10^8m^3$,较 2016 年 $4316×10^8m^3$ 增长约 7%,且页岩气开采量几乎占到美国天然气开采总量的一半。页岩气产量的大幅度增长,助推美国再次成为世界第一大产气国。据预测,未来 20 年,美国页岩气产量还将大幅度上升,到 2035 年将达到 $3500×10^8m^3$,将占到美国天然气总产量的 45%以上,不仅改变着美国天然气的供应格局,甚至将会影响到全球的能源结构格局。

随着国家能源安全保障和能源结构的改善,我国天然气供需缺口越来越大。自 2007 年国内天然气消费量超过产量以来,我国成为天然气净进口国,当年净进口天然气达 $14×10^8m^3$,占天然气消费量的 1.99%,此后,供需矛盾不断尖锐。2009 年天然气进口比例仅为 5%,到 2018 年 2 月已达 43.01%。2017 年,我国全年天然气消费量约 $2352×10^8m^3$,同比增长 17%,增速重回两位数,增量超过 $340×10^8m^3$。但 2017 我国天然气产量为 $1487×10^8m^3$,同比增长 8.5%。2018 年,中国天然气需求仍将保持快速增长,预计天然气消费量为 $2587×10^8m^3$,比上年增长 10%。城市燃气延续快速增长态势,发电用气稳定增长,工业持续推进煤改气,化工用气小幅增长。预计城市燃气需求量为 $995×10^8m^3$,发电用气需求量为

$508 \times 10^8 m^3$，工业用气需求量为 $805 \times 10^8 m^3$，化工用气需求量为 $279 \times 10^8 m^3$。预计 2018 年国内天然气产量为 $1606 \times 10^8 m^3$，比上年增长 8.8%；天然气进口量为 $1050 \times 10^8 m^3$，比上年增长 13.4%，对外依存度将突破 40%。国务院办公厅正式发布《能源发展战略行动计划（2014—2020 年）》提出到 2020 年我国煤炭消费比重降至 62% 以内，要大力发展天然气，提高天然气储备能力，天然气消费比重提高至 10% 以上。据此反推，"十三五"期间我国天然气消费复合年均增长率将达 10% 以上，2020 年消费量将达（3200 ~ 4100）$\times 10^8 m^3$。然而常规天然气产量只有（1600 ~ 1800）$\times 10^8 m^3$，缺口近一半。

因此，要保证国家对天然气的消费需求，除进口一定量的天然气外，必须依靠页岩气等非常规天然气的快速发展。据自然资源部预测，到 2020 年，我国页岩气产量将到达常规天然气的 8% ~ 12%；2035 年，页岩气产量将达到 $1100 \times 10^8 m^3$，占到天然气总产量的 25%。页岩气等非常规天然气资源将成为我国能源战略储备的主要来源。

高效、清洁燃烧是甲烷类燃料应用的关键优势，目前为止天然气是最干净的燃料，燃烧造成的污染约为石油的 1/40，煤炭的 1/800，燃烧的产物大部分是二氧化碳和水蒸气，极少量的 $NO_x$、$SO_x$，几乎没有灰尘。煤炭和石油中结构复杂的氮、硫等有机非烃化合物和有机金属化合物在燃烧过程中会产生更多的 $CO_2$，少量的 HC、$NO_x$、$SO_x$ 和 PM（表 2-7）。

表 2-7 燃烧排放（kg/GJ 能量输入）

| 气体污染 | 燃料 | | |
|---|---|---|---|
| | 天然气 | 石油 | 煤 |
| $CO_2$ | 50298 | 70504 | 89419 |
| CO | 17 | 14 | 89 |
| $NO_x$ | 40 | 193 | 196 |
| $SO_2$ | 0 | 482 | 1114 |
| 颗粒物 | 3 | 36 | 1180 |
| 甲醛 | 0 | 0 | 0 |
| 汞（Hg） | 0 | 0 | 0 |

美国非常规天然气产业的快速发展对减少二氧化碳的排放起到了积极作用。在 1990—2010 年的 20 年内，美国已实现二氧化碳减排 $433.46 \times 10^8 t$，预计在 2035 年可减排二氧化碳约 $11.42 \times 10^8 t$，确保将二氧化碳排放总量控制在 $100 \times 10^8 t$ 之内。中国从 2008 年起成为世界第一温室气体排放大国，到 2010 年，二氧化碳排放总量达到了 $83 \times 10^8 t$，占世界排放总量的 25.2%，比 2008 年、1973 年分别上升了 2.9% 和 19.5%。《2017 全球碳预算报告》指出到 2017 年年底，全球化石燃料和工业碳排放将达到 $370 \times 10^8 t$，其中中国排放占比为 28%。若不有效控制排

放，预计到 2020 年、2035 年，我国二氧化碳排放总量将分别达到 $110 \times 10^8 t$、$132 \times 10^8 t$，减排压力增加。

非常规天然气资源作为一种绿色、清洁、低碳、环保的天然气资源，被寄予厚望。按同等热值计算，$1 Nm^3$ 天然气相当于 $1.33 kg$ 标准煤，若将天然气消费量提高到 $6340 \times 10^8 m^3$，相当于增加 $8.43 \times 10^8 t$ 标准煤；按同等热值计算，每燃烧 $1 m^3$ 的天然气可比煤炭减少 46% 的二氧化碳排放量，相比于煤炭可以减少 $6.97 \times 10^8 t$ 二氧化碳排放，同时，甲烷气体的温室效应是二氧化碳的 21 倍，每利用 $1 \times 10^8 m^3$ 天然气相当于减排二氧化碳约 $150 \times 10^4 t$。

为实现我国政府对世界节能减排、保护环境的承诺，在当前经济快速发展的情况下，必须保持节能减排和经济发展同步进行，大力、快速发展非常规天然气资源，优化能源消费结构。据预测，到 2035 年，中国能源消耗总量增长 64% 的情况下，煤炭、石油在一次能源消费中的比例将比 2010 年分别下降 16.14% 和 4.37%，天然气在一次能源消费中的比例将由 2010 年的 4.3% 增加到 15.8%，能源消耗结构得到合理优化。

# 2.4 页岩气

页岩油气资源的发现、开发、利用，为人类打开了一扇新的能源大门，使全球的能源结构、价格机制、气候政策、地缘政治发生了极大的变化。

页岩气主要赋存于页岩中，所谓页岩（Shale）就是指由粒径小于 $0.0039 mm$ 的细粒碎屑、黏土、有机质等组成的，具有页状或薄片状层理、易碎裂的一类沉积岩。页岩气（Shale Gas）是指从页岩层中开采出来的天然气，以热成熟作用或连续的生物作用生成，并以吸附状态或游离状态赋存于暗色泥页岩、高碳泥页岩、页岩及粉砂质岩类夹层中的天然气聚集物，可生成于有机成因的各种阶段。游离状态的页岩气存在于天然裂缝与粒间孔隙中。吸附状态的页岩气存在于干酪根或黏土颗粒表面。天然气主体上以游离相态（大约 50%）存在于裂缝、孔隙及其他储集空间，以吸附状态（大约 50%）存在于干酪根、黏土颗粒及孔隙表面，极少量以溶解状态储存于干酪根、沥青质及石油中，也可存在于夹层状的粉砂岩、粉砂质泥岩、泥质粉砂岩、甚至砂岩地层中。

页岩气发育具有广泛的地质意义，存在于几乎所有的盆地中，由于埋藏深度、含气饱和度等差别而具有不同的工业价值。产气页岩分布范围广、厚度大，普遍含气，页岩气井能够长期、稳定产气，开采寿命一般可达 30~50 年，甚至更长等特点决定了页岩气具有良好的发展潜力和前景。

## 2.4.1 页岩气成因

页岩气是指主体位于暗色泥页岩或高碳泥页岩中，以吸附或游离状态为主要存在方式的天然气聚集物，为天然气生成之后在源岩层内就近聚集的结果，表现为典型的"原地"成藏模式。页岩气源岩多为沥青质或富含有机质的暗色泥页岩和高碳泥页岩，有机质含量非常高，为正常烃源岩的 10~20 倍，甚至有机质含量可达 30% 以上。页岩气在有机质演化的各阶段都可形成，主要由生物成因气、热成因气、热裂解气以及混合成因气组成，化学成分相对简单，以甲烷为主，为典型的干气。

## 2.4.2 页岩气资源分布

全球页岩气储量丰富，勘探和开发程度较低，发展潜力巨大。中国石油经济技术研究院发布的《2012 年国外石油科技发展报告》显示，全球页岩气资源量多达 $457 \times 10^{12} \mathrm{m}^3$。其中，北美地区页岩气资源量达 $108.7 \times 10^{12} \mathrm{m}^3$。占全球总资源量的 23.8%；中亚和中国为 $99.8 \times 10^{12} \mathrm{m}^3$，占全球总资源量的 21.9%。全球页岩气资源量相当于煤层气与致密砂岩气的总和，约占全球非常规天然气资源量的 50%，与常规天然气的资源量 $472 \times 10^{12} \mathrm{m}^3$ 相当。2011 年 9 月，埃克森美孚发布《2030 年能源展望报告》指出，2005~2030 年，全球非常规天然气产量预计将增长 5 倍。其中美国非常规天然气产量增长最快。

2011 年以来，美国能源信息署（EIA）对以美国、中国为代表的 41 个国家的页岩气资源进行评价。根据 EIA 于 2014 年 1 月 3 日发布的美国和全球页岩油和页岩气资源报告，41 个国家的页岩气潜在技术可采资源量为 $206.68 \times 10^{12} \mathrm{m}^3$，与常规天然气探明可采储量相当。其中，北美洲页岩气资源最为丰富，占全球总量的 23.4%。表 2-8 为技术上可采页岩气资源前 10 位的国家。

表 2-8　技术上可采页岩气资源前 10 位的国家

| 排序 | 国家 | 页岩气/$\times 10^{12} \mathrm{m}^3$ | 排序 | 国家 | 页岩气/$\times 10^{12} \mathrm{m}^3$ |
|---|---|---|---|---|---|
| 1 | 中国 | 31.554 | 6 | 墨西哥 | 15.423 |
| 2 | 阿根廷 | 22.697 | 7 | 澳大利亚 | 12.367 |
| 3 | 阿尔及利亚 | 20.008 | 8 | 南非 | 11.037 |
| 4 | 美国 | 18.820 | 9 | 俄罗斯 | 8.066 |
| 5 | 加拿大 | 16.216 | 10 | 巴西 | 6.934 |
| 世界合计 | | | 206.68 | | |

页岩气技术可采资源量排名前 10 位的国家依次是中国、阿根廷、阿尔及利亚、美国、加拿大、墨西哥、澳大利亚、南非、俄罗斯、和巴西，10 个国家总技术可采资源量占全球的 78.92%。

中国页岩气的形成和富集地质条件在富有机质页岩发育的广泛性、页岩质量等方面与北美具有许多相似性。但由于中国地质条件复杂，尤其是构造体制、沉积环境、热演化过程等方面的差别，中国页岩气的形成、富集存在与北美相比又具有较大差异。

中国古生界海相富有机质页岩分布范围广、连续厚度大、有机质丰度高，但演化程度高、构造变动多；中新生界陆相富有机质页岩横向变化大，以厚层泥岩或砂泥岩互层为主，有机质丰度中等，热成熟度低。

中国沉积岩面积约为 $670×10^4 km^2$，其中海相沉积岩面积近 $300×10^4 km^2$。按类比法预测（表2-9），中国陆上富有机质泥页岩有利勘探开发面积为 $(100~150)×10^4 km^2$，厚度为 20~300m，有机碳含量为 0.5%~25.71%，成熟度（Ro）为 0.8%~4.5%，页岩气资源潜力为 $(86~166)×10^{12} m^3$。其中古生界海相页岩气资源潜力为 $(75~147)×10^{12} m^3$，占页岩气总资源量的 88%；中新生界页岩气资源潜力为 $(11~19)×10^{12} m^3$，占页岩气总资源量的 12%。中国页岩气资源勘探开发总体处于探索和突破阶段。

表2-9　中国页岩气资源预测

| 地区或盆地 | 时代 | 面积/ $×10^4 km^2$ | 厚度/m | 有机碳含量/% | 成熟度 $(R_o)$/% | 资源量/ $×10^{12} m^3$ | 气显示情况 |
|---|---|---|---|---|---|---|---|
| 扬子地区 | Z-J | 30~50 | 200~300 | 1.0~23.49 | 2.0~4.0 | 33~76 | 气显示与工业气 |
| 华北地区 | O、C-P | 20~25 | 50~180 | 1.0~7.0 | 1.5~2.5 | 22~38 | 气显示 |
| 塔里木盆地 | C-O | 13~15 | 50~100 | 2.0~3.0 | O：0.9~2.4 | 14~22.8 | 气显示 |
| 松辽盆地 | C-P、K | 7~10 | 180~200 | 0.5~4.57 | 0.9~2.0 | 5.9~10.5 | 油气显示 |
| 渤海湾盆地 | Ek-s | 5~7 | 30~50 | 1.5~5.0 | 1.0~2.6 | 4.3~7.4 | 油气显示 |
| 鄂尔多斯盆地 | C-P、$T_3$ | 4~5 | 20~50 | 2.0~22.21 | 0.8~1.3 | 3.4~5.3 | 气显示 |
| 准格尔盆地 | C-J | 3~5 | 150~250 | 0.47~18.47 | 1.2~2.3 | 2.6~5.3 | 气显气与低产气流 |
| 吐哈盆地 | C-J | 0.8~1.0 | 150~200 | 1.58~25.73 | 0.8~2.0 | 0.7~1.1 | 气显气与低产气流 |

中国页岩气远景资源量期望值：$100×10^{12} m^3$

注：Eks-s 为古近系孔店组-沙河街组时期。

美国能源信息署（EIA）对我国最有前景的四川盆地/扬子地台和塔里木盆地从地质特点、页岩气资源和开发活动等方面进行了详细评估和资源量预测，四川盆地技术可采资源量为 $19.6×10^{12} m^3$，塔里木盆地技术可采资源量为 $16.5×10^{12} m^3$，两者合计为 $36.1×10^{12} m^3$。

中国页岩气资源丰富，技术可采资源量为 $31.554×10^{12} m^3$，是常规天然气的 1.6 倍。中国页岩气资源勘探开发总体处于探索和突破阶段。在开采技术成熟、经济性适当时，将会产生巨大的商业价值。

目前，全世界只有美国实现页岩气的大规模开采，掌握核心技术。我国页岩气开发处于快速发展阶段，关键开发技术基本掌握，自主研发的技术经现场试验、试用阶段，目前已开展规模化生产和应用，中石化涪陵页岩气开发代表了中国页岩气的开发生产技术水平。表 2-10 显示了我国涪陵、昭通气田生产页岩气的不同化学组成。

表 2-10　页岩气组成 %(体积)

| 井号 | 井段/m | $C_1$ | $C_2$ | $C_3$ | $i-C_4$ | $n-C_4$ | $i-C_5$ | $n-C_5$ | $C_6^+$ | $H_2S$ | $CO_2$ | $N_2$ | He | $H_2$ |
|---|---|---|---|---|---|---|---|---|---|---|---|---|---|---|
| ××1 | 3157 | 98.260 | 0.680 | 0.020 | 0 | 0 | 0 | 0 | 0 | 0 | 0.180 | 0.820 | 0.037 | 0.003 |
| ××2 | 3387 | 98.000 | 0.660 | 0.055 | 0.001 | 0.003 | 0 | 0 | 0 | 0 | 0.335 | 0.907 | 0.035 | 0.004 |
| ××3 | 3271 | 98.260 | 0.734 | 0.024 | 0.001 | 0.003 | 0.002 | 0.004 | 0.003 | 0 | 0.130 | 0.806 | 0.033 | 0 |
| ××4 | 3582 | 97.980 | 0.742 | 0.024 | 0.002 | 0.002 | 0 | 0 | 0 | 0 | 0.376 | 0.839 | 0.035 | 0 |
| ××5 | 3612 | 98.050 | 0.713 | 0.024 | 0 | 0.002 | 0 | 0 | 0 | 0 | 0.287 | 0.878 | 0.046 | 0 |
| ××6 | 3392 | 98.010 | 0.801 | 0.020 | 0 | 0.001 | 0 | 0 | 0 | 0 | 0.244 | 0.884 | 0.040 | 0 |
| ××7 | 3940 | 98.000 | 0.753 | 0.022 | 0.001 | 0 | 0 | 0 | 0 | 0 | 0.257 | 0.841 | 0.046 | 0.078 |
| ××8 | 2384 | 97.76 | 1.83 | 0.08 | 0 | 0 | 0 | 0 | 0 | 0 | 0.33 | 0 | 0 | 0 |
| ××8 | 2470 | 97.68 | 1.99 | 0.18 | — | — | — | — | — | — | 0.15 | — | — | — |
| ××8 | 2580 | 97.93 | 1.59 | 0.16 | — | — | — | — | — | — | 0.32 | — | — | — |
| ××8 | 2490 | 98.24 | 1.40 | 0.10 | — | — | — | — | — | — | 0.26 | — | — | — |
| ××8 | 2506 | 98.74 | 0.68 | 0.17 | — | — | — | — | — | — | 0.41 | — | — | — |

注：××1～××7 为涪陵气田不同井位生产页岩气组成，××8 为昭通同一井位不同井段的页岩气组成。

## 2.4.3　页岩气发展

世界页岩气资源非常丰富，主要分布在北美、中亚和中国。全球第一口页岩气井于 1821 年钻成于美国东部的阿巴拉契亚盆地的泥盆系，20 世纪 70 年代以后进入商业性开发，至今已有近 200 年的发展历史。美国是世界上实现页岩气商业性勘探开发最早的国家，在阿巴拉契亚、密歇根等多个盆地成功地实现了页岩气商业性开采，2007 年美国页岩气生产井达到 41700 多口，页岩气年产量接近 500×$10^8 m^3$。近年来页岩气生产取得突破性进展，美国天然气产量快速增加，2009 年美国天然气生产量超过俄罗斯而跃居世界首位，2016 年页岩气的生产量已占美国当年天然气产量的 50.81%，占据美国天然气供应的半壁江山，2017 年，全美页岩气开采量为 4621×$10^8 m^3$，美国在近 60 年来首度成为天然气净出口国，其净出口量为 41×$10^8 m^3$。美国能源信息署（EIA）2017 年 1 月发布的《年度能源展望 2017》预测，无论是在基准情形还是在高油气资源和技术情形下，页岩气在 2016—2040 年都保持较快增长趋势，在天然气总产量中的占比不断加大，2018 年美国天然气出口将大幅升至 228×$10^8 m^3$，2019 年出口量再翻倍达到 456×$10^8 m^3$（图 2-

1）。按基准情形预测，到 2030 年，其产量将满足美国一半以上的天然气需求，到 2040 年美国天然气产量近 2/3 来自页岩气。

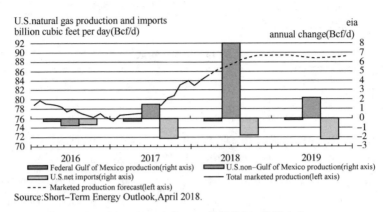

图 2-1　美国天然气生产与进口数据分析（数据来自 EIA）

继美国之后，加拿大成为全球第二个页岩气商业化开发的国家。页岩气勘探开发主要集中在加拿大西部。加拿大页岩气技术可采资源量为 $16.2×10^{12} m^3$。自 2007 年第一个页岩气藏投入商业化开发，2012 年页岩气产量达到 $215×10^8 m^3$，2013 年页岩气产量与 2012 年相当。

中国页岩气的研究始于 2004 年，2016 年底我国页岩气产量已达 $78.82×10^8 m^3$，2017 年达到 $90×10^8 m^3$，约占天然气总产量的 6%。其中，中石化重庆涪陵页岩气田 2017 年生产页岩气 $60.04×10^8 m^3$，销售 $57.63×10^8 m^3$，同比均增长 20%。2017 年中石油四川长宁-威远区块日产页岩气 $800×10^4 m^3$，年产量达到 $30.21×10^8 m^3$。2017 年底国家能源局在《页岩气发展规划（2016—2020 年）》中提到，力争在 2020 年实现页岩气产量 $300×10^8 m^3$。中国页岩气取得了很大成果，受中国基础地质条件复杂限制，页岩气勘探开发面临诸多困难和挑战，但在页岩分布广、层系多、页岩气资源量大等有利条件下，中国页岩气发展的前景非常广阔。

页岩气的开发生产对世界经济、政治、社会、生活乃至金融等多方面产生了深刻的变化和变革，可谓"页岩气革命"。页岩气开发过程采用的压裂技术可能造成水体等环境污染和引发地质结构不稳定区域的地质灾害等问题也愈发突出。中国是北美以外唯一一个现有石油服务行业规模较大而且政策、税收、环境较为宽松的地区，加之中国页岩气储量丰富且能源供需严重不平衡，中国已被视为未来除美国之外页岩气开发最快的国家。

《BP 世界能源展望（2017 年版）》称，天然气需求的增长速度要快于石油或煤炭，年均增长率为 1.6%。到 2035 年，其作为一次能源的份额将超过煤炭，成为第二大燃料来源。根据 BP 预测，2035 年世界天然气消费总量约 $4.78×10^{12} m^3$，比 2015 年增加 $1.31×10^{12} m^3$，消费依然集中在欧洲、北美、亚太三大市场，消费占比分别为 23%、26% 和 26%。据国际能源机构（IEA）估计，到 2035 年，世界天然气的需求将比 2008 年增加 62%，占世界能源需要总量的 1/4，2030 年以后将超过煤炭的统治地位，页岩气的增产为这种增长提供了可能。由于页岩油气资源的开发利用，美国也改变了 30% 天然气消费量需进口的状态，2012 年成为油气净输出国。世界最大能源消费国的油气供应自给地位的确立将对世界能源供给结构产生明显的影响。页岩气的成功开采，使美国天然气价格在一年之中已下落一半，甚至降至高峰时的 1/4。2016 年美国已成为 LNG 净输出国，颠覆了以往依赖进口的现象。2015~2035 年，页岩气将是世界天然气资源增长的主要来源，页岩气产量年均增长 5.2%，占全球天然气供给增长的 60%。到 2035 年页岩气将占天然气总产量的 25%。随着美国页岩气产量爆发，北美天然气产量快速增长，世界天然气供应重心西移。

中国蕴藏着丰富的页岩气资源，可采资源量约为 $26 \times 10^{12} \, m^3$，资源潜力与美国相当，但页岩气层深度比美国深得多，页岩气开采难度更大。国内天然气的强劲需求，推动着页岩气产业的加快发展。2017 年我国天然气产量 $1480 \times 10^8 \, m^3$，同比增长 7.72%；天然气表观消费量 $2373 \times 10^8 \, m^3$，同比增长 15.3%。近 10 年，我国天然气的消费量复合增速为 13.41%，显著高于同期我国天然气产量的增速，导致进口量不断增加。2017 年进口依存度达到 39.4%，进口量为 $926 \times 10^8 \, m^3$，2017 年，中国超过韩国成为世界第二大液化天然气（LNG）进口国。2018 年一季度，我国进口天然气 $2062 \times 10^4 \, t$，同比增长 37.3%。预计到 2020 年，我国天然气缺口将突破 $1350 \times 10^8 \, m^3$。因此，积极有计划地开发非常规天然气资源将是满足我国天然气需求的重要途径和保障。

# 2.5 煤层气

煤层气，俗称瓦斯，是以吸附态、游离态（或溶于地层水中），赋存于煤层中的一种自生自储式非常规天然气。煤层气的主要成分是甲烷，其含量一般在 95% 以上，还含有少量一氧化碳、二氧化碳、氮、氢以及烃类化合物。煤层气是一种重要的非常规天然气资源，开发和利用煤层气不仅可作常规油气的补充资源，而且可大大改善煤矿安全生产条件，减少甚至杜绝煤矿事故发生，保护大气环境。

中国为煤炭资源大国，煤层气资源相当丰富。据最新预测全国煤田埋深 2000m 以浅范围内，拥有的煤层气资源量为 $31 \times 10^{12} \, m^3$（褐煤未包括在内），与我国陆上常规天然气资源量大致相当；若将褐煤中的煤层气也计算在内，数量则更加可观。从我国化石能源资源的禀赋条件和经济社会发展需求来看，煤层气是继煤炭、石油、天然气之后我国在新世纪最现实的接替能源。

煤层气作为一种资源量巨大的非常规天然气资源，已经从研究逐渐走向开发利用。美国是最早进行煤层气开发利用的国家，煤层气工业起步于 20 世纪70 年代，到 80 年代实现了大规模的商业开发。我国煤层气产业的发展大致分为三个阶段：1952—1989 年，煤矿井下瓦斯抽放阶段；1990—2002 年地面煤层气勘探实验阶段；2003 年至今；煤层气产业形成与发展阶段。目前，世界上对煤层气研究日益加深，开发地域日益扩大，煤层气在能源中的地位日益提高。

### 2.5.1 煤层气成因

煤层气(又称煤层瓦斯)是在煤化作用过程中生成的，主要以吸附态赋存于煤层之中，可作为能源和化工原料供人类利用的一种自然资源，是与煤炭共生的一种气体矿产资源。

煤层气的组分及含量与常规天然气基本一致，主要有甲烷($CH_4$)、乙烷($C_2H_6$)等烃类和氮气($N_2$)、二氧化碳($CO_2$)、微量氩气($Ar$)及一氧化碳($CO$)等。甲烷含量一般为 85%~95%，重烃含量一般为 1.0%~14.1%，二氧化碳含量一般小于 2%，氮气含量一般小于 10%。煤层气的热值为 35.8MJ/$m^3$(按热值计算，每1000$m^3$煤层气相当于 1.22t 标准煤)，由于重烃含量较少，煤层气的热值略低于常规天然气(发热量为 37.7MJ/$m^3$)。煤层气已被广泛用作民用和汽车燃料、发电、制造甲醇和炭黑等，是一种优质的洁净能源和化工原料。

### 2.5.2 煤层气资源分布

世界上目前发现有 74 个国家蕴藏着煤炭资源，同时也赋存着煤层气资源。随着科学技术的快速进步，人类认识到煤层气的开发利用在改善煤矿安全、保护生态环境和增加优质洁净能源等方面具有良好的综合效益，世界各产煤国均加强了对煤层气资源的重视。

根据国际能源机构(IEA)估测，全球煤层气资源量超过 270×10$^{12}$$m^3$，占常规天然气资源量的 50%，主要分布在 10 多个国家中(表 2-11)，其中 90% 以上的煤层气资源集中在俄罗斯、加拿大、中国、美国、澳大利亚等 5 个主要产煤国。各国的煤层气资源条件、政策等差别，煤层气发展的状况有所不同。美国是世界上煤层气商业化开发最早、最成功的国家，也是迄今为止煤层气产量最高的国家，美国对煤层气资源的商业化开发利用，在全世界产生了积极的示范作用。加拿大、澳大利亚、新西兰、英国、法国、德国、俄罗斯、南非、印度、中国等也积极开展煤层气的勘探和开发试验，在煤层气资源的勘探、钻井、采气和地面集气处理等技术领域均取得了重要进展。其中澳大利亚、中国等已进入了工业化开采阶段，有力促进了世界煤层气工业的迅速发展。

表 2-11　世界主要产煤国的煤层气资源和煤炭资源统计

| 国家 | 煤层气资源/$\times 10^{12} m^3$ | 煤炭资源/$\times 10^9 t$ |
|---|---|---|
| 俄罗斯 | 17~113 | 6500 |
| 加拿大 | 6~76 | 7000 |
| 中国 | 32.86 | 5570 |
| 美国 | 21.38 | 3970 |
| 澳大利亚 | 8~14 | 1700 |
| 德国 | 3 | 320 |
| 波兰 | 3 | 160 |
| 英国 | 2 | 190 |
| 乌克兰 | 2 | 140 |
| 哈萨克斯坦 | 1 | 170 |
| 印度 | <1 | 160 |
| 南非、津巴布韦和博茨瓦纳 | <1 | 150 |

由表 2-11 可知,煤炭资源大国同时也是煤层气资源大国。俄罗斯煤炭资源量为 $6.5 \times 10^{12} t$,煤层气资源量为 $(17 \sim 113) \times 10^{12} m^3$,居世界第一位。根据最新预测结果,中国煤层气资源量为 $32.86 \times 10^{12} m^3$,超过美国,居世界第三位。俄罗斯、加拿大、中国、美国 4 个国家的煤层气资源量共计为 $243 \times 10^{12} m^3$,约占全世界煤层气资源量的 90%。美国的煤层气资源为 $(11 \sim 21.19) \times 10^{12} m^3$,全美含煤盆地大约有 17 个,已有 13 个进行了资源评价,这 13 个盆地可分为东部大盆地和西部大盆地两类,分别以黑勇士盆地和圣胡安盆地为代表,其中西部大盆地拥有美国煤层气资源的 70% 以上。

中国煤炭资源丰富,在古生代、中生代、新生代地层中,均发育具有工业价值的煤层。我国是用煤大国,煤在能源消费结构中占到 70% 左右,未来一段时间能源需求增长部分的 75% 左右仍需由煤来满足,即在今后相当长一段时间内,我国以煤炭为主的一次能源结构难以有大的变化。

我国煤炭资源分布几乎遍及全国各地,但在地理分布上极不均衡,西多东少,北多南少,尤以华北地区和西北地区最为丰富。昆仑山-秦岭-大别山一线以北约占煤储量的 94%、以南只有 6%;大兴安岭-太行山-雪峰山一线以西占储量的 89%,以东仅有 11% 左右。煤类的分布同样也极不均衡,76% 的无烟煤集中在山西、贵州两省,炼焦煤的 80% 分布在华北,90% 以上的低级煤赋存于西北各省。

丰富的煤炭资源中伴生有大量的煤层气资源,中国陆上煤层气资源量多达 $32.86 \times 10^{12} m^3$,其时间、空间分布特征与煤炭资源基本一致。对全国 5 大聚气区、40 个含煤盆地逐级进行估算,得到全国煤层埋深 2000m 以浅可采煤层气资

源量为 $11 \times 10^{12} m^3$。

根据地质结构、煤田分布状况、煤层含气性等特征，中国陆上可划分出 9 个煤层气含气区：黑吉辽含气区、冀鲁豫皖含气区、华南含气区、内蒙古东部含气区、晋陕蒙含气区、云贵川渝含气区、北疆含气区、南疆-甘青含气区、滇藏含气区，它们分属于东部、中部和西部 3 个煤层气含气大区。除滇藏含气区外，其余 8 个均赋存具有工业价值的煤层气资源；但不同含气区的差异相当悬殊，最大的晋陕蒙含气区的煤层气资源量是最小的华南含气区的 108 倍，分布极不均衡。具体如表 2-12 所示。

表 2-12　中国各含气区煤层气资源量

| 含气大区 | 含气区 | 主要成煤时代 | 煤层气资源量/$\times 10^8 m^3$ | 比例/% |
|---|---|---|---|---|
| 东部 | 黑吉辽 | $K_1$、C-P、E | 3878.62 | 1.2 |
| | 冀鲁豫皖 | C-P | 28977.04 | 8.8 |
| | 华南 | $P_2$、T、$C_1$、E | 1595.49 | 0.5 |
| 中部 | 内蒙古东部 | $K_1$ | 13268.6 | 4.0 |
| | 晋陕蒙 | C-P、$J_{1-2}$ | 172489.92 | 52.5 |
| | 云贵川渝 | $P_2$ | 28455.68 | 8.7 |
| 西部 | 北疆 | $J_{1-2}$ | 68763.07 | 20.9 |
| | 南疆-甘青 | $J_{1-2}$ | 11138.73 | 3.4 |
| 全国合计 | | | 328567.15 | 100 |

## 2.5.3　煤层气开发

从煤层气的组分、含量、热值、赋存状态及开发利用状况来看，煤层气是可以供人类利用的矿产，是常规油气最现实的补充来源；开发利用煤层气，在获得洁净能源的同时，还可在治理煤矿瓦斯灾害和环境保护等方面取得巨大效益。因此，许多国家的政府、企业界都十分关注煤层气资源，采取各种措施对其进行开发利用。当前煤层气已被作为能源大量开发利用。进入 21 世纪以来，加拿大、澳大利亚、中国等国家的煤层气开发规模迅速扩大，2012 年加拿大的煤层气产量为 $74.5 \times 10^8 m^3$。据加拿大国家能源委员会预测，2020 年，煤层气年产量将达到 $280 \times 10^8 m^3$，最高估计可达到 $390 \times 10^8 m^3$，届时煤层气产量将占加拿大天然气总产量的 15%。澳大利亚是继美国之后在煤层气勘探方面进展较快的国家，2016年煤层气年产量达 $310 \times 10^8 m^3$，超过美国的 $290 \times 10^8 m^3$，成为世界上最大的煤层气生产国。

我国煤层气资源十分丰富，埋深小于 2000m 的煤层气资源总量为 $36.81 \times 10^{12} m^3$，与陆上常规天然气资源量相当，位居世界第 3 位。我国煤层气资源不仅在总量上占有一定的优势，而且在区域分布、埋藏深度等方面也有利于规划开发。

煤层气的开采有两种方式：一是地面钻井开采，二是井下瓦斯抽采。中国从20世纪90年代开始进行煤层气开发试验，经过10多年的探索，在攻克相关技术难题后，山西晋城等地的煤层气工业开发、利用取得重要进展。2003年在辽宁阜新矿区率先实现煤层气商业性开发。至今已有阜新刘家、沁水柿庄、沁水寺河、沁水潘河、渭北韩城5个地区进行煤层气商业化开采。近几年全国煤层气行业稳步发展，2015年全国煤层气抽采量$180\times10^8 m^3$，利用量为$86\times10^8 m^3$，"十二五"期间复合增长率分别为14.9%、19.0%（《煤层气开发利用"十二五"规划》），其中地面和井下抽采量分别为$44\times10^8 m^3$、$136\times10^8 m^3$，利用量分别为$38\times10^8 m^3$、$44\times10^8 m^3$。而根据统计，2016年全年煤层气抽采量$168\times10^8 m^3$，其中地面煤层气产量$45\times10^8 m^3$，井下瓦斯抽采量$123\times10^8 m^3$。2017年1~12月中国煤层气产量为$70.2\times10^8 m^3$，累计增长8.2%。山西省为煤层气主要资源区和产区，根据报告显示，2012~2017年，全国煤层气地面抽采量复合增长15%，山西省煤层气探明地质储量、抽采量占全国88%、56%。国家能源局印发的《煤层气(煤矿瓦斯)开发利用"十三五"规划》，要求2020年天然气占一次能源消费的比重提高至10%，鼓励大力发展煤层气。"十三五"煤层气产业新目标为：新增煤层气探明地质储量$4200\times10^8 m^3$，建成2~3个煤层气产业化基地。到2020年我国煤层气将新增探明地质储量$1\times10^{12} m^3$，煤层气(煤矿瓦斯)抽采量达到$240\times10^8 m^3$，产量达到$100\times10^8 m^3$，利用率90%以上，2016~2020年抽采量复合增长率达到22.1%。中国工程院编制《我国煤层气开发利用战略研究》显示，到2030年，我国煤层气产量有望达到$900\times10^8 m^3$。

我国煤层气资源的勘探开发起步较晚，且大规模产业化进展较慢。近十几年，国内多家大型国有能源企业等积极参与我国煤层气的勘探开发，使国内煤层气勘探开发和地面建设有了实质性进展。2009年11月，我国首个数字化、规模化的煤层气田示范工程在沁水建成投产，商品煤层气源源不断地输入西气东输一线管道，实现了我国第一个煤层气田的规模化商业运营。

不同煤层气田采出的煤层气的组成并不完全一样，主要是与煤层气生成的地质条件以及构造运动有关，即与煤岩成分、煤阶和气体运移有关。但总的来说主要成分是甲烷(90%~99%)，少量的二氧化碳($CO_2$)、氮气($N_2$)，以及微量的乙烷($C_2H_6$)和以上烃类、氢($H_2$)、一氧化碳(CO)、二氧化硫($SO_2$)、硫化氢($H_2S$)以及氦(He)等惰性气体等。目前我国主要煤层气田井口煤层气组成见表2-13。

表2-13　我国主要煤层气田煤层气组成　　　　　　　　　　% (体积)

| 气田名称 | $CH_4$ | $C_2H_6$ | $C_3^+$ | $CO_2$ | $N_2$ | $H_2S$ |
|---|---|---|---|---|---|---|
| 沁水盆地(樊庄郑庄区块3#煤层) | 98.180 | 0.040 | 0.000 | 0.430 | 1.350 | 0.000 |
| 沁水盆地(马必区块3#煤层) | 99.390 | 0.000 | 0.000 | 0.345 | 0.265 | 0.000 |
| 沁水盆地(马必区块15#煤层) | 96.892 | 0.000 | 0.000 | 0.986 | 2.214 | 0.000 |

| 气 田 名 称 | $CH_4$ | $C_2H_6$ | $C_3^+$ | $CO_2$ | $N_2$ | $H_2S$ |
|---|---|---|---|---|---|---|
| 鄂尔多斯东缘盆地(韩城区块 3# 煤层) | 99.205 | 0.037 | 0.000 | 0.402 | 0.356 | 0.000 |
| 鄂尔多斯东缘盆地(韩城区块 5# 煤层) | 99.207 | 0.037 | 0.000 | 0.403 | 0.353 | 0.000 |
| 鄂尔多斯东缘盆地(柳林区块) | 98.650 | 0.050 | 0.000 | 0.380 | 0.910 | 0.000 |
| 沁水盆地潘河区块 | 96.170 | 0.05 | 0.000 | 0.070 | 3.710 | 0.000 |
| 沁水盆地潘庄区块 | 94.520 | 0.01 | 0.000 | 0.300 | 3.820 | 0.000 |
| 宁武盆地静游区块 | 97.000 | 0.060 | 0.000 | 1.640 | 1.300 | 0.000 |
| 鄂东气田韩城区块 | 99.360 | 0.020 | 0.000 | 0.200 | 0.420 | 0.000 |

注：以开发煤层气田除在马必区块检测相出微量硫化物以外，其他区块均未检出硫化物。

## 2.6 致密砂岩气

致密砂岩气是一种储集于低渗透–特低渗透致密砂岩储层中的典型的非常规天然气资源，依靠常规技术难以开采，需通过大规模压裂或特殊采气工艺技术才能产出具有经济价值的天然气。目前，国际上一般采用美国联邦能源管理委员会于 20 世纪 70 年代提出的标准，将空气渗透率小于 $1\times10^{-3}\,\mu m^2$ 的砂岩气藏定义为致密砂岩气。

近 20 年来，美国的常规天然气产量持续下降，天然气总产量的增加主要得益于非常规天然气的有效经济开发，其中最早突破的是致密气。美国是全球致密砂岩气工业发展最早、开发利用最成功的国家，已在 23 个盆地发现了 900 多个致密气田，主要分布于落基山盆地群和墨西哥湾沿岸地区，可采资源量为 $13\times10^{12}\,m^3$，剩余探明可采储量超过 $5\times10^{12}\,m^3$，生产井超过 $10\times10^4$ 口，2010 年致密砂岩气产量达 $1754\times10^8\,m^3$，约占美国天然气总产量 $6110\times10^8\,m^3$ 的 30%，在天然气产量构成中占有重要地位。

中国的致密砂岩气发现较早，1971 年就在川西发现了中坝致密砂岩气田，之后在鄂尔多斯盆地等发现了不少致密砂岩气储量，但由于缺乏有效的评价标准，加上受工程技术水平的限制，致密砂岩气资源长期忽视，发展缓慢。2005 年以来，随着压裂改造技术的突破和推广应用，鄂尔多斯盆地、四川盆地等致密砂岩气勘探开发获得重要进展，短短几年时间，塔里木、吐哈、松辽和渤海湾等盆地均陆续获得致密砂岩气新发现，致密砂岩气已成为中国目前最现实的非常规天然气资源。

### 2.6.1 致密砂岩气成因

致密砂岩气，简称致密气，一般指孔隙度低(<10%)、渗透率低($<1\times10^{-3}$ $\mu m^2$)、含气饱和度低(<60%)、含水饱和度高(>40%)，天然气在其中流动速度较为缓慢的砂岩层中的天然气。致密砂岩气一般归为非常规天然气，当埋藏较浅、开采条件较好时也可归为常规天然气开发。

国内外多位学者对致密砂岩气藏进行过分类。Law（2002年）根据烃源岩的有机质类型将盆地中心气藏划分为直接型和间接型两类。直接型盆地中心气的源岩有机质类型是Ⅲ型干酪根，以生气为主；间接型盆地中心气的源岩有机质类型是Ⅰ型或Ⅱ型干酪根，气的来源多是高演化阶段油裂解成气。烃源岩的差异造成了盆地中心气藏形成和演化阶段的差异以及部分成藏特征的不同。姜振学等（2006年）根据源岩排烃史和储层致密化过程的先后关系，将致密砂岩气藏分为"先致密后成藏型"和"先成藏后致密型"两类。前者指的是储层致密化发生在源岩排烃高峰期即天然气大规模充注之前，形成了气水倒置的致密砂岩气藏；后者指的是储层致密化发生在源岩排烃高峰期及天然气大规模充注之后，即致密砂岩气藏早期是常规圈闭气藏，后期储层变得致密。

## 2.6.2　致密砂岩气资源分布

我国致密砂岩气资源量主要分布在陆上含煤系地层的沉积盆地中，截至2016年底我国致密砂岩气地质资源量为 $22.9 \times 10^{12} \, \text{m}^3$ ，技术可采资源量为 $(9 \sim 13) \times 10^{12} \, \text{m}^3$ ，均占全国致密砂岩气资源总量的86%左右。占各类天然气可采资源量的13.39%，约为常规天然气技术可采资源量的29%~48%，广泛分布于鄂尔多斯、四川、松辽、渤海湾等多个盆地，其中鄂尔多斯盆地致密气地质储量丰富，石炭—二叠系致密气技术可采资源量 $(2.9 \sim 4.0) \times 10^{12} \, \text{m}^3$ ，苏里格气田是典型代表。四川盆地也有丰富的致密气储层，三叠系须家河组致密气田技术可采资源量 $(2.0 \sim 2.9) \times 10^{12} \, \text{m}^3$ ，区域主要分布在川西和川中地区。塔里木盆地侏罗—白垩系致密气田技术可采资源量 $(1.5 \sim 1.8) \times 10^{12} \, \text{m}^3$ ，三大地区合计致密气技术可采资源量 $(6.4 \sim 8.7) \times 10^{12} \, \text{m}^3$ ，约占全国陆上致密气资源总量的80%。还有少量存在于渤海湾、柴达木等盆地中，也是未来重点勘探开发的区域。

按照中国海洋石油总公司确定的近海海域致密气评价标准（海域按孔隙度5%~15%、渗透率小于10mD划为致密气，与陆上标准不同），我国东海、莺歌海、珠江口三个近海盆地共有致密气技术可采资源量 $(1.1 \sim 2.0) \times 10^{12} \, \text{m}^3$ ，约占全国致密气资源总量的14%。随着海域含油气盆地地质认识程度的提高和勘探开发技术的进步，海域将是未来致密砂岩气勘探开发的重要接替领域。从致密气赋存的层系看，我国致密气资源埋深普遍偏深，中部地区的鄂尔多斯盆地上古生界、四川盆地三叠系须家河组埋深一般在2000~5200m；西部地区的准噶尔、塔里木、吐哈等盆地埋深一般在3800~7000m，塔里木盆地库车地区致密气埋深甚至可达8000m左右。东部和海上诸盆地致密砂岩气目的层以白垩系、古近系和新近系为主，埋深一般在2000~4500m。

### 2.6.3 我国致密砂岩气的开发

得益于近 10 年来国内天然气市场旺盛需求、勘探开发关键工程技术的持续进步，以及持续高油价下对天然气提价预期的驱动，致密砂岩气实现了快速增储上产，新增探明地质储量约占同期天然气总新增探明地质储量的 47%。截至 2014 年底，国内已累计探明致密砂岩气地质储量超过 $4×10^{12}m^3$，总产量达到 $360×10^8m^3$，已达到国内天然气总产量的 27%，接近常规天然气产量的 40%。其中，鄂尔多斯盆地致密砂岩气产量约 $280×10^8m^3$，成为近年来致密气增储上产的主力。2015 年，全国致密砂岩气产量达到了 $500×10^8m^3$。

非常规天然气除了地质规律与常规气不同外，其与常规气的关键区别在于开发工艺技术的特殊性。借鉴国外致密砂岩气开发技术，结合中国致密砂岩气的地质特征，通过自主研发和创新，形成了关键的工程技术，并随着更多的不同类型致密砂岩气的发现、开发而不断发展、丰富。开发技术的进步可概括为三个方面，即提高单井产量技术、降低成本技术和数字化生产管理技术。

苏里格气田是中国首个投入大规模开发的致密砂岩气田，直井分层压裂技术、低成本钻完井和地面集输工艺、密井网井间接替的开发策略是其实现规模有效开发的关键技术。近年来，由于非常规连续型油气聚集理论的创新，致密储集层中纳米级孔隙的重大发现，推动了中国致密砂岩油气的快速发展。目前，鄂尔多斯盆地、四川盆地是中国致密砂岩气开发的主要地区，塔里木盆地、松辽盆地和吐哈盆地也开展了致密砂岩气开发的探索，预计致密砂岩气可建产能规模在 $600×10^8m^3$ 以上。"十三五"期间，主要盆地可全面实现致密气的大规模开发利用，形成系统配套、高效、低成本的技术体系，进入产量增长高峰，2020 年致密气产量将达到 $800×10^8m^3$，2030 年产量将达到 $1000×10^8m^3$。

## 2.7 天然气水合物

天然气水合物(Natural Gas Hydrate，NGH)是在水的冰点以上和一定条件(压力、气体饱和度、水的盐度、pH 值等)下由水和天然气组成的类冰的、但晶体结构与冰不同、非化学计量的固体水合物，其遇火可燃烧，被称为"易燃冰"或"可燃冰"。水合物的密度一般为 $0.8\sim1.0g/cm^3$，轻于水，重于天然气凝液。天然气水合物具有多孔性，除热膨胀和热传导性质外，其光谱性质、力学性质、传递性质与冰相似，水合物的物理性质见表 2-14。

表 2-14 甲烷水合物和冰的性质比较

| 性 质 | 甲烷水合物 | 海底天然气水合物 | 冰 |
|---|---|---|---|
| 硬度(Mohs)/(kgf/cm²) | 2~4 | 7 | 4 |

| 性　　质 | 甲烷水合物 | 海底天然气水合物 | 冰 |
|---|---|---|---|
| 剪切强度/MPa | — | 12.2 | 7 |
| 剪切模量/GPa | 2.4 | — | 3.9 |
| 密度/(g/cm³) | 0.91 | >1 | 0.917 |
| 声学速率/(m/s) | 3300 | 3800 | 3500 |
| 热容量/(kJ·cm⁻³·K⁻¹) | 2.3 | ≈2 | 2.3 |
| 热传导率/(W·m⁻¹·K⁻¹) | 0.5 | 0.5 | 2.23 |
| 电阻率/(kΩ·m) | 5 | 100 | 500 |

水分子一般通过氢键构成多面体笼，笼内包含客体的天然气分子。天然气水合物可用 $M \cdot nH_2O$ 表示，M 代表水合物中的气体分子，$n$ 为水合指数(也就是水分子数)。M 通常为 $CH_4$、$C_2H_6$、$C_3H_8$、$C_4H_{10}$ 等同系物和 $CO_2$、$N_2$、$H_2S$ 等其中一种或多种气体组成。

自然界中甲烷是形成天然气水合物最常见的"客体"分子，对甲烷分子含量超过 99% 的天然气水合物通常称为甲烷水合物(Methane Hydrate)。由于甲烷或其他烃分子遇火极易燃烧，且燃烧后不产生任何残渣或废弃物，天然气水合物被认为是未来非常理想的清洁燃料。由无色的碳氢分子和水分子组成，天然气水合物在自然界中并非呈现白色，由于客体的不同、晶体结构的不同等呈现五彩斑斓的色彩。如墨西哥湾海底获得的天然气水合物具有黄色、橙色，甚至红色等很鲜艳的颜色，从大西洋海底取得的天然气水合物则呈现为灰色或蓝色。

## 2.7.1　天然气水合物结构

天然气水合物的外形如冰雪状，通常呈白色。结晶体为非化学计量型晶体，水分子(主体分子)借助较强的氢键形成具有空间点阵(笼形空腔)的多面体骨架即晶格，气体分子(客体分子)则在与水分子之间的范德华力作用下填充于点阵的空腔即晶穴中，气体和水之间没有化学计量关系。天然气水合物结构与结晶化合物(化合物包裹体)有类似之处。

客体分子的尺寸是决定其能否形成水合物、形成何种结构的水合物以及水合物的组成和稳定性的关键因素。客体分子尺寸与晶穴尺寸吻合时最容易形成水合物，且稳定性最佳。客体分子太大无法进入晶穴，太小则范德华力太弱且无法形成稳定的水合物。在与水合物形成体系各相平衡共存的水合物相中，只可能有一种结构的固体水合物存在。

依据天然气水合物结构晶格参数、客体气体分子的范德华力以及空穴(一般分大、小两种)的自由直径等因素，天然气水合物的结构一般分为Ⅰ型、Ⅱ型和H型等三种，如图2-2所示。

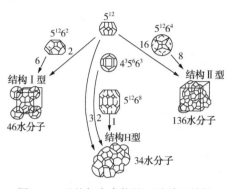

图 2-2　天然气水合物的三种单晶结构

Ⅰ型结构和Ⅱ型结构天然气水合物由 Claussen 等确定，H 型结构天然气水合物由 Ripmeester 等确定。H 型结构天然气水合物早期仅存在于实验室，据推测，墨西哥湾大陆斜坡及格林大峡谷地区可能有Ⅰ、Ⅱ、H 型三种天然气水合物共存的现象。直到 2007 年，由 Hailong Lu 通过实验测试确定了产自 Cascadia 的海底天然的水合物样品中存在着 H 型结构。Ⅱ型和 H 型结构天然气水合物比Ⅰ型结构天然气水合物更稳定，三种结构的天然气水合物晶体结构参数对比见表 2-15。

表 2-15　三种结构的天然气水合物晶体结构参数对比

| 水合物晶体结构 | Ⅰ型 | | Ⅱ型 | | H 型 | | |
| --- | --- | --- | --- | --- | --- | --- | --- |
| 空穴 | 小 | 大 | 小 | 大 | 小 | 中 | 大 |
| 晶格 | $5^{12}$ | $5^{12}6^2$ | $5^{12}$ | $5^{12}6^4$ | $5^{12}$ | $4^35^66^3$ | $5^{12}6^8$ |
| 空穴数目 | 2 | 6 | 16 | 8 | 3 | 2 | 1 |
| 平均空穴半径/×$10^{-10}$ m | 3.91 | 4.33 | 3.902 | 4.683 | 3.91 | 4.06 | 5.71 |
| 半径变化/% | 3.4 | 14.4 | 5.5 | 1.73 | — | — | — |
| 空穴配位数 | 20 | 24 | 20 | 28 | 20 | 20 | 36 |

　　Ⅰ型结构水合物单晶为体心立方结构，包含 46 个水分子，由 2 个小晶穴（五边形十二面体，表示为 $5^{12}$）和 6 个大晶穴（由 12 个五边形和 2 个六边形组成的十四面体，表示为 $5^{12}6^2$）组成，其结构分子式为 $2(5^{12})6(5^{12}6^2) \cdot 46H_2O$，所有晶穴都被客体分子占据时的理想分子式为 $8M \cdot 46H_2O$（M 表示客体分子）。天然气中相对分子质量较小的烃类分子 $CH_4$、$C_2H_6$ 及非烃类分子 $N_2$、$H_2S$ 和 $CO_2$ 等可形成稳定的Ⅰ型结构水合物，此类水合物在自然界分布最为广泛。

　　Ⅱ型结构水合物单晶为菱形（金刚石结构）立方结构，包含 136 个水分子，由 16 个小晶穴（$5^{12}$）和 8 个大晶穴（由 12 个五边形和 4 个六边形组成的立方对称准球形十六面体，表示为 $5^{12}6^4$）组成，其结构分子式为 $16(5^{12})8(5^{12}6^4) \cdot 136H_2O$，所有晶穴都被客体分子占据时的理想分子式为 $24M \cdot 136H_2O$。既可容纳 $CH_4$、$C_2H_6$ 等小分子，较大的晶穴还可容纳 $C_3H_8$、$i\text{-}C_4H_{10}$ 和 $n\text{-}C_4H_{10}$ 等相对分子质量较大的烃类分子。

　　由于分子太大无法进入晶穴，晶格不稳定，比 $n\text{-}C_4H_{10}$ 更大的正构烷烃不会形成结构Ⅰ型、Ⅱ型水合物，但一些比戊烷更大的异构烷烃和环烷烃却能形成结构 H 型水合物。H 型结构水合物为一种二元水合物，即 H 型结构胞腔的三种大小不同的晶穴中包含两种客体分子，小分子气体占据晶体胞腔中的两个较小的晶穴，大分子烃类（如 $i\text{-}C_4$、$i\text{-}C_5$、环辛烷）等直径在 $(7.5\sim8.6)\times10^{-10}\text{m}$ 之间的分子则占据晶体胞腔中较大的晶穴。H 型结构水合物单晶为简单六方结构，包含 34 个水分子，3 个 $5^{12}$ 晶穴、2 个 $4^35^66^3$ 晶穴（扁球形十二面体）组成的较小的晶穴和 1 个 $5^{12}6^8$ 晶穴（椭圆球形二十面体）组成的较大晶穴，其结构分子式为 $3(5^{12})2(4^35^66^3)1(5^{12}6^8)\cdot34H_2O$，理想分子式为 $6M\cdot34H_2O$。

天然气的化学组成决定了天然气水合物的结构类型。实际上，结构类型并不影响水合物的外观、物性或因水合物产生的其他问题，但结构类型对水合物形成温度、压力有明显影响。结构 II 型水合物远比结构 I 型水合物稳定，故含有 $C_3H_8$ 和 $i\text{-}C_4H_{10}$ 的气体混合物形成水合物的温度远高于不含这些组分的类似气体混合物的水合物形成温度。一定压力下 $H_2S$ 的存在使水合物形成的温度显著升高，$CO_2$ 的存在使烃类水合物形成温度略微降低。

## 2.7.2 天然气水合物资源分布

天然气水合物属于沉积矿产。根据一些国家对埋藏天然气水合物的沉积层的研究，这些地层主要属于新生代，而且以上新世的沉积层居多。除此之外，始新世、中新世、渐新世以及第四纪沉积层中也发现有天然气水合物的分布。

含天然气水合物的沉积层具有独特的构造特征，现有资料显示含天然气水合物的沉积层构造可分为块状构造、脉状构造、透镜状-层状构造、斑状构造和角砾状构造。

块状构造和脉状构造是天然气水合物形成时其液流分别渗透到沉积物颗粒间隙和裂隙中形成的。前者表现为沉积物被天然气水合物均匀胶结，后者则是天然气水合物呈网状、细脉状充填于沉积物或沉积岩的裂隙中。

透镜状-层状构造是从围岩分离出来的含有气体的水溶液沿沉积层层面发生迁移并在其迁移前锋产生挥发作用形成的。这种构造类型的天然气水合物在形态上呈薄层或透镜体出现于沉积物或沉积岩基质中，相互之间成大致平行排列并交替出现。

沉积物基质中大致均匀分布有近圆形或等轴型的天然气水合物浸染体，则将之称为斑状构造。具斑状构造的天然气水合物常与透镜状-层状构造的含天然气水合物的沉积物相伴出现；而具角砾状构造的天然气水合物则与构造破碎带有密切联系，显示这类天然气水合物曾遭到过构造破坏。

按产出环境，天然气水合物可以分为海底天然气水合物和极地天然气水合物两种类型。通常把在海洋过渡带、边缘海和内陆海等世界洋底蕴藏的天然气水合物都称为海底天然气水合物。尽管与极地天然气水合物相比，海底天然气水合物的环境温度比较高，但由于深海较高的压力，海底天然气水合物仍可保持稳定。压力是控制天然气水合物形成的主要因素。

达到天然气水合物热动平衡的海底或海底以下的区域可称为天然气水合物稳定区域(HSZ)。海底天然气水合物的稳定范围可从水深大于300m的海底开始，垂直向下延伸直到因地热梯度影响环境温度不断升高，促使天然气水合物发生分解的深度为止。海底温度和地壳(洋壳)的地热梯度是影响天然气水合物稳定区域厚度的控制因素。

甲烷天然气水合物是海洋中储量最丰富的一种天然气水合物类型，常出现在深海中或极地大陆上。$1m^3$完全饱和的甲烷天然气水合物包含$164m^3$的甲烷和$0.87m^3$的水，甲烷天然气水合物的能源密度大，其能源密度是煤和黑色页岩的10倍，是天然气的2~5倍。

极地天然气水合物是在较低的压力和温度下形成的，蕴藏深度相对较浅。极地天然气水合物作为水-冰混合物出现在陆地的永久冻土带或大陆架上的永久冻土带，在永久冻土带之下的油气田中也可出现。在大陆架上，这种含有天然气水合物的混合永久冻土带是在末次冰期海平面较低时在露天环境下形成的，在随后的海进时得以下沉并蕴藏。极地大陆架上的其他天然气水合物是在古永久冻土带上独立形成的。由于极地天然气水合物的分布在很大程度上受地域的限制，故其总量少于海底天然气水合物。

天然气水合物受其特殊的性质和形成时所需条件的限制，分布于特定的地理位置和地质构造单元内。除在高纬度地区出现的与永久冻土带相联系的天然气水合物之外，在海底发现的天然气水合物通常存在于水深300~500m以下(由温度决定)，主要赋存于陆坡、岛坡和盆地的上表层沉积物或沉积岩中，也可以呈散布于洋底的颗粒状出现。

从大地构造角度来讲，天然气水合物主要分布在聚合大陆边缘大陆坡、被动大陆边缘大陆坡、海山、内陆海及边缘海深水盆地和海底扩张盆地等构造单元中，其中以大陆边缘大陆坡和内陆海及边缘海深水盆地为目前研究最为深入的区域。这些地区的构造环境由于具有形成天然气水合物所需的充足的物质来源(如沉积物中的有机质、地壳深处和油气田渗出的碳氢气体)，具备流体运移的条件(如增生楔和逆掩断层的存在及其所引起的构造挤压，快速沉积所引起的超常压实，油气田的破坏所引起的气体逸散等)，以及具备天然气水合物形成的低温、高压环境($0 \sim 10℃$以下，$10MPa$以上)，成为天然气水合物分布和富集的主要场所。

天然气水合物的资源量到底有多少? 目前世界上尚无法准确计算。据苏联科学院院士A. A. Trofimuk计算，甲烷矿藏密度为$(1170 \sim 1384) \times 10^8 m^3/km^2$，当海洋沉积物中气水合物矿藏的产气率为0.7时，世界海洋水合物生成带所产气的储量约为$85 \times 10^{15} m^3$。普遍认为储存在天然气水合物中的碳至少有$1 \times 10^{13}t$，约是当前已探明的所有化石燃料(包括煤、石油和天然气)中碳含量总和的2倍。由于天然气水合物的非渗透性，常常可以作为其下游离天然气的封盖层，因而考虑水合物层下的游离气体，估计还可能会大些。天然气水合物将成为一种丰富的重要未来能源，有着巨大资源潜力与商业价值。尽管目前因开采技术等方面的原因，对天然气水合物尚未开始开采，但是由于其勘探费用的低廉、资源规模巨大等优势，天然气水合物正日益显示出其强烈的商业吸引力。

自然界中天然气水合物的稳定性取决于温度、压力及气-水组分之间的相互关系，这些因素制约着水合物仅分布于岩石圈的浅部，地表以下不超过2000m的范围内。由于在海洋中天然气水合物的稳定区域比陆地上要大得多，而海底中又有丰富的能形成天然气水合物的物质来源，海底天然气水合物甲烷资源量明显大于陆地天然气水合物甲烷资源量。科学家已找出了30个具有世界规模的天然气水合物潜在产地，基本反映了目前研究程度高，前景诱人且最受关注的重要产地。这些重要产出地在全球的分布，明显呈现受地理格局控制的特点，主要集中在各个大陆向海延伸的大陆边缘水深超过300~500m的有利地带，如太平洋大陆边缘、美国西海岸(俄勒冈)、卡斯卡迪边缘、墨西哥南滨海带、中美洲滨海带、中美洲海槽、危地马拉滨海带、秘鲁外侧陆缘、秘鲁–智利海槽、日本滨海、Nankai海沟、日本海东缘；海湾沿岸大陆边缘、Orco海盆、墨西哥湾；大西洋大陆边缘、布莱尔海岭、美国东南滨海带都十分著名。其中研究较为深入的地区有东太平洋海域的中美洲海槽、美国大陆边缘的北加利福尼亚滨外、西太平洋南海海槽、大西洋海域的布莱克海底高原、墨西哥湾，以及印度巴尔的摩海槽和哥伦比亚盆地等。我国也于近几年在南海海底和祁连山冻土带获取了天然气水合物实物样品。

## 2.7.3 天然气水合物的开发利用

目前为止，天然气水合物开发的基础均为首先将蕴藏于沉积物中的天然气水合物进行分解后加以利用。由于天然气水合物稳定带(HSZ)的形成需要一定的温度、压力，人为影响平衡，造成天然气水合物的分解是目前开发利用天然气水合物中甲烷资源的主要方法。热激化法、减压法等物理方法和使用水合物抑制剂等化学方法成为天然气水合物资源开发的研究热点。

受开发过程引起的温室气体增加、地质灾害等因素的影响，除页岩气、煤层气、致密砂岩气外，天然气水合物资源由于目前技术经济条件的限制尚未投入工业开采，工业试验进程持续进行，随着技术的不断进步，安全、经济地开发天然气水合物的时代或许不再遥远。2017年5月18日，中国国土资源部在我国南海神狐海域作业的钻井平台"蓝鲸1号"上宣布中国首次海域天然气水合物试采成功。自此，中国成为全球领先掌握海底天然气水合物试采技术的国家，也成为全球第一个实现了在海域可燃冰试开采中获得连续稳定产气的国家。截至2017年7月9日14时52分，我国天然气水合物试开采连续试气点火60天，累计产气量超过$30 \times 10^4 m^3$，平均日产$5000 m^3$以上，最高产量达$3.5 \times 10^4 m^3$/天，甲烷含量最高达 99.5%。获取科学试验数据 $647×10^4$ 组，为后续的科学研究积累了大量的翔实可靠的数据资料。为我国天然气水合物产业化规模建产奠定基础。

我国天然气水合物资源丰富。据测算，我国南海天然气水合物的资源量为 $700×10^8 t$ 油当量，约相当我国目前陆上石油、天然气资源总量的 1/2。据国土资源部专家估计，我国陆域天然气水合物远景资源量至少有 $350×10^8 t$ 油当量，可供中国使用近 90 年，其中青海省的储量约占其中的 1/4，表 2-16 为典型天然气水合物的化学组成。

天然气水合物资源在优化能源储量结构方面的作用积极、重要，但它的开发与利用可能给人类带来一系列的环境问题。在没有解决开发天然气水合物对自然界环境的影响问题之前，还难以像常规天然气资源那样大量开采。

表 2-16　天然气水合物基本组成　　　　　　　%（体积）

| 气源 | $C_1$ | $C_2$ | $C_3$ | $i-C_4$ | $n-C_4$ | $n-C_5$ | $i-C_5$ | $n-C_5$ | $cycl-C_5$ | $n-C_6$ | $n-C_6$ | $cycl-C_6$ | $H_2S$ | $CO_2$ |
|---|---|---|---|---|---|---|---|---|---|---|---|---|---|---|
| 祁连冻土区 | 59.020 | 8.880 | 19.800 | 2.410 | 2.340 | 0.010 | 0.510 | 0.880 | 2.490 | 0.280 | 0.740 | 0.770 | — | 1.870 |
| | 86.950 | 2.880 | 0.460 | 0.100 | 0.200 | — | 0.080 | 0.060 | 0.250 | 0.070 | 0.080 | 0.120 | — | 8.750 |
| 南海海域 | 99.690 | 0.300 | 0.010 | — | — | — | — | — | — | — | — | — | — | — |
| | 99.320 | 0.670 | 0.010 | — | — | — | — | — | — | — | — | 0 | — | — |
| 人工合成 | 51.990 | 11.660 | 22.75 | — | 7.790 | — | 2.700 | — | — | — | — | 0 | — | 3.11 |
| | 50.910 | 13.780 | 19.29 | — | 10.060 | — | 2.600 | — | — | — | — | — | — | 3.36 |

# 2.8　液化石油气

## 2.8.1　液化石油气用途

液化石油气（LPG）是在石油天然气开采、炼制过程中，作为副产品而得到的以乙烷、乙烯、丙烷、丙烯、丁烷、丁烯为主要成分的碳氢化合物，常温常压下为气体，加压或降温下变成液体，故称为液化石油气。组分气体均为无色无臭气体，比水轻，且不溶于水。石油天然气开采过程生产的液化石油气保持了原油中固有烃类组成，不含不饱和烃。大多数石油炼制、石油化工企业并非专门生产液化石油气，只是生产其他产品的化学加工过程中的副产品。商品液化石油气主要来自石油的化学加工过程，催化裂化、催化裂解、焦化等装置是副产液化石油气的主要装置，其中含有较多的不饱和烃。液化气收率随加工原料性质、催化剂特点、操作条件、生产方案等变化而变化，收率可达装置处理量的 5%~10%。

随着石油化学工业的不断发展，液化石油气作为一种化工基本原料和新型燃料，越来越受到人们的重视。在化工生产方面，液化石油气经过分离或深加工，提取其中的丙烯、丁烯、异丁烯等烯烃可用于生产合成塑料、合成橡胶、合成纤维及生产医药、炸药、染料等产品。液化石油气作燃料，由于其热值高、无烟尘、无炭渣，操作使用方便，作为大力推广的清洁能源，已广泛地进入人们的生活领域。此外，液化气还用于切割金属，用于农产品的烘烤和工业窑炉的燃烧等。

## 2.8.2　液化石油气资源

1965 年原抚顺石油二厂 $60×10^4$ t/a 催化裂化项目投产，当年的 LPG 商品量仅有 172t，标志着 LPG 首次在中国面世。我国 LPG 约 95% 以上来自炼油，少量产自油气田。主要厂家为中石油、中石化、中海油及一些地方炼油企业。LPG 是炼油副产物，产量走势与原油保持一致。2008 年前产量逐年增长，从 2005 年的 $1611×10^4$ t 增长至 2007 年的 $1934×10^4$ t；2008 年下降至 $1860×10^4$ t；2009 年恢复至 $1929×10^4$ t。随着国内新增炼油能力的释放、催化裂化加工能力的增长以及大型乙烯装置的陆续投产，国内液化气供应量自 2010 年重回上升轨道，2010 年产量升至历史高位 $2052×10^4$ t。目前国内炼化企业的 LPG 收率基本维持在 4%~6%。2017 年全年 LPG 产量达 $3677.3×10^4$ t，2011—2017 年年均复合增长率为 9.10%。预计 2020 年国内炼油能力将达到 $8×10^8$ t，原油加工量保持 2.7% 左右稳定增长，LPG 供应量将达到 $3890×10^4$ t。

1988 年深圳华南 LPG 船务公司购买了我国第一艘 LPG 压力船——安龙号，并正式投入使用，标志我国进入了船运 LPG 的新阶段，当时主要从东南亚一些国家用小型压力船进口 LPG，船运促进了沿海沿江一批 LPG 储库和码头的建设与发展。1992 年日本丸红与珠海特商国际能源公司合作，在珠海附近海面租用大型 LPG 冷冻船作为"浮舱"，主要从中东进口低温 LPG，开展驳船销售 LPG。LPG"浮舱"的运作推动了我国大型 LPG 储库的建设与发展。1997 年我国第一个大型冷冻库华能阿莫科清洁能源有限公司（即现在的苏州碧辟 LPG 公司）$6.2×10^4$ m³ 储库在江苏太仓建成投产，开始了大批量进口 LPG 的新阶段。

进口 LPG 主要成分为丙烷和丁烷。2013 年以来，国内丙烷脱氢（PDH）项目和烷基化项目的集中大批上马，成了丙烷和丁烷的进口持续快速增长的重要推手。近 10 年，我国 LPG 一直处于净进口状态，自 2014 年开始，进口 LPG 大幅增长，2014—2017 年我国 LPG 进口量分别为 $710.13×10^4$ t、$1208.78×10^4$ t、$1612.49×10^4$ t 和 $1844.90×10^4$ t，分别同比增长 68.65%、70.22%、33.40% 和 14.41%。2017 年我国 LPG 进口量最多的国家依次为阿拉伯联合酋长国、美国、卡塔尔、科威特、沙特阿拉伯、尼日利亚等，从这 6 个国家进口量占比为 89.0%，其中从阿拉伯联合酋长国的进口量占 31.9%，居第一。预计 2020 年进口份额将从 2013 年的 15%提高至 40%。主要以丙烷资源为主，占到 69%；来源以中东和美国为主，分别占进口量的 64%和 20%。

## 2.8.3　液化石油气消费

国内 LPG 水运量的主要流向为沿海的南北航线、华东和华南沿海的中短途航线以及长江沿线。沿海的南北航线的主要发运港为大连、锦州、青岛等地，年下水量约 $130\sim140\times10^4t$，至华东、华南需求地；华东以宁波和南京等港为主要发运港，至华东、华南需求地，年下水量约 $(90\sim100)\times10^4t$；华南以深圳、广州、汕头、海南等港为主要发运港，至广东、广西需求地，年下水量超过 $60\times10^4t$；长江沿线年下水量不超过 $30\times10^4t$。陆运线路主要有山东至江苏，山东、华北至沿江，西北至成渝、两湖等。

我国 LPG 消费集中态势明显，主要分布于华南、华东、华北等经济较为发达地区。化工消费领域的集中地主要是在山东和华北地区；而华南及华东下游地区 LPG 消费中民用燃烧占主导，但 LPG 与天然气的竞争加剧，未来民用液化石油气需求将受到诸多挑战。

在消费结构方面，我国液化气主要下游消费领域包括民用、工业（包括化工原料）和交通运输等。受国内城市天然气管网快速建设及居民使用能源的方式转变影响，城市民用液化气市场逐渐被天然气和电力替代，民用液化气需求呈现萎缩。但随着农村家庭人均收入提高，农村民用液化气需求继续保持增长态势，一定程度缓解民用液化气被替代。另外，PHD 项目的快速发展，拉动了液化石油气在化工领域的消费，这也是近两年液化气进口量快速增长的因素。2005 年我国液化石油气消费结构中，民用、工业和交通及其他分别占比约 71%、23%和6%，到 2015 年民用、工业和交通及其他分别占比约 62%、32%和 6%，可见工业用途占比大幅度提升。预计随着 PDH 在建和拟建项目的投放，到 2020 年，民用、工业及其他领域分别占比约 55%、38%和 7%。

近年来，全球 LPG 供需保持稳定增长，2010 年全球供需分别为 $2.42\times10^8t$ 和 $2.32\times10^8t$，2016 年供需分别为 $2.95\times10^8t$ 和 $2.72\times10^8t$，其中贸易量超过 $1\times10^8t$。2010—2016 年全球供应年均增速达到 3.4%，快于需求年均 2.7%的增速，主要是美国页岩气的大开发、中东的伊朗和卡塔尔等国原油和天然气产量增加推动伴生的LPG 产量增长。其中，美国页岩气革命带动天然气凝析液（NGL）产量迅猛增长，2010—2016 年美国 NGL 供应量增长了近一倍，从 $200\times10^4$ 桶/日增加至 $375\times10^4$ 桶/日，而 LPG 约占美国 NGL 供应的 50%。因此，在世界贸易格局中，美国、中东两大资源中心仍是主要的出口地区。LPG 消费则是以新兴经济体的推动为主，中国、印度、南亚等亚太国家以及拉美地区的需求增长快于供应增长。

# 2.9  人工煤气

## 2.9.1  人工煤气生产

由煤、焦炭等固体燃料或重油等液体燃料经干馏、气化或裂解等过程所制得的可燃性气体，统称为人工煤气，如焦炉气、发生炉煤气、水煤气等。

人工煤气的主要成分一氧化碳、氢气、烷烃、烯烃等可燃气体，并含有少量的二氧化碳和氮等不可燃气体。人工煤气按其生产方式不同可分为以下三种：

（1）干馏煤气/焦炉煤气

煤在炼焦炉的炭化室内隔绝空气加热到一定温度时，煤中所含挥发物开始挥发，产生焦油、苯和煤气，残余物最后转化为多孔焦炭，这种分解过程称为"干馏"。利用焦炉、连续式直立炭化炉（又称伍德炉）和立箱炉等对煤进行干馏所获得的煤气称为干馏煤气。按最终温度不同，可分为高温干馏和中低温干馏，相应的煤气称为全焦煤气和半焦煤气、焦化物称为焦炭、半焦或熟煤。煤气的组成随着炉内的干馏温度和炭化时间不断变化，出炉煤气的组分复杂，包括主要成分、焦油雾、水蒸气和各种杂质。作为工业和民用燃料用的焦炉煤气，必须经过清除焦油雾、氨、苯类、萘及硫化物等杂质的净化处理。主要可燃成分有氢气约60%、甲烷约25%、一氧化碳等，标态下低位热值约 $16 \sim 27 MJ/m^3$，焦炉煤气含氢量高，易燃，燃烧速度较快，使用时应防止爆炸。干馏煤气的产气率为 $300 \sim 500 m^3/t$ 煤，是我国城市燃气主要气源之一。

（2）气化煤气

固体燃料的气化是热化学过程。煤可在高温时伴用空气（或氧气）和水蒸气为气化剂，经过氧化、还原等化学反应，制成以一氧化碳和氢气为主的可燃气体，采用这种生产方式生产的煤气，称为气化煤气。气化煤气按其生产方法（气化剂）的不同，主要可分为以下几种：

① 发生炉煤气。以煤或焦炭为气化原料，空气或空气和水蒸气的混合气作为气化剂从炉子下部进入并通过燃烧的煤层，气化剂在通过中部还原层内完成二氧化碳及水蒸气的还原反应，得到一氧化碳、氢气等可燃气体，即发生炉煤气。其中以空气为气化剂的空气煤气以 $CO$、$N_2$、$CO_2$ 为主，以空气和水蒸气为气化剂的混合煤气组成以 $CO$、$H_2$、$N_2$、$CO_2$ 为主，可燃成分约40%左右，标态下低热值仅为 $5.4 MJ/m^3$ 左右。混合发生炉煤气由于毒性较大，热值低，不能作为城市燃气的唯一气源。一般用于掺入高热值煤气（干馏煤气及油制煤气）中配制成城市燃气，也常用作焦炉燃烧室加热燃料。

② 水煤气。以水蒸气作为气化剂，在高温下与煤或焦炭作用制得水煤气。整个气化过程中需要蒸汽、空气交替通入，使煤或焦炭燃烧以保持一定的气化分

解反应温度。水煤气主要成分为一氧化碳和氢气，其中一氧化碳含量达38.5%，氢含量40%，二氧化碳和氮气的含量仅为10%，热值约为11MJ/m³（标准）。由于含氢量大，水煤气的燃烧速度较高。水煤气生产成本较高，一般只作为高峰负荷时的补充气源。为了提高水煤气发生炉水煤气热值，可在出口处下端设置增热器，从顶部喷注燃料油，使之受热裂解，以提高水煤气的热值，这种改良型水煤气炉称为增热水煤气炉。经过增热后水煤气热值可达18~19MJ/m³（标准）。

（3）油制气。

油制气是以石油（重油、轻油、石脑油等）为原料，在高温及催化剂作用下裂解制取。油制气按制取方法不同，可分为重油制气和轻油制气。重油制气又可分为重油蓄热裂解制气和重油蓄热催化裂解制气。重油蓄热裂解制气，每吨重油可产气500~600m³，热值约为33~38MJ/m³（标准）；重油蓄热催化裂解制气，每吨重油可产气1100~1300m³，热值约为19~21MJ/m³（标准）。

轻油制气工艺有多种制气方法可供选择。采用合适的制气方法、不同工艺过程（如脱$CO_2$、$CO$变换、甲烷化、增热、深度改质等）的有效组合，可适应各种制气规模并能生产出各种燃烧特性的燃气。轻油制气的原料选择范围很广，可以用石脑油、液化石油气、油田伴生气、天然气凝析油、炼油厂尾气、天然气、甲醇等为原料。油制气的主要成分为烷烃、烯烃等碳氢化合物，以及少量的一氧化碳，裂解后的副产品有苯、萘、焦油、炭黑等。生产油制气基建投资少，自动化程度高，生产机动性强，油制气既可作为城市燃气的基本气源，又可作为城市燃气供应高峰的调节气源。

## 2.9.2 人工煤气资源

我国的城市燃气大致经历了人工煤气、液化石油气、天然气三个发展阶段。1980年起以人工煤气为主的城市燃气开始在全国各地大规模兴起。20世纪90年代，随着炼油工业的崛起，液化石油气供应量不断增长，尤其在国家准许液化石油气进口并取消配额限制后，广东省等沿海经济发达但能源相对缺乏的地区，开始大规模进口液化石油气，城镇燃气随之进入以液化石油气为主的时代。

2016年，全国人工煤气的日生产能力为$1456.46 \times 10^4 m^3/d$，储气能力$418.5 \times 10^4 m^3/d$。供气管道长度18513.06km，供气总量近$44.1 \times 10^8 m^3$，销售气量为约为$42.6 \times 10^8 m^3$，其中居民家庭的用气量为$10.9 \times 10^8 m^3$，燃气损失量约为$1.5 \times 10^8 m^3$，全国用户数为$398 \times 10^4$户，其中家庭用户为$393 \times 10^4$户，用气人口涉及$1085 \times 10^4$人。2016年，全国人工煤气家庭用户数排在前5名的是辽宁、云南、河北、黑龙江和四川等富煤、传统工业、经济欠发达地区，分别为$205.2 \times 10^4$户、$36.6 \times 10^4$户、$29.2 \times 10^4$户、$19.7 \times 10^4$户、$17.9 \times 10^4$户。随着天然气的快速发展与使用，当前人工煤气的供给量逐渐下降。

## 2.10 矿石气体燃料发展

根据气体燃料开始大量使用的起始时间作为划分依据，我国燃气事业经历了人工煤气(新中国成立后的很长一段时间)、液化石油气(20世纪70年代末至80年代初至西气东输建成投产)和天然气(西气东输至今)3个阶段。这3个阶段的时间划分并非可以完全割裂，虽然目前已进入天然气阶段，但1865年上海租界就开始使用的人工煤气至今还在持续，同样在天然气和人工煤气管网没有覆盖的地区，液化石油气仍然作为主要气源在使用，作为当今民用燃气主体的天然气也并非直到西气东输工程建成投产才开始使用。

至1949年新中国成立时，全国只有上海、大连、鞍山、抚顺、大连、沈阳、锦州、丹东、长春和哈尔滨共10个城市有煤气供应。全国人工煤气生产能力仅为$24.8×10^4 m^3/d$，年供气仅为$3820×10^4 m^3$，供气管道长度1039km，用气人口仅为$23×10^4$人，城市燃气发展相当迟缓。20世纪50年代末60年代初以来，随着石油工业的快速发展，四川、华北和东北部分矿区及邻近的城市先后开始使用天然气作为民用燃料。自贡、泸州、成都、重庆、安达、鞍山、天津等城市先后供应了一部分天然气。自20世纪60年代初开始在北京、天津、哈尔滨、沈阳、上海和南京等石化工业城市以及一些石油炼厂所在地区，液化石油气作为石油天然气开采和炼制中的一个重要副产品，除部分作为石油、化工企业内部燃料外，其余以民用液化石油气的形式在民用燃气领域得到应用，至此天然气和液化石油气开始进入城市煤气领域，成为人工煤气的补充气源。随着石油化工业的发展逐渐增加，1976年城市气源结构中，人工煤气已然降至79.6%，液化石油气和天然气也已分别增至9.0%和11.4%，但人工煤气仍为城市燃气供应的主体。

1976—1978年间，受益于天然气78.0%和液化石油气18.9%的年均增长速度，民用燃气供应总量年均增长达到17.9%，而我国人工煤气生产能力年均增长仅2.1%，人工煤气份额开始明显下降，天然气增长较快，液化石油气变化不大，人工煤气、液化石油气、天然气分别为64.9%、9.1%、26.0%，大中城市继续保持以人工煤气为主，液化石油气和天然气作为补充气源的供气格局。

随社会、经济、资源、环境等变化，城市气源结构以人工煤气为主的供气格局发生了积极改变。天然气和液化石油气自20世纪60年代初进入民用领域以来，城市燃气结构悄然改变。1972年以来，人工煤气供气比例开始下降，虽偶有反复，但总体下降趋势没有改变。1975年以前，人工煤气占绝对优势，供气比例均在90%以上。至1984年，人工煤气在城市气源结构中仅占49.6%，首次降至50%以下，而天然气已达到36.1%，液化石油气达到14.3%，两者合计供应比例首次超过人工煤气。

在优先使用天然气的政策鼓励下，城市燃气用天然气在天然气供应总量中所占比例发生了显著变化。1985 年前，城市燃气用天然气占天然气供应量比例最高年份仅为 13.6%，1986 年起，城市燃气用天然气占天然气供应量比例迅速增至 30% 以上并长期保持。1985—1991 年天然气供气总量年均增长高达 29.2%，而同期城市燃气用天然气占天然气供应量比例已由 1985 年的 12.5% 增至 1991 年的 47.0%，天然气供气总量增速和城市燃气用天然气占比均创历史新高，天然气可供应量向城市燃气倾斜的趋势愈发明显。

20 世纪 80 年代中期以来，国内液化石油气产量虽呈增长态势，但受分配机制影响，国内液化石油气供应远远不能满足需求，特别是在东南沿海等经济发达且能源缺乏的地区，大量进口液化石油气成为发展之必需。1990~2002 年间，国内液化石油气进口量年均增长高达 39.4%。城市燃气用液化石油气占国内供应量比例也长期维持在一个较高水平，液化石油气得到充分利用。1985~2002 年，城市燃气用液化石油气年均增长 18.9%。大量进口和使用液化石油气，城市燃气用液化石油气占液化石油气供应量比例维持在较高水平，国内液化石油气供应量中有一半以上应用于城市燃气。

20 世纪 90 年代前后，人工煤气、液化石油气、天然气发展渐成三足鼎立之势，共同支撑了城市燃气事业的快速发展。优先使用天然气，大力发展煤制气，积极回收工矿燃气，合理利用液化石油气，适当发展油制气的指导方针的积极落实，城市燃气的供应量快速增加，以人工煤气为主的城市煤气气源结构逐渐得到根本性改变。

人工煤气得到快速发展。1985—2002 年人工煤气生产能力年均增长 15.0%，供气总量年均增长 13.0%，供气管道长度年均增长 11.6%，均实现了快速增长。但由于液化石油气和天然气在城市燃气中的强劲增长，人工煤气用气人口比例已经由 1985 年的 33.4% 降至 2002 年的 19.2%；人工煤气供应量占城市燃气供气总量比例由 50.8% 降至 42.6%，人工煤气管道占城市燃气管道比例由 78.1% 降至 46.9%。无论是用气人口、供气量还是煤气管道长度，人工煤气所占比例均降至 50% 以下，城市燃气以人工煤气为主的供气格局彻底改变。

同时，城市燃气用天然气占国内天然气可供应量比例由 12.54% 增至 42.75%，提高了 30%。城市燃气用液化石油气占国内液化石油气可供应量的比例由 38.26% 增至 68.31%，也增长了 30%。城市气源结构中，天然气所占比例由 33.63% 降至 26.97%，人工煤气所占比例由 50.77% 降至 42.60%，而液化石油气所占比例由 15.60% 增至 30.42%。

随天然气资源的持续、有效、稳定供应，2003 年以来城市燃气气源结构进一步分化，人工煤气盛极而衰，人工煤气生产能力和供气量持续增长至 2009 年达到顶峰后急转直下，城市燃气结构中，人工煤气所占比例由 2003 年的 41.7% 降至 2013 年的 5.7%。液化石油气情况与人工煤气类似，在 2007 年达到用量峰值后逐年下降，液化石油气所占比例由 2003 年的 29.1% 降至 2013 年的 12.6%。

与人工煤气和液化石油气表现相反，从各类气源用量(按热值计算)看，天然气资源逆势而上，自2005年起取代LPG成为第一大城市气源。2000—2012年，天然气用量占比由26.7%增加到78.6%，LPG用量占比52.5%下降至2012年的18%，人工煤气占比则由20.8%下降至3.4%(图2-3)。天然气供气总量年均增长19.59%，天然气用气人口年均增长18.47%，天然气管道长度年均增长21.02%。2010年，天然气在城市燃气气源结构中所占比例首次超过50%，至此完全确立了天然气在城市燃气气源结构中的主导地位。

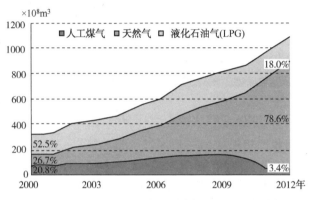

图2-3　2000—2012年全国三种气源用量变化趋势

2012年全国用气总人数达4.96×10$^8$人。其中，天然气用气人口达到2.41×10$^8$人，占比48.7%；LPG 2.29×10$^8$人，占比46.3%；人工煤气0.25×10$^8$人，占比5%。特别是自2004年西气东输一线投入商业运营以来，天然气用气人口以每年18.7%的增速快速增长；相反，LPG和人工煤气的用气人口呈逐年递减趋势，如图2-4所示。

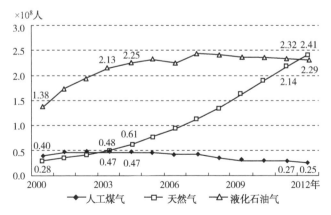

图2-4　2000—2012年全国三种气源用人口变化趋势

2012年全国城市燃气配气管道总里程超过46×10$^4$km，与2000年相比年均增速达到 13.9%。其中，天然气配气管道里程为 40.9×10⁴km，已占到全国城市配气管道总里程的 89%，增长速度与 2000 年相比更是达到 21.6%；人工煤气和液化石油气配气管道里程数则逐年降低，如图 2-5 所示。

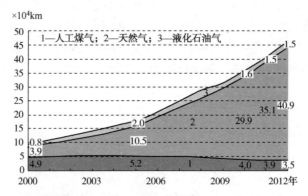

图 2-5  2000—2012 年全国三种气源配气管道里程变化趋势

"十三五"期间我国将形成国产常规气、非常规气、煤制气、进口 LNG、进口管道气等多元化的供气源和"西气东输、北气南下、海气登陆、就近供应"的供气格局，预计实现总规模在 $(3750 \sim 4300) \times 10^8 m^3$，利好的国家政策及广阔的发展前景，将使天然气行业进入一个快速发展的黄金时代。随西气东输二线、三线工程的陆续投入使用，多元化天然气资源的有效利用，我国正稳步迈入"天然气"时代。

# 生物质气体燃料

随着世界经济的不断发展，对能源的需求持续增加，煤、石油和天然气等不可再生资源在地球上的储量逐年降低，能源供求矛盾日益尖锐，能源安全有效供给的重要性不断凸现。生物质能是绿色植物通过光合作用转换、储存的太阳能，作为一种分布广泛、资源丰富的可再生能源和环境友好的低碳能源，是人类最早主动利用的能源，对社会和经济可持续发展具有重要的作用，在推动人类社会文明发展中发挥了巨大作用。在世界能源消费构成中，生物质能是仅次于煤炭、石油和天然气而居于第四位的能源，生物质能具有碳减排和清洁能源的特点，成为各国能源转型发展的一个有利选择。

生物质属再生性资源，来源极为丰富，全球绿色植物光合作用每年可合成约 $1800 \times 10^8$ t 有机物，我国仅农业植物纤维废料的年产量就有 $11.3 \times 10^8$ t。农作物秸秆产量每年约 $7 \times 10^8$ t，可用作能源的资源量约为 $(2.8 \sim 3.5) \times 10^8$ t；薪材的年合理开采量约 $1.58 \times 10^8$ t，目前实际使用量达到了 $1.82 \times 10^8$ t，超采15%左右，存在过量砍伐等不合理现象；此外还有大量的可用作生产沼气的禽畜粪便和工业有机废水资源，集约化养殖产生的畜禽粪便全国约有 $40336 \times 10^4$ t，其中干物质总量为 $3715.5 \times 10^4$ t，工业有机废水排放总量约为 $222.5 \times 10^8$ t（未含乡镇工业）。每年生物质资源总量折合成标准煤为 $(2 \sim 4) \times 10^8$ t。

2015 年，我国农村地区常住人口总数约 6.03 亿，占总人口的 43.9%。农村地区的能源清洁开发利用对优化我国的能源结构，保护环境，促进可持续发展意义重大。总体上说，中国农村能源消费结构比较复杂。贫困地区农户对传统生物质能源的依赖性极强，依然以秸秆和薪柴等传统能源为主；经济较好地区处于传统能源消费向商品性能源(煤、油、液化气、天然气、电力)消费结构的变迁中，商品性能源的比例不断提高，其中电力增长最快，村民家庭用能的消费结构已由20 世纪90 年代以前的"煤+薪柴"为主，变成"电+太阳能+煤"为主，液化气、薪柴为辅。随着我国农村能源消费结构的发展变化，商品性能源(如煤、液化石油气等)已成为其主要的炊事用能。

国家经贸委编制的《2000~2015 年新能源和可再生能源产业发展规划》中，指出大力推广农作物秸秆气化集中供气技术是农村社会经济发展的迫切要求。秸秆的传统低效直接燃烧的利用方式已不适应现代农民生活水平提高的需要。富裕起来的农民迫切需要优质、清洁、方便的能源。大规模推广秸秆集中供气技术，是缓解农村地区高品位商品能源短缺的重要措施。

以生物化学转换和热化学转换为特征的现代生物质能利用技术为生物质的高效利用和低碳排放提供了可能。生物化学转换是利用生物质厌氧发酵生成沼气（一种可燃混合气体，其中 $CH_4$ 占 55%~70%，$CO_2$ 占 25%~40%）和在微生物作用下生成酒精等能源产品。包括厌氧发酵制取沼气、微生物制取酒精、生物制氢、生物柴油等。热化学转换技术包括直接燃烧、液化、气化、热解等方法，与化石燃料技术有很强的兼容性，在许多方面可以替代化石燃料，实现可持续发展和低碳排放。生物质气化是指将固体生物质燃料转化为气体燃料的热化学过程，生物质与煤相比，挥发分含量高，灰分含量少，固定碳含量虽少但活泼，易气化利用；生物质热解技术是生物质高温加热后，其分子断裂而产生可燃气体（一般为 CO、$H_2$、$CH_4$ 等混合气体）、液体（焦油）及固体（木炭）的热加工过程。

现代生物质能利用技术产生富含 CO、$H_2$、$CH_4$ 等可燃混合气——生物质气，既丰富了气体燃料的种类，又提高了生物质能源的利用价值，为生物质高效利用和低碳排放提供了可能。

# 3.1 生物质热化学加工气

一切有生命或曾经有生命的物质都是生物质，但只有那些可作为燃料的固体生物质才被用作热化学过程。生物质热解气化是通过热化学过程转变固体生物质的品质、形态，提高应用方便性、高效性、清洁性的工业技术。

生物质热化学加工制气与生物质直接燃烧相比，是对生物质能更高品位的利用技术。生物质热化学加工制气过程（主产品为燃气）可以分为生物质热解和生物质气化。热解即干馏是将生物质在隔绝空气的条件下进行加热，使其受热分解，从而得到气体、液体和固体产品的工艺，气、液和固体产品的比例、性质受加热条件控制。气化是靠生物质自身部分燃烧产生的热量将其热解，并将热解后所剩余的炭与氧或水蒸气进行反应，再产生部分气体的过程。生物质热化学加工制气过程中热解、气化两种反应均存在，只不过不同阶段两种反应发生的程度不同而已。产品为热解产物、气化产物的混合物，通过调节操作参数可调整两种反应进行的程度、控制产品分布。形式各异的生物质热解气化技术均由热解、气化两个基本技术演化、耦合组成。借助调节反应过程中氧气的供求关系，可获得含不同化学能的可燃烧产物。

生物质热加工制气，按加工所采用的设备可分为固定床工艺和流化床工艺。不论是哪种工艺均可对生物质原料进行热解或气化加工，只不过工艺条件有所不同。不论是热解还是气化，采用固定床还是采用流化床设备均可实施加压操作或常压操作。

生物质热化学加工气除用于工业和民用燃料气之外，还可以进一步加工生产液体燃料(如汽油、柴油、甲醇等)和氨等。生物质热化学加工制气的特点见表3-1。

表3-1　生物质热化学加工制气特点

| 项　目 | | 热　解 | | 气　化 |
| --- | --- | --- | --- | --- |
| | | 一般热解 | 快速热解 | |
| 原料 | 给料尺寸 | 任意 | 小 | 大 |
| | 水分含量/% | 低 | 较低 | 最大50 |
| 操作参数 | 温度/℃ | 500~700 | 500~900 | 800~1500 |
| | 压力/MPa | 0.01~0.1 | 0.1 | <3 |
| 产品 | 气体　气体产率/%(质量) | <40 | <70 | 100~250 |
| | 气体　热值/(MJ/m³) | 5~10 | 10~20 | 5~15 |
| | 固体　固体产率/%(质量) | 30 | <20 | 灰 |
| | 固体　热值/(MJ/m³) | 30 | 30 | — |
| | 液体　液体产率/%(质量) | <30 | <70 | <5 |
| | 液体　热值/(MJ/kg³) | 22 | 22 | 22 |

注：原料为干基。

## 3.1.1　生物质的热解过程

### 3.1.1.1　热解反应

生物质的热解过程复杂，最终产品与原料种类、加热速率、加热终温、操作压力等诸多因素相关。生物质种类繁多，热解过程中各阶段反应固然存在差异，但总体基本相似。生物质的热解过程随温度的逐渐升高大致可分为如下四个阶段：

① 生物质加热到100~150℃时，本身无变化，只释放吸收的游离水分；

② 生物质加热到150~300℃时，组分开始发生变化，产生含CO、$CO_2$、$H_2$、$CH_4$等混合气体，同时还伴生甲醇、丙酮、醋酸等有机物；

③ 生物质加热到300~600℃时，气体大量逸出，有机物逐步分解为甲烷、氢、醋酸、甲醇等小分子物质。同时伴有大量焦油的产生；

④ 生物质加热超过600℃时，还会有气体产生，气体不仅来自原料的一次裂解，还来自焦油的二次裂解。

热解过程是强吸热过程，依供热方式不同，可分为直接供热法(内热法)和间接供热法(外热法)；依加热终温不同，分为高温热解(850℃~原料的灰软化温度以下，液态排渣工艺除外)、中温热解(650~800℃)、低温热解(600℃以下)。加热温度、加热速率、压力、停留时间等热解条件对生物质热解气的成分、热值、产率影响较大。

### 3.1.1.2 气化反应

气化过程(包括热解过程)是在水蒸气、氧气、空气等气化剂参与下,进一步将热解后的半焦或炭转化为可燃气体(主要是碳与水蒸气的反应,为吸热反应)。在热解产物进行反应的过程中,一些反应为放热反应(主要是碳与氧的反应),这些热量用以维持气化系统的自热平衡和气化所需要的操作温度,不需要外界提供热量。生物质气化过程反应器可以采用固定床,也可以采用流化床,流化床气化的操作温度与高温热解的温度相近。

循环流化床工艺适用于生物质的热解过程,热解器中的气化剂(也作为流化介质)是蒸汽或循环的燃气,燃气中不含氮气,燃气热值较高。热解过程所需热量由来自燃烧器的热载体提供,热解器的操作温度为 750~800℃。热解器中原料热解后所剩余的半焦和载热体被送入燃烧器。燃烧器以空气作为流化介质,在燃烧器中将半焦燃烧,将载热体温度提高到 950~1000℃后送入热解器,为热解过程提供热量。调节两器间压差、载热体料位和气动控制阀来保障载热体在两器内的正常流化、循环。表 3-2 为实验流化床热解气体组成及热值。

表 3-2　流化床实验中木屑在不同温度下的热解产气组成和热值

%(体积)

| 项目 | 温度/℃ | 550 | 600 | 650 | 700 | 750 | 800 | 850 |
|---|---|---|---|---|---|---|---|---|
| 燃气成分 | CO | 36 | 35 | 34 | 33 | 34 | 34 | 35 |
| | $H_2$ | 13 | 16.5 | 19 | 24 | 28 | 32.5 | 38 |
| | $CH_4$ | 12 | 11.5 | 11 | 10 | 9 | 8.5 | 8 |
| | $C_nH_m$ | 11 | 10 | 10 | 9 | 9 | 8 | 5 |
| | $CO_2$ | 28 | 27 | 26 | 24 | 20 | 17 | 14 |
| 高热值/(MJ/$m^3$) | | 17.9 | 17.4 | 17.4 | 16.9 | 17.1 | 16.9 | 15.6 |
| 低热值/(MJ/$m^3$) | | 16.8 | 16.2 | 16.2 | 15.7 | 15.9 | 15.6 | 14.4 |

## 3.1.2　生物质的气化过程

根据反应器结构和操作,生物质气化可采用固定床工艺、流化床工艺。固定床工艺可分为上吸式、下吸式、层式下吸式。流化床工艺分为流化床工艺和循环流化床工艺。固定床工艺、流化床工艺的主要差异在于炉内的气化过程。根据气化介质的不同,气化工艺又分为空气气化、氧气气化、水蒸气气化、空气(氧气)-水蒸气气化、热分解气化等。

### 3.1.2.1　气化介质特点

空气气化是以空气为气化介质的气化过程。空气中的氧气与生物质中可燃组分氧化反应,放出热量为气化反应的其他过程即热分解与还原过程提供热量,整个气化过程为自供热系统。气化过程不需要外供热源，空气气化是所有气化过程中最简单、最经济、最易实现的形式，但由于空气中含有79%的$N_2$，不但不参加气化反应，还稀释了燃气中可燃组分，燃气热值降低，热值仅为5MJ/m³左右，但用于近距离燃烧或发电时，空气气化仍是良好选择。

氧气气化是以氧气为气化介质的过程。由于无惰性气体$N_2$，气化过程的反应温度高，反应速率快，可有效降低反应器容积，热效率提高，改善气体的可燃性，热值达到12~15MJ/m³，与城市煤气相当。既可用作气体燃料，同时也可用于化工合成气的原料。

以水蒸气为气化介质的水蒸气气化过程不仅包括水蒸气和碳的还原反应，尚有CO与水蒸气的变换反应、各种甲烷化反应及生物质在气化炉内的热分解反应等，主要气化反应为吸热过程，需要外供热源，典型的水蒸气气化结果为：$H_2$占20%~26%；CO占28%~42%；$CO_2$占23%~16%；$CH_4$占20%~10%；$C_2H_2$占4%~2%、$C_2H_6$占1%；$C_3$以上成分占3%~2%；气体热值为17~21MJ/m³。

空气（氧气）-水蒸气气化过程优越于单用空气或单用水蒸气的气化过程。一方面，它是自供热系统，不需要复杂的外供热源；另一方面，气化所需要的一部分氧气可由水蒸气提供，减少了空气（或氧气）的消耗量，并生成更多可燃物质——$H_2$及碳氢化合物。若在催化剂存在下，CO易转化为$CO_2$，降低了CO的含量，气体燃料更适合于用作城市燃气。

氧气-水蒸气气化的气体成分（体积分数）（在800℃水蒸气与生物质比为0.95，氧气的当量比为0.2）为：$H_2$占32%；$CO_2$占30%；CO占28%；$CH_4$占7.5%；$C_nH_m$占2.5%；气体低热值为11.5MJ/m³。

双床热分解气化是分解气化的典型形式。将热分解气化过程生成的气体及挥发物与焦炭分离，焦炭在燃烧床中燃烧，加热中间介质，为热分解气化提供热量，空气只在燃烧床中出现，热分解气化产物不会被$N_2$稀释，在气化和燃烧床中分别用水蒸气和空气气化介质，此方法既不消耗氧气也不用外加热源即可获得中热值气体，气体热值可达到10.7MJ/m³。

### 3.1.2.2 固定床气化工艺

生物质的挥发分较高、含碳量较低且水分较高，固定床气化过程可以不补充水蒸气，只需加少量空气（或氧气）燃烧部分生物质，以维持气化所需反应热。生物质固定床气化过程可视为内热式气化过程，生物质部分燃烧以提供其余生物质气化所需要的热量，伴随气化过程的进行。助燃物中氮气的存在导致生物质气化气热值比纯粹热解气低，通常在5MJ/m³左右。固定床气化炉秸秆气化燃气性质见表3-3。

表 3-3　固定床秸秆气化燃气组成　　　　　　　　　%(体积)

| CO | H$_2$ | CH$_4$ | CO$_2$ | O$_2$ | N$_2$ | 焦油含量/(mg/m$^3$) | 燃气热值/(kJ/m$^3$) |
|---|---|---|---|---|---|---|---|
| 21. 4 | 13. 4 | 2. 0 | 12. 0 | 1. 6 | 49. 6 | 20 | 5200 |
| 20. 1 | 13. 8 | 2. 4 | 12. 1 | 1. 6 | 50. 0 | 18 | 5280 |
| 21. 4 | 14. 2 | 2. 6 | 11. 7 | 1. 4 | 48. 7 | 21 | 5330 |
| 21. 5 | 13. 6 | 2. 3 | 12. 4 | 1. 7 | 48. 5 | 26 | 5240 |
| 20. 9 | 13. 5 | 2. 2 | 12. 3 | 1. 8 | 49. 3 | 19 | 5220 |

　　我国城市生活垃圾由于没有分类收集和分拣的过程,其成分较为复杂,不同地区的差异也较大。其工业分析,挥发分在 20%~40% 之间;固定碳在 3%~6% 之间;热值在 3~6MJ/kg 之间。城市生活垃圾可气化性一般,与煤炭混合可作为良好的制气原料。

　　城市生活垃圾气化,目前尚无成熟的生产设备,还处于小型试验阶段。用截面积为 0.25m$^2$,高度为 2.03m 的固定床进行城市垃圾气化试验,试验垃圾成分分析见表 3-4,试验结果见表 3-5。

表 3-4　垃圾成分分析　　　　　　　　　　%(质量)

| 元素分析 | C | H | O | N | S | 高热值/(MJ/kg) | 低热值/(MJ/kg) |
|---|---|---|---|---|---|---|---|
| | 19. 99 | 3. 68 | 18. 39 | 0. 10 | 0. 16 | 8. 79 | 7. 76 |

表 3-5　固定床垃圾气化实验结果

| 编号 | 进料/(kg/h) | 出口温度/℃ | 燃气成分/%(体积) | | | | | | | 燃气热值/(MJ/m$^3$) | 气化效率/% |
|---|---|---|---|---|---|---|---|---|---|---|---|
| | | | CO$_2$ | C$_2$H$_4$ | O$_2$ | CO | CH$_4$ | H$_2$ | N$_2$ | | |
| 1 | 81. 3 | 500 | 14. 3 | 0. 5 | 2. 8 | 11. 5 | — | — | 70. 9 | 1. 78 | 22. 36 |
| 2 | 91. 4 | 500 | 15. 2 | 0. 5 | 1. 5 | 12. 7 | 1. 2 | 4. 9 | 64. 0 | 3. 02 | 33. 8 |

### 3.1.2.3　流化床气化工艺

　　以空气为流化介质,操作速度为 0.35~0.45m/s,操作温度大于 800℃,以不同生物质为原料进行流化床气化试验,燃气组成和热值如表 3-6 所示。

表 3-6　燃气组成和热值(以空气为气化剂)

| 原料 | 燃气成分/%(体积) | | | | | | | 低热值/(MJ/m$^3$) |
|---|---|---|---|---|---|---|---|---|
| | CO | H$_2$ | CH$_4$ | C$_n$H$_m$ | CO$_2$ | O$_2$ | N$_2$ | |
| 花生壳 | 12. 8 | 2. 9 | 11. 6 | 1. 8 | 15. 4 | 0. 9 | 54. 6 | 7. 156 |
| 玉米芯 | 12. 4 | 3. 2 | 18. 4 | 1. 72 | 13. 6 | 0. 7 | 58. 0 | 6. 648 |
| 稻壳 | 16. 0 | 3. 5 | 4. 3 | 1. 4 | 17. 0 | 0. 4 | 53. 8 | 4. 770 |
| 玉米秸 | 15. 4 | 3. 8 | 8. 5 | 2. 2 | 20. 1 | 0. 8 | 49. 2 | 6. 707 |

| 原料 | 燃气成分/%(体积) | | | | | | | 低热值/ |
|------|------|------|------|------|------|------|------|------|
| | CO | $H_2$ | $CH_4$ | $C_nH_m$ | $CO_2$ | $O_2$ | $N_2$ | ($MJ/m^3$) |
| 麦秸 | 18.1 | 5.6 | 6.5 | 2.3 | 19.5 | 0.5 | 47.5 | 6.584 |
| 稻秸 | 16.6 | 5.0 | 8.0 | 2.5 | 19.1 | 0.7 | 48.1 | 6.987 |
| 锯末 | 17.4 | 5.6 | 7.2 | 1.8 | 16.9 | 1.0 | 50.1 | 6.450 |

# 3.2 生物质化学转换气

生物质化学转换气是利用生物质厌氧发酵生成沼气的过程。厌氧发酵制取沼气特指有机物在厌氧条件下,经过微生物的发酵作用,产生以 $CH_4$、$CO_2$ 为主、少量 $H_2S$、$N_2$、$H_2$ 和 CO 等混合气体。其中 $CH_4$、$CO_2$ 约占 50% ~ 70%、30% ~ 40%,其余气体只占少量,混合气体通常称为沼气。$CH_4$、$H_2$、CO 等均为可燃气体,是一种可再生的气体燃料能源。

生物质厌氧发酵产生沼气的现象在自然界极常见,如沼泽和湖底的污泥中产生的气泡即为沼气,城市的污水井中也会有沼气产生。有机物通过微生物的发酵作用可自然产生沼气,通过一定的工艺方法和设备人为有意识地控制、生产和利用发酵作用产生的沼气,可以有效弥补人类能源的短缺。

## 3.2.1 厌氧发酵沼气

厌氧消化即沼气发酵是微生物将有机物进行分解的过程,单位原料总固体(TS)在一定发酵条件下,生产的沼气总量即产气量,也称产气率,一般用 L/kg,即 L/kg(或 $m^3/t$)表示。不同生物质的产气率差别较大,如麦秸、稻草、树叶、马粪分别为425L/kg、409L/kg、252L/kg、297L/kg,但沼气组成基本相同,甲烷含量基本 57% ~ 65% 左右。相对生物质热加工制气来说,受微生物耐温性的限制,过程在较低温度下进行,反应相对缓慢,故相同产量下,沼气的生产设备要比生物质热加工制气设备大得多。沼气中杂质含量相对少,系统较为简单。生物质化学加工制气量规模相对生物质热加工制气较小。

厌氧消化过程分水解、酸化、气化等三个阶段。用于沼气发酵的原料种类繁多,主要成分为多糖、蛋白质和脂类物质。多糖类物质是发酵原料的主要成分,其中包括淀粉、纤维素、半纤维素和果胶质等,在水中不能溶解,难以被微生物吸收利用,必须通过厌氧和兼性厌氧的水解性细菌或发酵性细菌将多糖类物质、蛋白质、脂类物质水解为溶于水的单糖类物质、氨基酸、甘油等,再被发酵性细菌吸收,经发酵作用进一步转化为乙酸、丙酸、丁酸等脂肪酸和醇类物质及一定量氢、二氧化碳。

沼气发酵性细菌在自然界或厌氧消化器中常以活性污泥形式存在，由兼性厌氧菌和专性厌氧菌构成，称为厌氧性污泥。水解发酵性细菌种类繁多，其中主要包括拟杆菌、丁酸弧菌、双歧杆菌和梭菌等。厌氧发酵性菌群在有机物发酵的过程中产生有机酸和氢，也称为产酸产氢菌。

水解阶段所产生的各种有机酸中除甲酸、甲醇、乙酸外，其他物质均不能被甲烷菌所利用，必须由产氢产乙酸菌将其分解转化为乙酸、氢和二氧化碳。标准状态下，当体系氢分压 $<0.5 \times 10^5$ Pa 时，产氢产乙酸菌可将乳酸分解为乙酸、氢，但不能将其他如丙酸、丁酸等酸类分解。同时另一种消耗氢的布氏甲烷菌可将氢利用，维持较低的氢分压。布氏甲烷菌与产氢产乙酸菌的 S 菌株形成一个共生体，产氢微生物和耗氢微生物共存并得以生长，这种互营联合菌种之间的氢转移是推动沼气发酵得以稳定并连续进行的不竭动力。

气化阶段也称为甲烷化阶段，由严格厌氧的产甲烷菌群来完成。迄今已知的产甲烷菌有近 70 种，产甲烷菌群包括食氢产甲烷菌和食乙酸产甲烷菌，是厌氧消化过程食物链中最后的细菌。产甲烷菌群利用碳一化合物(如二氧化碳、甲醇、甲酸、甲基胺和一氧化碳)、乙酸和氢生成甲烷。所生成的甲烷中，大约有 30% 是来自氢的氧化和二氧化碳的还原，剩余的约 70% 来自乙酸盐。产甲烷菌群大多数适于在中性范围内(pH 值为 6.8~7.4)生长，也有个别的菌种可在 pH 值为 4.0 或为 9.2 的条件下生长，厌氧消化器中，当 pH 值低于 5.5 时，沼气发酵则会完全终止。

产甲烷菌群繁殖相对缓慢，繁殖最快的微生物在适宜的条件下繁殖一代只需 17min，而产甲烷菌群需要数小时甚至数十小时。因而大规模地生产沼气和提高设备的生产强度都不太可能。20 世纪 60 年代，沼气池容量小，主要目的是生产气体燃料，原料也仅限于人畜粪便和农作物的剩余物，产气率较低，采取常温发酵，其产气率约为 $0.2 m^3/(m^3 \cdot d)$。至 20 世纪 80 年代，生产能源与环境保护意识的结合，生产规模逐渐扩大，原料品种不断扩大。目前为止，厌氧消化器的总体装置容积可以达到 $1000 m^3$，产气率可以达到接近 $1.0 m^3/(m^3 \cdot d)$，大规模利用生物质生产燃气还需要采用热化学加工工艺。

## 3.2.2　生活垃圾填埋气

表 3-7 所示的为家用固体废物的典型组成。由表 3-7 可知，城市生活垃圾中含有大量有机物，填埋后经微生物降解作用也可产生可燃气体，即生活垃圾填埋气。填埋气主要是由可燃气体(如甲烷、氢气、一氧化碳)和少量杂质(如二氧化碳、氧气、氮气、氨和硫化氢等)等组成，其成分与沼气相近，也可称为沼气。填埋气成分主要受生活垃圾组成、颗粒大小、有机物含量、填埋年限、温度、含水量、滤液的 pH 值以及毒素含量等影响。典型城市生活垃圾填埋气的组成见表 3-8。

表 3-7　家用固体废物的组成 %（质量）

| 成　分 | 下　限 | 上　限 |
|---|---|---|
| 废纸 | 33.2 | 50.7 |
| 食品废物 | 18.3 | 21.2 |
| 塑料物品 | 7.8 | 11.2 |
| 金属 | 7.3 | 10.5 |
| 玻璃 | 8.6 | 10.2 |
| 纺织品 | 2.0 | 2.8 |
| 木材 | 1.8 | 2.9 |
| 皮革和橡胶 | 0.6 | 1.0 |
| 其他 | 1.2 | 1.8 |

表 3-8　典型城市生活垃圾填埋气的组成

| 组　成 | 体积分数/% | 组　成 | 体积分数/% |
|---|---|---|---|
| $CH_4$ | 45~60 | $O_2$ | 0.1~1.0 |
| $CO_2$ | 40~60 | $H_2S$ | <1.0 |
| CO | <0.2 | $N_2$ | 2~5 |
| $NH_3$ | 0.1~1.06 | 其他组分 | 0.01~0.6 |
| $H_2$ | <0.2 | 热值/（$MJ/m^3$） | ~18 |

　　近年来，填埋浸出液处理引起广泛关注，城市固体废物（MSW）产量与工业化快速发展同步增长，只有大约 16% 城市固体废物被焚烧，其余废物均填埋处理。垃圾填埋场的城市固体废物（MSW）污染土壤、地表水和地下水、大气的环境事故频频发生，对垃圾填埋场污染物进行有效控制势在必行。生活垃圾填埋气的扩散、自燃，易产生严重的环境污染和安全隐患。一定条件下有序地引出并利用，如通过内燃发电机发电或作为燃料，已成为城市生活垃圾资源化利用的有效途径。

　　填埋气的生成与前面所介绍的厌氧消化生产沼气有所不同，在酸化和产甲烷之前还有一个好氧分解阶段。原始生活垃圾中存在一定量的好氧、厌氧微生物菌群，但数量不多。

　　垃圾填埋时垃圾本身吸附携带的空气被同时填埋，有机物在好氧微生物作用下，消耗填埋层中的氧，好氧微生物数量有所增加并产生热量，温度上升 10~20℃，好氧消化阶段大约需要 6 个月，最终生成二氧化碳和水等物质。垃圾填埋物所携带的氧耗尽后垃圾堆内变为无氧环境，迅速进入第二阶段（厌氧分解），即产酸和产甲烷阶段，封闭后的垃圾填埋单元，不得有氧气再次进入填埋层，否则又会恢复到有氧状态，抑制第二阶段的进行。

填埋场封闭 180 天后，甲烷生成量会持续增加，二氧化碳会不断减少，1~2年后可形成连续稳定的甲烷气流。填埋场持续产气时间，取决于垃圾分解速度，对于快速分解的垃圾，持续产气时间可达 5 年左右；对于分解缓慢的垃圾，持续产气时间可达数十年。填埋气生成量随时间的变化如图 3-1 所示。Ⅰ~Ⅴ各阶段分别对应好氧阶段、水解阶段、产酸阶段、产甲烷阶段和填埋场稳定产气阶段。

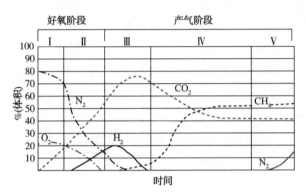

图 3-1　填埋气生成量随时间的变化

## 3.2.3　生物质化学转化制气原料

有机物在厌氧条件下通过微生物的发酵作用是沼气产生的主要原因，有机原料提供了一个微生物新陈代谢和生长的良好环境。有机物既是沼气产生的必要原料，也是微生物生存的必要养料。有机物均可作为制取沼气的原料，以农牧业所产生的废弃物或剩余物以及城市垃圾为原料发生沼气实现了资源的循环利用。

农牧业生产过程的废弃物如秸秆、树叶、杂草及人类、家畜家禽的粪便、污水等，都可作为制气的原料。根据原料化学性质和来源，通常为富碳原料和富氮原料两类。富碳原料主要是秸秆一类的原料，碳元素含量较高，其碳/氮（含碳量与含氮量之比，用 C/N 表示）的值一般大于 30。原料的分解速度和产气速度较慢，需预处理以提高产气速度，提高设备的生产强度。富氮原料主要是人类和家畜家禽的粪便，氮元素含量较高，其碳/氮的值一般小于 25。原料的分解速度和产气速度较快，无须进行预处理。

微生物的生长、繁殖和代谢，除依赖水分外，还要依赖碳元素、氮元素和少量的无机盐。碳元素为微生物生命活动提供能源，是生成甲烷的物质；氮元素则是构成微生物细胞的主要来源。欲维持有效的发酵过程，就需要维持适当的碳/氮比值。通常碳氮比应维持在 13~30 为宜。农村沼气发酵常用原料的碳氮比见表 3-9。

表 3-9　农村沼气发酵原料的碳氮比

| 原料名称 | 碳元素质量分数/% | 氮元素质量分数/% | 碳/氮 | 原料名称 | 碳元素质量分数/% | 氮元素质量分数/% | 碳/氮 |
|---|---|---|---|---|---|---|---|
| 麦草 | 46.0 | 0.53 | 87.0 | 鲜牛粪 | 7.3 | 0.29 | 25.0 |
| 稻草 | 42.0 | 0.63 | 67.0 | 鲜马粪 | 10.0 | 0.42 | 24.0 |
| 玉米秸 | 40.0 | 0.75 | 53.0 | 鲜猪粪 | 7.8 | 0.60 | 13.0 |
| 树叶 | 41.0 | 1.00 | 41.0 | 鲜羊粪 | 16.0 | 0.55 | 29.0 |
| 豆茎 | 41.0 | 1.30 | 32.0 | 鲜人粪 | 2.5 | 0.85 | 3.9 |
| 野草 | 14.0 | 0.54 | 26.0 | 鸡粪 | 25.5 | 1.63 | 15.6 |
| 花生茎叶 | 11.0 | 0.59 | 19.0 | 青草 | 14.0 | 0.54 | 26.1 |

# 3.3　生物气净化

生物质热解气化得到的粗气中，含有焦油气、水蒸气、粉尘、硫化氢以及其他微量杂质，通常经水洗除尘、降温，再脱除焦油和脱除硫化氢，即可达到居民生活、工业企业生产和公共建筑应用的城镇燃气质量要求，可参阅表 3-10(GB/T 13612—2006《人工煤气》)。采用生物质为原料生产的燃气用于内燃机发电时，低热值达到 $4.2 MJ/m^3$ 即可。生物质化学转换气的净化系统与生物质热化学加工气的净化系统基本类似，通常包括气水分离器和氧化铁脱硫器等两种设备。由于沼气生产规模相对生物质热化学加工制气小得多，所以沼气净化系统的设备相对简单。

沼气的成分一般为：甲烷约为 50%~65%(体积)、二氧化碳约为 30%~40%(体积)以及少量的氨、氢、氮和一氧化碳等。沼气除上述成分之外，还含有硫化氢($H_2S$)和少量水分，都应进行脱除。未净化的沼气中每 $m^3$ 约含有 0.5~5g 硫化氢(以禽畜场粪水为原料)，脱除后应低于 $20mg/m^3$。当硫化氢含量较高时，应设置两级或三级脱硫设备。

表 3-10　燃气质量要求

| 项目 | 低热值/($MJ/m^3$) | 焦油及灰尘/($mg/m^3$) | 硫化氢含量/($mg/m^3$) | 氨含量/($mg/m^3$) | 氧含量/%(体积) | 一氧化碳含/%(体积) |
|---|---|---|---|---|---|---|
| 数值 | >14 | <10 | <20 | <50 | <1 | <10 |

# 3.4　生物质资源在循环经济中的重要性

以实物形式存在的有机物是生物质能的载体，是唯一一种可储存并可运输的可再生能源，分布最广，不受天气和自然条件的限制，只要有生命的地域就有生物质存在。生物质的组成是碳氢化合物，与常规矿物燃料如煤、石油、天然气等同类但不同质。煤、石油、天然气是生物质在特殊地质条件下演化而来，生物质是矿物燃料的始祖，生物质的特性、利用方式与矿物燃料有极大的相似性，可充分借鉴、利用成熟的常规能源技术开发利用生物质能。

从利用方式上看，生物质能与煤、石油化学结构和特性相似，可以采用相同或相近的技术进行处理和利用，可利用技术的开发与推广难度较低。生物质通过一定的先进技术进行转换，除转化为电力外，还可生成液体燃料、燃气或固体燃料，直接应用于汽车等运输机械或用于柴油机、燃气轮机、锅炉等常规热力设备，几乎可以应用于人类生产、生活的各领域，在所有新能源中，生物质能与现代工业化技术、生活有最大的兼容性，对已有的工业技术做适当改进即可以替代常规能源，对常规能源有极大的替代能力，为今后生物质能利用开拓了发展空间。

生物质的挥发组分高、炭活性高、水分含量高、含硫量低、灰分低，利用过程中 $SO_x$、$NO_x$ 排放少，空气污染、雾霾明显降低，清洁、低/无污染，是开发利用生物质能的重要优势。气、液、固燃料的燃烧反应是人类获取、使用能源的主要方式，矿物燃料把燃料中借助化学力固定结合的碳、氢通过燃烧使其流动化，并以 $CO_2$、$H_2O$ 的形式累积于大气环境。光合作用是燃烧反应的逆过程，植物通过光合作用将 $CO_2$、$H_2O$ 富集、固定于生物质中，生物质中的碳、氢来自空气中流动的 $CO_2$ 和环境中的 $H_2O$。燃烧、光合作用过程的相互耦合，形成了良性循环，整个生物质能循环就能实现 $CO_2$ 零排放，环境中的 $CO_2$ 达到自平衡，从根本上解决矿物能源消耗带来的温室效应问题，同时生物质能真正成为"取之不尽，用之不竭"的可再生资源。

# 第4章 燃气燃烧过程

　　燃气燃烧是指燃料中的可燃组分如 $H_2$、CO、$C_mH_n$ 和 $H_2S$ 等，在一定条件下与氧化剂发生激烈的氧化反应，并产生大量热和光的物理化学过程。

　　燃气燃烧必须具备如下条件：燃气中的可燃组分和氧化剂（空气、富氧空气或纯氧），按一定比例呈分子状态混合；参与反应的分子在碰撞时必须具备破坏旧分子和生成新分子所需的能量；具有完成反应所必需的时间。

　　影响燃烧过程的主要因素有：燃气与氧化剂的预混方式、点火方式、火焰传播形式、燃烧组织等。气体燃料的燃烧应充分考虑燃料类型、工况要求、燃烧环境等因素，选择适宜的燃烧装置，控制燃烧过程，使燃料充分、高效燃烧。

## 4.1　燃气燃烧

### 4.1.1　燃烧基本形式

　　燃气燃烧是燃料、气态氧化剂作用的均相燃烧过程。根据燃料与氧化剂是否预先混合可把燃烧分为两类：一类为预混燃烧，其特点是燃料与氧化剂预先按一定比例均匀混合，形成可燃混合气后燃烧，其燃烧速度取决于化学反应速度，燃烧受化学动力学因素控制；另一类为非预混燃烧，其特点是燃料与氧化剂在燃烧装置内同时进行扩散混合、燃烧过程，故燃烧过程受化学动力学、扩散混合等因素影响。受化学动力学因素控制的燃烧过程称为动力燃烧。受扩散混合因素控制的燃烧过程称为扩散燃烧。预混燃烧、非预混燃烧均可能出现动力燃烧。

　　燃料燃烧所需时间由燃料与氧化剂混合所需时间 $\tau_{mix}$ 及燃料氧化反应所需时间 $\tau_{che}$ 两部分组成，若不考虑这两种过程的重叠，整个燃烧时间 $\tau$ 就是上述两部分之和，即

$$\tau = \tau_{mix} + \tau_{che} \tag{4-1}$$

　　若 $\tau_{mix} \ll \tau_{che}$，则 $\tau \approx \tau_{che}$，即燃烧过程受化学动力学因素控制，为动力燃烧工况。在预混燃烧、非预混燃烧中都可能出现，燃烧在动力区进行，燃烧速度将强烈受化学动力学因素影响，可燃混合气性质、温度、压力、浓度等变化显著影响

燃烧速度，而气流速度、气流流过的物体形状和尺寸等与扩散混合有关的因素，对燃烧速度并无显著影响。

若 $\tau_{mix} \gg \tau_{che}$，则 $\tau \approx \tau_{mix}$，即燃烧过程受扩散混合因素控制，为扩散燃烧工况。燃烧在扩散区进行，燃烧速度受化学动力学因素影响弱，流体动力学因素对燃烧速度的大小起关键作用。如非预混燃烧中，当燃烧区温度高到足以使化学反应瞬间完成时即为扩散燃烧工况。

实际燃烧过程处于上述两种极端情况之间，$\tau_{mix}$ 与 $\tau_{che}$ 相差不大，故燃烧过程同时受化学动力学、流体动力学等化学、物理因素的影响，在不同空间、时间内，二者对燃烧的影响程度并不相同且不稳定，为复杂的燃烧工况。燃料的燃烧处于何种工况不完全取决于是否与氧化剂预混，而取决于 $\tau_{mix}$ 与 $\tau_{che}$ 在整个燃烧时间中的相对大小，且相对比例在一定条件下可互相转换。

气体燃料、液体燃料与固体燃料的燃烧中，根据燃烧时条件的不同变化，会出现动力燃烧和扩散燃烧，或处于两者之间——中间区的过渡燃烧。

燃烧过程存在两个基本阶段：着火阶段以及随后的燃烧阶段。着火阶段是燃烧的准备阶段，此阶段可燃物质与氧化剂在缓慢氧化的基础上，不断积累热量和活性粒子，引起反应加速至不稳定的氧化过程，从而发生着火。着火是燃烧过程的开始，是一个重要但不稳定的燃烧过程。当燃气与氧化剂混合达到一定浓度、温度发生氧化反应随即着火，若条件合适进而建立正常稳定的燃烧过程。

## 4.1.2 预混燃气火焰

19 世纪中期德国人本生(Bunsen F)发明了本生灯(图 4-1)，第一个将预混原理应用于气体燃烧。

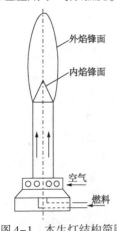

图 4-1　本生灯结构简图

燃料与氧化剂是否预混以及预混气中燃料与氧化剂的配合比例可用空气系数 $\alpha$(当氧化剂为空气时)表示。燃烧所需的空气可全部从本生灯底部供入，也可在管口下游通过射流引射获取，或者两者兼有。通常把燃烧前从底部吸入的空气称为"一次空气"，一次空气量与理论空气量之比为一次空气系数 $\alpha_1$，以 $\alpha_2$ 表示从管口下游引射所取的二次空气量与理论空气量之比。显然，燃烧的总空气系数为 $\alpha_1 + \alpha_2$。

若与燃料预混的氧化剂少于燃烧所需的全部氧化剂，即 $0 < \alpha_1 < 1$，称为半预混燃烧；若燃料与燃烧所需的全部或更多的空气预先混合，即 $\alpha_1 \geqslant 1$，称为全预混燃烧。图 4-2 显示了不同 $\alpha$ 的预混可燃气喷入空气中进行燃烧时燃烧工况的变化。

（1）$\alpha_1 < 1$ 的情况

$\alpha_1 < 1$ 时，属于半预混燃烧，火焰通常包括内焰和外焰两部分。由于可燃混合气中空气不足，燃烧火焰中将出现内焰即动力燃烧火焰前锋 I 与外焰即扩散燃烧火焰前锋 II 两层火焰前锋。由于在动力燃烧火焰前锋处只能将可燃混合气中相当于化学计量比的那部分燃料烧掉而形成动力燃烧火焰前锋 I，其余未燃烧的燃气与完全燃烧后生成的燃烧产物混合起来，形成一种相当于掺杂了惰性气体的"新"燃气。这种"新"燃气与周围空气相互混合并继续燃烧，形成扩散火焰前锋 II。随着燃烧过程的进行，$\alpha_1$ 不断减小，火焰传播速度降低，动力燃烧火焰前锋变长，"新"燃气中可燃成分含量增加，需从周围空气中扩散来更多的空气才能使燃料持续完全燃烧，扩散燃烧火焰前锋也将伸长。极端情况 $\alpha_1 = 0$ 时（即非预混燃烧），燃烧过程就转化为纯扩散燃烧。这时火焰很长，发出黄色明亮的光，有时还冒一些黑烟，只有一层扩散燃烧火焰前锋 II，这种火焰称扩散火焰。扩散火焰软弱无力，温度较低，燃烧不完全。$\alpha_1$ 较小时，内焰下部为深蓝色，其顶部往往呈现黄色火焰尖，外焰则为暗红色。随着 $\alpha_1$ 的增大，内焰的黄焰尖逐渐消失，其颜色逐渐变淡，高度缩短，外焰越来越不明显，当 $\alpha_1$ 超过一定值（约为 1）之后，内焰高度又增加，外焰则完全消失。这种现象如图 4-2 中的 3~6 所示。

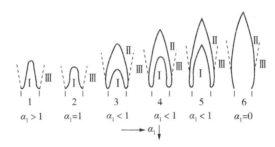

图 4-2　在不同空气系数下气体燃料燃烧火焰的变化

（2）$\alpha_1 \geq 1$ 的情况

$\alpha_1 \geq 1$ 时为纯动力燃烧，见图 4-2 中 1、2 两种工况。此时只有一层动力燃烧火焰前锋，且随着 $\alpha_1$ 的增加，动力燃烧火焰前锋将伸长。

燃烧技术中常依火焰外观分为有焰燃烧和无焰燃烧。有焰燃烧实际上指非预混燃烧，燃气与氧化剂分别送入燃烧室即 $\alpha_1 = 0$，燃料在燃烧室内同时进行混合、燃烧，燃料受较长时间的加热而分解，在火焰中生成较多固体碳粒，碳粒的发光效应使火焰明亮且有鲜明轮廓，称为有焰燃烧，此时的燃烧过程受扩散控制，又称为气相扩散燃烧。无焰燃烧是指 $\alpha_1 > 1$ 的预混燃烧，燃烧的火焰中含发光碳粒较少且火焰较短，几乎看不出火焰。

扩散式燃烧易产生黑烟，燃烧温度较低。预混燃烧过程氧化剂与燃料预先混合使燃烧得以强化，火焰清洁、火焰温度提高，预混效果是决定预混燃烧效果的关键。故预混式燃烧得到广泛应用，民用燃气设备大部分采用部分预混式燃烧。

## 4.2 预混燃气的着火

### 4.2.1 着火

可燃气体在一定条件下与氧气接触，发生氧化反应。若氧化反应过程发生的热量等于散失的热量，或者活化中心浓度增加的数量正好补偿其销毁的数量，该过程称为稳定的氧化反应过程。若氧化反应过程生成的热量大于散失的热量，或者活化中心浓度增加的数量大于其销毁的数量，该过程称为不稳定的氧化反应过程。由稳定的氧化反应转变为不稳定的氧化反应而引起燃烧的瞬间，称为着火。

可燃混合气的着火有自燃、点燃两种方式。自燃属于自发着火，指可燃混合气自身温度升高到一定值时而着火。即使体系温度不高，可燃混合气中亦存在缓慢的氧化反应，并释放热量。随着温度升高，氧化反应逐渐加速，放出热量持续增加。若可燃混合气所在系统绝热状态良好，反应生成热量的速度超过散热速度而且不可逆转时，体系温度稳定快速提高，最终达到其着火温度，整个可燃混合物则同时自发着火。若通过外部向系统提供高温火(热)源，促使其附近的可燃气体首先着火，产生小火焰，然后小火焰引燃系统内其余的可燃气体，称之为点火(点燃)。

煤粉仓、干草堆以及可燃气体、粉尘混合物都有可能发生自燃。煤层、煤矿瓦斯、粉煤仓、粮食加工或纤维加工粉尘等自燃现象严重影响安全生产，分析自燃产生的原因和有效控制意义重大。自发着火过程是一种典型的受化学动力学控制的燃烧现象。从化学反应动力学的角度讲，自发着火的反应机理有化学链着火(链自燃)、热力着火(热自燃)两种。

实际燃烧过程中，不可能有纯粹的热自燃或化学链自燃的存在，它们同时存在于同一燃烧体系且相互促进。可燃混合气的自发氧化在加强热活化、提高热自燃发生概率的同时，也促进链反应的基元反应。低温时链反应使系统逐渐加热，促进了分子的热自燃。难以用单一的自燃理论来解释自燃现象，有些特征可用热自燃机理说明，而有些则需用链自燃机理解释。高温时热自燃是着火的主要原因，低温时链自燃是着火的主要原因。

失去控制、速度极快并释放大量热量的燃烧即爆炸，内燃机燃料的爆震、矿井瓦斯的爆炸和加氢反应器的"飞温"就是可燃混合物链自燃、热自燃相互作用的典型范例。

燃烧过程包括发光发热的化学反应，存在着火阶段、燃烧阶段。着火以后，可燃混合气所释放的能量可保持燃烧过程的自行持续进行。许多燃烧装置要求在苛刻条件下使燃料着火，例如要求在高速、低温下，使难着火的燃料着火等。但有时却要防止发生燃烧，或在发生燃烧后要求尽快熄灭，例如消防灭火就是如此。着火理论是燃烧理论中的重要组成部分。

## 4.2.2 支链着火

每个链环只产生一个新的活化中心的链环反应的链反应称为直链反应；每一链环中有两个以上活化中心可引发新的链环反应的链反应称为支链反应。燃烧反应为典型的支链反应。

支链反应的反应速度与压力、温度关系复杂。适当条件下支链反应可自动加速而引起自燃。支链反应通过链传递不断产生新的活化中心，使氧化反应持续进行。同时，活化中心和容器壁以及惰性分子的相互碰撞也会不断销毁，使链传递终止。

一定条件下，活化中心浓度迅速增加而引起反应加速，可燃物反应中存在链载体，当链产生速度超过其销毁速度，或者反应本身是分支链锁反应，由于链载体的大量产生，使反应速度大大加快，同时又产生更多的链载体，从而使反应由稳定的氧化过程转变为不稳定的氧化反应过程，称为支链着火。如磷在大气温度下的闪光、许多液态可燃物(醚、汽油、煤油等)在低压和$200 \sim 280℃$温度下发生微弱的火光(又称冷焰)等。

燃烧反应均为放热反应，反应体系温度持续升高。假设反应过程中放出的热量不断引出，即反应在等温条件下进行，链反应速度则完全决定于活化中心的浓度变化。

分子的活化和支链化学反应均会不断产生新的活化中心，活化中心和容器壁以及惰性分子相互碰撞又会不断销毁，反应体系中活化中心浓度的高低直接影响链反应速度。等温条件下活化中心浓度的变化可按式(4-2)计算：

$$\frac{dC_a}{d\tau} = W_0 + fC_a - gC_a \qquad (4-2)$$

式中　$C_a$——活化中心的浓度；

　　　$\tau$——时间；

　　　$W_0$——由分子活化而产生活化中心的速度；

　　　$f$——由支链反应而使活化中心增加的速度系数；

　　　$g$——活化中心销毁的速度系数；

　　　$fC_a$——由支链反应而使活化中心增加的速度；

　　　$gC_a$——活化中心销毁的速度。

令$f-g=\varphi$($\varphi$可理解为实际的活化中心增加的速度系数)，则得

$$\frac{dC_a}{d\tau} = W_0 + \varphi C_a \qquad (4-3)$$

积分并考虑到当$\tau=0$时，$C_a=0$，可得

$$C_a = \frac{W_0}{\varphi}(e^{\varphi\tau} - 1) \qquad (4-4)$$

链反应的速度，即反应产物的生成速度应为

$$W = \alpha f C_a = \frac{\alpha f W_0}{\varphi}(e^{\varphi\tau} - 1) \tag{4-5}$$

式中  $\alpha$——每一个活化中心所能形成的生成物分子数。

反应进行程度决定于支链反应速度与链终止之间的相对大小，即决定于 $\varphi$。

等温条件下，链反应速度随时间的变化可能有以下三种情况：

（1）当 $f > g$，即 $\varphi > 0$ 时

$$W = \frac{\alpha f W_0}{\varphi}(e^{\varphi\tau} - 1) \approx \frac{\alpha f W_0}{\varphi}e^{\varphi\tau} \tag{4-6}$$

反应在极短时间后，反应速度与时间关系视为指数曲线，反应自动加速。

（2）当 $f = g$，$\varphi = 0$ 时，式(4-3)中后一项 $\varphi C_a = 0$，可得直线方程，表示反应速度随反应时间的延长而逐渐增大。

$$W = \alpha f W_0 \tau \tag{4-7}$$

（3）当 $f < g$，即 $\varphi < 0$ 时，反应速度趋向于一个极限值：

$$W = \frac{\alpha f W_0}{|\varphi|} \tag{4-8}$$

图 4-3 反映了等温条件下链反应速度随时间变化的三种情况。

从链反应速度的变化关系可知：当 $\varphi < 0$ 时，反应属于稳定状态，不会引起着火，当 $\varphi = 0$ 时，反应处于由稳定状态变化为不稳定状态的极限。当 $\varphi > 0$ 时，反应变为自动加速的不稳定状态，引起支链着火。由图 4-3 知支链反应在着火前存在着一个感应期，在此期间系统中的能量主要用于活化分子的积聚，反应速度极小，很难察觉。经过感应期之后，反应速度达到可测值，反应速度迅速增加，瞬时达到极大值而完成着火。感应期的长短主要取决于反应开始时的情况。若开始时活化中心浓度较大，感应期就较短；反之就较长。

任何可燃气体的燃烧均存在上、下两个压力极限，如图 4-4 所示。以氢、氧混合物为例，低压范围内(AB 段)，压力低，反应物浓度小，少量活化中心极容易碰撞容器壁而销毁，链终止可能性很大，反应缓慢而稳定，压力下限的数值与可燃混合物的组成及容器的形状有关，与温度的关系不大；压力较高且超过上限(C 点)时，压力高，反应物浓度增大，活化中心与其他分子碰撞而销毁的机会增多，链终止的可能性也增大，反应又突然变得缓慢。在没有达到热力着火之前，反应速度随压力的增加而缓慢增加(CD 段)。压力上限的数值与温度有很大关系，与容器的形状无关。压力上限对于惰性气体、杂质敏感，掺杂物会发生更多的无效碰撞，加速反应空间内链终止。只有实际压力处于下、上限间时，支链反应活化中心增加的速度才会超过其销毁速度，反应才可能自动加速，不稳定氧化反应的程度增加，引起燃烧和爆炸。

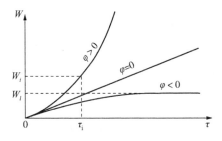

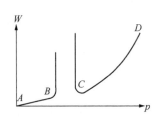

图 4-3　等温条件下链反应的速度变化曲线　　图 4-4　着火的压力极限

分支链锁反应自燃界限的 $p$-$T$ 曲线较复杂,如图 4-5 所示。表示出氢-氧混合气的自燃着火界限,其曲线呈倒 S 形,构成一个所谓的"着火半岛"(即 $amb$ 曲线段),反映了氢、氧混合物的支链着火与温度、压力之间关系。$am$ 为着火下限,$mb$ 为着火上限,阴影部分(半岛形)为着火区,在半岛以外不能着火。存在高低(指压力)两个自燃极限,分别称为第一极限与第二极限。如再继续提高压力至 $p_d$ 时又能自燃,即存在第三极限($nd$ 曲线段)。随压力升高,反应放热越来越显著,由反应放热积累引起的反应自动加速越发激烈,形成第三自燃极限。它属于热力自燃区,遵循热力自燃的规律。

对于着火半岛现象可用链锁反应理论说明。链自燃界限相当于链分支速度刚超过链销毁速度的状态,这时活性中心数量和反应速度都在迅速增大。链的销毁可能是由于活性中心相撞而失去能量并再结合为稳定的分子,也可能是由于活性中心与器壁相撞而失去能量所致,故它受容器的尺寸、材料和表面性质的影响很大。

一定温度下,链分支速度常数 $f$ 与压力无关,如图 4-6 所示。而链销毁速度常数 $g$ 却与压力有关。随压力的降低,活性中心扩散速度加快,活性中心易与器壁相撞而销毁,当压力降低到一定数值时,可能出现 $f>g$,出现低自燃界限。提高压力,分子浓度的提高,虽然活性中心与器壁的碰撞机会降低,但活性中心之间相互碰撞的机会增加,因此当压力增大到一定数值时,$f>g$,出现高自燃界限。

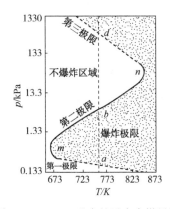

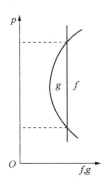

图 4-5　$H_2+O_2$ 反应的反应自燃界限　　图 4-6　在一定温度下 $f$ 与 $g$ 随压力的变化

### 4.2.3 热力着火

热力着火(热自燃)是可燃混合物或本身氧化反应放热，或外部热源加热等，系统热量积累，体系温度持续升高，导致反应加速，温度不断急剧升高，最终导致着火。压燃式内燃机就是借助可燃混合气的快速压缩以提高温度，从而实现着火、燃烧。一般工程上遇到的自发着火均是热力着火。

化学反应放热量增大、放热速度加快是促进着火的有利因素。燃气、空气混合物的热力着火，不仅与燃气的物理化学性质有关，而且还与系统中的热力条件有关。通过分析可燃气体混合物在容器中进行化学反应着火时的热平衡，可深入了解热力着火的条件。

热自燃物理模型：体积为 $V$、表面积为 $A$ 的容器内充满温度为 $T_0$、浓度为 $\rho_0$ 的可燃混合气，混合气的温度、浓度均匀；反应开始时混合气的温度与外界环境温度一致为 $T_0$，反应过程中，混合气温度为 $T$ 并随时间而变化，但反应器内温度、浓度仍为均匀；外界和容器壁之间有对流换热，对流换热系数恒定。

假设容器内壁面温度为 $T_0$，反应体系混合物温度为 $T$，反应物的浓度为 $C_A$、$C_B$。化学反应单位时间容器中产生的热量为

$$q_1 = WHV = k_0 e^{-\frac{E}{RT}} C_A^a C_B^b HV \qquad (4-9)$$

式中　$W$——化学反应速度；

　　　$H$——燃气的热值；

　　　$k_0$——常数；

　　　$E$——反应活化能；

　　　$V$——容器体积。

着火前，由于温度 $T$ 不高，反应速度极小，可认为反应物浓度无变化。将上式中常数项的乘积用 $A$ 表示，可写成

$$q_1 = Ae^{-\frac{E}{RT}} \qquad (4-10)$$

式(4-10)反映了单位时间内容器中反应体系由于化学反应引起的放热量与温度 $T$ 的关系，可直观通过图4-7中指数函数曲线 $L$ 表示。(为简化问题，未考虑由于温度升高，活化中心增加对化学反应速度产生的影响)。

单位体积、时间内可燃气体混合物通过容器壁面向外散失热量为

$$q_2 = \frac{\alpha A}{V}(T-T_0) \qquad (4-11)$$

式中　$\alpha$——由混合物向内壁的散热系数；

　　　$A$——容器表面积；

　　　$T$——混合物温度；

　　　$T_0$——容器内壁温度。

容器中温度变化不大，近似认为 $\alpha$ 是常数。用 $B$ 表示 $\dfrac{\alpha A}{V}$，则上式可写成

$$q_2 = B(T - T_0) \tag{4-12}$$

式(4-12)为散热量与温度的关系，在图4-7中以直线 $M$ 表示。散热曲线的斜率取决于散热条件，与横纵坐标的交点是容器内壁温度 $T_0$。

图4-7中散热曲线 $M$ 随着 $T_0$ 变化而发生平移。当温度 $T_0$ 较低时，散热曲线 $M$ 和放热曲线 $L$ 有1、2两个交点。两交点虽然都符合热平衡的条件，亦即放热量等于散热量，但热平衡稳定状态的性质却完全不同。

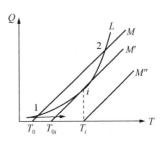

图4-7 可燃混合物的
热力着火过程

处于交点1的热平衡时。化学反应刚开始，反应放热量 $q_1$，可燃混合气温度为 $T_0$，散热量 $q_2$ 为零，过剩热量用于增加可燃气的温度。随混合气温度的升高，$q_2$、$q_1$ 均增加，至到点1处 $q_2 = q_1$，再无过剩热量用于提高可燃气混合气的温度，温度保持稳定。假设混合气温度偶然降低，则由化学反应的放热量将大于散失热量，温度将回升恢复到平衡点。假设混合气温度偶尔升高，则散热量将大于放热量，温度则降至原处，交点1是稳定的平衡点。该点混合物的温度低，化学反应速度慢，处于此状态的可燃混合气不可能使化学反应自行加速达到热自燃着火，只能处于稳定的缓慢氧化状态。

处于交点2的热平衡时。假设由于偶然原因使温度降低，则化学反应的放热量小于散失热量，温度将持续下降。假设温度偶尔升高，则放热量大于散热量，温度将持续升高。任何温度的微小波动均使反应离开平衡状态，故交点2为不稳定的平衡状态。

当容器内壁温度 $T_0$ 逐渐升高时，直线 $M$ 向右移动，到 $M'$ 位置时和曲线 $L$ 相切于 $i$ 点。$i$ 点是稳定状态的极限位置，若容器内壁温度比 $T_{0i}$ 再升高一点，曲线 $M$ 就移动到 $M''$ 的位置，曲线 $L$ 和 $M''$ 无交点。此时放热量恒大于散热量，温度持续升高，反应不断加速，化学反应就从稳定、缓慢的氧化反应转变为不稳定、快速的氧化反应即发生持续燃烧。

## 4.2.4 自燃温度及自燃着火界限

放热曲线与散热曲线相切是实现自燃的临界条件，相切点 $i$ 称为着火点，对应的温度 $T_i$ 称为着火温度或自燃温度。着火点符合如下关系：

$$\begin{cases} q_1 = q_2 \\ \dfrac{\mathrm{d}q_1}{\mathrm{d}T} = \dfrac{\mathrm{d}q_2}{\mathrm{d}T} \end{cases} \tag{4-13}$$

用式(4-11)和式(4-12)代入以上联立方程式可得到：

$$\begin{cases} Ae^{-\frac{E}{RT}} = B(T-T_0) \\ \dfrac{AE}{RT^2}e^{-\frac{E}{RT}} = B \end{cases} \tag{4-14}$$

合并两式得 $\qquad \dfrac{E}{RT^2}(T-T_0) = 1$ 或 $T^2 - \dfrac{E}{R}T + \dfrac{E}{R}T_0 = 0$ $\qquad$ (4-15)

解此方程得到对应于相切点 $i$ 的着火温度:

$$T = T_i = \frac{1 - \sqrt{1 - \dfrac{4RT_0}{E}}}{2\dfrac{R}{E}} \tag{4-16}$$

上式中根号前只取负号,因为取正号时所得着火温度将在 10000K 以上,实际上不可能达到。

将式(4-16)展开成级数,得

$$T_i = \frac{2\left(\dfrac{RT_0}{E}\right) + 2\left(\dfrac{RT_0}{E}\right)^2 + 4\left(\dfrac{RT_0}{E}\right)^3 + \cdots\cdots}{2\dfrac{R}{E}} \tag{4-17}$$

式(4-17)中 $\dfrac{RT_0}{E}$ 值很小,将其大于二次方项略去(误差不超过 1/100)可得

$$T_i = T_0 + \frac{R}{E}T_0^2 \tag{4-18}$$

式(4-18)确定了可燃混合物着火的基本条件,可燃混合物从 $T_0$ 加热,只需使其温度上升 $\Delta T = \dfrac{R}{E}T_0^2$,即可着火。

通常情况下,如果 $E = (125 \sim 250)$ kJ/mol,周围介质 $T_0 = 700$K,则着火前的加热程度

$\Delta T = T_i - T_0 = \dfrac{RT_0^2}{E} = 16 \sim 33\,°C$,即 $T_i$ 和 $T_0$ 很接近。

着火点是一个极限状态,超过这个状态便有热量积聚,稳定的氧化反应便转为不稳定的氧化反应。着火温度 $T_i$ 不仅是可燃混合气的特性参数,而且容器的形状与大小、散热情况、器壁温度以及可燃混合气的压力等因素有关。即使同一燃气,着火温度也并非定值。所有影响 $q_1$ 与 $q_2$ 的因素都将影响热自燃温度 $T_i$,即

$$T_i = f\left(可燃混合气,\ C,\ p,\ \frac{\alpha A}{V},\ T_0\right) \tag{4-19}$$

除加热提高 $T_0$,使可燃混合物着火外。提高燃料的可燃性、升高压力也可达

80

到促进着火的目的。燃料的活化能 $E$ 减小或 $k_0$ 增大时，放热曲线 $L$ 向左上方移动，可在较低的温度下着火，即着火温度较低或容易着火。若散热条件不变，升高压力使反应物浓度增加，化学反应速度加快，化学反应放热量增加。在图 4-8 中放热曲线 $L$ 将向左上方移动。到 $L'$ 位置时，出现一个切点，就是着火点 $i$。当压力继续升高时，放热就永远大于散热(见 $L''$)，燃烧持续进行。

从图 4-9 可以看到，可燃混合物的放热曲线 $L$ 不变，散热系数加大或单位体积容器的表面积增加，均会增强散热效果，散热量曲线斜率增加，由放热-散热平衡决定的自燃条件被破坏，不能自燃着火，着火温度将由 $T_i$ 升高至 $T_i'$。

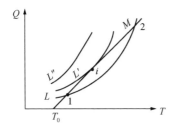

图 4-8　压力升高时可燃混合物的着火　　　图 4-9　着火点与散热条件的关系

图 4-10 是燃气-空气混合物的着火温度。氢的着火温度随混合物中氢含量的增加而上升；一氧化碳的最低着火温度出现于混合物中一氧化碳含量为 20% 的时候。除甲烷外，大多数烃类着火温度随着在混合物中含量的增加而降低。

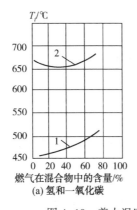
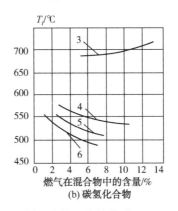

(a) 氢和一氧化碳　　　　　　　　　　(b) 碳氢化合物

图 4-10　着火温度和可燃混合物组成的关系

1—氢；2——一氧化碳；3—甲烷；4—乙烷；5—丙烷；6—丁烷

根据热自燃着火的条件，可以采取通风降温、改善散热条件等手段来避免不希望产生的自燃现象。

燃烧技术上，往往已知混合气的初温 $T_0$ 和散热条件，要求预估着火时混合气的临界压力(或浓度)。

由临界热自燃着火条件 $\dfrac{\mathrm{d}q_1}{\mathrm{d}T}=\dfrac{\mathrm{d}q_2}{\mathrm{d}T}$，并取临界热自燃着火温度 $T_i$ 约等于临界热自燃着火初温 $T_0$，可以得出

$$\frac{EVQk_0 C_f^\alpha C_a^b}{\alpha A R T_0^2}\mathrm{e}^{-\frac{E}{RT_0}}=1 \tag{4-20}$$

设 $a=b=1$，用 $x_f$，$x_a$ 分别表示可燃混合气中燃料与空气的摩尔分数，则有

$$C_f=\frac{px_f}{RT_0}, \quad C_a=\frac{px_a}{RT_0} \tag{4-21}$$

于是热自燃着火条件可以表示为

$$\frac{EVp^2}{\alpha A R^3 T_0^4}Qk_0 x_f x_a \mathrm{e}^{-\frac{E}{RT_0}}=1 \tag{4-22}$$

即在临界热自燃着火时，各参数应该满足的函数关系为

$$f(Q, E, k_0, \frac{\alpha A}{V}, p, T_0, x_f, x_a)=0 \tag{4-23}$$

而 $Q$，$E$，$k_0$ 取决于可燃气的本性，$x_a=1-x_f$，故对一定的可燃混合气，其临界自燃着火关系表示为

$$f\left(\frac{\alpha A}{V}, p, T_0, x_f\right)=0 \tag{4-24}$$

上述关系通常可由图 4-11～图 4-13 表示：

（1）保持 $x_f$=常数，以 $(\alpha A)/V$ 为参变数，由式（4-22）作出热自燃的 $T_0$-$p$ 界限曲线，如图 4-11 所示。当 $x_f$=常数时，在一定的 $p$ 和 $(\alpha A)/V$ 下就有一定的 $T_0$，当初温低于临界热自燃着火初温 $T_0$ 时，不能自燃着火。图中还示出，在一定的 $p$ 下，随着散热的加强，只有在更高的 $T_0$ 下才能自燃着火。

（2）保持 $T_0$=常数，以 $(\alpha A)/V$ 为参变数，由式（4-22）作出 $p$-$x_f$ 界限曲线，如图 4-12 所示。

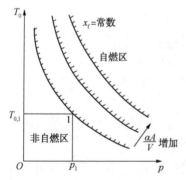

图 4-11 临界热自燃着火时 $T_0$ 与 $p$ 的关系

当 $T_0$=常数时，在不同的 $p$ 下，自燃着火仅能在一定的 $x_f$ 范围内发生，且 $p$ 越高，着火的 $x_f$ 范围越宽，当 $p$ 过低时甚至不能自燃着火。同时在一定的 $p$ 下，随着 $(\alpha A)/V$ 的增加（即散热加强），自燃着火的 $x_f$ 范围有所减小。

（3）保持 $p$=常数，以 $(\alpha A)/V$ 为参变数，由式（4-22）作出 $T_0$-$x_f$ 界限曲线，如图 4-13 所示。

当 $p$=常数时，在不同的温度 $T_0$ 下，自燃着火仅能在一定的 $x_f$ 范围内发生，且 $T_0$ 越高，着火的 $x_f$ 范围越宽，若 $T_0$ 过低则不能自燃着

火。同时在一定的 $T_0$ 下，随着散热的加强，热自燃着火的 $x_f$ 范围将有所减小。

若以空气作为燃料燃烧时的氧化剂，则 $x_f$ 与空气系数之间有确定的对应关系。因此，图 4-12、图 4-13 实际上表明仅在一定的空气系数范围内才能自燃着火。

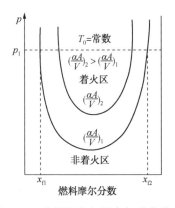
图 4-12 临界压力与混合气成分关系

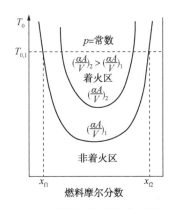
图 4-13 自燃温度与混合气成分关系

在满足临界自燃着火的条件下，可燃混合气从开始反应到出现火焰所经过的一段时间，称为感应期 $\tau_i$。其物理意义是可燃混合气从环境温度 $T_0$ 升高到着火温度 $T_i$ 所需要的时间。

如图 4-14 所示，图上的曲线 Ⅰ、Ⅲ、Ⅳ 对应于图 4-7 中相应各种初温的散热条件。曲线 Ⅲ 相应于散热曲线 $M$ 和放热曲线 $L$ 只有一个相切点的情况。随着时间 $\tau$ 增加，混合可燃气体温度不断升高。当温度达到 $T_i$ 时，由于放热量、散热量相等，温度变化率为零，温度曲线出现拐点，然后温度继续上升。在温度达到 $T_i$ 以前，温度曲线上凸，在 $T_i$ 以后，温度曲线上凹，最后变为热自燃。从初温 $T_0$ 起增温到拐点温度 $T_i$ 时所对应的时间为着火

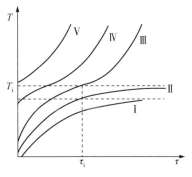
图 4-14 热自燃过程中的温度变化

感应期 $\tau_i$。如果混气初温比 $T_0^{Ⅲ}$ 高，如为 $T_0^{Ⅳ}$，则感应期缩短。如果初温已经超过 $T_i$，则温度曲线一开始就是上凹，无拐点，感应期极短，反应速度开始瞬间就很大，温度急速上升。对于图中曲线 Ⅰ，$T_0^Ⅰ < T_0^Ⅲ$，$\tau_i = \infty$，即可燃混合气不会着火。曲线 Ⅱ，感应期较长，亦即可燃混合气较难着火。

假设：①着火前温升很小可忽略不计；②散热损失不大，故可认为着火过程接近于绝热过程。

故感应期内，反应系统单位体积所释放的热量全部用于使反应物温度由 $T_0$ 升高到 $T_i$，即

$$\tau_i Qk_0 C_f^a C_a^b e^{-\frac{E}{RT_i}} = \rho c_p (T_i - T_0) \tag{4-25}$$

式中 $\rho$——可燃混合气密度；

$c_p$——可燃混合气比热容。

将式(4-18)代入式(4-25)得

$$\tau_i \approx \frac{\rho c_p R T_i^2 e^{-\frac{E}{RT_i}}}{Qk_0 C_f^a C_a^b E} \tag{4-26}$$

由式(4-26)可知，感应期与混合气的压力、温度等因素有关。感应期随压力、温度的降低而增大。

热自燃现象、热自燃临界条件、热自燃发生的着火界限及着火延滞期等研究在实际生产、生活中都有着十分重要的现实意义。例如在燃烧技术中，我们不仅要求燃料在燃烧设备中可靠点火，而且要求着火延滞期短，瞬时全面着火。对于某些所不希望的燃烧过程，如煤、干草、油棉纱堆等自燃，粉尘、储存炸药的爆炸等，讨论判别它们自燃的可能性及自燃的延滞时间，争取在自燃之前改变其条件，确保不发生自燃事故，以保证安全生产、平安生活。

# 4.3 预混燃气的点火

## 4.3.1 点燃

点燃(点火)属于强迫着火，或称强燃。可燃混合物分散体系中，任意空间的瞬时温度、浓度相同，一微小热源放入可燃混合物中，贴近热源周围的一层混合物被迅速加热，并开始燃烧产生火焰，迅速向体系内其余冷的部分传播，使可燃混合物瞬间逐步着火、燃烧，氧化反应在整个空间逐层进行，这种现象称为强制点火，简称点火。大多数工程燃烧装置依靠点火建立稳定的燃烧，因而有效、可靠的点火在工程燃烧中有着十分重要的意义。

从燃烧本质来说点燃和自燃着火一样，都是燃烧反应的自动加速过程，通常在不具备自燃着火的条件，广泛使用强迫着火，即点燃。自燃和点燃的差别在于：自燃时可燃混合气温度较高，化学反应及着火在容器内的整个空间同时进行；而点燃时，可燃混合气温度较低，受到高温点火热源热边界的加热，在边界附近的区域(即热边界层)里可燃混合气的化学反应较显著，然后靠燃烧(火焰前沿)的传播，使可燃混合物其余部分着火燃烧。

点火成功与否与可燃混合气的物理化学性质、所用点火能的性质和强度密切相关。首先燃料、氧化剂在点火区域内应混合良好。不同燃料的点燃浓度极限不同，依靠强化混合等措施来控制保证适当的燃料浓度。

强制点火借助于外部能源，如电火花、炽热固体表面等，去接近可燃混合物，使其局部升温并着火，然后将火焰瞬间传播到整个可燃物扩散空间中。着火以后，可燃混合气燃烧释放的能量完全满足燃烧持续进行，不需要外界再供给能量。点火热源可以是灼热物体、电热线圈、电火花、小火焰等。后三种点火方式在工程上应用较广泛，以电热源应用最广。无论是利用热能还是化学能的点火源，都必须具有一定的强度以保障燃料强迫着火。

强制点火要求点火源处的火焰能够传至整个空间，反应的放热量增大和放热速度加快是促进着火的有利因素。容器里的混合物温度升高，必然通过器壁向外界散失更多的热量，而散热是着火的不利因素。着火是反应放热和散热相互作用的综合结果。如果放热量占优势，就会着火，否则就不会着火。因此着火的条件不仅与点火源的性质有关，而且还与可燃混合物性质、点火源与可燃物接触条件、火焰的传播条件有关。

## 4.3.2 热质点点火

表面温度为 $T_W$ 炽的热质点放入温度为 $T_0$ 的可燃混合物中，由于两者存在温差，质点的热量以导热的形式向贴近其表面的混合物传递，热流率受混合气的流动和环境的热力性质影响，若 $T_W$ 一定，则形成一稳定温度场，质点周围薄层中温度梯度最大。由气体燃料的性质可知，可燃混合气具有一定的临界着火温度，质点温度 $T_W$ 与临界着火温度 $T_{is}$ 存在如图 4-15 所示的三种关系：

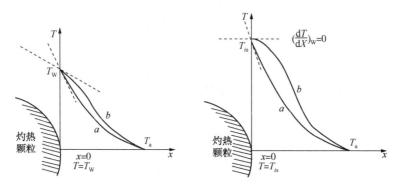

图 4-15　灼热颗粒附近温度分布

a—在非可燃介质中；b—在可燃介质中

（1）质点的温度低于该可燃混合气的临界着火温度，即 $T_W < T_{is}$。此时由于温度 $T_W$ 较低，化学反应速率极低，化学反应生成的热量很少，热质点边界 $x = 0$ 处的温度梯度小于0，即，热质点向可燃混合气传递的热量为正值，它造成的混合气温升不高，点火不成功。

（2）质点的温度等于该可燃混合气的临界着火温度，即 $T_W = T_{is}$。当质点温度升高到临界值 $T_{is}$ 时，边界层内的化学反应速率已变得足够大，可放出相当多热量使边界层内温度近似等于 $T_{is}$。表面传向介质的热量等于零。但边界层外的气相温度较低，反应速率慢，于是随着距离的增大，温度将逐渐降低，温度分布曲线如 $b$ 线。边界层与炽热质点间无热交换，只有边界层内热混气层向冷混气层的热传导，是强制点火成功的临界条件。

（3）质点的温度高于该可燃混合气的临界着火温度，即 $T_w > T_{is}$。如果颗粒表面温度稍高于 $T_{is}$，则反应加快，并在离开表面很近的位置出现最高温度。一部分热量流向颗粒，而大部分则流向周围介质。此时由于温度最高点继续离开颗粒表面，不可能形成稳定的温度场。当灼热颗粒表面法线方向温度梯度等于零，即 $\left(\dfrac{dT}{dx}\right)_w = 0$ 时，火焰层开始向未燃部分传播，点火成功，此时温度临界值 $T_{is}$ 就是强制点火的点火温度。其意义与自动着火过程的着火温度相似，但比后者要高。

临界温度 $T_{is}$ 与球体尺寸、球体催化特性、热球与介质的相对速度、可燃混合物的热力和化学动力特性等。点火为动态过程，应注意：

① 当质点温度达到 $T_{is}$ 时，原则上可点燃可燃混合气。但单独送入点火区域的热质点仅携带能量而无其他能量补充。存在导热引起热量损失，其温度必然逐渐降低。在刚达到临界着火温度时，化学反应速率还不够大，为保证点火成功，质点温度必须高于混合气的临界着火温度 $T_{is}$。

② 反应区的可燃混合气中存在浓度梯度。发生化学反应后质点附近的反应物有所消耗，混合体系的组成发生变化，燃料浓度降低，$CO_2$、$CO$、$H_2O$ 浓度增高，着火临界温度有所改变，点火温度时还应考虑反应物浓度的变化。

③ 实际点火为瞬时非稳定过程。点火成功后形成的高温区将向附近的原始可燃混合气导热，使后一区域达到着火温度发生燃烧而形成新火焰，原火焰则由于反应物消耗完毕火焰熄灭，着火后形成的高温火焰向外传播。

④ 热质点与环境气流间存在相对速度时，周围边界层变薄，层内温度梯度变大，热损失亦增多，点燃难度增大。即两者相对速度增大时，临界着火温度相应升高。

必须指出，在反应介质中往往伴随有气体组成的浓度梯度。由于发生化学反应，颗粒表面附近可燃物浓度降低，而反应产物浓度增高。这样，就出现可燃物和反应产物各自的分子扩散。严格来讲，在分析点火问题时必须考虑分子扩散的影响。

点火成功，灼热颗粒表面形成一火焰层，其厚度为 $\delta$。若其最高温度为火焰温度 $T_f$，火焰层单位时间内的传导热量：

$$Q_1 = \frac{\lambda(T_f - T_0)}{\delta}A \tag{4-27}$$

层内的化学反应放热量：

$$Q = \delta HWA \tag{4-28}$$

由火焰层的热平衡可知火焰层厚度：

$$\delta^2 = \frac{\lambda(T_f - T_0)}{HW} \tag{4-29}$$

式中　$\delta$——火焰层厚度；

　　　$A$——火焰层面积；

　　　$\lambda$——导热系数；

　　　$T_f$——火焰温度；

　　　$T_0$——混合物起始温度；

　　　$H$——混合物的燃烧热；

　　　$W$——火焰层中燃烧反应速度。

球体周围厚度 $\delta$ 的薄层中，温度由 $T_w$ 直线下降至外部气体介质温度 $T_0$。周围气体层的厚度取决于球体速度（相对气流速度）、球体半径 $r$、流体黏度及其热力学性质。发生燃烧反应的气体容积近似为 $4\pi r^2 \delta$。假设热量主要靠热传导散失，如图 4-16 所示。

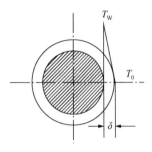

图 4-16　灼热体附面层

点燃的条件：

$$4\pi r^2 \delta HW \geqslant 4\pi r^2 \lambda(T_w - T_0)/\delta \tag{4-30}$$

化简后

$$\frac{(T_w - T_0)}{\delta} \leqslant \frac{\delta HW}{\lambda} \tag{4-31}$$

当 $T_w = T_{is}$，上式为等号，反应层中的温度梯度是决定点燃可能性的重要因素。

由流体力学和传热可知，当球体绕流的 $Re$ 数和 $Pr$ 数高时，边界层厚度变小，球体壁面附近温度梯度增大。当球面温度给定时，气流速度高，温度梯度大，热损失大而难于点燃。

依传热学，放热系数 $\alpha$ 的定义为

$$\alpha(T_w - T_0) = -\lambda\left(\frac{dT}{dx}\right)_{\alpha \to 0} = -\lambda\frac{T_w - T_0}{\delta} \tag{4-32}$$

努塞尔准数：

$$Nu = \frac{\alpha d}{\lambda} = \frac{2r\alpha}{\lambda} \tag{4-33}$$

消掉 $\delta$，则点燃判别式写为

$$\frac{Nu^2}{4r^2} = \frac{H \cdot W_i}{\lambda(T_{is} - T_0)} \text{ 或 } T_{is} - T_0 = \frac{4r^2 H \cdot W_i}{\lambda \cdot Nu^2} \tag{4-34}$$

式中　$W_i$——$T_{is}$ 时的燃烧反应速度。

热质点直径越小或相对气流速度越高时，临界点火温度越高，如图 4-17 所示。

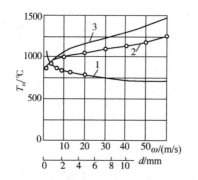

图 4-17　点火温度与直径及速度的关系
1—$T_{is}=f(d)$；2—$T_{is}=f(\omega)_{实验}$；
3—$T_{is}=f(\omega)_{计算}$

### 4.3.3　小火焰点火

点燃可燃混合物所需的能量也可由小火焰供给，小火焰点火的基本原理与热质点点火基本相当，引发点火的可能性受可燃混合物组成、点火火焰与混合物间接触时间、火焰尺寸和温度等特性参数以及混合强烈程度等影响。由于小火焰的温度变化不大，影响小火焰点火可靠性的关键条件是小火焰的尺寸。

设有一无限长的扁平点火火焰，其温度为 $T_W$，厚度为 $2r$，如图 4-18 所示。实际点火火焰尺寸为有限三维，可按拟一维火焰对扁平火焰进行分析处理。随时间的延续，放入无限大、充满可燃混合物容器中的扁平火焰在可燃混合物中的温度场逐渐扩散和衰减。$\tau=0$ 时混合物的温度为 $T_0$。通过求解火焰的不稳定导热方程可得混合物的温度分布曲线，为正态分布。

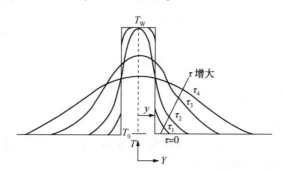

图 4-18　扁平火焰温度场随时间的变化

当扁平火焰的厚度小于某一临界尺寸时，火焰析热率不高，热量过度散耗导致温度场不断衰减，最终点火火焰熄灭。当火焰厚度大于临界尺寸，可燃物的放热反应能够扭转温度场衰减的趋向，并使火焰传播。实验表明，扁平点火火焰的临界厚度是火焰稳定传播时焰面厚度的两倍，即

$$2y=2r_c \approx 2\delta, \quad r_c \approx \delta \tag{4-35}$$

由式(4-29)、式(4-35)可得

$$r_c \approx \left[\frac{\lambda(T_f-T_0)}{H \cdot W}\right]^{\frac{1}{2}} \tag{4-36}$$

要点燃导热率高的可燃混合物，必须用厚度大的点火火焰，同时火焰温度也要高。如果平均析热率高，则点火火焰的临界厚度可以小些。

已知化学反应速度 $W$ 与压力 $p$ 的 $n$ 次方成正比，即 $W \propto p^n$，则

$$r_c \propto p^{-n/2} \tag{4-37}$$

压力较高时，火焰临界厚度就比较小。如果燃烧反应为二级反应，则 $r_c \propto p^{-1}$，即临界厚度与压力成反比。

## 4.3.4 电火花点火

可燃混合物中两个通高压电的电极瞬间打火释放能量，点火时局部气体分子被强烈激励并发生离子化，使可燃混合物点火称为电火花点火。气体的激励和强烈离子化改变了火花区化学反应的进程，也相应地改变了点火的临界条件。电火花使局部气体温度急剧上升，火花区可视为灼热气态热球，成为点火源。

电火花进行点火时，从燃气点燃到燃尽大体上分成两个阶段。电火花先加热可燃混合物使之局部着火，形成初始火焰中心；随后初始中心向未着火可燃混合物传播，使其燃烧。若初始中心形成并出现稳定的火焰传播，则点火成功。初始火焰中心的形成取决于电极间隙内混合物中燃气的浓度、压力、初始温度、流动状态、混合物的性质以及电火花提供的能量等。

电火花的产生一般有两种形式。一种是感应式电火花，它的线路中有磁电极、感应线圈及变压器，利用电路瞬时断路在感应电路中储能，再次接通时放出很高电压的电能进行点火。这种电火花多在内燃机中采用。另一种是电容式电火花，它靠储藏在电容器中的电能快速放电而产生火花。航空涡轮发动机多用这种电火花进行点火。点火电极可以为平头、圆头或平行板状等多种形式。电容放电时，释放能量可由式(4-38)表示：

$$E = \frac{1}{2}C(U_1^2 - U_2^2) \tag{4-38}$$

式中　$C$——电容器的电容；

$U_1$，$U_2$——产生火花前后施加于电容器的电压。

通常 $U_2 \ll U_1$，故

$$E = \frac{1}{2}CU_1^2 \tag{4-39}$$

（1）最小点火能与熄火距离

最小点火能和熄火距离表征了各种不同可燃混合物的点燃特性。实验表明，当电极间隙内可燃混合物的浓度、温度和压力一定时，若要形成初始火焰中心，放电能量必须有一最小极值，能量低于此值时不能形成初始火焰中心。这个必要的最小放电能就是最小点火能 $E_{min}$。

电火花点火后形成的初始火焰中心为一高温可燃混合气小球，在向未燃气体传递热流的同时温度急剧下降。小球附近气体层温度的升高可诱发氧化反应，形成壳形焰面并向外传播。

保持火焰中心的已燃气体与火焰外的未燃气体之间的温度梯度并具有与稳定火焰波温度梯度相同的斜率，是维持火焰持续传播的基本要求。如果火焰球过小，则已燃气体与火焰外的未燃气体之间温度梯度过大，内核的反应析热率不足以补偿预热外层未燃气体的热损失率，热损失量不断超过反应放热量，整个反应空间温度降低，氧化反应逐渐终止，火焰波仅存于点火初期，点燃一小部分气体后便熄灭，难以维持火焰的稳定传播。最小点火能是保持稳定燃烧过程的最小尺寸火焰所需的临界能量。

如图 4-19 所示。在给定条件下，点燃可燃混合物所需的能量还与电极间距 $d$ 有关。电极间隙过小，初始火焰中心对电极的散热过大，以致火焰难以向周围混合物传播，因此电极间距离不宜过小，在给定条件下有一最佳值。$d$ 小到无论多大的火花能量都不能使可燃混合物点燃时所对应的最小距离为熄火距离 $d_q$。

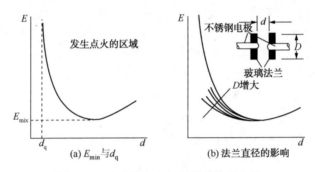

图 4-19　点火能与电极间距的关系曲线

图 4-20 反映了最小点火能与天然气及城市煤气(含 50%$H_2$)在可燃混合物中含量的关系曲线，曲线上方为点火区域。由此可见，天然气所需点火能高，而且点火范围也窄，因此较难点着。而含氢量较高的城市煤气则易于点火。

图 4-21 所示为熄火距离随可燃混合物中天然气含量的变化曲线。最小点火能 $E_{min}$ 及熄火距离 $d_q$ 的最小值一般都在靠近化学计量混合比之处，同时 $E_{min}$ 及 $d_q$ 随混合物中燃气含量的变化曲线均呈现 U 形。表 4-1 为不同燃气在空气中点火能与熄火距离。

表 4-1　燃气在空气中的点火能和熄火距离

| 燃　气 | 点火能/mJ | | 熄火距离/mm | |
|---|---|---|---|---|
| | 化学计量 | 最小 | 化学计量 | 最小 |
| 氢 | 0.02 | 0.018 | 0.60 | 0.60 |
| 甲烷 | 0.3303 | 0.2901 | 2.54 | 2.03 |
| 乙烷 | 0.4204 | 0.2403 | 2.29 | 1.78 |
| 丙烷 | 0.3052 | — | 2.03 | 1.78 |
| 正丁烷 | 0.7603 | 0.26 | 3.05 | 2.03 |

| 燃　气 | 点火能/mJ | | 熄火距离/mm | |
| --- | --- | --- | --- | --- |
| | 化学计量 | 最小 | 化学计量 | 最小 |
| 正戊烷 | 0.8206 | 0.2202 | 3.30 | 1.78 |
| 乙炔 | 0.0301 | — | 0.76 | — |
| 乙烯 | 0.0960 | — | 1.20 | — |
| 丙烯 | 0.2822 | — | 2.03 | — |
| 丁烯 | 0.300 | — | 1.80 | 1.70 |
| 环丙烷 | 0.2403 | 0.2303 | 1.78 | 1.78 |

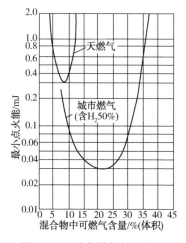

图 4-20　城市燃气与天然气
最小点火能的比较

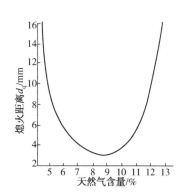

图 4-21　熄火距离随天然气-
空气混合物组成的变化

电火花点火过程中熄火距离与压力关系简单，保持 $p \cdot d$ 为常数即可。同时对于碳氢化合物-空气混合物火焰来说，最小点火能还具有如下关系式

$$E_{min} = kd^2 \qquad (4-40)$$

式中，$k \approx 0.0017 \text{J/cm}^2$。

最小点火能与压力的关系如下：

$$E_{min} \propto \frac{1}{p^2} \qquad (4-41)$$

图 4-22 所示不同压力下乙烷-氧-氮混合气中的最小点火能 $E_{min}$ 和熄火距离 $d_{fmin}$。压力升高时，最小点火能和熄火距离均有所降低。

（2）静止混合气中的最小点火能

静止混合气中，电极间放电产生的火花使气体加热，假设电火花加热区为球形，其最高温度是混合气的理论燃烧温度 $T_m$，从球心到球壁温度均匀分布，火

91

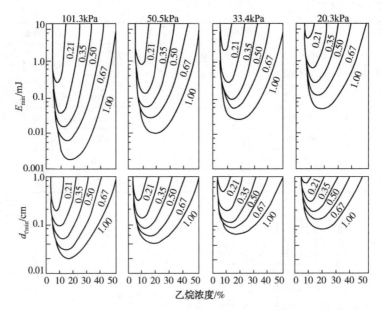

图 4-22　乙烷-氧-氮混合气的最小点火能与熄火距离(数字表示氧的摩尔成分)

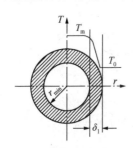

图 4-23　火焰层内
温度分布

花点燃混合气为完全热作用，燃烧为二级反应。点火成功时，在火焰厚度 δ 内形成温度由 $T_m$ 到 $T_0$ 的稳定分布，如图 4-23 所示。若电火花加热的球形尺寸大，所点燃的混合气量就较多，化学反应放热也多，单位体积火球的表面积相对较小，易满足向冷混合气传热的要求，火焰向外传播并不断扩大。若火花加热的球形尺寸较小，点燃的混合气就少，化学反应放热也小，而单位体积火球表面积相对较大，反应热难以满足向冷混合气传热的要求，火焰向外传播受阻。为保证点火成功，必须有一个最小的火球尺寸以满足最小点火能量的要求。

　　点火成功后即可形成稳定的火焰传播，开始传播的瞬间必须满足化学反应放热量等于火球表面的散热量，即

$$\frac{4}{3}\pi r_{min}^3 k_0 H \cdot (\rho y)^2 \cdot e^{-\frac{E}{RT_m}} = 4\pi r_{min}^2 \lambda \left(\frac{dT}{dr}\right)_{r=r_{min}} \tag{4-42}$$

式中　$\rho$——燃气密度；

　　　$H$——燃气热值；

　　　$y$——反应物相对浓度；

　　　$E$——反应活化能；

　　　$R$——通用气体常数。

　　式(4-33)右边温度梯度可近似简化为

$$\left(\frac{\mathrm{d}T}{\mathrm{d}r}\right)_{r=r_{\min}}=\frac{T_m-T_0}{\delta} \tag{4-43}$$

式中  $\delta$——火焰锋面的厚度。

若进一步假定火焰锋面厚度与火球半径满足式(4-35)：

$$\delta\approx cr_{\min} \tag{4-44}$$

式中  $c$——常数。

将式(4-43)和式(4-44)代入式(4-42)得

$$r_{\min}=\left[\frac{3\lambda(T_m-T_0)}{ck_0H_p\rho^2y^2\exp\left(-\dfrac{E}{RT_m}\right)}\right]^{\frac{1}{2}} \tag{4-45}$$

假设电火花点燃混合气时，火花附近混合气成分接近化学计量比，则有

$$(T_m-T_0)=H/c_p \tag{4-46}$$

代入式(4-45)得

$$r_{\min}=\left[\frac{3\lambda}{ck_0c_p\rho^2y^2\exp\left(-\dfrac{E}{RT_{\min}}\right)}\right]^{\frac{1}{2}} \tag{4-47}$$

当混合气压力增大，理论燃烧温度提高和热传导系数减小时，最小火球尺寸减小。最小火球是用电火花点燃，故所需电火花能量为

$$E_{\min}=k_1\cdot\frac{4}{3}\pi r_{\min}^3 c_p\rho(T_m-T_0) \tag{4-48}$$

式中  $k_1$——修正系数。

实际上，电火花的最高温度达6000℃以上，除了电火花的电离能以外，还有一部分能量以辐射、声波等形式消耗掉。为了修正电火花能量与点火热能的差别，引入系数 $k_1$。

把式(4-47)代入式(4-48)中，得

$$E_{\min}=常数\times\rho^{-2}(T_m-T_0)\exp\left(\frac{3E}{2RT_m}\right) \tag{4-49}$$

或写成对数形式：

$$\ln\frac{E_{\min}}{(T_m-T_0)}=常数+2\ln T_0-2\ln p_0+\frac{3}{2}\frac{E}{RT_m} \tag{4-50}$$

式(4-50)表明了最小点火能 $E_{\min}$ 与其他一些参量的关系，在选择最佳点火能量时必须综合考虑各种因素的影响。但总的来说，要使可燃混合物顺利着火，应该提高混合物的温度、压力。以便增加化学反应速度和反应放热，同时降低混合物的流速和火焰温度；尽可能选择比热容和导热系数较低的混合物，虽然高的导热系数使火焰传播比较容易，但对点火却很不利；另外，应尽量使混合物各组分接近化学计量比。电极之间的距离接近熄火距离时，上述因素之间也存在一定的

关系，有些影响可能是相互矛盾的，在具体应用时应慎重考虑。

当可燃混合物流动时，最小点火能随流动速度的增加近乎线性增大。在湍流气流中，湍流强度也将使 $E_{min}$ 增加。这些都是由于热量损失的增加而引起的。

由此式可以看出，混合气压力增加、温度升高、活化能减小或理论燃烧温度增高时，则最小点火能将减小，点火变得容易。

# 4.4　燃气火焰传播

实际燃烧总是首先由局部地区开始着火，然后火焰向周围其他空间传播。火焰具有传播特性是燃烧持续的关键。火焰传播是一个复杂的物理、化学过程，火焰传播速度不仅取决于混合气体的物理化学性质，还取决于混合气体的流动状态（层流或湍流）。

根据可燃混合物的混合形式分为预混燃烧和非预混燃烧，根据混合气的流动状态，火焰传播可分为层流火焰传播和湍流火焰传播。层流火焰传播理论比较成熟，而且是湍流火焰传播理论的基础。

## 4.4.1　火焰传播基础

一个正在传播的火焰，实际上是化学反应波在气体中的运动。充满均匀可燃混合气容器空间任一点，用电火花或其他方法使其点火，靠近点火热源的一层气体被点火热源点燃并进行燃烧反应，该高温燃烧层放出的热量必将通过导热的方式使相邻层可燃混合气体温度升高，达到着火温度并燃烧。新的燃烧层又会使另一层相邻的气体加热，使之着火燃烧。燃烧层逐次使相邻的未燃可燃气体混合物加热、着火、燃烧，最终容器内可燃混合气体全部烧完的过程称为火焰传播。

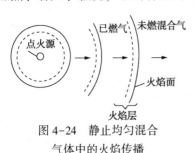

图 4-24　静止均匀混合
气体中的火焰传播

火焰传播过程中，将未燃气体与燃烧产物分离并持续向混合气移动的界面称为火焰锋面（或称燃烧波，燃烧前沿、火焰前锋），简称火焰（火焰面），如图 4-24 所示。燃烧反应几乎集中在火焰面内进行，火焰面厚度很薄，常压下仅为 $10^{-2} \sim 10^{-1}$ mm。研究时，可近似为零处理。球形火焰面的移动速度称为法向火焰传播速度（或层流火焰传播速度，或正常火焰传播速度）。

在上述燃烧前沿的传播过程中，新鲜可燃混合物与燃烧产物间通过火焰面不断进行着热量交换和质量交换。这种靠传热、传质作用使火焰面持续向前传播的过程称为"正常燃烧"或"缓燃"。火焰的正常传播是依靠导热和分子扩散使未燃混合气的温度升高，并进入反应区而引起化学反应，从而使燃烧波不断向未燃混合气中推进。这种传播形式的速度一般不大于 1~3m/s，传播是稳定的。正常燃烧时，燃烧前沿的压力变化不大，可视为等压过程。在一定的物理、化学条件（例如温度、压力、浓度、混合比等）下，其传播速度是一个不变的常数。一般工业炉燃烧室中都是稳定的正常燃烧过程。

如取一根水平管子，一端封住，另一端敞开，并设有点火装置，管内充满可燃混合气。点火时，可以观察到靠近点火源处的可燃气体先着火，形成一燃烧的火焰面。此火焰面以一定的速度向未燃气体方面移动，直到另一端，把全部可燃混合气烧尽。这种情况下的火焰与在静止可燃气体中向周围传播有所不同。由于管壁的摩擦和向外的热量损失，轴心线上的传播速度要比管壁处大。气体的黏性使火焰面略成抛物线形状，而不是完全对称的火焰锥。冷热气体产生的浮力又使抛物面变形，形成向前推进倾斜的弯曲焰面。

如果上述实验中由管子的闭口端点火，且管子相当长，那么火焰锋面在移动了大约5~10倍管径的距离之后，便明显开始加速，最后形成速度很高的（达每秒几十米）高速波，这就是爆震波。爆震波的传播是靠气体膨胀而引起的压力波作用，爆震属于不稳定态燃烧。爆震波的传播不通过传热、传质发生。它是依靠激波的压缩使未燃混合气的温度不断升高而引起化学反应，并使燃烧波不断向未燃混合气中推进。这种传播形式速度极快，常大于 $1000 \text{m/s}$。前述正常燃烧属于稳定燃烧，可视为等压过程；而爆震属不稳定态燃烧，有压缩过程。一般来说，爆震波只在具有较高火焰传播速度的可燃混合气中才能发生。在民用燃气用具和燃气工业炉中，燃气的燃烧均属于正常燃烧，并不发生爆震现象，因而本章不予讨论。

实际燃烧装置中，可燃混合气不是静止，而是连续流动，若可燃混合气在一管内流动，其速度 $u$ 是均匀分布的，点燃传播速度用 $S$ 表示。此锋面对管壁的相对位移可能出现以下三种情况：①$S>u$，则火焰面向气流上游方向移动；②$S<u$，则火焰面向气流下游方向移动；③$S=u$，则气流速度与火焰传播速度相平衡，火焰面驻定不动。最后一种情况，是燃烧装置中连续流动可燃混合气稳定燃烧的必要条件。

下面总结火焰传播的基本概念：

① 火焰传播：当可燃混合气体被点燃后，在着火处形成一层高温燃烧层，该高温燃烧层将热量和活化中心传递给相邻的可燃混合气体，将点燃形成新的燃烧层，燃烧层这样依次向未燃的可燃混合气体传播，使每层气体都相继经历加热、着火和燃烧的过程，叫作火焰传播。

② 火焰面：未燃气体与燃烧产物的分界面称为火焰面。

③ 火焰传播速度：焰面向前移动的速度称为火焰传播速度，用符号 $S$ 表示，单位为 $\text{m/s}$。

④ 层流火焰传播：当可燃混合气为静止或处于层流状态，热量以及活化中心通过分子间的传递和扩散，从可燃混合物的一层传播到相邻层时，称层流火焰传播。对于规则的层流火焰传播，火焰面移动的方向与火焰面垂直，此时的火焰传播速度称为法向火焰传播速度，用符号 $S_L$ 表示。图 4-24 所示模型为典型的法

向火焰传播，其速度为法向火焰传播速度。

火焰前锋沿其法线方向朝新鲜混气传播的速度称为火焰传播速度 $S_L$。火焰前锋以速度 $S_L$ 向未燃混合气传播，未燃混合气的绝对速度为 $u$，火焰前锋移动的绝对速度 $U$ 为

$$U = u + S_L \qquad (4-51)$$

为了讨论问题方便，假设理想化的平面火焰：绝热管内火焰前锋为平面形状，且与管轴线垂直，混合气和燃气的流动都是一维流动，$S_L$ 与以层流流入管内的混气流速方向相反，则上式可改写为

$$U = u - S_L \qquad (4-52)$$

对于实际问题，可能出现下述三种情况：

① $u = S_L$，即 $U = 0$，则燃烧前沿驻定不动。

② $u > S_L$，即 $U > 0$，则新鲜的未燃混合气将火焰锋面向下游吹去，最后出现"吹熄"现象。

③ $u < S_L$，即 $U < 0$，则火焰锋面向新鲜的未燃混合气传播，造成"回火"现象。

## 4.4.2 层流火焰传播

层流火焰传播理论主要包括三个方面。第一是热理论，它认为控制火焰传播的主要是从反应区向未燃气体的热传导。第二是扩散理论，这一理论认为来自反应区的链载体的逆向扩散是控制层流火焰传播的主要因素。第三是综合理论，即认为热传导和活性中心的扩散对火焰的传播可能同等重要。实际的火焰传播过程中，只受热传导控制或者只受活性中心扩散控制的情况是很少的。大多数火焰中，由于存在温度梯度和浓度梯度，因此传热和传质现象交错地存在着，很难分清主次。热理论和扩散理论在物理概念上是完全不同的，但描述过程的基本方程（质量扩散和热扩散方程）是相似的。下面介绍由泽尔多维奇等人提出的热理论。

在火焰封面上取一单位微元，焰面结构及其温度分布如图 4-25 所示。

对于一维带化学反应的稳定层流流动，其基本方程为

连续方程

$$\rho u = \rho_0 u_0 = \rho_0 S_L = m = \rho_p u_p \qquad (4-53)$$

动量方程　　$p \approx$ 常数

能量方程

$$\rho_0 u_0 c_p \frac{dT}{dx} = \frac{d}{dx}\left(\lambda \frac{dT}{dx}\right) + \omega Q \qquad (4-54)$$

式中，左端表示混合气本身热焓的变

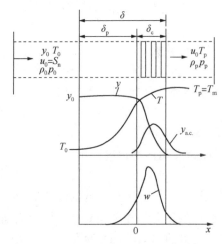

图 4-25　火焰层结构及温度、浓度分布

化，右边第一项是传导的热流，第二项是化学反应生成的热量。对于绝热条件，火焰的边界条件为

$$x=-\infty,\ T=T_0;\ y=y_0;\ \frac{\mathrm{d}T}{\mathrm{d}x}=0\ \bigg\}$$
$$x=+\infty,\ T=T_\mathrm{m};\ y=0;\ \frac{\mathrm{d}T}{\mathrm{d}x}=0\ \bigg\}$$

为求定 $S_\mathrm{L}(u_0)$，提出了一种分区近似解法，把火焰分成预热区和反应区。在预热区中，忽略化学反应的影响，而在反应区中略去能量方程中温度的一阶导数项。根据假设，预热区中的能量方程为

$$\rho_0 S_\mathrm{L} c_\mathrm{p} \frac{\mathrm{d}T}{\mathrm{d}x}=\lambda \frac{\mathrm{d}}{\mathrm{d}x}\left(\frac{\mathrm{d}T}{\mathrm{d}x}\right) \tag{4-55}$$

其边界条件是

$$x=-\infty,\ T=T_0;\ \frac{\mathrm{d}T}{\mathrm{d}x}=0$$

假定 $T_i$ 是预热区和反应区交界处（温度曲线曲率变化点）的温度，它不同于前述的燃气着火温度。将式(4-55)从 $T_0$ 到 $T_i$ 进行积分，可得式(4-56)：

$$\rho_0 S_\mathrm{L} c_\mathrm{p}(T_i-T_0)=-\lambda\left(\frac{\mathrm{d}T}{\mathrm{d}x}\right)_\mathrm{I} \tag{4-56}$$

下标"I"表示预热区。

反应区的能量方程为

$$\lambda \frac{\mathrm{d}^2 T}{\mathrm{d}x^2}+\omega Q=0 \tag{4-57}$$

其边界条件是

$$x=+\infty,\ T=T_\mathrm{m};\ \frac{\mathrm{d}T}{\mathrm{d}x}=0$$

$$\frac{\mathrm{d}}{\mathrm{d}x}\left(\frac{\mathrm{d}T}{\mathrm{d}x}\right)^2=2\left(\frac{\mathrm{d}T}{\mathrm{d}x}\right)\left(\frac{\mathrm{d}^2 T}{\mathrm{d}^2 x}\right)$$

用 $2\left(\dfrac{\mathrm{d}T}{\mathrm{d}x}\right)$ 乘式(4-57)，得

$$2\left(\frac{\mathrm{d}T}{\mathrm{d}x}\right)\left(\frac{\mathrm{d}^2 T}{\mathrm{d}x^2}\right)=-2 \frac{\omega Q}{\lambda}\left(\frac{\mathrm{d}T}{\mathrm{d}x}\right) \tag{4-58}$$

即

$$\frac{\mathrm{d}}{\mathrm{d}x}\left(\frac{\mathrm{d}T}{\mathrm{d}x}\right)^2=-2 \frac{\omega Q}{\lambda}\left(\frac{\mathrm{d}T}{\mathrm{d}x}\right) \tag{4-59}$$

积分得

$$\left(\frac{\mathrm{d}T}{\mathrm{d}x}\right)_\mathrm{II}=-\sqrt{\frac{2}{\lambda}\int_{T_i}^{T_\mathrm{m}}\omega Q\mathrm{d}T} \tag{4-60}$$

下标"II"表示反应区。

因为 $\left(\dfrac{\mathrm{d}T}{\mathrm{d}x}\right)_\mathrm{I}=\left(\dfrac{\mathrm{d}T}{\mathrm{d}x}\right)_\mathrm{II}$，则

$$S_\mathrm{L}=\sqrt{\frac{2\lambda\int_{T_i}^{T_\mathrm{m}}\omega Q\mathrm{d}T}{\rho_0^2 c_\mathrm{p}^2 (T_i-T_0)^2}} \tag{4-61}$$

式中 $T_i$ 为未知。由于化学反应主要集中在反应区，预热区中反应速率很小，可以认为

$$\int_{T_0}^{T_i} \omega Q \approx 0$$

于是有

$$\int_{T_i}^{T_m} \omega dT \approx \int_{T_0}^{T_m} \omega dT$$

另外，反应区内的温度变化很小，所以

$$(T_i - T_0) \approx (T_m - T_0)$$

代入式(4-61)中，可得

$$S_L = \sqrt{\frac{2\lambda \int_{T_0}^{T_m} \omega Q dT}{\rho_0^2 c_p^2 (T_m - T_0)^2}} \tag{4-62}$$

令

$$\int_{T_0}^{T_m} \frac{\omega Q dT}{(T_m - T_0)} = Q \int_{T_0}^{T_m} \frac{\omega dT}{(T_m - T_0)} = Q\bar{\omega}$$

$\bar{\omega}$ 表示在 $T_m \sim T_0$ 之间反应速率的平均值。代入式后得

$$S_L = \left[\frac{2\lambda Q \bar{\omega}}{\rho_0^2 c_p^2 (T_m - T_0)}\right]^{\frac{1}{2}} \tag{4-63}$$

引入导温系数，并认为化学反应时间与平均反应速率成正比，即

$$\bar{\omega} \propto \frac{1}{\tau_c}$$

代入式(4-63)可得

$$S_L \propto \left(\frac{a}{\tau_c}\right)^{1/2} \tag{4-64}$$

式(4-64)表明，层流火焰传播速度与导温系数的平方根成正比，与化学反应时间的平方根成反比。这说明，可燃气体的层流火焰传播速度是一个物理化学常数。

燃烧反应平均速率写成：

$$\bar{\omega} = K (\rho_0 y_0)^n \exp\left(\frac{-E}{RT}\right) \tag{4-65}$$

气体状态方程

$$p = \rho RT$$

代入式(4-63)。则可得到式(4-66)

$$S_L \propto \left[\frac{\lambda QK (\rho_0 y_0)^n \exp\left(\frac{-E}{RT}\right)}{\rho_0^2 c_p^2 (T_m - T_0)}\right]^{1/2} \propto p_0^{(n-2)/2} \tag{4-66}$$

$n$ 为反应级数。

层流火焰的厚度 $\delta$ 包括反应区 $\delta_c$ 和预热区 $\delta_p$，可以用以下式子表示。因

$$\frac{\mathrm{d}T}{\mathrm{d}x} \approx \frac{T_\mathrm{m} - T_0}{\delta} \qquad (4\text{-}67)$$

而
$$\lambda \frac{\mathrm{d}T}{\mathrm{d}x} \approx S_\mathrm{L} \rho_0 c_\mathrm{p} (T_\mathrm{m} - T_0) \qquad (4\text{-}68)$$

联立式(4-67)、式(4-68)，可得

$$\delta \approx \frac{\lambda}{\rho_0 c_\mathrm{p}} \cdot \frac{1}{S_\mathrm{L}} = \frac{a}{S_\mathrm{L}} \qquad (4\text{-}69)$$

可见火焰厚度与导温系数成正比，与火焰传播速度成反比。导温系数与压力及温度的关系是：

$$a = a_0 \frac{p_0}{p} \left( \frac{T}{T_0} \right)^{1.7} \qquad (4\text{-}70)$$

而
$$\delta \approx \delta_0 (p_0/p)^b \qquad (4\text{-}71)$$

其中 $b = 1.0 \sim 0.75$。因此，当压力下降时，火焰厚度将增加。当压力降得很低时，可使 $\delta$ 增大到几十毫米。火焰越厚，向管壁散热量也越多，从而使火焰燃烧温度降低。

设想在绝热圆管中有一平面形火焰前锋(实际上，火焰在管中传播时火焰前锋呈抛物线形状)，混气以层流火焰传播的速度 $S_\mathrm{L}$ 流入管内，就可以得到驻定的火焰前锋。实验证明火焰前锋的厚度在一般情况下是很薄的，在图 4-26 中把它放大了。它的边界由 $R\text{-}R$ 到 $P\text{-}P$，可以看到在火焰前锋前部，温度由 $T_0$ 上升到了 $T_\mathrm{f}$，而浓度由 $f_0$ 很快地下降。这一区域内化学反应速度很小，可以忽略不计。这部分火焰前锋的厚度称为混气的预热区。以 $\delta_\mathrm{p}$ 表示。在火焰前锋后部，温度由反应区与预热区交接处的温度 $T_\mathrm{f}$ 上升到 $T_\mathrm{m}$，浓度继续下降到0，化学反应主要集中在这一较窄的区域，因此称它为化学反应区，用 $\delta_\mathrm{e}$ 表示。由于在很窄的火焰前

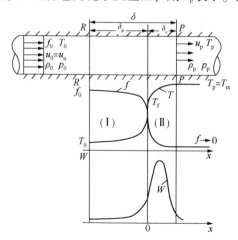

图 4-26　火焰结构及其温度、浓度分布示意图

锋里温度和浓度发生了很大的变化，出现了很大的温度梯度和浓度梯度，即造成火焰和新鲜混气之间强烈的质量交换及高温反应区和低温混合气之间的热量交换，这就造成了火焰向新鲜混气的自动传播。

## 4.4.3 火焰传播速度

（1）混合气体火焰传播速度计算

实际应用的燃气含有多种成分，其火焰传播速度除用实验方法测定外，也可按单一可燃气体的最大火焰传播速度值，用经验公式计算。

当燃气中的 $y_{CO}<20\%$（以燃气的可燃组分体积为 100% 计），$y_{N_2}+y_{CO_2}<50\%$（扣除燃气中 $O_2$ 所对应的空气）时，采用以下实验公式计算出最大火焰传播速度与实测值的误差<5%，其计算公式为

$$S_L^{max} = \frac{\sum S_{Li}\alpha_i V_{0i}\varphi_i}{\sum \alpha_i V_{0i}\varphi_i}[1 - f \cdot 100(y_{N_2} + 100y_{N_2}^2 + 2.5y_{CO_2})] \qquad (4-72)$$

其中

$$y_{N_2} = \frac{1}{100} \cdot \frac{y_{N_2,g}-3.76y_{O_2,g}}{1-4.76y_{O_2,g}}$$

$$y_{CO_2} = \frac{1}{100} \cdot \frac{y_{CO_2,g}}{1-4.76y_{O_2,g}}$$

$$f = \frac{\sum \varphi_i}{\sum \dfrac{\varphi_i}{f_i}}$$

式中　$S_L^{max}$——燃气中的最大法向火焰传播速度，Nm/s；

　　　　$S_{Li}$——各单一可燃组分的最大法向火焰传播速度，Nm/s；

　　　　$\alpha_i$——各组分相应于最大法向火焰传播速度时的一次空气系数；

　　　　$V_{0i}$——各组分的理论空气需要量，$Nm^3/Nm^3$ 干燃气；

　　　　$\varphi_i$——各组分的体积成分；

　　$y_{N_2,g}$——燃气中 $N_2$ 的体积分数；

　　$y_{O_2,g}$——燃气中 $O_2$ 的体积分数；

　$y_{CO_2,g}$——燃气中的 $CO_2$ 的体积分数；

　　　　$f_i$——各组分考虑惰性组分影响的衰减系数，见表 4-2。

表 4-2　计算燃气最大火焰传播速度的数据

| 化学式 | $H_2$ | CO | $CH_4$ | $C_2H_4$ | $C_2H_6$ | $C_3H_6$ | $C_3H_8$ | $C_4H_8$ | $C_4H_{10}$ |
|---|---|---|---|---|---|---|---|---|---|
| $S_{Li}$/（Nm/s） | 2.80 | 1.00 | 0.38 | 0.67 | 0.43 | 0.50 | 0.42 | 0.46 | 0.38 |
| $\alpha_i$ | 0.50 | 0.40 | 1.10 | 0.85 | 1.15 | 1.10 | 1.125 | 1.13 | 1.15 |

| 化学式 | $H_2$ | CO | $CH_4$ | $C_2H_4$ | $C_2H_6$ | $C_3H_6$ | $C_3H_8$ | $C_4H_8$ | $C_4H_{10}$ |
|---|---|---|---|---|---|---|---|---|---|
| $V_{0i}$(Nm³/Nm³干燃气) | 2.38 | 2.38 | 9.52 | 14.28 | 16.66 | 21.42 | 23.80 | 28.56 | 30.94 |
| $f_i$ | 0.75 | 1.00 | 0.50 | 0.25 | 0.22 | 0.22 | 0.22 | 0.20 | 0.18 |

（2）影响因素

图4-27为预混气体中富氧程度与层流火焰传播速度 $S_L$ 的关系，纵坐标为 $\lg S_L$，横坐标为富氧度的倒数 $\omega^{-1} = (y_{O_2} + y_{N_2})/y_{O_2}$。由图可见，提高氧化剂中含氧量将使 $S_L$ 迅速增加。

实验表明，碳氢化合物/空气混合气体的层流火焰传播速度 $S_L$ 还受到燃料分子结构的影响。为碳氢化合物中烷烃、烯烃、炔烃各族中最大 $S_L$ 与燃料分子中碳原子数 $n_C$ 的关系。由图4-28可见，对于饱和碳氢化合物（烷烃），其 $S_L$ 几乎和燃料分子中的碳原子数无关。这时 $S_L$ 约为70cm/s；对于不饱和碳氢化合物（烯烃和炔烃），碳原子数目愈少，$S_L$ 愈高。随着 $n_C$ 的增大，$S_L$ 急剧下降，当 $n_C = 4$ 时，若再继续增大 $n_C$，则 $S_L$ 将缓慢地下降，当 $n_C > 8$ 时，$S_L$ 趋近于饱和。同时，随着燃料相对分子质量的增加，层流火焰传播速度 $S_L$ 的范围越来越小。

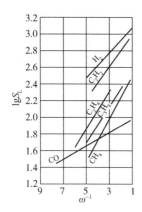

图4-27  富氧程度对 $S_L$ 的影响

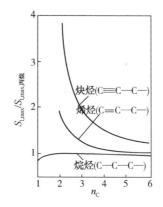

图4-28  分子中碳原子个数
对最大火焰速度的影响

加入活性添加剂（如 $H_2$ 等）和加入惰性添加剂（如 $CO_2$，$N_2$，He 和 Ar 等），对层流火焰传播速度 $S_L$ 的影响是不同的。

如果 CO（干）/空气混合物中加入少量 $H_2$，则由于链锁反应的影响将会大大地提高 $S_L$。如图4-29所示，当 CO 逐渐被 $H_2$ 替代后，$S_L - x_f$ 的关系曲线逐渐地从 CO（干）/空气曲线靠向 $H_2$/空气曲线。如图4-30所示，如果在 CO/空气混合气中添加 $CH_4$，则 $S_L - x_f$ 的关系曲线逐渐向左移。在转移过程中，当有 5% CO 被 $CH_4$ 替代时，曲线达到最高值，这显然是由于 $CH_4$ 所产生的 H 原子提高了 CO/空气混合气的反应速率所致。

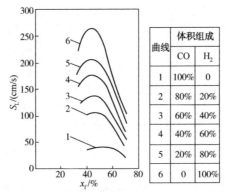

图 4-29　CO(干)/空气中加 $H_2$ 对 $S_L$ 的影响

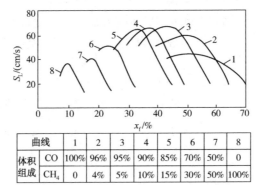

| 曲线 | 1 | 2 | 3 | 4 | 5 | 6 | 7 | 8 |
|---|---|---|---|---|---|---|---|---|
| 体积组成 CO | 100% | 96% | 95% | 90% | 85% | 70% | 50% | 0 |
| 体积组成 $CH_4$ | 0 | 4% | 5% | 10% | 15% | 30% | 50% | 100% |

图 4-30　CO/空气中加入 $CH_4$ 对 $S_L$ 的影响

如果把惰性气体添加到可燃混合气中，则会降低层流火焰传播速度 $S_L$，缩小可燃界限，并使最大 $S_L$ 值向 $x_f$ 方向转移。图 4-31 给出了这些影响的定性关系，而图 4-32 则给出了它们的定量关系。过量的氧(或燃料)产生的影响可以认为同惰性添加剂的影响一致。

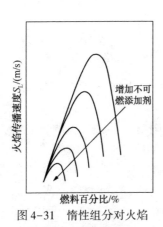

图 4-31　惰性组分对火焰
传播速度的影响

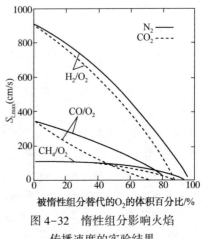

图 4-32　惰性组分影响火焰
传播速度的实验结果

102

惰性添加剂加入对混合气体的物理性质(例如导热系数、比热容)也带来影响。由式(4-64)可知，$S_L$ 与导温系数 $a$ 的平方根成正比。如果掺入 $CO_2$、$N_2$、He、Ar 等气体分别使可燃混合气的 $\lambda/c_p$ 值依次增大，相应地也会使 $S_L$ 值依次增大。

### 4.4.4　湍流火焰传播

工程中各种燃烧装置的燃烧过程往往都是在湍流条件下进行的。因而了解湍流火焰的结构、性质，弄清楚湍流燃烧火焰传播机理比层流火焰传播研究更有实际意义。

前面讨论的火焰传播速度是在层流流动或静止气体中发生的，火焰锋面很薄，且为光滑的几何面。当气流速度加大到一定程度时，流动转入湍流状态。此时，本生灯上火焰的内锥缩短，锋面变厚，并有明显的噪声，焰面不再是光滑的表面，而是抖动的粗糙表面。工业用燃烧装置中，燃烧基本上是在湍流中发生的。因此经常遇到湍流火焰。

在研究湍流火焰传播时，仍借用层流火焰锋面的概念，把焰面视为一未燃气与已燃气之间的宏观整体分界面，也称为火焰锋面。湍流火焰传播速度也是对这个几何面来定义的，用 $S_t$ 表示。

为了在理论上定量地建立湍流火焰传播速度、燃烧强度、湍动程度以及混合气体物理化学性质之间的关系，必须了解湍流火焰结构和传播机理。如同在湍流状态的流体中那样，在湍流火焰中有许多大小不同的微团做不规则运动。如果微团的平均尺寸小于层流火焰锋面的厚度，称为小尺度湍流火焰；反之，则称为大尺度湍流火焰。这两种火焰的模型如图 4-33 所示。从设定的火焰模型可以看出，小尺度湍流火焰尚能保持较规则的火焰锋面，其燃烧区的厚度仅略大于层流火焰的锋面厚度。当微团的脉动速度大于层流火焰传播速度($u'>S_L$)时，为大尺度湍流火焰，反之为大尺度弱湍动火焰。对于后者来说，由于微团脉动速度小于层流

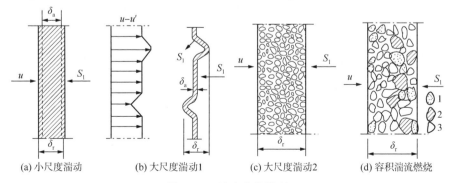

(a) 小尺度湍动　　(b) 大尺度湍动1　　(c) 大尺度湍动2　　(d) 容积湍流燃烧

图 4-33　湍流火焰模型

1—燃烧产物；2—新鲜混合气；3—部分燃尽气体

103

火焰传播速度($u'<S_L$)，则微团不能冲破火焰锋面；但因微团尺寸大于层流火焰锋面厚度，故锋面受到扭曲，如图4-33(b)所示。而在强湍动情况下，由于微团尺寸和脉动速度均相应地大于层流火焰的厚度和传播速度，所以此时已不存在连续的火焰锋面，如图4-33(c)所示。

湍流火焰的结构和传播机理与层流火焰有很大的差异，特别是它的传播速度比层流时要大得多，其理由可归结为以下几点：

① 湍流脉动使火焰变形，从而使火焰表面积增加，但是曲面上的法向传播速度仍保持为层流火焰速度。

② 湍流脉动增加了热量和活性中心的传播速度，反应速率加快，从而增加了垂直火焰表面的实际燃烧速度。

③ 湍流脉动加快了已燃气和未燃气的混合，缩短了混合时间，提高燃烧速度。

湍流流动对火焰的影响，可用 $Re$ 对火焰传播速度的影响加以说明。表明在不同 $Re$ 下对本生灯火焰进行测量的结果。由图4-34可见，随着 $Re$ 的增大，湍流火焰传播速度与层流火焰传播速度之比值开头是迅速增大，以后是逐渐增长。达姆科勒（Damköher）发现，当 $Re<2300$ 时，火焰传播速度与 $Re$ 无关，属于层流状态；当 $2300 \leqslant Re \leqslant 6000$ 时，火焰传播速度与 $Re$ 平方根成正比；当 $Re>6000$ 时，火焰传播速度与 $Re$ 成正比。显然，在层流状态下火焰传播速度与 $Re$ 无关；而当 $Re \geqslant 2300$ 时，为层流向湍流的过渡，火焰传播速度已受湍流的影响，因而测得的湍流火焰传播速度与几何尺寸及流量有关。随着 $Re$ 的增大，开始为小尺度湍流火焰，在大约当 $Re \geqslant 7000$ 时，成为大尺度湍流火焰。

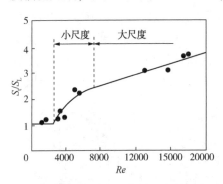

图4-34　湍流火焰传播速度与层流火焰传播速度的比值与 $Re$ 的关系

层流火焰传播速度仅仅取决于预混可燃气的物理化学性质，其值较小，一般为20～100cm/s（在标准状况下）。由于湍流火焰传播速度较层流火焰要大好几倍，所以湍流火焰燃烧强度大。这是由下述一个或几个因素共同起作用造成的，即：

① 湍流流动可能使火焰变形、皱褶，从而使反应表面积显著增加。但这时候皱褶表面上任一处的法向火焰传播速度仍然保持层流火焰传播速度的大小。

② 湍流火焰可能加剧了热传导速度或活性物质的扩散速度，从而增大了火焰前锋法向的实际火焰传播速度。

③ 湍流可以促使可燃混合气与燃烧产物之间的快速混合，缩短了混合时间，提高了燃烧速度。

湍流是流体微团的一种极不规则的运动。微团的尺寸不是分子量级而是宏观尺寸量级。

在实际的气体燃料燃烧装置中，燃料与空气通常都采用射流形式供入。燃烧装置类型不同，射流的形式亦不同，诸如圆柱形射流、平行射流、相交射流、旋转射流等。它们的流动以及燃料与空气间的动量、质量和能量交换各有特点，因此其燃烧过程亦有差异。

在扩散燃烧中，燃料与空气的混合依靠质量扩散进行，而这种扩散又与流动状态有关。在层流状态下，混合依靠分子扩散进行，层流扩散燃烧的速度取决于气体的扩散速度。在湍流状态下，由于大量气团的无规则运动，强化了质量扩散，使燃料与空气之间的质量扩散速度大为增加，因而燃烧所需的时间大大缩短，即增大气体的湍流度可以强化燃烧。

## 4.4.5　火焰传播浓度极限

（1）火焰传播浓度极限及其测定

在燃气-空气（或氧气）混合物中，只有当燃气与空气的比例在一定极限范围之内时，火焰才有可能传播。若混合比例超过极限范围，即当混合物中燃气浓度过高或过低时，由于可燃混合物的发热能力降低，氧化反应的生成热不足以把未燃混合物加热到着火温度，火焰就会失去传播能力而造成燃烧过程的中断。能使火焰继续不断传播所需的最低燃气浓度，称为火焰传播浓度下限（或低限）；能使火焰继续不断传播所需的最高燃气浓度，称为火焰传播浓度上限（或高限）。上限和下限之间就是火焰传播浓度极限范围，火焰传播浓度极限又称着火浓度极限。

火焰传播浓度极限范围内的燃气-空气混合物，在一定条件下（例如在密闭空间里）会瞬间完成着火燃烧而形成爆炸，因此火焰传播浓度极限又称为爆炸极限。了解燃气-空气混合物的火焰传播浓度极限，对安全使用燃气很重要。

（2）影响火焰传播浓度极限的因素

各种因素对火焰传播浓度极限的影响如下：

① 燃气在纯氧中着火燃烧时，火焰传播浓度极限范围将扩大。

② 提高燃气-空气混合物温度，会使反应速度加快，火焰温度上升，从而使火焰传播浓度极限范围扩大。

③ 提高燃气-空气混合物的压力，其分子间距缩小，火焰传播浓度极限范围将扩大，其上限变化较为显著。某些燃气-空气混合物火焰传播浓度极限随压力的变化关系（表4-3）：

a. 可燃气体中加入惰性气体时，火焰传播浓度极限范围将缩小。

b. 含尘量、含水蒸气量以及容器形状和壁面材料等因素，有时也影响火焰传播浓度极限。例如，在氢-空气混合物中引进金属微粒，能使火焰传播浓度极限范围扩大，并能降低其着火温度。

105

表 4-3　常温下火焰传播浓度极限与压力的关系

| 燃气 | 压力/MPa | 火焰传播浓度极限/%(体积) | |
|---|---|---|---|
| | | 下限 $L_L$ | 上限 $L_h$ |
| CO | 0.1 | 14 | 71 |
| | 2.0 | 21 | 60 |
| | 4.0 | 20 | 57 |
| $H_2$ | 0.1 | 9 | 69 |
| | 2.0 | 10 | 70 |
| $CH_4$ | 0.1 | 5 | 15 |
| | 5.0 | 4.8 | 48 |
| | 10.0 | 4.6 | 57 |

# 4.5 火焰的稳定性

燃气燃烧所需的氧一般是从空气中直接获得的。根据燃气与空气在燃烧前的混合情况，燃气的燃烧分为三种基本方式：扩散式燃烧、部分预混式燃烧和完全预混式燃烧。

扩散式燃烧是指在点燃前，燃气与空气不接触(一次空气系数为0)，燃烧所需空气完全由二次空气供给，燃气与空气在接触面处边混合边燃烧。燃烧所需的氧气完全依靠扩散作用从周围大气获得。扩散式燃烧容易产生煤烟，燃烧温度也低。但预先混入部分燃烧所需的空气后，火焰就变得清洁，燃烧得以强化，火焰温度也提高了，因此部分预混式燃烧得到了广泛应用。习惯上将部分预混式燃烧称为大气式燃烧。完全预混式燃烧是指按一定比例将燃气和空气均匀混合，再经燃烧器火孔喷出燃烧。由于预先混合均匀，可燃混合气一到达燃烧区就能在瞬间燃烧完毕，燃烧火焰极短且不发光，常常看不到，故又称无焰燃烧。由于预先混合均匀，所以完全预混式燃烧能在较小的过剩空气系数下实现完全燃烧，因此燃烧温度可以很高。

## 4.5.1 部分预混火焰的稳定

(1) 部分预混层流火焰的稳定

① 部分预混层流火焰结构

图4-35为部分预混层流火焰结构。它由内焰、外焰及其外围看不见的高温区构成。一次空气中的氧与燃气中的可燃组分在内焰面进行反应，形成不发光的淡蓝色锥形火焰(又称蓝色锥体)。剩余的燃气在内焰面外部按扩散方式与空气混合燃烧，形成圆锥形外焰面。一次空气越少，火焰外锥就越大。如果二次空气

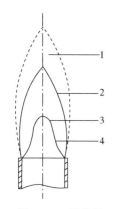

图 4-35 部分预
混层流火焰结构

1—外焰膜；2—外焰；
3—内焰；4—未燃气体

及其他条件都能满足燃烧要求，则在火焰外锥完成燃烧，并生成二氧化碳和水蒸气。这些高温烟气进而在外焰外侧形成肉眼看不到的高温层——外焰膜。

内焰的出现是有条件的。若燃气-空气混合气浓度大于着火浓度上限，火焰不可能向中心传播，内焰就不会出现，而成为扩散式燃烧。若混合气中燃气浓度低于着火浓度下限，则该气流根本不可能燃烧。氢燃烧出现内焰的一次空气系数范围相当宽，而甲烷和其他碳氢化合物燃烧出现内焰的一次空气系数范围相当窄。

含有较多碳氢化合物的燃气进行燃烧时，外焰可能出现两种情况：当一次空气量不足时，由于碳氢化合物在高温下分解，生成的游离碳呈炽热状态，扩散火焰就成为发光火焰；当一次空气量较多时（$\alpha' > 0.4$）碳氢化合物在反应区内转化为含氧的醛、乙醇等，扩散火焰可能是透明而不发光的。

② 部分预混层流火焰的稳定

层流时，沿管道横截面上气体的速度按抛物线分布。喷口中心气流速度最大，至管壁处降为零。在火焰根部，靠近壁面处气流速度逐渐减小至零，但火焰并不会传到燃烧器里去，因为该处的火焰传播速度因管壁散热也减小了。

一方面，火焰面上任一点的气流法向分速度均等于法向火焰传播速度；另一方面，该点还有一个切向分速度，使该处的质点向上移动。因此，在焰面上不断进行着下面质点对上面质点的点火。

离开管口，气流速度会逐渐变小；而越靠近管口，则管口壁的散热作用越明显，从而使火焰传播速度降低。那么在离开管口处，必定存在气流速度大于火焰传播速度的点 1（图 4-36），以及气流速度小于火焰传播速度的点 2。

在点 1 处，气流法向分速度大于该点的法向火焰传播速度，$v_n > S_n$，气流切向分速度将使焰面向上移动；而在点 2 处，气流法向分速度小于该点的法向火焰传播速度，$v_n < S_n$，焰面将向下移动。由此可知，在点 1 和点 2 之间必定存在一个气流速度与法向火焰传播速度相等的点 3，在点 3 上焰面稳定，而且没有分速度，$\varphi = 0$。这就是说，在燃烧器出口的周边上，存在一个稳定的水平焰面，它是燃气-空气预混气流的点火源，又称点火环。点火环使层流部分预混火焰根部得以稳定。

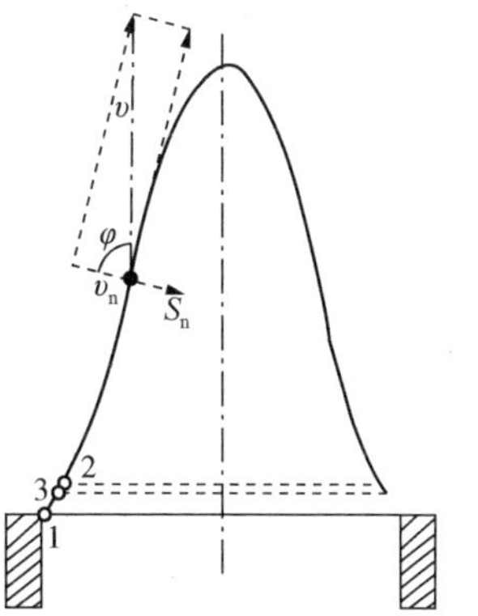

图 4-36　部分预混火焰
内焰表面上的速度分析

点火环的存在是有条件的。如果燃烧强度不断增大，气流速度等于法向火焰传播速度的平衡点就逐渐靠近火孔出口，点火环逐渐变窄，最后消失。火焰脱离燃烧器出口，在一定距离以外燃烧，这种现象称为离焰。如果气流速度再增大，火焰将被吹熄，这种现象称为脱火。如果混合气流速度不断减小，蓝色锥体越来越低，最终由于气流速度小于火焰传播速度，火焰将缩进燃烧器向内传播，这种现象称为回火。脱火和回火现象是不允许的，因为它们都会引起不完全燃烧，产生一氧化碳等有毒气体。对炉膛来说，脱火和回火引起熄火后形成爆炸性气体，容易发生事故。因此，研究火焰的稳定性，对防止脱火和回火具有十分重要的意义。

如上所述，对于某一定组成的燃气-空气混合物，在燃烧时必定存在一个火焰稳定的上限，气流速度超过该上限值便会产生脱火现象，该速度上限称为脱火（速度）极限；燃气-空气混合物的流速小于某一极限值时，便会产生回火现象，该极限值称为回火（速度）极限。只有当混合气的速度在脱火极限和回火极限之间时，火焰才能稳定。

图4-37给出了圆锥形管口火焰的稳定性。在坐标图上可以划出四个区域：回火区、脱火区、稳定区和黄色火焰明亮区。在曲线1、2之间是火焰稳定区。由图4-37可见，在一定的空气系数α下，火焰仅能在一定的气流速度范围内稳定存在。

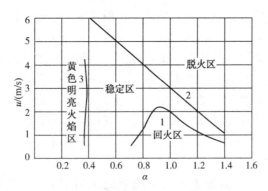

图4-37 圆锥形管口火焰的稳定性

当α≈1时，只有在脱火区与回火区两根边界线之间，火焰才有点火环存在，火焰才是稳定的。由图可知，当α≈1时，火焰的稳定区域并不宽。

当α>1时，预混物中燃气的浓度变小，且由于二级空气的扩散作用，使得射流边缘燃气浓度更加减少，降低了火焰传播速度，使脱火的危险性增大。所以，当α增大时，脱火区便会快速增加，使火焰的稳定区变得更窄。

当α<1时，预混物中的火焰传播速度降低，回火区的边界线1随α的下降而下降。此时，烧嘴出口附近的燃气和空气在混合过程中能形成各种浓度的可燃混合气体，其中包括火焰传播速度最大的气体，因而有利于构成稳定的点火热源，

使脱火区边界线2随α下降而上升。因此，α<1时，火焰稳定区随α减小而扩大。大致在略低于0.75时，煤气火焰的稳定区域比较宽阔，运行比较可靠。当α取值再低，大约0.4~0.7范围内时，预混物中的火焰传播速度很小，加上喷口管壁面的淬熄作用，已经不可能发生回火，所以不存在回火区。同时，脱火区的边界也升高了，所以在这个区域运行时，本生灯的火焰稳定性较高。

但当α太小（α<0.4）时，燃气中的烃在受热时遇不到氧，容易裂解而产生炭黑，火焰呈明亮黄色，故又叫作发光火焰。发光火焰黑度较大，有利于炉内传热。当炭黑太多时，可能烧不掉而引起冒黑烟。此外，当α太小时，燃烧所需空气过多地依赖二级空气扩散。二级空气的扩散是比较缓慢的，因此火焰就拖得很长，这时火焰中的不完全燃烧损失也比较大。

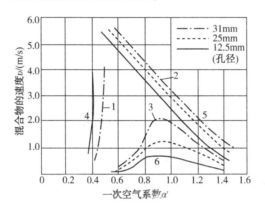

图4-38　天然气-空气混合物的燃烧稳定范围
1—光焰曲线；2—脱火曲线；3—回火曲线；
4—光焰区；5—脱火区；6—回火区

如果α=0，则喷口形成扩散火焰。扩散火焰不可能回火也不易脱火，因此火焰稳定性很高，但是火焰长，不完全燃烧损失大，还会冒黑烟，火焰温度也较低。

图4-38是按试验资料绘出的天然气-空气混合物燃烧时的稳定范围。由图可以看出火孔直径对脱火和回火极限影响较大。燃烧器出口直径较小时，管壁散热作用增大，回火可能性减小。因此，为了防止回火，最好采用小直径的燃烧孔。当燃烧孔直径小于极限孔径时，火孔散热过大，火焰无法传播，便不会发生回火现象。反之，燃烧器出口直径越大，气流向周围的散热越少，火焰传播速度就越大，脱火极限就越高。图4-38还绘出了光焰区。当一次空气系数较小时，由于碳氢化合物的热分解，形成炭粒和煤烟，会引起不完全燃烧和污染。所以，部分预混式燃烧的一次空气系数不宜太小。

脱火和回火曲线的位置取决于燃气的性质。燃气的火焰传播速度越大，此两曲线的位置就越高。所以火焰传播速度较大的炼焦煤气容易回火，而火焰传播速度较小的天然气则容易脱火。火焰稳定性还受到周围空气组成的影响。有时周围大气中的氧化剂被惰性气体污染，脱火和回火曲线位置就会发生变化。由于空气中含氧量较正常时少，燃烧速度较低，从而增加了脱火的可能性。此外，火焰周围空气的流动也会影响火焰的稳定性，这种影响有时也是很大的。它取决于周围气流的速度和气流与火焰之间的角度。

（2）高速气流中火焰的稳定方法

在燃烧装置中既要防止火焰吹脱，又要防止火焰回火。当发生火焰吹脱时，不仅会使火焰熄灭，如不立即切断燃料供应，还会使燃料大量外泄而造成严重后果。当发生火焰回火时，回火的火焰可能烧坏预混气混合器。因此在燃烧装置中，必须采取有效的稳定火焰的措施。

① 防止火焰吹脱措施

从以上分析可知，为使燃烧火焰能在可燃混合气体中保持稳定，其必要条件之一是要在火焰锋面根部存在满足速度平衡条件 $v_n = S_L$ 的点而形成的固定点火源（点火环）。在工业燃烧装置中，可燃预混气的流速可达每秒几十米甚至更高，此外，它们的边界层厚度与其淬熄距离相比也小得多，因而不能采用本生灯那样的方法来达到火焰稳定，必须考虑特殊的措施，以保证在高速气流中火焰的稳定。在高速气流中，不能自行地形成点火环，常采用的措施是在燃烧器出口设置一个点火源，实现对可燃混合气连续点火。

另外，利用高速气流绕过障碍物（又称"钝体"，即不良流线体），在其后形成环流和低速流区，也可实现稳定火焰的目的。在工程中常采用钝体、旋转射流、逆向射流、燃烧室壁凹槽、带孔圆筒、网孔等来防止脱火吹熄，实现高速气流中火焰的稳定。

② 防止火焰回火的措施

导致回火的根本原因是火焰的传播速度与气流喷出速度之间的平衡遭到破坏，火焰传播速度大于气流喷出速度所致。因此，为了防止回火，可燃混合气体从烧嘴流出的速度必须大于某一临界速度，后者与燃气成分、预热温度、烧嘴口径及气流性质等因素有关。例如，对于火焰传播速度较大的燃气来说（例如焦炉煤气），可燃混合气体的喷出速度不小于 12m/s。当空气或燃气预热时，其出口速度还应提高。

除了使气流出口速度不小于回火临界速度之外，还应注意保证出口断面上的速度均匀分布，避免使气流速度受到外界的扰动。

a. 应根据最低热负荷工况来决定可燃混合物的喷口尺寸，以保证气流速度总能大于火焰传播速度。喷口较大，一般来说难于吹脱，但是容易回火。可以采用减小喷口直径及增加喷口深度的办法。当热负荷一定时，可以增加喷孔数量，目的是利用喷孔壁面的冷却作用，降低壁面边界层处的火焰传播速度。

b. 采用导热性能差的陶瓷喷嘴，以减少通过烧嘴壁面传到烧嘴内部可燃混

110

合气的热量，因为可燃混合气温度的提高使其火焰传播速度提高。

c. 对烧嘴头部进行水冷或空冷，以降低烧嘴壁温，防止可燃混合气温度升高。

d. 减少一次空气量，增加二次空气量。如果一次空气量减小，可燃混合气浓度将偏离化学计量比，火焰传播速度将降低。

e. 保持较高的烧嘴内部压力，以保持较高的喷出速度。

在燃烧器出口加收缩段，使气流均匀。使喷口表面光滑，清扫喷口表面的结焦或积碳，使喷口截面各处的气流速度大于火焰传播速度。

## 4.5.2 完全预混燃烧火焰的稳定

完全预混式燃烧火焰传播速度很快，火焰稳定性较差，很容易发生回火。为了防止回火，必须尽可能使气流的速度场均匀，以保证在最低负荷下各点的气流速度都大于火焰传播速度。采用小火孔，增大火孔壁对火焰的散热，从而降低火焰传播速度，是防止发生回火的有效措施。小火孔燃烧器在热负荷不是很大的民用燃具上有着广泛应用。但对于热强度很大的工业燃烧器，大量的小火孔会大大增加燃烧器头部尺寸，就变得不合适了。此时可以采用水冷却燃烧器头部的方式来加强对火焰的散热，从而降低火焰传播速度。

完全预混式燃烧，由于在燃烧前预混了大量空气，使预混气流出口速度大大提高。当负荷较大时，也有出现脱火的可能。工业上的完全预混式燃烧器，常常用一个紧接的火道来稳焰。混合均匀的燃气-空气混合物经火孔进入火道时，由于流通截面突然扩大，在火道入口处形成了高温烟气回流区，如图 4-39 所示。火道由耐火材料做成，近似于一个绝热的燃烧室，可燃气体在此燃烧可以达到很高的燃烧温度。回流烟气不仅将混合物加热，同时也是一个稳定的点火源。回流的高温烟气和炽热的火道壁面都起到了很好的稳焰作用。

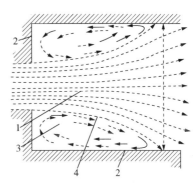

图 4-39　火道工作简图
1—混合物扩张区；2—火道边界；
3—回流区；4—回流边界表面

## 4.5.3 扩散燃烧火焰的稳定

工业上最广泛采用的扩散燃烧是湍流扩散燃烧。燃气与空气分别送入炉膛，当燃气或燃气和空气的混合气处于湍流状态时所形成的火焰称为湍流扩散火焰。在湍流扩散火焰中，无法区分焰面和其他部分，在整个火焰内部都进行着燃气与氧的混合、预热和化学反应。火焰的长度和形状完全取决于燃气与空气的流动方向和流动特性。根据射流形式不同，湍流扩散火焰分为自由射流湍流扩散火焰、同心射流湍流扩散火焰、旋流射流湍流扩散火焰、逆向流射流扩散火焰、受限射流与非受限射流湍流扩散火焰。

湍流扩散火焰的稳定性是指火焰既不被吹跑(或称脱火,吹熄),也不产生回火。而始终"悬挂"在管口的情况。在低的流速下,火焰附着在管口。随着流速增加,火焰从管口升起。从管口到火焰底部的距离称为火焰升起的距离。当管口流出速度超过某一极限值时,火焰会熄灭。扩散燃烧时由于燃料在管内不与空气预先混合,因此不可能产生回火,这是扩散燃烧的最大优点。此外扩散火焰的温度较低,对有效利用热能是不利的。

火焰稳定是指保证已经着火了的燃料不再熄灭,要求火焰前沿能稳定在某一位置。要保证火焰前沿稳定在某一位置的必然条件是:可燃物向前流动的速度等于火焰前沿可燃物的传播速度,这两个速度大小相等,方向相反,因而火焰前沿就静止在某一位置上。

湍流扩散火焰稳定的方法如下:①采用钝体稳焰;②小型点火火焰稳定火焰,可在流速较高的预混可燃主气流附近放置一个流速较低的稳定的小型点火火焰(又称值班火焰或引燃火焰),使主气流受到小火焰不间断的点燃;③用反吹射流稳定火焰;④采用旋转射流稳定火焰,旋转燃烧器是利用强烈的旋转气流产生强大的高温回流区,从而强化燃料的着火和燃烧,同时加速燃料和空气的混合;⑤利用燃烧室壁凹槽稳定火焰,在凹槽内形成一个分离回流流动,这回流区就是对流经的可燃混合气流由返回的高温烟气点燃而维持火焰的稳定;⑥利用带孔圆筒稳定火焰;⑦利用流线型物体稳定火焰,前面叙述稳定火焰的基本原则是采用较大阻力的物体使高速气流形成回流区,利用回流的高温燃气来点燃混合气以维持火焰的稳定,利用流线型物体的方法原理基本相同,以尽量减少稳定器所造成的流阻损失;⑧利用激波稳定火焰,利用超音速气流形成的激波来进行燃烧,一方面是借激波的减速作用使气流滞停下来,使燃烧在亚音速气流内进行;另一方面是利用激波所造成的局部极高温度来协助火焰的传播,然而,由于激波后气流速度仍然很高,要形成固定的点火源就需要有火焰传播速度很高的高能燃料。

# 4.6 燃烧组织及装置

工程燃烧应当在特定的场合、特定的时间内进行,并通过适当的途径将热量输送到需要使用的地方。这种特定的燃烧场合一般为炉膛、燃烧室或某种预定的燃烧区域,特定时间则是人们需要热量的时间。若燃烧过程失去控制,逾越了人们设定的燃烧空间和时间,就会造成热灾害。当燃烧扩展到其他区域,便可形成火灾;当燃烧空间或被加热的容器内压力过高,便可引发爆炸;当有毒可燃气体泄漏出来,便会危及人类和其他生物。火灾和爆炸也可由其他因素引发,例如森林火灾、矿山火灾经常是由自然因素引起的。然而工程燃烧确确实实与人类的活动密切相关。在城市、乡村、厂矿中每年都会发生多次火灾爆炸事故。近年来，这种热灾害的次数、规模呈上升趋势。为了有效减少燃烧所带来的危害，需要认真研究燃烧科学与技术。

## 4.6.1　工程燃烧的组织

工程燃烧必须通过有效的人为控制使燃烧在某个确定的空间(通称燃烧室或炉膛)进行。燃料和氧化剂通过一定途径输送到燃烧空间来，使它们按预定方式混合，进而发生燃烧反应，放出热量，以达到某种工程目的。在组织燃烧前，首先应当了解燃料的类型及其燃烧性能。燃料是能够通过燃烧而获得可用热能的物质。在人们的生活和工业上使用的燃料大致可分为固体、液体和气体三类。固体燃料的主体是煤，包括无烟煤、烟煤、褐煤，此外还有煤的干馏残余物、有机页岩、木柴、秸秆等；液体燃料的主体是石油及其炼制产品，包括汽油、煤油、重油、渣油等，此外醇类燃料和植物油的利用也受到人们的重视；气体燃料有天然、人造两类，天然气体燃料是由地下开采得到的，如天然气。人工气体燃料主要有液化石油气、人造煤气、人工沼气等。

燃料与氧化剂输入到燃烧空间是组织燃烧的基本预备步骤。气体燃料的流动性好，与燃烧常用的氧化剂-空气同为气相，两者均通过管道送入燃烧空间。用来组织燃料与空气混合及喷射的装置称为燃烧器；液体燃料也较易流动，但它为凝聚相，为了使其在有限时间内与空气混合良好，需要先雾化再使用燃烧器来组织燃烧；固体燃料燃烧前需要破碎，当其以几十到几百毫米的块状燃烧时，往往是将其输送到一定床面上进行层状燃烧。当煤颗粒较小呈粉状时，也可使用燃烧器组织煤粉气流向燃烧空间的输送。

燃烧释放热量的利用有两种基本形式，一种是直接利用高温产物为工质推动发动机运转，这类装置为内燃式热机。热机的燃烧空间一般不太大，习惯上称其为燃烧室。另一种是利用燃烧放出的热量加热另外一些物质，可以通过这些物质做功或完成某项工作，例如推动汽轮机运转、取暖等，也可以使这些物质本身升温以实现某种工艺要求，例如冶炼、锻造、成形等。这类装置的燃烧空间体积较大，通常称之为炉膛。

内燃机是一种动力机械，有活塞式和燃气轮式两种系列。现在，活塞式内燃机广泛用在汽车、拖拉机、轮船及其动力机械上，在小型飞机上也有较好的应用。活塞式内燃机产生动力的关键部件为一圆筒型的汽缸，缸中有一个通过活动连杆与曲轴相连的活塞，活塞顶部与汽缸盖之间的小空间为燃烧室。将燃料和氧化剂送入燃烧室燃烧时，由于热量迅速释放而使气体急剧膨胀，推动活塞运动，进而带动曲轴转动而实现对外做功。在活塞式内燃机中，一般使用气体燃料和轻质液体燃料。根据所用燃料的着火方式不同，内燃机可分为点燃式和压燃式两种。前者的代表是汽油机，燃料的着火需要用外来热源或火源点燃；后者的代表是柴油机，燃料在汽缸内通过加压而发生自燃。这两种着火形式对燃烧装置的结构有不同的要求。为了加大发动机的功率及实现平稳运行，活塞式内燃机往往采用多个汽缸协同工作。

燃气轮机设计有专门的耐高温燃烧室，燃料和空气经专用管道送入，燃烧时可形成连续火焰。燃烧生成的高温气体由燃烧室尾部喷出，推动其后部的叶轮组转动。由于没有曲轴、连杆之类的机构，故燃气轮机的转速高，运转平稳，机体紧凑，可以提供更大的推力，现在广泛用于飞机和火箭中。

燃烧炉的形式更是多种多样，根据加热对象的特点，大体可分为锅炉、工业炉和民用燃具三类。

① 锅炉。锅炉是由"锅"和"炉"两大部分组成的。燃料在炉中燃烧，通过炉内传热，加热锅的受热面，使锅中的介质（通常为水，有的也为油）升温，为工业生产与其他设施提供热能，或使其变为蒸汽以推动动力设备运转，如蒸汽机、汽轮机。按照用途，锅炉可分为工业锅炉、生活锅炉、船舰锅炉和电站锅炉等；根据燃烧方式可分为火床炉、煤粉炉、沸腾炉等；按照燃料可分为燃气锅炉、燃油锅炉和燃煤锅炉等。

② 工业窑炉。工业窑炉利用燃烧放出的热量加热炉内的物料。在实际使用中，习惯上将用于金属加热或熔化的设备称为工业炉，将用于加热硅酸盐类物质的设备称为窑炉，不过在很多情况下二者没有明确的区别。与锅炉相比，工业炉的样式更多，应用也更加广泛，几乎遍及国民经济的所有工业部门。根据用途，工业炉大体可分为加热炉和熔炼炉两类。加热炉的作用是在炉内完成对某种物料的加热，如锻压加热炉、热处理炉、焙烧炉、干燥炉等；熔炼炉则是在炉内完成对物料的加热和熔炼过程，常见的有高炉、化铁炉、平炉、转炉等。

③ 民用燃具。民用燃具的类型也很多，如燃气炉灶、燃气热水器、燃气取暖器等。这类燃具的体积较小，结构较简单，燃烧空间甚至不封闭。

为了组织好工程燃烧过程，一般还需要许多辅助仪表或设施，如监测与控制的仪表、操作装置、运输设施等。尤其是大型燃烧设备往往是一个庞大而复杂的系统。除了燃烧室和燃烧器外，还包括燃料与空气的准备和输入装置、烟气的排出与处理装置、热能利用装置、燃烧过程中有关参数的测量装置、操作与控制装置、余热利用装置等。不同类型的燃烧设备都具有一些服务于其主要功能的特殊装置，它们均应结合该设备的情况进行配置和完善。燃烧设备中，与燃烧过程直接相关的主要装置是燃烧室和燃烧器。燃烧室提供燃烧反应的空间，燃烧器用于合理组织燃料与氧化剂的输入和混合。燃烧器是实现燃料有效、安全、高效燃烧的重要部件，气体、液体和煤粉都使用燃烧器组织燃烧。

## 4.6.2 燃烧装置基本性能

为了保证工程燃烧可靠、安全、连续运行，燃烧设备必须满足一定的质量性能要求。不同设备的指标体系有较大差别，其中燃烧室和燃烧器的要求原则对保障燃烧的有序进行尤为关键。燃烧室应具备以下特点。

① 燃烧效率高。燃烧效率是表示燃料燃烧完全程度的指标，其含义是实际燃烧过程释放出的可用于热工过程的能量与理论上燃料完全燃烧所释放出的能量之比。这一指标是体现燃烧装置经济意义的重要方面。不同装置的燃烧效率差别很大，例如，有些老式工业窑炉的燃烧效率只有30%左右，而先进的电站煤粉锅炉、燃气轮机燃烧室等则可达到95%~99%。

② 燃烧强度大。燃烧强度是表示单位时间内在燃烧室内放出热量多少的指标。强度以单位燃烧室容积计算时称为燃烧体积热强度，按单位燃烧室受热截面积计算时称为燃烧表面热强度。燃烧体积热强度反映了燃烧室结构紧凑性，此值越高，燃烧室体积越小，燃烧室制造的经济性越高。对于某些燃烧设备(如航空、航天发动机、大型船舶)来说，这一指标意味着有效载荷的提高。燃烧表面热强度的提高，表示炉管排列设计科学，炉管受热面积的有效利用率高，可减少高强度合金钢的消耗，减少燃烧室的造价。

③ 燃烧稳定性好。表示燃烧过程合理性和可靠性的指标。当燃料和空气在规定的压力、温度下，以预定的流量送入燃烧室时，应能正常着火，火焰分布合理不发生过长或过短，火焰面稳定，不发生熄火或回火，不出现超温或降温等情况，燃烧设备具有良好的实用性。

④ 安全性好，使用寿命长。表示燃烧装置长期可靠运行的指标。许多燃烧装置一经点火，便要求连续运行。若装置运行中途停止或发生事故，后果严重。该性质取决于燃烧室的热强度、火焰温度场分布及隔热保护条件，均需要根据燃烧装置的总体要求作出合理设计，以保证装置的正常、安全工作，并尽量延长装置的使用寿命。

⑤ 燃烧污染小。燃烧所造成的污染越来越受到人们的重视，燃料中的硫化物燃烧产生 $SO_x$、高温燃烧下易产生 $NO_x$，燃烧室与燃烧炉应当尽量降低 $SO_x$、$NO_x$ 等污染物的产生。

燃烧器主要包括燃料喷嘴、配风器和点火器部分。相对于燃烧室来说，燃烧器的体积要小得多，但它是组织合理燃烧的关键装置，是燃烧室性能好坏的关键因素。除了应具有与燃烧室相同的要求外，还应满足以下要求：

① 实现燃料与空气的良好混合。燃料与空气的良好混合是完全燃烧的先决条件，燃烧器应具有特殊的燃料喷嘴结构以保证燃料均匀分散在空气中，尤其是某些液体燃料，必须做到有效雾化。

② 点火容易，火焰稳定。燃烧器应当具有方便可靠的点火机构，能够按要

求顺利将燃料点燃，并在燃烧室内建立正常的燃烧过程。对于某些不易着火的燃料或某些工作条件恶劣的燃烧装置，实现成功点火且保证火焰稳定具有一定的难度。

③ 结构紧凑，质量轻。燃烧器的体积和质量不宜过大，但其组成部件多，应当注意不同结构的合理匹配性。

④ 安装、检修和操作方便。燃烧器的结构复杂，且经常接触高温火焰区，难免会黏附一些有害物质或发生某些故障，需要时常检查、维护和修理，要求燃烧器易于安装和拆卸。

对气体燃料燃烧过程影响最大的是燃烧器的结构，它影响到燃烧过程的完全程度和安全性，因此如何合理设计燃烧器是十分重要的问题。

燃烧器因用途不同而种类繁多。对燃烧器的评价标准也因要求不同而不一样，并非仅以燃烧速度和燃烧完全程度来评价，而是根据使用它的设备的各项要求来判定。因此在选择燃烧器和分析其结构特点时，必须和使用条件结合起来。一般来说，一个性能良好的燃烧器应能保证燃料(煤气)和空气进行充分的混合，并应在规定的负荷变化范围内保证着火、燃烧稳定，既不脱火也不回火，还应保证在规定的负荷条件下的燃烧效率足够高。

燃烧器的分类方法很多，最常用的是按燃烧方式和供风方式分类。

从燃料气和空气预先混合的情况来看，燃烧器可分为三种类型：

① 扩散式燃烧器。从燃烧器喷口喷出的是纯粹的气体燃料(即一次空气系数 $\alpha_1 = 0$)，在进入燃烧室后才和空气混合并燃烧。

② 完全预混式燃烧器。气体燃料和燃烧所需的空气全部在喷出喷口以前均匀混合好，在燃烧室中燃烧时不需再补充供应空气。预混可燃气体的过量空气系数一般为 $\alpha_1 = 1.05 \sim 1.15$。

③ 部分预混式燃烧器。在喷出喷口以前气体燃料和燃烧所需的空气部分地在燃烧器中混合，一次空气系数一般为 $\alpha_1 = 0.2 \sim 0.8$，在喷口外再和燃烧所需的其余二次空气逐步混合。

按供风方式的不同，燃烧器可分为自然供风(靠炉膛负压吸入空气)、引射式(靠高速燃气引射空气)及机械鼓风式三种。

### 4.6.3 扩散式燃烧器

在这种燃烧器中，燃气和空气在燃烧器外边混合边燃烧，形成可见的较长火焰，故又称火炬燃烧器或有焰燃烧器。

(1) 扩散式燃烧器的特点

① 燃烧速度主要取决于煤气与空气的混合速度，与可燃气体的物理化学性质关系不大；过量空气系数大，火焰温度低，燃烧速度低，火炬较长，需要较大的燃烧室。

② 热负荷调节范围大，一般调节系数大于5，燃烧器工作稳定。

③ 由于燃烧器喷口喷出的为单一的燃气，燃烧过程中火焰不会回窜到喷口内，所以燃烧器和燃气供应系统中不会发生回火和爆炸，火焰的稳定性较好。

④ 当用扩散燃烧法燃烧含碳氢化合物较多的煤气时，由于可燃气体在进入燃烧反应区之前及进行混合的同时，必然要经受较长时间的加热和分解，因此在火焰中容易生成较多的固体碳粒，使烟囱冒黑烟，并排放未燃烧完全的有害气体，使环境受到污染。

⑤ 扩散燃烧器允许将空气和煤气预热到较高的温度而不受着火温度的限制，有利于用低热值燃气获得较高的燃烧温度和充分利用废气余热节约燃料。

⑥ 与热负荷相同的引射式燃烧器相比，扩散式燃烧器的结构紧凑、体形轻巧、占地面积小，特别是当热负荷较大时，该优点更为突出。

⑦ 要求燃气压力较低。

⑧ 容易实现煤粉-燃气、油-燃气联合燃烧。

⑨ 需要鼓风，耗费电能。

⑩ 本身不具备燃气与空气成比例变化的自动调节特性，最好能配置自动比例调节装置。

由于以上特点，扩散燃烧方式和扩散燃烧器得到了广泛采用，尤其是当炉子的燃料消耗量较大，或者需要长而亮的火焰时，都采用扩散燃烧方式。纯扩散式燃烧器只用于小型锅炉。

扩散燃烧的燃烧速度主要取决于煤气与空气的混合速度，因此强化燃烧和组织火焰的主要途径是设法改变煤气与空气的混合条件，这在很大程度上是通过改变燃烧器（或称烧嘴）的结构来实现的。扩散烧嘴结构的主要部件是喷头部分，它的尺寸和形式不但要保证煤气和空气以一定的流量和速度进入燃烧室（或炉膛），而且要创造煤气和空气相混合的条件。例如：将煤气和空气分成很多股细流；使煤气和空气以不同角度和速度相遇；利用旋流装置来强化气流的混合等。

（2）扩散烧嘴的结构形式

扩散烧嘴的具体结构形式繁多。为便于掌握各种烧嘴的基本特点，可将扩散烧嘴按下列特征进行分类：

① 按燃气的发热量分类。

a. 高发热量燃气烧嘴（天然气、焦炉气、石油气烧嘴）。

b. 中发热量燃气烧嘴（混合煤气烧嘴）。

c. 低发热量燃气烧嘴（发生炉煤气、高炉煤气烧嘴）。

低发热量燃气烧嘴使用压力和发热量都较低的煤气，燃烧所需空气量较所燃烧的煤气的体积小，如高炉煤气的理论空气量为 $0.7 \sim 0.8 Nm^3/Nm^3$（煤气）。高发热量燃气烧嘴使用压力和发热量都较高的煤气，这就便于采用引射式燃烧器，但是它必须吸入大量燃烧所需的空气（$4 \sim 10$ 倍于煤气量），这又大大地降低了使用引射式燃烧器的可能性。由于上述原因，低发热量煤气烧嘴尺寸大，煤气和空气的喷口尺寸几乎相等；高发热量燃气烧嘴的煤气喷口断面积远小于空气供给通道的断面积。在烧嘴功率相等的条件下，高发热量燃气烧嘴的尺寸较低发热量燃气烧嘴小得多。

② 按烧嘴的燃烧能力分类。

a. 小型烧嘴($100m^3/h$ 以下)。

b. 中型烧嘴($100\sim500m^3/h$)。

c. 大型烧嘴($500\sim1000m^3/h$)。

③ 按空气供应的方式分类。

a. 自然引风式。

b. 强制鼓风式。

前者依靠自然抽气或气体扩散供应空气，多用于小型燃烧装置；后者依靠鼓风机供给空气，多用于较大的工业燃烧炉。

自然引风式扩散燃烧器结构简单，操作容易，燃烧稳定，无回火现象，可利用低压燃气，燃气压力为 $200\sim400Pa$ 时仍能正常工作。但其热强度低，火焰长，容易发生不完全燃烧，必须供给较多的过量空气($\alpha=1.2\sim1.6$)。

根据自然引风式扩散燃烧器的优缺点可知，它最适用于温度要求不高，但要求温度均匀、火焰稳定的场合，例如沸水器热水器、纺织业和食品业中的加热设备及小型采暖锅炉，或用作点火器和指示性燃烧器。有些工业窑炉要求火焰具有一定亮度或某种保护性气氛时，也可用自然引风式扩散燃烧器。由于它结构简单、操作方便，也常用于临时性加热设备。

层流扩散式燃烧器一般不适用于天然气和液化石油气，因为这两种燃气燃烧速度慢、火孔热强度小、容易产生不完全燃烧和烟炱。

## 4.6.4 部分预混式燃烧器——大气式燃烧器

按照部分预混燃烧方法设计的燃烧器称为大气式燃烧器，又称引射式预混燃烧器，其一次空气系数满足 $0<\alpha_1<1$。实际应用中，大气式燃烧器的一次空气系数 $\alpha_1$ 通常为 $0.45\sim0.75$，过剩空气系数 $\alpha$ 通常在 $1.3\sim1.8$ 范围内变化。

(1) 大气式燃烧器结构

大气式燃烧器由头部及引射器两部分组成(图 4-40)。燃气在一定压力下，以一定流速从喷嘴流出，进入吸气收缩管，燃气靠本身的能量吸入一次空气。在引射器的混合管内燃气和一次空气混合，然后，经头部火孔流出进行燃烧。

(2) 大气式燃烧器的作用

① 以高能量的气体引射低能量的气体，并使两者混合均匀。

② 在引射器末端形成所需的剩余压力，用来克服气流在燃烧器头部的阻力损失，使燃气-空气混合物在火孔出口获得必要的速度。

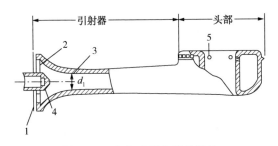

图 4-40 大气式燃烧器的结构

1—调风板；2——次空气口；3—引射器喉部；4—喷嘴；5—火孔

③ 输送一定的燃气量，以保证燃烧器所需的热负荷。

（3）大气式燃烧器的特点及应用范围

优点：① 比自然引风扩散式燃烧器火焰短、火力强、燃烧温度高；② 燃烧各种性质的燃气，燃烧比较完全，燃烧效率比较高；③ 可使用低压燃气；④ 适用性强。

缺点：① 火孔热强度、燃烧温度满足不了某些工艺的要求；② 当热负荷较大时，多火孔燃烧器的机构比较笨重。

应用范围：多火孔大气式燃烧器应用非常广泛，在家庭及公用事业中的燃气用具，如家用热水灶、热水器、沸水器及食堂灶上用得最多，在小型锅炉及工业炉上也有应用。单火孔大气式燃烧器在中小型锅炉及某些工业炉上也广泛应用。

## 4.6.5 完全预混式燃烧器

（1）完全预混式燃烧器结构

完全预混式燃烧器在燃烧之前，燃气与空气实现全部预混，其空气系数 $\alpha \geqslant 1$。

完全预混式燃烧器包括混合室和烧头两大部分。前者用于燃气与空气的混合，后者用于组织可燃混合气的燃烧。通常燃气是在一定压力下输入混合室的，而空气可以通过风机供给，也可利用燃气的动能卷吸。

根据燃烧器使用的压力、混合装置及头部结构的不同，完全预混式燃烧器可分为很多种：

① 按压力分为低压预混燃烧器、高(中)压预混燃烧器两种。

② 按燃气和空气的混合方式分为机械送风预混燃烧器和引射式预混燃烧器两种。

（2）完全预混式燃烧器的特点

引射式无焰燃烧器具有以下优点：

① 吸入的空气量能随煤气量的变化自动按比例改变，因此空气系数能自动保持恒定，即燃烧器具有自调性。

② 混合装置简单可靠、混合均匀，所需空气系数小，只要给予 2%~5% 的过量空气就可以保证完全燃烧，燃烧速度快、温度高、热强度大，容积热强度可达 $(29~58)MW/m^3$ 或更高，因而可缩小燃烧室容积。

③ 不需要风机，管路系统和自控系统简单，节省电能。

④ 设有火道，容易燃烧低热值燃气。

引射式燃烧器的主要缺点是：

① 大容量引射式燃烧器的外形尺寸很大，故安装、操作不甚方便。对大容量锅炉来说，单个燃烧器容量太小，每个燃烧器的热负荷一般不超过 2.3MW，而燃烧器数量太多，安装有困难。

② 煤气压力要求高，一般都在 10000Pa 以上，有时需设加压站。

③ 燃烧器负荷调节比(燃烧器保证正常燃烧时最大负荷与最小负荷之比)小，容易发生回火。

④ 空气和煤气的预热温度受到限制。

⑤ 对煤气发热量、预热温度、炉压等的波动非常敏感，烧嘴的喷射比在实际情况偏离设计条件时便不能保持。

# 第5章 气体燃料的化学组成及性质

气体燃料是指能产生热能或动力的气态可燃物质，其中的可燃组分包括氢气、一氧化碳、甲烷及其他轻烃类碳氢化合物，不可燃组分包括二氧化碳、氮气等惰性组分，部分气体燃料还含有氧气、水蒸气、$H_2S$ 及少量杂质等。

天然的气体燃料有天然气、沼气等；经过加工得到的气体燃料有由固体燃料经干馏或气化而成的焦炉气、水煤气、发生炉煤气，生物质热解气化气等，由石油加工而得的液化石油气、炼厂气等，以及由炼铁过程中所产生的高炉气等。不同来源气体燃料的化学组成和性质相差很大，适用场合也大不相同。

与固体和液体燃料相比，气体燃料便于管道运输，燃料装置结构简单，输送、调节和燃烧方便，燃烧强度和效率较高，燃料产物中的污染物含量较低，有利于保护环境，是比较理想的燃料，是燃料的主要发展趋势，在能源结构中占据主导地位。

## 5.1 气体燃料组分性质

气体燃料为均相气体混合物，包括可燃组分和不可燃组分。其中的可燃组分有 CO、$H_2$、$CH_4$、$C_2H_6$、$C_2H_4$ 和 $H_2S$ 等，不可燃组分油 $CO_2$、$O_2$、$N_2$ 及 $H_2O$ 等。气体燃料中主要组分的性质如下。

（1）氢气（$H_2$） 无色无味气体，密度为 0.0899kg/$Nm^3$，难溶于水，临界温度为-239.9℃，$H_L$ 为 10800kJ/$Nm^3$，着火温度为 510~590℃。爆炸范围为4.0%~74.2%，空气助燃时火焰传播速度为 267cm/s，较其他气体快。

（2）一氧化碳（CO） 无色无味气体，密度为 1.250kg/$Nm^3$，难溶于水，临界温度为-197℃，$H_L$ 为 12600kJ/$Nm^3$，着火温度为 610~658℃。少量水的存在使其着火温度降低，爆炸范围为 12.5%~74.2%，火焰为淡蓝色。CO 的毒性很大，当空气中含有 0.06% CO 时即对人体有害，0.20%时可使人失去知觉，0.40%时可使人迅速死亡。

（3）甲烷（$CH_4$）　无色气体，微有葱臭味，密度为 0.715kg/$Nm^3$，难溶于水。临界温度为-82.5℃，$H_L$ 为 35800kJ/$Nm^3$，爆炸范围为 5%～15%，着火温度为 530～750℃，火焰呈微弱亮火。空气中甲烷浓度达到 25%～30%时可对人体构成毒害。

（4）乙烷（$C_2H_6$）　无色无味气体，密度为 1.314kg/$Nm^3$，难溶于水，临界温度为-34.5℃，$H_L$ 为 63700kJ/$Nm^3$，着火温度为 510～630℃，爆炸范围为 3.6%～12.5%，火焰有微光。

（5）乙烯（$C_2H_4$）　具有窒息性乙醚气味的无色气体，有麻醉作用，密度为 1.260kg/$Nm^3$，难溶于水。临界温度为 9.5℃，$H_L$ 为 58900kJ/$Nm^3$，易燃，爆炸范围为 2.75%～28.6%，着火温度为 540～547℃，火焰发光，空气中的乙烯含量达到 0.1%时对人有害。

（6）硫化氢（$H_2S$）　无色气体，具有浓烈的臭鸡蛋气味，有麻醉作用，密度为 1.52kg/$Nm^3$，易溶于水。着火温度为 364℃，爆炸范围为 4.3%～45.8%，$H_L$ 约为 23074kJ/$Nm^3$，火焰呈蓝色，毒性极大，室内空气中最大允许浓度为 0.01g/$Nm^3$，当浓度达到 0.04%时便有害于人体，达到 0.1%时可致人死亡。

（7）二氧化碳（$CO_2$）　无色气体，略有酸气味，密度为 1.977kg/$Nm^3$，易溶于水。临界温度为 31.35℃，空气中 $CO_2$ 浓度达到 25mg/L 时，对人体即有危险，浓度达到 160mg/L 时可致命。

（8）氧气（$O_2$）无色无味气体，密度 1.429kg/$Nm^3$，微溶于水，临界温度为-118.8℃。

（9）氨气（$NH_3$）无色气体，有强烈刺激味，密度为 0.771kg/$Nm^3$，极易溶于水。临界温度为 132.3℃，浓度低于 67.2mg/$m^3$，对人体无危害但鼻咽部位有刺激感，眼有灼痛感；浓度低于 67.2mg/$m^3$，对人体无危害但鼻咽部位有刺激感，眼有灼痛感。

（10）氰化氢（HCN）　标准状态下无色透明液体，易挥发，苦杏仁气味，密度为 0.697kg/$cm^3$（18℃），能与乙醇、乙醚、甘油、氨、苯、氯仿和水等混溶，易在空气中均匀弥散，在空气中可燃烧。空气中含量达到 5.6%～12.8%时，具有爆炸性，氢氰酸属于剧毒类。

有的气体燃料中还混有少量的 $H_2O$、$N_2$ 等，具有腐蚀性的煤气成分主要有 $NH_3$、$H_2S$、$CO_2$、HCN、$O_2$，这些组分在水存在下具有腐蚀性，为减少煤气对管道的腐蚀性，应及时除去煤气中的水分。

## 5.2 主要气体燃料的化学组成

### 5.2.1 天然气

天然气是以烃类为主的可燃气体，其中的烃类基本上是烷烃。表5-1列出了几种天然气的典型组成。大多数天然气的主要成分是烃类，此外还含有少量非烃类。天然气中的烃类基本上是烷烃，通常以甲烷为主，还有乙烷、丙烷、丁烷、戊烷以及少量的己烷及以上烃类（$C_6^+$）。天然气中的非烃类气体，一般为少量的氮气、氢气、氧气、二氧化碳、水蒸气以及微量的惰性气体如氦、氩、氖等。天然气的组成并非固定不变，不仅不同地区油、气藏中采出的天然气组成差别很大，甚至同一油、气藏的不同生产井采出的天然气组成也会有区别。

表 5-1　天然气的典型组成　　　　　　　　　　　　　%（体积）

| 组分 | 长庆靖边气藏气 | 东海平湖凝析气 | 大庆萨中伴生气 | 山西沁水煤层气 | 涪陵气田页岩气 | 南海天然气水合物 |
|---|---|---|---|---|---|---|
| 甲烷 | 93.89 | 81.3 | 85.88 | 98.18 | 98.260 | 99.690 |
| 乙烷 | 0.62 | 7.49 | 3.34 | 0.04 | 0.734 | 0.300 |
| 丙烷 | 0.08 | 4.07 | 4.54 | — | 0.024 | 0.010 |
| 异丁烷 | 0.01 | 1.02 | 2.66 | — | 0.001 | — |
| 正丁烷 | 0.01 | 0.83 | — | — | 0.003 | — |
| 异戊烷 | 0.001 | 0.29 | 1.16 | — | 0.002 | — |
| 正戊烷 | 0.002 | 0.19 | — | — | 0.004 | — |
| $C_6$ 或 $C_6^+$ | — | 0.29 | 0.52 | — | 0.003 | — |
| $CO_2$ | 5.14 | 3.87 | 0.9 | 0.43 | 0.130 | — |
| $N_2$ | 0.16 | 0.65 | 1.0 | 1.35 | 0.806 | — |
| $H_2S$ | 0.048 | — | — | — | — | — |
| He | — | — | — | — | 0.033 | — |
| 合计 | 100.00 | 100.00 | 100.00 | 100.00 | 100.00 | 100.00 |

由表5-1可知：①天然气的主要成分为较轻的烷烃，$C_6$ 和 $C_6^+$ 的组分极少。②天然气中常含有饱和量的水蒸气，可能含有一些其他气体如 $N_2$、He、$H_2$、$O_2$、氩及酸性气体 $H_2S$、$CO_2$ 等，还可能含有硫醇等硫化物。③不同来源天然气的组成存在差异。气藏气中甲烷含量一般不少于90%，还含有少量的乙烷、丙烷和丁烷等，而戊烷以上的烃类组分含量很少。凝析气中的 $C_2^+$ 含量一般为5%~10%。油田伴生气中主要成分也是甲烷，$C_2^+$ 含量较高，一般在10%以上。我国许多油田

伴生气 $C_2^+$ 含量超过20%。煤层气主要成分是甲烷（90%～99%）、$CO_2$ 和 $N_2$。页岩气主要组成为甲烷，一般含量在85%以上，最高可达到99.8%。

矿场开采出来的天然气在输送至用户之前，需经过处理、加工和净化，达到一定的质量指标，以满足安全、平稳输气和用户的要求（包括热值、水露点、烃露点、硫含量和二氧化碳含量等参数），是必不可少的生产环节。

天然气产品按烃类组成分为：甲烷类天然气产品、乙烷产品、丙烷和丁烷产品、$C_5^+$ 产品。

（1）甲烷类天然气产品

天然气的主要成分是甲烷，用作气体燃料或化工原料。按产品形态又可分为气态的管输天然气和液态的液化天然气。

① 管输天然气

管输天然气是天然气产品中产量最大的一类产品，主要成分是甲烷。无论是用作燃料还是化工原料，用户常以管道气接收。管输天然气的质量指标是对进入管道系统的天然气的有害组分和物质进行限制，特别是机械杂质、游离水、$H_2S$、$CO_2$、液烃等。机械杂质含量的高低及颗粒大小，对场站设备、仪表的使用寿命和正常工作影响极大，尤其是对压缩机和燃气发动机，它们对粉尘非常敏感，颗粒在5pm以上的粉尘会使燃气轮机的叶轮在很短时间内遭到破坏。在游离水存在下，$H_2S$、$CO_2$ 对管道和设备产生强烈的腐蚀。液烃的主要危害是引起管道堵塞，降低管输效率。此外，若天然气中含 $O_2$，也会造成氧腐蚀。

我国管输天然气的质量指标在 GB 50251—2015《输气管道工程设计规范》中做了明确规定，见表5-2。我国商品天然气质量指标见 GB 17820—2012《天然气》的相关规定。

表5-2　我国管道输送天然气气质指标

| 有害组分 | 规范要求 |
|---|---|
| 游离水 | 水露点应低于输送气体最低温度5℃ |
| 凝析烃 | 烃露点应低于或等于最低温度 |
| 硫化氢 | 不超过20mg/m³ |
| 机械杂质 | 无 |

② 液化天然气

油气田的原料天然气或来自输气管道的商品天然气，经过一系列净化处理后，再经过逐级冷却，在温度约为-162℃时液化得到液化天然气（LNG）。LNG主要组成是甲烷，可能还含有少量的乙烷、丙烷、丁烷、氮气等，$C_5^+$ 烃类含量极少。表5-3为三种典型的LNG的化学组成。表5-4为世界主要基荷型LNG工厂产品组成。

表 5-3　三种典型 LNG 的化学组成　　　　%(体积)

| LNG 样品编号 | 样品 1 | 样品 2 | 样品 3 |
|---|---|---|---|
| $N_2$ | 0.5 | 1.79 | 0.36 |
| 甲烷 | 97.5 | 93.9 | 87.2 |
| 乙烷 | 1.8 | 3.26 | 8.61 |
| 丙烷 | 0.2 | 0.69 | 2.74 |
| 丁烷 | — | 0.17 | 1.07 |
| 戊烷 | — | 0.09 | 0.02 |
| 沸点温度/℃ | -162.6 | -165.3 | -161.3 |
| 常压泡点下的密度/(kg/m³) | 431.6 | 448.8 | 468.7 |

表 5-4　世界主要基荷型 LNG 工厂产品组成　　　　%(体积)

| LNG 工厂名称 | $CH_4$ | $C_2H_6$ | $C_3H_8$ | $C_4H_{10}$ | $N_2$ | $C_5^+$ |
|---|---|---|---|---|---|---|
| 阿尔及利亚(新基可达) | 91.50 | 5.64 | 1.50 | 0.50 | 0.85 | 0.01 |
| 阿尔及利亚(阿尔泽) | 87.40 | 8.60 | 2.40 | 0.50 | 0.35 | 0.02 |
| 利比亚(玛尔萨-卜雷加) | 70.00 | 15.00 | 10.00 | 3.50 | 0.90 | 0.60 |
| 阿拉斯加(基奈) | 99.80 | 0.10 | — | — | 0.10 | — |
| 马来西亚(民都鲁) | 91.23 | 4.30 | 2.95 | 1.40 | 0.12 | 0.00 |
| 文莱(卢穆特) | 89.40 | 6.30 | 2.80 | 1.30 | 0.05 | 0.05 |
| 澳大利亚(西北大陆架) | 89.02 | 7.33 | 2.56 | 1.03 | 0.06 | 0.00 |
| 印度尼西亚(邦坦) | 88.94 | 8.75 | 1.77 | 0.50 | 0.04 | 0.00 |
| 阿联酋(达斯岛) | 84.83 | 13.39 | 1.34 | 0.28 | 0.17 | 0.00 |

由于液化天然气的体积约为其气体体积的 1/625，故有利于输送和储存。随着液化天然气运输船及储罐制造技术的进步，将天然气液化几乎是目前跨越海洋运输天然气的主要方法，并广泛应用于天然气的储存，作为民用燃气调峰和应急气源。此外，LNG 不仅可作为石油产品的清洁替代燃料，也可用来生产甲醇、氨及其他化工产品。LNG 再汽化时的蒸发相变焓(-161.5℃ 时约为 510kJ/kg)还可供制冷、冷藏等行业使用。

③ 乙烷产品、丙烷和丁烷产品、$C_5^+$ 产品

天然气(尤其是凝析气及伴生气)中除含有甲烷外，一般还含有一定量的乙烷、丙烷、丁烷、戊烷及更重烃类。为了符合商品天然气质量指标或管输气对烃露点的质量要求，或为了获得宝贵的液体燃料和化工原料，需要对天然气中的 $C_2$ 及更重烃类进行回收。回收的液烃混合物称为天然气凝液(NGL)。回收的天然气凝液经进一步分离得到乙烷、丙烷和丁烷及 $C_5^+$ 产品。乙烷产品可作为裂解制乙烯的原料。丙烷除用作燃料外，也可作为裂解制丙烯的原料。丁烷可用作化工原料，其中的异丁烷可用作炼厂烷基化装置的原料。液态丙烷和丁烷混合物称作

油田液化石油气，可用作民用燃料，也可作为汽车燃料使用。$C_5^+$ 产品称为天然汽油或稳定轻烃，可用作化工原料。

## 5.2.2 炼厂液化石油气

液化石油气(Liquefied Petroleum gas，LPG)一般在液态下储存和输送，气态使用，因此也简称液化气，主要由 $C_3$、$C_4$ 烃类组成，按其来源分为油气田液化石油气和炼油厂液化石油气两种。油气田液化石油气产量低且主要作裂解原料、轻烃使用，极少作为气体燃料使用。

炼油厂 LPG 是由炼油厂的二次加工过程(催化裂化、催化裂解、焦化等)中的气体产物经过分离而得到的副产物，主要由丙烷、丙烯、丁烷和丁烯等组分组成。炼油厂液化石油气中的小分子烯烃是宝贵的基本有机化工原料，多数炼油厂都采用精馏分离回收其中的丙烯和丁烯。近年来煤基石油产品的出现，煤基液化石油气也在市场上销售，但其化学组成与传统意义的液化石油气有明显差异，详见表5-5。

炼厂 LPG 除含有 $C_3$、$C_4$ 主要成分外，还含有少量 $C_2$、$C_5$、硫化物和水等杂质。这些碳氢化合物在常温常压下呈气态，当压力升高或温度降低时，很容易转变为液态。从气态转变为液态，其体积缩小约 250 倍。气态 LPG 的热值约为 $92.1\sim121.4MJ/m^3$，液态 LPG 的热值约为 $45.2\sim46.1MJ/kg$。

表5-5 炼厂 LPG 化学组成 %(体积)

| 生产企业 | $C_2$ | 丙烷 | 丙烯 | 正丁烷 | 异丁烷 | 正丁烯 | 异丁烯 | 反丁烯 | 顺丁烯 | 正戊烷 | 异戊烷 | 总戊烯 |
|---|---|---|---|---|---|---|---|---|---|---|---|---|
| 胜利石化 | 0 | 10.88 | 34.20 | 7.72 | 21.08 | 13.15 | | 5.67 | 4.32 | 0.07 | 2.88 | 0.02 |
| 神华宁煤 | 0.03 | 21.12 | 0.3 | 10.22 | 36.83 | 18.95 | | 6.88 | 4.28 | | 1.39 | |
| 黑龙江石化 | 0.50 | 12.34 | 11.80 | 48.55 | 18.13 | 1.73 | 0.25 | 3.98 | 2.61 | 0.01 | 0.10 | 0 |

## 5.2.3 生物质气

生物质能是一种重要的可再生能源，利用生物质能可高效实现 $CO_2$ 减排，节约常规能源，符合可持续发展的要求。由各种有机物质(如蛋白质、纤维素、脂肪、淀粉等生物质)制得的气体燃料称为生物质气。根据生物质气的来源分为沼气和生物质气化燃料气。

(1) 沼气

沼气是指各种有机物质在厌氧条件下，经过微生物发酵作用而生成的一种可燃气体。生物质气由50%~80%甲烷、20%~40%二氧化碳、1%~2%一氧化碳、0~5%氮气、小于1%氢气、小于0.4%氧气与0.1%~3%硫化氢等气体组成。由于沼气含有少量硫化氢，所以略带臭味，其特性与天然气相似。空气中含有8.6%~20.8%(按体积计)沼气时，会形成爆炸性混合气体。

126

沼气的化学组成(表5-6)受发酵原料、发酵条件、发酵阶段等多种因素影响。通常情况下,富碳原料所产沼气中甲烷比例偏低,脂肪、蛋白质多的原料产的沼气中甲烷比例较高;在甲烷菌菌群量大,环境条件有利于甲烷菌活动时,所产沼气中甲烷比例高些,反之会低点;新建沼气池初期所产沼气中,甲烷比例偏低,随着甲烷菌群数量的增加,甲烷所占比例随之增加。正常使用的沼气中,甲烷含量在50%以上,低于40%可勉强点燃,但离开火种即熄灭。

表5-6　沼气化学组成　　　　　　　　　　　　　%(体积)

| 分　类 | $CH_4$ | $CO_2$ | CO | $H_2$ | $N_2$ | $C_2^+$ | $O_2$ | $H_2S$ |
|---|---|---|---|---|---|---|---|---|
| 污水处理厂 | 53.6~58.2 | 30.18~31.41 | 1.32~1.6 | 1.79~6.5 | 0.7~9.5 | 0.42 | 1.6~3.3 | — |
| 小型沼气池 | 57.2~67 | 31.5~38.14 | 0.3 | 1.4 | 1.88~3.5 | 0.04~1.63 | 0.23~1.8 | 0.021~0.1 |
| 垃圾填埋气 | 67~60 | 26.0 | 1.0 | 2.0 | 5.0 | 2.0 | 1.5 | 2.5 |

(2)生物质气化燃料气

生物质气化是指将生物质原料(柴薪、锯末、麦秆、稻草等)压制成型或简单破碎加工处理后,送入气化炉中,在贫氧条件下进行气化裂解,得到的可燃气体。生物质气化得到的可燃气体主要是氢气和一氧化碳,副产品有液体焦油和灰渣。表5-7是生物质气化得到燃料气的组成分析结果。

表5-7　生物质气化得到燃料气的组成分析(去除焦油的洁净燃气)

%(体积)

| 燃　料 | $H_2$ | $CO_2$ | $O_2$ | $CH_4$ | CO | $C_mH_n$ | $N_2$ | 热值/$kJ/m^3$ |
|---|---|---|---|---|---|---|---|---|
| 玉米芯 | 20.0 | 13.0 | 0.9 | 2.3 | 17.0 | 0.2 | 46.6 | 5317.6 |
| 茶壳 | 13.01 | 7.9 | 2.2 | 3.75 | 22.4 | 0.2 | 50.59 | 5298.5 |
| 木屑 | 13.76 | 10.5 | 0.4 | 4.04 | 23.4 | 1.0 | 46.9 | 6085.7 |
| 棉柴 | 11.5 | 11.6 | 1.5 | 1.92 | 22.7 | 0.2 | 50.58 | 4915.5 |
| 花生壳 | 21.0 | 17.6 | 0.8 | 2.1 | 15.5 | 0.9 | 42.1 | 5819.4 |

## 5.2.4　人工煤气

煤、焦炭等固体燃料或重油等液体燃料经干馏、汽化或裂解等过程生产的可燃气体混合物,统称为人工煤气。根据加工方法、煤气性质和用途,煤气分为焦炉煤气、水煤气等高中热值的煤气和高炉煤气、发生炉煤气、半水煤气等低热值煤气等,人工煤气的组成随煤源、汽化方式、气化剂、反应温度等差异有较大的区别。

焦炉煤气是煤在炼焦炉的炭化室(大于1000℃)内进行高温干馏时分解产生的炼焦副产物。1t煤炼焦可得730~780kg焦炭,同时得到300~350$Nm^3$的焦炉煤气及25~45kg的焦油。焦炉煤气的组分复杂,包括主要成分、焦油雾、水蒸气等各种杂质,称之为荒焦炉煤气。1m³荒焦炉煤气中含 300~500g 水和 100~125g 焦油以及其他可作为化工原料的气态物质,作为工业和民用燃料用焦炉煤气,荒焦炉煤气必须经冷却、洗涤,提取焦油、苯、氨等重要的化工产品,萘及硫化物等杂质的净化处理后才能送入煤气管网作为燃料。焦炉煤气密度约为 0.5kg/Nm³,其组成随炉内干馏温度、炭化时间的变化而持续变化,焦炉煤气中氢气含量高达 46%~61%,甲烷为 21%~30%,CO 为 5%~8%,惰性气体含量很少,$N_2$、$CO_2$ 合计在 8%~16%,具有易燃性,燃烧速度是常用燃气中较高的之一,使用时应防止爆炸。焦炉煤气的发热量很高,低发热量为 14200~20200kJ/Nm³,既可作生活煤气,也可与高炉煤气混合成热值约为 8360kJ/Nm³ 的混合煤气,作为工业锅炉和加热炉的燃料。

高炉煤气是炼铁高炉排出的副产品。高炉煤气成分与高炉燃料种类、所炼铁品种及冶炼工艺有关。一般主要可燃成分 CO(25%~31%)、$H_2$(2%~3%),甲烷的含量不超过 1%,并含有大量的 $N_2$(57%~60%)、$CO_2$(4%~10%)。高炉煤气发热量不高,低发热量仅为 3450~4180kJ/Nm³,燃烧时必须把空气和煤气预热。CO 的燃烧速度较慢,高炉煤气是一种较难燃烧的气体燃料。同时使用时应特别注意人身安全,以防 CO 中毒。高炉煤气中含有一定的灰尘,使用前必须净化。用水洗涤会达到煤气在该温度下的饱和含水量,影响使用。一般不宜长距离输送也不宜作为民用燃料,高炉煤气主要作为热风炉、锅炉和加热炉的燃料,也可用于发电。

气化炉煤气是固体和液体燃料与气化剂作用,在氧气供应不足的情况下经氧化还原反应获得的人造气体燃料。随着使用的过热水蒸气、空气、空气和水蒸气等气化剂不同,气化炉煤气可分为水煤气、空气发生炉煤气和混合发生炉煤气等。

水煤气是以过热水蒸气为气化剂,与焦炭或煤在高温(930℃以上)反应生成的可燃气体。整个气化过程中需要交替通入蒸汽或空气,使煤或焦炭燃烧放热以维持一定的气化反应温度。主要可燃成分为一氧化碳(占 40%~45%)和氢气(占 45%~53%),总含量大于 80%(体积),二氧化碳和氮气的含量仅为 10%(体积)左右,由于含氢量大,水煤气的燃烧速度较快,低热值约 10080~11340kJ/Nm³,为发生炉煤气的 1 倍。与焦炉煤气一样,属高发热量煤气,可作为工业炉的高级燃料和化工原料,一般不作为锅炉燃料使用。

以煤或焦炭为气化原料,空气或空气和水蒸气的混合气作为气化剂从炉子下部进入并通过燃烧煤层,气化剂在通过中部还原层内完成二氧化碳及水蒸气的还原反应,得到一氧化碳、氢气等可燃气体,即发生炉煤气。

以空气为气化剂来燃烧煤层,人为进行不完全燃烧而获得的可燃气体称为空气发生炉煤气。主要可燃成分是 CO 和 $H_2$,CO 含量为 20%~30%,$H_2$ 含量约为 15%。由于使用空气作为氧化剂,其中含有大量 $N_2$,通常 $N_2$ 含量为 50%~60%,

$CO_2$ 含量可高达 5%～10%，故其发热量不高，低位发热量为 4180～4680kJ/Nm³。这种煤气多用于工业加热炉，很少用于动力锅炉。

以空气和水蒸气混合物作气化剂制得的混合发生炉煤气。主要可燃成分仍为 CO 和 $H_2$，总含量为 40%（体积）左右。随着空气和水蒸气的混合比不同及燃烧条件的差异，其中的 CO 和 $H_2$ 含量变化较大，通常低发热量为 5000～6800kJ/Nm³。达不到工业和民用煤气的规范要求，只能作为工厂内部燃料或城市煤气的掺混燃气。由于水蒸气在高温条件下发生分解及碳还原反应，既可避免反应区的温度过高，又增加了煤气中的可燃组分（$H_2$），在工业中得到广泛的应用。

人工煤气的主要成分为烷烃、一氧化碳和氢气等可燃气体，并含有少量的二氧化碳和氮等不可燃气体。表 5-8 为典型人工煤气组成。我国是世界焦炭产量最大的国家，产生的副产物——焦炉煤气量巨大，其主要成分为氢气（55%～60%）和甲烷（23%～27%），另外还有少量一氧化碳、二氧化碳、氮气等。随着环保要求及资源综合利用水平的不断提高，我国焦炉煤气的回收利用越来越受到关注，直接利用煤气中的 CO、$H_2$ 和烃类资源发展新型现代煤化工，可大幅减少煤气化的负荷，成为碳一化工的重要资源。

表 5-8　人工煤气组成 　　　　　　　　　　　　　　%（体积）

| 分　类 | $H_2$ | CO | $CO_2$ | $CH_4$ | $C_2^+$ | $N_2$ | $O_2$ | 其他组分 |
|---|---|---|---|---|---|---|---|---|
| 焦炉煤气 | 55～60 | 5～8 | 1.5～3 | 23～27 | 2～4 | 3～7 | 0.3～0.8 | — |
| 高炉煤气 | 2～3 | 60～65 | 12～15 | — | — | — | — | — |
| 水煤气 | 41.4 | 31.5 | 8.4 | 4.0 | — | 13.8 | — | 0.9 |
| 发生炉煤气 | 10～14 | 28～32 | 3～6 | 2.5～3.5 | — | 47～52 | 0.2～0.5 | — |

# 5.3　气体燃料的物理性质

## 5.3.1　气体燃料组成表示方法

（1）体积分数

体积分数是指相同温度、压力下，气体燃料中单一组分的体积与总体积之比，即

$$y_i = \frac{V_i}{V} \tag{5-1}$$

式中　$y_i$——气体燃料中 $i$ 组分的体积分数，%；

　　　　$V_i$——气体燃料中 $i$ 组分的分体积，m³；

　　　　$V$——气体燃料的总体积，m³。

气体燃料的总体积等于各组分的分体积之和，则 $\sum y_i = 1$。

（2）质量分数

质量分数是指气体燃料中单一组分的质量与总质量之比，即

$$\omega_i = \frac{m_i}{m} \qquad (5-2)$$

式中　$\omega_i$——气体燃料中 $i$ 组分的质量分数，%；

　　　$m_i$——气体燃料中 $i$ 组分的质量，kg；

　　　$m$——气体燃料的总质量，kg。

气体燃料的总质量等于各组分的质量之和，则$\sum\omega_i = 1$。

（3）摩尔分数

摩尔分数是指气体燃料中单一组分的物质的量与总物质的量之比，即

$$\chi_i = \frac{N_i}{N} \qquad (5-3)$$

式中　$\chi_i$——气体燃料中 $i$ 组分的摩尔分数，%；

　　　$N_i$——气体燃料中 $i$ 组分的物质的量，mol；

　　　$N$——气体燃料的总物质的量，mol。

气体燃料的总物质的量等于各组分物质的量之和，则$\sum\chi_i = 1$。

由于在相同温度、压力下，1mol 任何气体的体积都相等，因此，气体燃料的摩尔分数等于其体积分数。

## 5.3.2　气体燃料中组分基本性质

气体燃料中常见低级烃类和某些组分的基本性质分别见表5-9、表5-10。

表5-9　常见低级烃类的基本性质（273.15K、101.325kPa）

| 气体基本性质 | | 甲烷 | 乙烷 | 乙烯 | 丙烷 | 丙烯 | 正丁烷 | 异丁烷 | 正戊烷 |
|---|---|---|---|---|---|---|---|---|---|
| 分子式 | | $CH_4$ | $C_2H_6$ | $C_2H_4$ | $C_3H_8$ | $C_3H_6$ | $n\text{-}C_4H_{10}$ | $i\text{-}C_4H_{10}$ | $n\text{-}C_5H_{12}$ |
| 相对分子质量 $M$ | | 16.0430 | 30.0700 | 28.0540 | 44.0970 | 42.0810 | 58.1240 | 58.1240 | 72.1510 |
| 摩尔体积 $V_{0,M}/(\text{Nm}^3/\text{kmol})$ | | 22.3621 | 22.1872 | 22.2567 | 21.9360 | 21.9900 | 21.5036 | 21.5977 | 20.8910 |
| 密度 $\rho_0/(\text{kg}/\text{Nm}^3)$ | | 0.7174 | 1.3553 | 1.2605 | 2.0102 | 1.9136 | 2.7030 | 2.6912 | 3.4537 |
| 气体常数 $R/[\text{kJ}/(\text{kg}\cdot\text{K})]$ | | 517.1 | 273.7 | 294.3 | 184.5 | 193.8 | 137.2 | 137.8 | 107.3 |
| 临界参数 | 临界温度 $T_c/\text{K}$ | 191.05 | 305.45 | 282.95 | 368.85 | 364.75 | 425.95 | 407.15 | 470.35 |
| | 临界压力 $p_c/\text{MPa}$ | 4.6407 | 4.8839 | 5.3398 | 4.3975 | 4.7623 | 3.6173 | 3.6578 | 3.3437 |
| | 临界密度 $\rho_c/(\text{kg}/\text{m}^3)$ | 162 | 210 | 220 | 226 | 232 | 225 | 221 | 232 |
| 热值 | 高热值 $H_h/(\text{MJ}/\text{Nm}^3)$ | 39.842 | 70.351 | 63.438 | 101.266 | 93.667 | 133.886 | 133.048 | 169.377 |
| | 低热值 $H_L/(\text{MJ}/\text{Nm}^3)$ | 35.902 | 64.397 | 59.477 | 93.240 | 87.667 | 123.649 | 122.853 | 156.733 |

| 气体基本性质 | | 甲烷 | 乙烷 | 乙烯 | 丙烷 | 丙烯 | 正丁烷 | 异丁烷 | 正戊烷 |
|---|---|---|---|---|---|---|---|---|---|
| 爆炸极限① | 爆炸下限 $L_L$/%(体积) | 5.0 | 2.9 | 2.7 | 2.1 | 2.0 | 1.5 | 1.8 | 1.4 |
| | 爆炸上限 $L_h$/%(体积) | 15.0 | 13.0 | 34.0 | 9.5 | 11.7 | 8.5 | 8.5 | 8.3 |
| 黏度 | 动力黏度 $\mu \times 10^6$/(Pa·s) | 10.395 | 8.600 | 9.316 | 7.502 | 7.649 | 6.835 | — | 6.355 |
| | 运动黏度 $\nu \times 10^6$/(m²/s) | 14.50 | 6.41 | 7.46 | 3.81 | 3.99 | 2.53 | — | 1.85 |
| 最低着火温度/℃ | | 540 | 515 | 425 | 450 | 460 | 365 | 460 | 260 |

① 在常压和293K时,气体燃料在空气中的体积百分数。

**表5-10 气体燃料中某些组分的基本性质(273.15K、101.325kPa)**

| 气体基本性质 | | 一氧化碳 | 氢气 | 氮气 | 氧气 | 二氧化碳 | 硫化氢 | 空气 | 水蒸气 |
|---|---|---|---|---|---|---|---|---|---|
| 分子式 | | CO | $H_2$ | $N_2$ | $O_2$ | $CO_2$ | $H_2S$ | — | $H_2O$ |
| 相对分子质量 M | | 28.0104 | 2.0160 | 28.0134 | 31.9988 | 44.0098 | 34.0760 | 28.9660 | 18.0154 |
| 摩尔体积 $V_{0,M}$/(Nm³/kmol) | | 22.3984 | 22.4270 | 22.4030 | 22.3923 | 22.2601 | 22.1802 | 22.4003 | 21.6290 |
| 密度 $\rho_0$/(kg/Nm³) | | 1.2506 | 0.0899 | 1.2504 | 1.4291 | 1.9771 | 1.5363 | 1.2931 | 0.8330 |
| 气体常数 R/[kJ/(kg·K)] | | 296.63 | 412.664 | 296.66 | 259.585 | 188.74 | 241.45 | 286.867 | 445.357 |
| 临界参数 | 临界温度 $T_c$/K | 133.0 | 33.3 | 126.2 | 154.8 | 304.2 | — | 132.5 | 647.3 |
| | 临界压力 $p_c$/MPa | 3.4957 | 1.2970 | 3.3944 | 5.0764 | 7.3866 | — | 3.7663 | 22.1193 |
| | 临界密度 $\rho_c$/(kg/m³) | 200.86 | 31.015 | 310.910 | 430.090 | 468.190 | — | 320.070 | 321.700 |
| 热值 | 高热值 $H_h$/(MJ/Nm³) | 12.636 | 12.745 | — | — | — | 25.348 | — | — |
| | 低热值 $H_L$/(MJ/Nm³) | 12.636 | 10.786 | — | — | — | 23.368 | — | — |
| 爆炸极限① | 爆炸下限 $L_L$/%(体积) | 12.5 | 4.0 | — | — | — | 4.3 | — | — |
| | 爆炸上限 $L_h$/%(体积) | 74.2 | 75.9 | — | — | — | 45.5 | — | — |
| 黏度 | 动力黏度 $\mu \times 10^6$/(Pa·s) | 16.573 | 8.355 | 16.671 | 19.417 | 14.023 | 11.670 | 17.162 | 8.434 |
| | 运动黏度 $\nu \times 10^6$/(m²/s) | 13.30 | 93.0 | 13.30 | 13.60 | 7.09 | 7.63 | 13.40 | 10.12 |
| 最低着火温度/℃ | | 605 | 400 | — | — | — | — | — | — |

① 在常压和293K时,气体燃料在空气中的体积百分数。

### 5.3.3 气体燃料平均相对分子质量

混合气体的平均相对分子质量可按式(5-4)计算:

$$M = \sum_{i=1}^{n} M_i y_i \qquad (5-4)$$

式中 $M$——混合气体的平均相对分子质量;

$M_i$——混合气体中 $i$ 组分的相对分子质量。

### 5.3.4 气体燃料密度和相对密度

(1)密度

气体燃料的密度指单位体积气体燃料的质量,单位为 $kg/m^3$。

$$\rho = \frac{m}{V} = \frac{pM}{ZRT} \qquad (5-5)$$

式中 $\rho$——气体燃料的密度,$kg/m^3$;

$p$——气体燃料的绝对压力,kPa;

$T$——气体燃料的热力学温度,K;

$Z$——气体压缩因子;

$R$——通用气体常数,$8.314Pa \cdot m^3/(mol \cdot K)$。

气体具有可压缩性,其体积和密度随温度和压力的变化而改变,因此提到气体燃料的密度时,一定要指明气体燃料所处的状态。

(2)相对密度

气体燃料的相对密度是指在相同压力和温度下,天然气的密度与干空气密度之比。干空气的摩尔分数为: $\phi_{N_2} = 0.7809$,$\phi_{O_2} = 0.2095$,$\phi_{Ar} = 0.00093$,$\phi_{CO_2} = 0.003$。

气体燃料的相对密度由式(5-6)计算:

$$d = \rho_g / \rho_a \qquad (5-6)$$

式中 $d$——气体燃料的相对密度;

$\rho_g$、$\rho_a$——在相同条件下天然气的密度和干空气的密度,$kg/m^3$。

气体相对密度虽然是一个比值,但是密度 $\rho$ 是状态函数,气体为压缩性流体,在不同温度、压力下,密度变化很大。值得注意的是,即使在相同条件下,从一种状态变到另一种状态,不同组分的气体燃料与空气的压缩因子不同,其体积变化量也不相同,故密度的变化也不相同。所以,气体的相对密度并不是一个恒定的值,它受到气体燃料组成和空气压缩因子的影响。

在标准状况下,1mol 任何理想气体的体积都约为 22.4L,而 1mol 气体的质量在数值上都等于其相对分子质量。所以气体在标准状况下的相对密度等于该气体的相对分子质量与空气的相对分子质量的比值。

$$d = \frac{M_g}{M_a} = \frac{M_g}{28.964}$$ (5-7)

式中　　　$M_g$——气体燃料的平均相对分子质量;

　　$M_a$、28.964——干空气的平均相对分子质量 $M_a = 28.964$。

气体燃料在不同状态下的真实相对密度可通过实验,或按式(5-6)计算,在精度要求不太高的情况下,我们可以把气体燃料的相对密度近似地看成一个定值,用标准状态下的相对密度[式(5-7)]作为气体燃料的相对密度。

几种气体燃料在标准状态下的密度和相对密度的变化范围见表5-11。由表5-11可知,天然气、焦炉煤气都比空气轻,而气态液化石油气比空气约重1倍。如果发生泄漏,天然气、焦炉煤气会向上空逸散,应保证空气的流通以利于泄漏燃气的逸散稀释。而泄漏的液化石油气,则由于比空气重,会沉积于地面附近,一般情况下,使用喷雾水枪托住下沉气体,往上驱散、稀释沉积漂浮的气体,使其在一定高度飘散。

表 5-11　几种气体燃料在标准状态下的密度和相对密度

| 气体燃料的种类 | 密度/(kg/Nm³) | 相对密度 |
| --- | --- | --- |
| 天然气 | 0.75~0.8 | 0.58~0.62 |
| 液化石油气 | 1.9~2.5 | 1.5~2.0 |
| 焦炉煤气 | 0.4~0.5 | 0.3~0.4 |

液态气体燃料的相对密度是指液态燃气的密度与4℃时水的密度的比值。常温下,液态液化石油气的相对密度为0.5~0.6,约为水的一半。

## 5.3.5　临界参数与对比参数

(1)临界参数

每种组分都有一个特殊的温度性质,在该温度以下,可以借助对气体施压使其液化,在该温度以上,无论施加多大压力都不能使之液化,这个特定温度就是该组分的临界温度 $T_c$。在临界温度下,使气体液化所需的最低压力,称为临界压力 $p_c$。组分在临界温度、临界压力下的摩尔体积,称临界摩尔体积 $V_c$。气体组分的 $T_c$、$p_c$、$V_c$ 称为组分的临界参数,属于组分的特性参数。了解气体的临界性质对燃气的液化极其重要。

可燃气体组分的气-液平衡曲线如图5-1所示,图中曲线是蒸气和液体的分界线。对应曲线的左侧为液态,右侧为气态,曲线右侧终点坐标则对应于该气体的临界温度和临界压力。气体实际温度越低于临界温度,则液化所需压力越小。例如,20℃时使丙烷液化所需的绝对压力为0.85MPa,而当温度降为-20℃时,在0.25MPa的绝对压力下即可将丙烷液化。

降温、加压是气体液化的常用手段。气体的临界温度越高,越易于液化。例如，液化石油气中的丙烷、丁烷的临界温度较高，高于常温，故只需在常温下加压即可使其液化，而天然气主要成分甲烷的临界温度(-82.6℃)低，常温下不可能加压液化，必须借助其他措施将甲烷温度冷却至-82.6℃以下，方可实施加压液化。

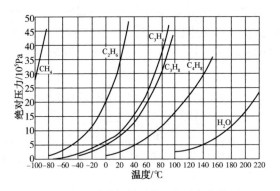

图 5-1　可燃气体的气-液平衡曲线

（2）拟临界参数

气体燃料为多组分的混合物，其临界参数随组成的改变而变化。对组成已知的气体，其临界参数一般要通过实验来测定。

工程上，常根据气体混合物的组成，用各组分的临界参数来估算气体混合物的临界参数。估算出的临界参数不是气体混合物真实的临界参数，而是其近似值，通常称为拟临界温度、拟临界压力，用 $T_c'$、$p_c'$ 表示，分别用式(5-8)、式(5-9)来计算。

$$T_c' = \sum y_i T_{ci} \tag{5-8}$$

$$p_c' = \sum y_i p_{ci} \tag{5-9}$$

式中　$T_c'$——混合气体的拟临界温度，K；

　　　$p_c'$——混合气体的拟临界压力，MPa；

　　　$y_i$——$i$ 组分的摩尔分数；

　$T_{ci}$、$p_{ci}$——混合气体中 $i$ 组分的临界温度(K)、临界压力(MPa)，可查相关手册。

（3）对比参数

以临界参数为基准，通过对比参数来描述气体组分所处状态与临界状态之间的差别。对比参数的定义为

$$T_r = \frac{T}{T_c'} \qquad p_r = \frac{p}{p_c'} \qquad V_r = \frac{V}{V_c'} \tag{5-10}$$

实验结果表明，不同气体组分有两个对比参数彼此相等，则第三个对比参数大体上具有相同的值。此经验规律称为对应状态原理。

134

对应状态原理应用于气体混合物时，采用拟对比压力、拟对比温度的概念。拟对比参数定义为

$$T'_r = \frac{T}{T'} \quad p'_r = \frac{p}{p'} \tag{5-11}$$

## 5.3.6 实际气体状态方程

气体燃料在常温及压力低于1MPa时，工程上可近似按理想气体处理，当压力太高或温度较低时，分子间作用力不可忽视，分子间的聚集状态发生变化，不能视其为理想气体，应考虑气体分子本身占有的容积和分子之间的引力，对理想气体状态方程进行修正，即引入压缩因子 $Z$，得到实际气体的状态方程：

$$pV = ZRT \tag{5-12}$$

式中　$p$——气体的绝对压力，Pa；

　　　$V$——气体的摩尔体积，$m^3/mol$；

　　　$Z$——压缩因子，随气体的温度、压力而变化；

　　　$R$——通用气体常数，$8.314Pa \cdot m^3/(mol \cdot K)$。

压缩因子 $Z$ 是一定温度、压力下，实际气体占有的体积与相同状态下理想气体所占有体积之比，故理想气体的压缩因子的 $Z=1$。而实际气体由于分子本身具有体积，故较理想气体不易压缩；而分子间的引力又使实际气体较理想气体易于压缩。因此压缩因子大小恰恰反映出这两个相反因素的综合结果。当 $Z>1$ 时，即实际气体较理想气体难压缩；当 $Z<1$ 时，即实际气体较理想气体易压缩。$Z$ 值大小与气体组成、温度和压力有关。

## 5.3.7 气体燃料黏度

流体的黏性是产生流动阻力的原因，气体燃料的黏性用黏度来表示，包括动力黏度和运动黏度。运动黏度在数值上等于动力黏度除以其密度。

$$\nu = \frac{\mu}{\rho} \tag{5-13}$$

式中　$\nu$——流体的运动黏度，$m^2/s$；

　　　$\mu$——流体的动力黏度，$Pa \cdot s$；

　　　$\rho$——流体的密度，$kg/m^3$。

（1）低压下气体黏度

接近大气压力时气体黏度几乎与压力无关，随温度的升高而增大，随相对分子质量的增大而降低。

低压下气体黏度的这种特性，主要是由于低压下分子之间的距离很大，分子间作用力不显著，温度起着主导作用。温度升高，气体分子的动能增大，分子碰撞的机会增多，因此气体黏度随温度的升高而增大。在某一温度下，动量级相

同，气体分子质量大的速度小，相互间碰撞概率小，黏度低。反之，气体分子质量小的速度大，相互间发生碰撞的概率大，黏度高。

① 低压下单组分气体的黏度

单组分气体在大气压力下，其动力黏度与温度的关系如图5-2所示。由图可知，动力黏度随温度升高而增大，随相对分子质量的增大而降低。

温度对天然气中烃类组分的动力黏度的影响可近似按式(5-14)计算。

$$\mu_T = \mu_0 \frac{273 + C}{T + C} \left(\frac{T}{273}\right)^{1.5} \tag{5-14}$$

式中　$\mu_T$——温度为$T$时的气体动力黏度，Pa·s；

　　　$\mu_0$——273K时的气体动力黏度，Pa·s，见表5-9、表5-10；

　　　$C$——与气体种类有关的无量纲实验系数。

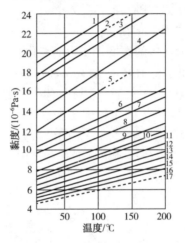

图5-2　大气压下气体动力黏度与温度的关系曲线

1—氢；2—空气；3—氮；4—二氧化碳；5—硫化氢；6—甲烷；7—乙烯；8—乙烷；9—丙烷；
10—异丁烯；11—正丁烷；12—正戊烷；13—正己烷；14—正庚烷；15—正辛烷；16—正壬烷；17—正癸烷

表5-12给出了一个大气压力时，几种碳氢化合物的无量纲实验系数$C$。

表5-12　无量纲实验系数$C$

| 名　称 | $C$ | 名　称 | $C$ |
|---|---|---|---|
| 甲烷 | 164 | 丁烯 | 329 |
| 乙烷 | 252 | 一氧化碳 | 104 |
| 丙烷 | 278 | 氢 | 81.7 |
| 正丁烷 | 377 | 氮 | 112 |
| 异丁烷 | 368 | 氧 | 131 |
| 正戊烷 | 383 | 二氧化碳 | 266 |
| 乙烯 | 225 | 空气 | 122 |
| 丙烯 | 321 | | |

② 低压下混合气体黏度

混合气体黏度不满足简单的混合法则，对于压力低于 1MPa 的低压气体，当已知混合气体的组成，并得到各组分在大气压力和所给温度下的黏度，则混合气体的黏度可用式(5-15)Herning-Zipperer 方程来估算：

$$\mu = \frac{\sum(y_i\mu_i\sqrt{M_i})}{\sum(y_i\sqrt{M_i})} \tag{5-15}$$

式中  $\mu$——混合气体燃料的黏度，Pa·s；

$\mu_i$——混合气体燃料中组分 $i$ 的黏度，Pa·s；

$M_i$——混合气体燃料中组分 $i$ 的相对分子质量，Pa·s。

低压下天然气，已知其相对密度或平均相对分子质量和温度，可按 Carr 图（图 5-3）求常压下天然气黏度。天然气中 $N_2$、$CO_2$、$H_2S$ 等非烃气体的存在会增加气体黏度，用图 5-3 中内插图对其进行修正得到 $\mu_1$。

$$\mu_1 = \mu_1' + \Delta\mu_{H_2S} + \Delta\mu_{CO_2} + \Delta\mu_{N_2} \tag{5-16}$$

式中  $\mu_1'$——未考虑非烃气体时天然气黏度，mPa·s；

$\mu_1$——对非烃类气体修正后天然气动力黏度，mPa·s。

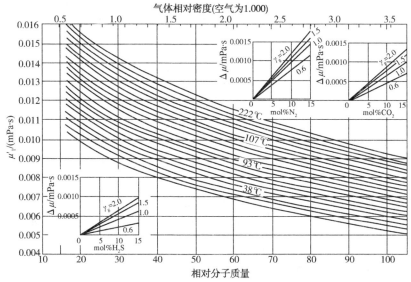

图 5-3  大气压下天然气黏度随相对分子质量变化曲线

（2）高压下（压力大于 6.9MPa）气体黏度

高压下气体黏度特性近似液体黏度特性。温度不变，压力增加，气体分子间的距离缩短，在同一动量级下，分子碰撞机会增加，黏度随压力升高而增大。

高压下，气体分子间的距离很小，分子间作用力起主导作用，并表现出分子间的结合力。在压力不变时随温度的升高，分子运动速度增大，使分子缔合条件弱化，气体黏度减小。

高压下气体分子间的引力大，在温度相同的同一动量级，相对分子质量大的引力大，黏度高，相对分子质量小的引力小，黏度低，即黏度随相对分子质量的增加而增大。

高压下气体燃料动力黏度的计算比较复杂，可参照相应经验公式进行。

### 5.3.8 气体燃料的含水量和水露点

气体燃料中常夹带气相水（饱和水）或液相水（游离水）。气体燃料的含水量与其压力、温度、组分相关，可用绝对湿度和相对湿度来表示。绝对湿度是指单位体积气体燃料中含有的水蒸气绝对量，单位为 $mg/m^3$。在一定温度和压力下，气体燃料的含水量如达到饱和，此时气体燃料中的饱和含水量称为饱和湿度。相对湿度是指气体燃料的绝对湿度与饱和湿度之比。气体燃料的水露点是指一定压力下的气体燃料，逐渐降低其温度，气体燃料中的水蒸气开始冷凝析出时的温度即露点温度。

组成已知的天然气，压力越高，温度越低，其水含量越低。压力、温度一定时，天然气的相对分子质量越大（即天然气中乙烷及更重烃类含量越多），其水含量越低。天然气的含水量和水露点可通过经验图表得到，也可通过相关的实验方法测得。

# 5.4 气体燃料的热力性质

## 5.4.1 汽化相变焓

常压下，单位质量物质由液态转化为与之平衡蒸气所要吸收的热量称为该物质的汽化相变焓。反之，由蒸气变成与之处于平衡状态的液体时所放出的热量称为该物质的冷凝相变焓。同一物质，在同一状态时汽化相变焓与冷凝相变焓相等，其实质为该流体的饱和蒸气与饱和液体的焓差。

不同液体汽化相变焓不同。在标准大气压下，水在其沸点 100℃ 时的汽化相变焓为 2257kJ/kg，甲烷在其沸点 −162℃ 时的汽化相变焓为 511kJ/kg，丙烷在其沸点 −42℃ 时的汽化相变焓为 423kJ/kg。

混合液体汽化相变焓可按式（5−17）计算。

$$\gamma = \sum_{i=1}^{n} \gamma_i \omega_i \qquad (5-17)$$

式中　$\gamma$——混合液体汽化相变焓，kJ/kg；

　　　$\omega_i$——混合液体中 $i$ 组分的质量分数，%；

　　　$\gamma_i$——混合液体中 $i$ 组分的汽化相变焓，kJ/kg。

相同液体的汽化相变焓随沸点上升而减少，在临界温度时汽化相变焓为零。

汽化相变焓与温度的关系见式(5-18)：

$$\gamma_1 = \gamma_2 \left( \frac{t_c - t_1}{t_c - t_2} \right) \tag{5-18}$$

式中  $\gamma_1$——温度为 $t_1$℃时的汽化相变焓，kJ/kg；

$\gamma_2$——温度为 $t_2$℃时的汽化相变焓，kJ/kg；

$t_c$——临界温度，℃。

一些碳氢化合物的汽化相变焓随温度变化见图5-4。

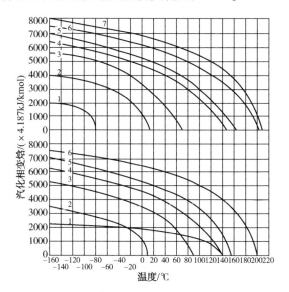

图5-4  液化石油气各组分的汽化相变焓

（上）1—甲烷；2—乙烷；3—丙烷；4—异丁烷；5—正丁烷；6—异戊烷；7—正戊烷

（下）1—异丁烯；2—乙烯；3—丙烯；4—丁烯；5—顺丁烯；6—戊烯

## 5.4.2  燃烧热

（1）热值的定义

燃烧热即热值又称发热量，是指单位数量[1m³（标准状态下）或1kg]燃料完全燃烧时所放出的全部热量。燃气工程常用 kJ/m³，液化石油气热值单位也可用"kJ/kg"表示。

热值分为高热值 $H_h$ 和低热值 $H_L$。高热值是指单位数量的燃料完全燃烧后，其燃烧产物和周围环境恢复至燃烧前温度，即其中的水蒸气被凝结成同温度液态水后放出的全部热量。低热值是指单位数量燃料完全燃烧后，其燃烧产物和周围环境恢复至燃烧前的温度，而不计算其中水蒸气凝结时放出的热量。显然，燃气的高热值在数值上必大于其低热值，差值为水蒸气的汽化潜热。高、低热值均与燃烧起始、终结温度有关。

在工业与民用燃气设备中，大部分烟气中水蒸气是以气体状态排出的，因此实际工程中常用燃气低热值计算热负荷和热效率等。而只有当烟气冷却到烟气露点温度以下时，其中部分水蒸气被冷凝而释放出汽化潜热并得以利用，如冷凝热水器，才考虑用高热值计算。

（2）混合气体燃料的热值

气体燃料通常是含有多种可燃组分的混合气体。气体燃料的热值可以用实验法（水流式热量计）直接测定，也可由各单一组分的热值根据混合规则按式（5-19）计算。

$$H = \sum_{i=1}^{n} H_i y_i \qquad (5-19)$$

式中　$H$——气体燃料的高热值或低热值，$kJ/m^3$；

　　　$H_i$——气体燃料中 $i$ 组分的高热值或低热值，$kJ/m^3$；

　　　$y_i$——气体燃料中 $i$ 组分的体积分数。

一般焦炉煤气的低热值大约 $16 \sim 17MJ/m^3$，天然气的低热值大约为 $36 \sim 46MJ/m^3$，液化石油气大约 $88 \sim 120MJ/m^3$。

## 5.4.3　比热容

单位质量的物质，温度升高或降低 1℃ 所吸收或放出的热量称为比热容。根据单位的不同，有质量比热容、体积比热容和摩尔比热容。

比热容不仅与物质的性质有关，还与气体的热力学过程及所处的状态有关。根据热力学过程不同分为定容比热容 $c_v$ 和定压比热容 $c_p$，$c_p > c_v$。工程上用得较多的是定压比热容 $c_p$。

理想气体的比热容，在温差不大近似计算时可以取为定值，而实际气体的比热容与压力和温度有关，即比热容不是一个常数。由于温度对气体比热容的影响十分显著，而压力的影响往往可以忽略不计，故工程计算时，把气体比热视为温度的单值函数。相应于某温度下气体比热容的称为"真实比热容"，而实际工程计算中常采用某个温度范围内的平均值，称为平均比热容。

气体混合物在低压下的比热容可根据各组分的比热容用摩尔分数加权法或质量分数加权法求得

$$c_p = \sum c_{pi} \varphi_i \qquad (5-20)$$

$$c_p' = \sum c_{pi}' \omega_i \qquad (5-21)$$

式中　$c_p$——混合气体燃料的摩尔定压比热容，$kJ/(mol \cdot K)$；

　　　$c_p'$——混合气体燃料的质量定压比热容，$kJ/(kg \cdot K)$；

　　　$c_{pi}$——气体燃料中 $i$ 组分的摩尔定压比热容，$kJ/(mol \cdot K)$；

　　　$c_p'$——气体燃料中 $i$ 分组的质量定压比热容，$kJ/(kg \cdot K)$；

$\varphi_i$——气体燃料中 $i$ 组分的摩尔分数；

$\omega_i$——气体燃料中 $i$ 组分的质量分数。

## 5.4.4 华白指数和燃烧势

（1）华白指数

华白指数（又称华白数）是反映燃气质量，代表燃气互换性的一个参数。设两种燃气的热值和密度均不相同，但只要它们的华白指数相等，就能在同一燃气压力下和同一燃具上获得同一热负荷。如果一种燃气的华白指数大，则热负荷也较大，因此华白指数又称热负荷指数。

当燃烧器喷嘴前压力 $p_g$ 不变时，燃具热负荷 $Q$ 与燃气热值 $H$ 成正比，与燃气相对密度的平方根 $\sqrt{d}$ 成反比，故此定义燃气热值与相对密度的平方根之比为华白指数，即

$$W = \frac{H}{\sqrt{d}} \tag{5-22}$$

式中　$W$——华白指数（分高华白指数 $W_h$ 和低华白指数 $W_L$），MJ/m³；

　　　$H$——燃气热值，MJ/m³，取高热值 $H_g$ 计算得到的华白指数为高华白指数，取低热值 $H_L$ 计算得到的华白指数为低华白指数，我国 GB/T 13611—2006《城镇燃气分类和基本特性》中采用高华白指数；

　　　$d$——燃气相对密度（空气相对密度为1）。

各国一般规定，在两种燃气互换时华白指数的变化不大于 $\pm(5\% \sim 10\%)$。

（2）燃烧势

燃烧势 $CP$ 又称燃气燃烧速度指数，是反映燃烧稳定状态的参数，即反映燃烧火焰产生离焰、黄焰、回火和不完全燃烧的倾向性参数。其计算公式为

$$CP = K_1 \frac{y_{H_2} + 0.6(y_{C_mH_n} + y_{CO}) + 0.3y_{CH_4}}{\sqrt{d}} \tag{5-23}$$

式中　　　　　$CP$——燃烧势；

$y_{H_2}$、$y_{CO}$、$y_{CH_4}$、$y_{O_2}$——燃气中氢、一氧化碳、甲烷、氧体积分数，%；

　　　　$y_{C_mH_n}$——燃气中除甲烷以外的碳氢化合物体积分数，%；

　　　　　　$d$——燃气的相对密度（空气相对密度为1）；

　　　　　　$K$——燃气中氧含量修正系数，$K_1 = 1 + 0.0054y_{O_2}^2$；

国际上都认定华白指数是判别燃气互换性的主要参数。各种互换性判别方法的主要区别反映在所选的另外一个特性参数上。国际燃气联盟（IGU）推荐采用华白指数（高华白指数 $W_h$）、燃烧势（$CP$）或火焰速度指数对燃气进行分类，我国在 GB/T 13611—2006《城镇燃气分类和基本特性》中采用的是高华白指数和燃烧势。

## 5.4.5　着火温度

在没有火源作用情况下，可燃气体与空气混合物被加热而引起自燃的最低温度称为着火温度(又称自燃点)。甲烷性质稳定，以甲烷为主要成分的天然气着火温度较高。可燃气体在纯氧中的着火温度要比在空气中低50~100℃。即使是单一可燃组分，着火温度也非固定，与可燃组分在空气混合物中的浓度、混合程度、压力、燃烧空间的形状及大小、有无催化作用等有关。工程上采用的着火温度应由实验确定。

## 5.4.6　爆炸极限

爆炸是火焰传播的一种特殊形式。可燃气体与空气的混合气遇明火引起爆炸的可燃气体浓度范围(以体积计)称为爆炸极限。可燃气体浓度低于某一限度，氧化反应产生的热量不足以弥补散失的热量，无法维持燃烧爆炸，此浓度称为爆炸下限。可燃气体浓度超过某一限度时，由于缺氧也无法维持燃烧爆炸，此浓度称为爆炸上限。

气体燃料爆炸极限随组成的差异很大。如常温常压下甲烷的爆炸极限为5%~15%(体积分数)，而氢气则达到4%~76%。为了防止爆炸带来的危害，GB50028—2006《城镇燃气设计规范》强制规定：无毒燃气泄漏到空气中，达到爆炸下限的20%时，应能察觉；当液化石油气与空气的混合气作为主气源时，液化石油气的体积分数应高于其爆炸上限的2倍。

爆炸下限越低的燃气，爆炸危险性越大。表5-13列出了三类燃气的爆炸极限，就爆炸极限而言，液化石油气的爆炸危险性最大。

表5-13　三类燃气的爆炸极限　　　　　　　　　　%(体积)

| 燃气种类 | | 人工燃气 | | | | | 天然气 | | | 液化石油气 | |
|---|---|---|---|---|---|---|---|---|---|---|---|
| | | 焦炉煤气 | 直立炉煤气 | 加压气化煤气 | 发生炉煤气 | 水煤气 | 四川燃气 | 西气东输天然气 | 大庆石油伴生气 | 北京 | 大庆 |
| 爆炸极限 | 上限 | 35.8 | 40.9 | 50.5 | 67.5 | 70 | 15 | 15.1 | 14.2 | 9.7 | 10 |
| | 下限 | 4.5 | 4.9 | 9.3 | 21.5 | 6.2 | 5 | 5 | 4.2 | 1.7 | 2 |

对于不含氧和不含惰性气体的气体燃料的爆炸极限可按式(5-24)近似计算：

$$L = \frac{100}{\sum \left( \dfrac{\varphi_i}{L_i} \right)} \tag{5-24}$$

式中　L——气体燃料混合物的爆炸上、下限,%;

　　　$L_i$——气体燃料中各组分的爆炸上、下限,%;

　　　$\varphi_i$——气体燃料中各组分的体积分数,%。

142

含有惰性组分的气体燃料，其爆炸极限的上、下限之间的范围会缩小。含有惰性气体的气体燃料的爆炸极限可按式(5-25)近似计算：

$$L_d = L \frac{(1 + \frac{B_i}{1 + B_i})100}{100 + L(\frac{B_i}{1 - B_i})}$$    (5-25)

式中　$L_d$——含有惰性组分气体燃料的爆炸上、下限，%；

　　　$L$——不含惰性组分气体燃料的爆炸上、下限，%；

　　　$B_i$——气体燃料中惰性组分的体积分数，%。

气体燃料中含有氧气时，可视为气体燃料中混入了空气，可扣除氧含量及相对应的氮气含量，重新调整气体燃料中各组分的体积分数，按式(5-25)近似计算其爆炸上、下限。

可燃气体的火灾与爆炸危险性的大小主要取决于爆炸极限。爆炸下限越低和爆炸极限间距越大的气体，其危险性就越大。例如，在常温常压下，氢气的爆炸极限是4.0%~74.2%，天然气的爆炸极限是5%~15%。两者相比，氢气的爆炸下限低，爆炸极限间距比天然气的大7倍，这就意味着氢气发生爆炸的机会比天然气发生爆炸的机会多7倍。因此，氢气的危险性比天然气大得多。

压力对气体燃料的爆炸极限有较大的影响。例如，当压力低于6.67kPa时，天然气与空气的混合气遇明火不会发生爆炸；随着压力升高，爆炸极限上限急剧上升，当压力为15MPa时，天然气的爆炸上限高达58%。

# 第6章 气体燃料分类及质量要求

气体燃料的种类很多，按来源或生产方式分类，大致分为天然气、液化石油气、人工燃气和生物气，其中天然气、液化石油气和人工燃气可作为城镇燃气气源，生物气主要作为以村或户为单位的燃气能源。另外，随着城市化进程及对清洁能源的需求，新型替代燃料会不断进入城镇能源系统，如二甲醚、轻烃混空气等燃料已逐渐纳入我国城镇燃气的范畴。

在气体燃料的输配、储存及应用过程中，为了保证城镇燃气系统和用户的安全、减少腐蚀、堵塞和损失，减少对环境的污染，要求气体燃料具有一定质量指标，并保持其质量的稳定性。针对不同来源的气体燃料，提出了各类气体燃料的质量控制指标。

## 6.1 城镇燃气分类及特性指标

GB/T 13611—2006《城镇燃气分类和基本特性》规定了城镇燃气分类原则和分类方法。我国城镇燃气目前按燃气类别及燃烧特性指标(华白指数 $W$ 和燃烧势 $CP$)分类，并控制其波动范围。具体分类标准见表6-1。天然气分为五类，分别是3T、4T、6T、10T、12T，区别是高华白指数($W$)和燃烧势($CP$)的标准值及范围不同。从3T到12T的天然气，高华白指数和燃烧势标准值越来越高。

表6-1 城镇燃气的类别及特性指标(15℃, 101.325kPa, 干基)

| 类 别 | | 华白指数 $W$/(MJ/m³) | | 燃烧势 $CP$ | |
|---|---|---|---|---|---|
| | | 标准 | 范围 | 标准 | 范围 |
| 人工燃气 | 3R | 13.71 | 12.62~14.66 | 77.7 | 46.5~85.5 |
| | 4R | 17.78 | 16.38~19.03 | 107.9 | 64.7~118.7 |
| | 5R | 21.57 | 19.81~23.17 | 93.9 | 54.4~95.6 |
| | 6R | 25.69 | 23.85~27.95 | 108.3 | 63.1~111.4 |
| | 7R | 31.00 | 28.57~33.12 | 120.9 | 71.5~129.0 |

| 类　别 | | 华白指数 $W$/(MJ/m$^3$) | | 燃烧势 $CP$ | |
|---|---|---|---|---|---|
| | | 标准 | 范围 | 标准 | 范围 |
| 天然气 | 3T | 13.28 | 12.22~14.35 | 22.0 | 21.0~50.6 |
| | 4T | 17.13 | 15.75~18.54 | 24.9 | 24.0~57.3 |
| | 6T | 23.35 | 21.76~25.01 | 18.5 | 17.3~42.7 |
| | 10T | 41.52 | 39.06~44.84 | 33.0 | 31.0~34.3 |
| | 12T | 50.73 | 45.67~54.78 | 40.3 | 36.3~69.3 |
| 液化石油气 | 19Y | 76.84 | 72.86~76.84 | 48.2 | 48.2~49.4 |
| | 20Y | 79.64 | 72.86~87.53 | 46.3 | 41.6~49.4 |
| | 22Y | 87.53 | 81.83~87.53 | 41.6 | 41.6~44.9 |

注：1. 3T、4T 为矿井气，6T 为沼气，其燃烧特性接近天然气。

　2. 22Y 华白指数 $W$ 的下限值 81.83MJ/m$^3$ 和 $CP$ 的上限值 44.9，为体积分数 $C_3H_8$＝55%，$C_4H_{10}$＝45%时的计算值。

# 6.2　天然气

目前，市场出售的天然气产品主要有商品天然气、压缩天然气、压缩煤层气、液化天然气等。

## 6.2.1　商品天然气质量要求

GB 17820—2012《天然气》规定的商品天然气的质量指标见表6-2。其中一、二类天然气主要用作民用燃料和工业原料或燃料，三类天然气主要作为工业用气。

表 6-2　我国天然气质量指标(GB 17820—2012)

| 项　目 | 一类 | 二类 | 三类 |
|---|---|---|---|
| 高位发热量[①]/(MJ/m$^3$) | ≥36.0 | ≥31.4 | ≥31.4 |
| 总硫(以硫计)[①]/(mg/m$^3$) | ≤60 | ≤200 | ≤350 |
| 硫化氢[①]/(mg/m$^3$) | ≤6 | ≤20 | ≤350 |
| 二氧化碳/%(体积) | ≤2.0 | ≤3.0 | — |
| 水露点[②,③]/℃ | 在交接点压力下，水露点应比输送条件下最低环境温度低5℃。 | | |

① 本标准中气体体积的标准参比条件是 101.325kPa，20℃。

② 在输送条件下，当管道管顶埋地温度为0℃时，水露点应不高于-5℃。

③ 进入输送管道的天然气，水露点的压力应是最高输送压力。

由表6-2可知，我国商品天然气气质标准包括发热量(热值)、硫化氢含量、总硫含量、二氧化碳含量和水露点 5 项技术指标。其中除发热量外，其他 4 项均为健康、安全和环境保护方面的指标。因此，商品天然气的质量标准是根据健康、安全、环境保护及经济效益等要求综合制定的。不同国家、不同地区、不同用途及不同用户的商品天然气质量要求有所不同。

（1）发热量（热值）

发热量是衡量气体燃料质量的重要指标之一，可分为高位发热量与低位发热量，单位为 $kJ/m^3$、$MJ/m^3$。发热量既可通过气相色谱分析数据间接计算也可通过燃烧法直接测定。发热量是用户正确选用燃烧设备或燃具时必须考虑的一项重要指标，常见燃气热值见表 6-3。

表 6-3　常用燃气的低热值（平均值）

| 燃气 | 液化石油气/（MJ/kg） | 天然气/（MJ/m³） | 催化油制气/（MJ/m³） | 炼焦煤气/（MJ/m³） | 混合人工气/（MJ/m³） | 矿井气/（MJ/m³） |
|---|---|---|---|---|---|---|
| 热值 | 41.9 | 35.6 | 18.9 | 17.6 | 14.7 | 13.4 |

（2）硫含量

此项主要用来控制天然气中硫化物的腐蚀性和对大气的污染，常用总硫含量和 $H_2S$ 含量表示。天然气中的硫化物由 $H_2S$ 等无机硫和 $CS_2$、$COS$、$CH_3SH$、$C_2H_5SH$、$C_4H_4S$、$CH_3SCH_3$ 等有机硫组成，其中绝大多数为无机硫。

为保障安全燃烧并减少燃烧产物 $SO_x$ 排放，对天然气中总硫含量有一定要求，我国要求小于 $350mg/m^3$ 或更低，随环保法规的日益严格，天然气中总硫含量指标会不断降低。

$H_2S$ 及其燃烧产物 $SO_2$，都具有强烈的刺鼻气味，对眼黏膜和呼吸道有损坏作用。空气中的 $H_2S$ 阈限值为 $15mg/m^3$（10ppm），安全临界浓度为 $30\ mg/m^3$（20ppm），危险临界浓度为 $150\ mg/m^3$（100ppm），$SO_2$ 阈限值为 $5.4mg/m^3$（2ppm）。

$H_2S$ 为活性硫化物，具有较强的腐蚀性。在高压、高温以及有液态水存在时，腐蚀作用会更加剧烈。$H_2S$ 燃烧后生成 $SO_2$ 和水，也会对燃具或燃烧设备造成腐蚀。因此，一般要求民用天然气中 $H_2S$ 含量不高于 $6\sim20mg/m^3$。

（3）$CO_2$ 含量

$CO_2$ 为天然气中的酸性组分，在液态水的存在下，对管道和设备也有腐蚀性。尤其当 $H_2S$、$CO_2$ 与水同时存在时，对钢材的腐蚀更加严重。此外，$CO_2$ 是天然气中的不可燃组分，过多的存在会降低天然气热值。我国规定天然气中 $CO_2$ 含量不高于 $2\%\sim3\%$（体积）。

（4）水露点

此要求用来防止在输气或配气管道中液态水（游离水）析出，液态水的存在会加速天然气中酸性组分（$H_2S$、$CO_2$）对钢材的腐蚀，一定条件下还易形成固态天然气水合物，堵塞管道和设备。此外，液态水聚集在管道低洼处，会减少管道的流通截面，影响正常流动。冬季水会结冰，堵塞管道和设备。

我国要求商品天然气在交接点的压力条件下，其水露点应比最低环境温度低5℃。有的国家则是规定商品天然气中的水含量。

（5）机械杂质（固体颗粒）

GB 17820—2012《天然气》中虽未规定商品天然气中机械杂质的具体指标，但明确指出"天然气中固体颗粒含量应不影响天然气的输送和利用"。同时还对固体颗粒的粒径进行限制。Q/SY 30—2002《天然气长输管道气质要求》规定固体颗粒的粒径应小于5μm。

（6）烃露点

此指标用来防止在输气或配气管道中有液态烃析出。液态烃的析出会影响气体的流动。烃露点要求不严，一般根据具体情况确定。一些国家的烃露点的规定见表6-4。

表6-4　不同国家对烃露点要求

| 国家 | 烃露点 |
| --- | --- |
| 加拿大 | 5.4MPa 下，−10℃ |
| 意大利 | 6MPa 下，−10℃ |
| 德国 | 地温/操作压力 |
| 荷兰 | 7MPa 下，−3℃ |
| 俄罗斯 | 温带地区：0℃；寒带地区：夏季−5℃，冬季−10℃ |
| 英国 | 夏季：6.9MPa 下，10℃；冬季：6.9MPa 下，−1℃ |

（7）其他

作为城镇燃气的天然气，应具有可以察觉的臭味。常用的加臭剂为四氢噻吩（THT）、乙硫醇（$C_2H_5SH$）。燃气中加臭剂的最小量应符合《城镇燃气设计规范》（GB 50028—2006）有关规定。

部分天然气中存在少量氧，具体来源不详。由于氧可与天然气形成爆炸气体混合物，且与加臭剂相互作用可形成腐蚀性更强的气体，故应加强对天然气中氧含量的检测与控制。为保障管输安全，很多国家对管输天然气的氧含量有所限制，而对商品气无此要求，如德国的管输天然气的氧含量不超过1%（体积），Q/SY 30—2002《天然气长输管道气质要求》中规定输气管道中天然气的氧含量应小于0.5%（体积分数）。

不同国家对天然气的质量要求不同。表6-5为国外商品天然气质量要求。表6-6给出了欧洲气体能量交换合理化协会（EASEE-gas）的"统一跨国输送的天然气气质"。EASEE-gas 是由欧洲六家大型输气公司于2002年联合成立的一个组织。该组织在对 20 多个国家的 73 个天然气贸易交接点进行气质调查后于 2005 年提出一份"统一天然气气质"报告,对欧洲影响较大,ISO 13686—2008 作为一个新的资料性附录引用,即欧洲 H 类"统一跨国输送的天然气气质"资料。

表6-5  国外商品天然气质量要求

| 国　家 | $H_2S$/<br>($mg/m^3$) | 总硫/<br>($mg/m^3$) | $CO_2$/<br>% | 水露点/<br>(℃/MPa) | 高发热量/<br>($MJ/m^3$) |
|---|---|---|---|---|---|
| 英国 | 5 | 50 | 2.0 | 夏4.4/6.9;冬-9.4/6.9 | 38.84~42.85 |
| 荷兰 | 5 | 120 | 1.5~2.0 | -8/7.0 | 35.17 |
| 法国 | 7 | 150 | — | -5/操作压力 | 37.67~46.04 |
| 德国 | 5 | 120 | | 低温/操作压力 | 30.2~47.2 |
| 意大利 | 2 | 100 | 1.5 | -10/6.0 | — |
| 比利时 | 5 | 150 | 2.0 | -8/6.9 | 40.19~44.38 |
| 奥地利 | 6 | 100 | 1.5 | -7/4.0 | — |
| 加拿大 | 6<br>23 | 23<br>115 | 2.0 | $64mg/m^3$<br>-10/操作压力 | 36.5<br>36 |
| 美国 | 5.7 | 22.9 | 3.0 | $110mg/m^3$ | 43.6~44.3 |
| 俄罗斯 | 7.0 | 16.0[①] | — | 夏-3/(10);冬-5(20)[②] | 32.5~36.1 |

① 硫醇。

② 括弧外为温带地区,括弧内为寒带地区。

表6-6  欧洲 H 类天然气统一跨国输送气质指标

| 项　　目 | 最小值 | 最大值 | 推荐执行日期 |
|---|---|---|---|
| 高华白指数/($MJ/m^3$) | 48.96 | 56.92 | 1/10/2010 |
| 相对密度 | 0.555 | 0.700 | 1/10/2010 |
| 总硫/($mg/m^3$) | — | 30 | 1/10/2006 |
| 硫化氢和羰基硫($mg/m^3$) | — | 5 | 1/10/2006 |
| 硫醇/($mg/m^3$) | — | 6 | 1/10/2006 |
| 氧气/%(摩尔) | | [0.01][①] | 1/10/2010 |
| 二氧化碳/%(摩尔) | | 2.5 | 1/10/2010 |
| 水露点(7MPa,绝压)/℃ | | -8 | 见注[②] |
| 烃露点(0.1~7MPa,绝压)/℃ | — | -2 | 1/10/2006 |

① EASEE-gas 通过对天然气中氧含量的调查,将确定氧含量限定的最大值≤0.01%(摩尔分数)。

② 针对某些交接点可以不严格遵守公共商务准则(CBP)的规定,相关生产、销售和运输方可另行规定水露点,各方也应共同研究如何适应 CBP 规定的气质指标问题,以满足长期需要。对于其他交接点,此规定可从 2006 年 10 月 1 日开始执行。

若仅为满足管输要求,则经过处理后的天然气称之为管输天然气,简称管输气。我国 GB 50251—2015《输气管道工程设计规范》对管输天然气的质量要求是：

① 进入输气管道的气体必须清除机械杂质。

② 水露点应比输送条件下最低环境温度低 5℃。

③ 烃露点应低于最低环境温度。

④ 气体中的硫化氢含量不应大于 20mg/m³。

可以看出，管输气的质量要求略低于商品气。

煤层气的经济开发有力弥补了天然气供应的不足，表 6-7 为 SY/T 6829—2011《煤层气集输与处理运行规范》中的商品煤层气质量指标，相当于表 6-2 中的二类气指标。SY/T 6829—2011 中规定"煤层气中固体颗粒含量应不影响煤层气的输送与利用，固体颗粒直径应小于 5μm。

表 6-7　商品煤层气质量指标（SY/T 6829—2011）

| 项　　目 | 质　量　指　标 |
|---|---|
| 高位发热量/（MJ/m³） | ≥31.4 |
| 总硫（以硫计）/（mg/m³） | ≤200 |
| 硫化氢/（mg/m³） | ≤20 |
| 二氧化碳/% | ≤3.0 |
| 氧气/% | ≤0.5 |
| 水露点/℃ | 在最高操作压力下，水露点至少应比管道最低环境温度低 5℃ |

注：本标准中气体体积的标准参比条件是 101.325kPa，20℃。

表 6-8 为民用煤层气（煤矿瓦斯）质量指标。

表 6-8　民用煤层气（煤矿瓦斯）质量指标（GB 26569—2011）

| 项　　目 | 技　术　指　标 | | | |
|---|---|---|---|---|
| | Ⅰ类 | Ⅱ类 | Ⅲ类 | Ⅳ类 |
| 甲烷含量/%（体积分数） | ≥90 | ≥83~90 | ≥50~83 | ≥30~50 |
| 高位发热量/（MJ/m³） | ≥34 | ≥31.4~34 | ≥18.9~31.4 | ≥11.3~18.9 |
| 总硫含量/（mg/m³） | ≤100 | | | |
| 硫化氢含量/（mg/m³） | ≤6 | | | |
| 水露点/℃ | 在煤层气交接点的压力和温度条件下，煤层气的水露点应比最低环境温度低 5℃ | | | |

注：1. 当甲烷含量指标与高位发热量指标发生矛盾时，以甲烷含量指标为分类依据。

2. 本标准中气体体积的标准参比条件是 101.325kPa，20℃。

3. 供给居民使用的煤层气（煤矿瓦斯）应添加臭味剂。

## 6.2.2　压缩天然气

常温和高压（20~25MPa）下，压缩天然气（CNG）的体积缩小 200~300 倍，可使天然气的储存和运输量大大提高，除少部分作为城市管网未达地区民用燃气外，绝大多数作为车用燃料。由于甲烷的抗爆性好，燃烧产物的温室气体和有害物质含量少，是一种清洁的车用燃料。车用压缩天然气的质量指标详见表6-9。

表6-9 车用压缩天然气的技术指标（GB 18047—2017）

| 项　目 | 技　术　指　标 |
|---|---|
| 高位发热量/（MJ/m³） | ≥31.4 |
| 总硫（以硫计）/（mg/m³） | ≤100 |
| 硫化氢/（mg/m³） | ≤15 |
| 二氧化碳/%（mol） | ≤3.0 |
| 氧气/%（mol） | ≤0.5 |
| 水/（mg/m³） | 在汽车驾驶的特定地理区域内，在压力不大于25MPa和环境温度不低于−13℃的条件下，水的质量浓度应不大于30 mg/m³ |
| 水露点/℃ | 在汽车驾驶的特定地理区域内，在压力不大于25MPa和环境温度低于−13℃的条件下，水露点应比最低环境温度低5℃ |

注：1. 本标准中气体体积的标准参比条件是101.325 kPa，20℃。
　　2. 在操作压力和温度下，压缩天然气中不应存在液态烃。
　　3. 压缩天然气中固体颗粒直径应小于5μm。

## 6.2.3　车用压缩煤层气

煤层气主要成分为 $CH_4$，含少量 $CO_2$ 和 $C_2H_6$ 以上的烃类，不含 $H_2S$，作为城镇燃气与其他管道来的天然气具有良好的互换性，与CNG用途相同。

车用压缩煤层气的质量指标详见表6-10。

表6-10　车用压缩煤层气技术指标（GB 26127—2010）

| 项　目 | 质　量　指　标 | |
|---|---|---|
| | Ⅰ类 | Ⅱ类 |
| 甲烷含量/%（体积） | ≥90 | ≥83~90 |
| 高位发热量/（MJ/m³） | ≥34 | ≥31.4~34 |
| 总硫含量/（mg/m³） | ≤150 | |
| $H_2S$ 含量/（mg/m³） | <12 | |
| 水露点/℃ | 在煤层气交接点的压力和温度条件下，煤层气的水露点应比最低环境温度低5℃ | |

注：1. 当甲烷含量指标与高位发热量指标发生矛盾时，以甲烷含量指标为分类指标。
　　2. 本标准中气体体积的标准参比条件是101.325kPa，20℃。

## 6.2.4　液化天然气

液化天然气（LNG）是天然气经脱水、脱除酸性气体等净化处理后，经节流膨胀及外加冷源的方式逐级冷却，在温度约为-162℃时液化得到以甲烷为主的液烃混合物。LNG 可由油气田原料天然气或来自输气管道的商品天然气经再处理、液化得到，LNG 性质见表6-11。

表 6-11　LNG 性质

| 气体相对密度<br>（空气=1） | 沸点<br>（常压下）/℃ | 液态密度<br>（沸点下）/（kg/m³） | 高发热量[①]/<br>（MJ/m³） | 颜色 |
|---|---|---|---|---|
| 0.60~0.70 | 约-162 | 430~460 | 41.5~45.3 | 无色透明 |

① 指 101.325kPa，15.6℃状态下的气体体积。

液化后天然气的体积可缩小为气态的 1/625，适合车船远洋运输，广泛用于天然气的储存、民用气的调峰和应急气源。

SN/T 2491—2010《进出口液化天然气质量评价标准》规定了液化天然气技术指标，详见表6-12。LNG 的性质随组成变化而各异，GB/T 19204—2003《液化天然气的一般特性》反映了液化天然气的一般特性，详见表6-13。

表 6-12　液化天然气技术指标

| 项　　目 | | 质量指标 | |
|---|---|---|---|
| | | 一级 | 二级 |
| 组分/%（mol） | 甲烷 | ≥83 | ≥75 |
| | C₄烷烃 | ≤1.5 | ≤2.0 |
| | C₅⁺烷烃 | ≤0.1 | ≤0.5 |
| | 二氧化碳 | ≤0.1 | ≤0.1 |
| | 氧 | ≤0.01 | ≤0.01 |
| | 氮 | ≤1 | ≤1 |
| 总硫（以硫计）/（mg/m³） | | ≤5 | ≤30 |
| 硫化氢/（mg/m³） | | ≤1 | ≤5 |
| 高热值/（MJ/m³） | | ≥39.0 | ≥38.0 |
| 相对密度 | | 0.555~0.7 | |

注：1. 参比条件：15℃，101.325kPa。

　　2. 试验方法也可采用贸易合同指定的方法。

表 6-13　液化天然气的一般特性（GB/T 19204—2003）

| 常压泡点时性质 | LNG 例 1 | LNG 例 2 | LNG 例 3 |
|---|---|---|---|
| 摩尔分数/% | | | |
| $N_2$ | 0.5 | 1.79 | 0.36 |
| $CH_4$ | 97.5 | 93.9 | 87.20 |
| $C_2H_6$ | 1.8 | 3.26 | 8.61 |
| $C_3H_8$ | 0.2 | 0.69 | 2.74 |

| 常压泡点时性质 | LNG 例 1 | LNG 例 2 | LNG 例 3 |
|---|---|---|---|
| $i\text{-}C_4H_{10}$ | — | 0.12 | 0.42 |
| $n\text{-}C_4H_{10}$ | — | 0.15 | 0.65 |
| $C_5H_{12}$ | — | 0.09 | 0.02 |
| 相对分子质量/(kg/kmol) | 16.41 | 17.07 | 18.52 |
| 泡点温度/℃ | −162.6 | −165.3 | −161.3 |
| 密度/(kg/m³) | 431.6 | 448.8 | 468.7 |
| 0℃，101325Pa 时单位体积液体生成气体体积/(m³/m³) | 590 | 590 | 568 |
| 0℃，101325Pa 时单位质量液体生成气体体积/(m³/10³kg) | 1367 | 1314 | 1211 |

# 6.3 液化石油气

## 6.3.1 液化石油气

液化石油气(LPG)主要由碳三和碳四烃类组成，常温、适当压力下处于液态的石油产品。按其来源分为炼厂液化石油气和油气田液化石油气两种。炼厂液化石油气由重油经催化裂化、延迟焦化、加氢裂化等二次加工过程所得，主要由丙烷、丙烯、丁烷和丁烯等组成，其中的丙烯、丁烯可作为化工原料被分离。油气田液化石油气则是由原油、天然气处理过程得到，不含烯烃。

GB 9052.1—1998《油气田液化石油气》规定了油气田生产的液化石油气的质量指标。GB 11174—1997《液化石油气》规定了石油炼厂生产的液化石油气的质量指标。以上两标准后被 GB 11174—2011《液化石油气》代替。GB 11174—2011《液化石油气》适用于做工业和民用燃料，不适用于作内燃机燃料。

GB 11174—2011《液化石油气》按液化石油气的组分和挥发性分为商品丙烷、商品丙、丁烷混合物和商品丁烷等 3 个品种。商品丙烷主要由丙烷和少量丁烷及微量乙烷组成，适用于要求高挥发性产品的场合。商品丁烷主要由丁烷和少量丙烷及微量的戊烷组成，适用于要求低挥发性产品的场合。商品丙、丁烷主要由丙烷、丁烷和少量乙烷、戊烷组成，适用于要求中挥发性产品的场合。我国液化石油气质量指标见表 6-14。

表 6-14　液化石油气的质量指标(GB 11174—2011)

| 项　　目 | 质　量　指　标 | | |
|---|---|---|---|
| | 商品丙烷 | 商品丙、丁烷混合物 | 商品丁烷 |
| 密度(15℃)/(kg/m³) | 报告 | | |
| 蒸气压(37.8℃)/kPa | ≤1430 | ≤1380 | ≤485 |

| 项　目 | | 质　量　指　标 | | |
| --- | --- | --- | --- | --- |
| | | 商品丙烷 | 商品丙、丁烷混合物 | 商品丁烷 |
| 组分 | C₃烃类组分/%(体积) | ≥95 | — | — |
| | C₄及C₄以上烃类组分/%(体积) | ≤2.5 | — | — |
| | C₃及C₄烃类组分/%(体积) | — | ≥95 | ≥95 |
| | C₅及C₅以上烃类组分/%(体积) | — | ≤3.0 | ≤2.0 |
| 残留物 | 蒸发残留物/(mL/100mL) | 0.05 | | |
| | 油渍观察 | 通过 | | |
| 铜片腐蚀(40℃，1h)/级 | | ≤1 | | |
| 总硫含量/(mg/m³) | | ≤343 | | |
| 硫化氢　需满足下列要求之一：<br>　　乙酸铅法<br>　　层析法/(mg/m³) | | 无<br>≤10 | | |
| 游离水 | | 无 | | |

## 6.3.2　车用液化石油气

液化石油气易燃烧，辛烷值较高，燃烧彻底，污染物排放少，可作为车用清洁燃料使用。但其中不稳定组分如烯烃、二烯烃、硫化物等严重影响内燃机的有效工作，炼厂液化石油气更是如此。油气田液化石油气中无烯烃，基本无硫醇，成为车用液化石油气生产的首选原料。

GB 19159—2012《车用液化石油气》适用于点燃式内燃机使用的车用液化石油气。该标准根据发动机正常运行所需的最小蒸气压和燃料使用的环境温度，将车用液化石油气划分为-10号、-5号、0号、10号、20号共5个牌号，其对应的使用环境温度分别为不低于-10℃、不低于-5℃、不低于0℃、不低于10℃、不低于20℃。车用液化石油气质量指标见表6-15。

表6-15　车用液化石油气质量指标（GB 19159—2012）

| 项　目 | 质　量　指　标 |
| --- | --- |
| 密度(15℃)/(kg/m³) | 报告 |
| 马达法辛烷值MON | ≥89.0 |
| 二烯烃(包括1,3-丁二烯)/%(mol) | — |
| 硫化氢 | 无 |
| 铜片腐蚀(40℃，1h)/级 | ≤1 |
| 总硫含量(含赋臭剂)/(mg/kg) | ≤50 |

| 项　　目 | | 质　量　指　标 |
|---|---|---|
| 蒸发残留物/(mg/kg) | | ≤60 |
| C₅ 及以上组分质量分数/% | | ≤2.0 |
| 蒸气压(40℃，表压)/kPa | | ≤1550 |
| 最低蒸气压(表压)<br>为 150kPa 的温度/℃ | -10 号 | 不高于-10 |
| | -5 号 | 不高于-5 |
| | 0 号 | 不高于 0 |
| | 10 号 | 不高于 10 |
| | 20 号 | 不高于 20 |
| 游离水 | | 通过 |
| 气味 | | 体积浓度达到燃烧下限的 20%时有明显异味 |

# 6.4 人工煤气

　　GB 13612—1992《人工煤气》规定了由人工制气厂生产的人工煤气的技术条件。本标准适用于以煤或油为原料的人工煤气经城镇燃气管网输送至用户，作为居民生活、工业企业生产和公共建筑用气的城镇燃气。在此基础上 GB/T 13612—006《人工煤气》标准规定了由人工制气厂生产的人工煤气的技术要求和试验方法及取样，该标准适用于以煤或油或液化石油气、天然气等为原料转化生产的可燃气体、经城镇燃气管网输送至用户，作为居民生活、工业企业生产的燃料。

　　GB 3612—1992 对煤气热值仅一个要求指标，GB 3612—2006 改为依热值不同，以一类气和二类气划分，并增加了人工煤气燃烧特性指数波动范围的要求。原标准规定煤气中萘含量为一固定值，在确保煤气萘不析出的前提下，GB 13612—2006 允许各地区根据当地城市燃气管道埋设处的土壤温度修正煤气中萘含量限值。同时，GB 13612—2006 对煤气中含氧量控制的指标值进行了修改，标准煤气体积由原 0℃改为 15℃状态下的体积。标准性引用文件中增加了 GB/T 13611—2006《城镇燃气分类和基本特性》。GB 13612—2006《人工煤气》中所规定的技术要求和试验方法如表 6-16 所示。

表 6-16　人工煤气质量指标(GB 13612—2006)

| 项　　　目 | 质　量　指　标 | 试　验　方　法 |
|---|---|---|
| 低热值[①]/(MJ/m³) | | |
| 一类气[②] | >14 | GB/T 12206 |

| 项　目 | 质量指标 | 试验方法 |
|---|---|---|
| 二类气② | >10 | GB/T 12206 |
| 燃烧特性指数③波动范围应符合 | GB/T 13611 | |
| 杂质 | | |
| 焦油和灰尘/(mg/m³) | <10 | GB/T 12208 |
| 硫化氢/(mg/m³) | <20 | GB/T 12211 |
| 氨/(mg/m³) | <50 | GB/T 12210 |
| 萘④/(mg/m³) | <50×10²/P(冬天) | GB/T 12209.1 |
| | <100×10²/P(夏天) | |
| 含氧量⑤/%(体积) | | |
| 一类气 | <2 | GB/T 10410.1 或化学分析方法 |
| 二类气 | <1 | GB/T 10410.1 或化学分析方法 |
| 含一氧化碳⑥/%(体积) | <10 | GB/T 10410.1 或化学分析方法 |

　① 本标准煤气体积(m³)指在 101.325kPa，15℃状态下的体积。
　② 一类气为煤干馏气；二类气为煤气化气、油气化气(包括液化石油气及天然气改制气)。
　③ 燃烧特性指数：华白指数($W$)、燃烧势($CP$)。
　④ 萘系指萘和它的同系物 α-甲基萘及 β-甲基萘。在确保煤气中萘不析出的前提下，各地区可以根据当地城市燃气管道埋设处的土壤温度规定本地区煤气中含萘指标，并报标准审批部门批准实施。当管道输气点绝对压力($p$)小于 202.65 kPa 时，压力($p$)因素可不参加计算。
　⑤ 含氧量系指制气厂生产过程中所要求的指标。
　⑥ 对二类气或掺有二类气的一类气，其一氧化碳含量应小于 20%(体积)。

# 6.5　二甲醚

　　二甲醚是(DME)一种无色气体，具有轻微的醚香味，二甲醚无腐蚀性，无毒，表 6-17 为二甲醚性质。

表 6-17　二甲醚性质

| 性　质 | 数值 | 性　质 | 数值 |
|---|---|---|---|
| 沸点/℃ | -24.9 | 临界压力/MPa | 5.37 |
| 闪点/℃ | -41 | 临界温度/℃ | 127 |
| 蒸气压 20℃/MPa | 0.51 | 临界密度/(g/cm³) | 0.22 |
| 液体密度 20℃/(kg/L) | 0.67 | 气体燃烧热/(kJ/g) | 28.84 |
| 辛烷值 | 89.5 | 蒸发潜热 20℃/(kJ/kg) | 410 |
| 十六烷值 | 55~60 | 空中可燃范围/% | 3.4~17 |

二甲醚特有的物理化学性能决定了其应用的广泛性和基础产业地位，主要应用集中在燃料和精细化学品两大方面。二甲醚是一种热值高于甲醇的优良燃料，易通过甲醇脱水获得。被用作运输燃料的优点在于它有较高的十六烷值，世界各地都在开发以二甲醚为动力的汽车，它被大家公认是代替传统柴油最有前景的燃料之一。二甲醚和液化石油气的混合物也可用作汽油动力车的替代燃料。此外，二甲醚可代替氟利昂用作制冷剂和化工原料开发下游产品。二甲醚还是一种优良的燃气轮机燃料，在尾气排放和效能方面与天然气相当。二甲醚可用在原使用天然气或石脑油及馏分油等液体燃料的燃气轮机，只需对燃料供应系统进行某些改装。由于燃烧性质类似，设计使用天然气的厨灶可以直接使用二甲醚而不需要任何改动。

二甲醚和液化气物理性质相比，具体见表6-18，通常二甲醚也需加压液化后储存。二甲醚作燃料有诸多优点：①它的饱和蒸气压较低，运输和储存二甲醚相对更安全；②在空气中液化气的爆炸下限比它少一半，因此二甲醚比液化气更安全；③热值不高，但其本身含氧，燃烧所需的空气要比液化气小，因此相对而言二甲醚的燃烧温度和预混合热值比较高；④相对于液化气的价格，二甲醚竞争力强，是二甲醚最大的潜在市场之一。

表6-18  二甲醚和液化气性质比较

| 性　　质 | DME | LPG 主要组分 | |
| --- | --- | --- | --- |
| | | 丙烷 | 丁烷 |
| 沸点/℃ | −24.9 | −42.1 | −0.5 |
| 蒸气压 20℃/MPa | 0.51 | 0.84 | 0.21 |
| 密度 20℃/(kg/L) | 0.67 | 0.50 | 0.61 |
| 热值/(kcal/kg) | 6880 | 11090 | 10920 |
| 空中可燃范围/% | 3.4~17 | 2.1~9.4 | 1.9~8.4 |

二甲醚生产工艺主要分为两步法工艺和一步法工艺。两步法工艺即先由合成气合成甲醇，甲醇再作为原料生产制得二甲醚。两步法工艺又可分为液相脱水工艺和气相脱水工艺。

（1）HG/T 3934—2007《二甲醚》

该标准规定了二甲醚的要求、试验方法、检验规则及标志、包装、运输、储存和安全等，适用于甲醇气相法或液相法脱水生成的二甲醚，或由合成气直接合成的二甲醚，或其他产品生产工艺回收二甲醚的生产、检验和销售。

该标准将二甲醚产品分为Ⅰ型和Ⅱ型2种产品：Ⅰ型作为工业原料主要用于气雾剂的推进剂、发泡剂、制冷剂、化工原料等；Ⅱ型主要用于民用燃料、车用燃料及工业燃料的原料。二甲醚的技术要求见表6-19。

表 6-19　二甲醚的技术要求（HG/T 3934—2007）

| 项　目 | Ⅰ型 | Ⅱ型 |
|---|---|---|
| 二甲醚的质量分数/% | ≥99.9 | ≥99.0 |
| 甲醇的质量分数/% | ≤0.05 | ≤0.5 |
| 水的质量分数/% | ≤0.03 | ≤0.3 |
| 铜片腐蚀试验 | — | ≤1级 |
| 酸度（以 $H_2SO_4$ 计）/% | ≤0.0003 | — |

注：Ⅰ型产品作制冷剂时检测酸度。

（2）NY/T 1637—2008《二甲醚民用燃料》

该标准规定了二甲醚用作民用燃料的要求、试验方法、检验规则及标志、包装、运输、储存和安全使用措施，适用于单独或与液化石油气配混的二甲醚民用燃料。

该标准根据二甲醚含量将二甲醚民用燃料分为 2 个等级，二甲醚民用燃料的技术要求见表 6-20。

表 6-20　二甲醚民用燃料的技术条件

| 项　目 | 一级品 | 二级品 |
|---|---|---|
| 二甲醚（$+C_3 \sim C_4$烃）/%（质量） | ≥99.0 | ≥98.0 |
| 甲醇/%（质量） | ≤0.6 | ≤1.2 |
| 水分/%（质量） | ≤0.03 | ≤0.3 |
| 铜片腐蚀/级 | ≤1 | ≤1 |
| $C_3 \sim C_4$烃/%（质量） | ≤0~0.2（报告） | ≤0~0.4（报告） |
| 残留物/（mL/100mL） | ≤0.7 | ≤1.4 |

（3）GB 25035—2010《城镇燃气用二甲醚》

该标准是在城镇建设行业标准 CJ/T 259—2007《城镇燃气用二甲醚》基础上修订的。标准规定了城镇燃气用二甲醚的要求、试验方法、检验规则及标志、包装、运输、储存和安全使用措施，适用于城镇居民、商业和工业企业用的城镇燃气用二甲醚。

城镇燃气用二甲醚的质量要求见表 6-21。标准推荐加臭剂宜用四氢噻吩。

表 6-21　城镇燃气用二甲醚质量要求

| 项　目 | 质量指标 | 项　目 | 质量指标 |
|---|---|---|---|
| 二甲醚的质量分数/% | ≥99.0 | 水的质量分数/% | ≤0.5 |
| 甲醇的质量分数/% | ≤1.0 | 铜片腐蚀试验/级 | ≤1 |

（4）GB/T 26605—2011《车用燃料用二甲醚》

该标准规定了车用燃料用二甲醚的要求、试验方法、检验规则及标志、包装、储存和安全，适用于甲醇气相法或液相法脱水生成的车用燃料用二甲醚，或由合成气直接合成的车用燃料用二甲醚。

车用燃料用二甲醚的质量要求见表6-22。

表6-22　车用燃料用二甲醚的质量要求

| 项　　目 | 质量指标 | 项　　目 | 质量指标 |
|---|---|---|---|
| 二甲醚质量分数/% | ≥99.5 | 铜片腐蚀试验/级 | ≤1a |
| 甲醇质量分数/% | ≤0.30 | 酸度(以乙酸计质量分数)/% | ≤0.0002 |
| 水质量分数/% | ≤0.03 | 蒸发残渣质量分数/% | ≤0.003 |

# 第7章 气体燃料的生产及其应用

天然气、液化石油气、煤气、二甲醚、生物质气等可燃性气体均可作为燃料使用，但二甲醚、生物质气的使用市场极小，液化石油气、煤气等气体燃料的使用市场已大幅度萎缩，天然气已占领气体燃料市场供应的绝对主体。常规天然气、煤层气、页岩气、致密砂岩气、天然气水合物等天然气的开发生产工艺不同，但处理、净化工艺相近，以常规天然气和非常规天然气为原料生产的商品天然气、压缩天然气、液化天然气成为气体燃料的主要供应形式。

## 7.1 商品天然气的净化处理

天然气在开采过程中，混有发泡剂、防冻剂、缓蚀剂、钻井液及酸化液等化学药剂，同时开采出来的天然气还含有 $C_5$ 及以上的重烃、游离水、泥沙等固体杂质。从井口开采出来的天然气经过集气管网进入集气站，在集气站经过机械分离脱除其中的固体杂质、重烃、游离水，然后再经脱水撬脱除其中的部分饱和水分，待其水露点合格后经集气干线输送至天然气净化厂，在净化厂脱除酸性气、部分饱和水分，满足管输天然气质量标准（GB 50251—2015《输气管道工程设计规范》）后进行长距离输送。

### 7.1.1 天然气酸性组分的脱除

天然气中含有的硫化氢、二氧化碳和有机硫化物，统称为酸性气体，酸性气体的存在会引起管线及设备的腐蚀，燃烧产物污染环境等。脱除天然气酸性组分以满足不同用途天然气质量标准要求的酸性气体浓度范围，是天然气处理、净化单元的任务。目前，国内外报道过的脱硫方法有近百种之多。就其作用机理而言，可分为化学溶剂吸收法、物理溶剂吸收法、物理-化学吸收法、直接氧化法、固体吸收/吸附法及膜分离法等。

#### 7.1.1.1 化学溶剂吸收法

化学溶剂吸收法以可逆化学反应为基础，以碱性溶液为吸收剂，在低温高压下，溶剂与原料气中的酸性组分（主要是 $H_2S$、$CO_2$）反应生产某种化合物，升高温度、降低压力下该化合物又能分解释放出酸性气,溶剂得以再生。这类方法中最具代表性的是采用有机胺的醇胺(烷醇胺)法和碱性盐溶液法。

(1)醇胺法

醇胺法是目前国内外最常用的天然气脱硫脱碳方法,主要采用的有一乙醇胺(MEA)法、二乙醇胺(DEA)法、二甘醇胺(DGA)法、二异丙醇胺(DIPA)法、甲基二乙醇胺(MDEA)法,以及空间位组胺、混合醇胺、配方醇胺溶液法等。

醇胺法适用于天然气中酸性组分分压低和要求净化气中酸性组分含量低的场合。由于醇胺法使用的是醇胺水溶液,溶液中含水可使被吸收的重烃降低至最低程度,故非常适用于重烃含量高的天然气脱硫脱碳。MDEA 等醇胺废液还具有在 $CO_2$ 存在下选择性脱除 $H_2S$ 的能力。

醇胺法的缺点是有些醇胺与 COS 和 $CS_2$ 的反应不可逆,造成溶剂的化学降解损失,故不宜用于 COS 和 $CS_2$ 含量高的天然气脱硫脱碳。醇胺溶液本身无腐蚀性,但在天然气中的 $H_2S$ 和 $CO_2$ 等的作用下会对碳钢产生腐蚀。此外,醇胺作为脱硫脱碳溶剂,其富液再生时需要加热,能耗高,且在高温下再生时会发生部分热降解,溶剂损耗较大。

醇胺法脱硫脱碳的典型工艺流程如图 7-1 所示。该流程包括吸收、闪蒸、换热及再生四部分组成。吸收部分使天然气中的酸性气体脱除到规定指标或要求;闪蒸部分用于除去富液中的烃类(以降低酸性气中的烃含量);换热部分则是回收利用贫液的热量;再生部分将富液中酸性气体解吸出来以恢复其脱硫脱碳性能。

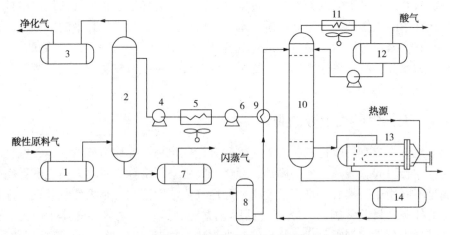

图 7-1　醇胺法典型工艺流程

1—进口分离器;2—吸收塔;3—出口分离器;4—醇胺溶液泵;5—溶液冷却器;6—升压泵;7—闪蒸罐;8—过滤器;9—换热器;10—再生塔;11—塔顶冷凝器;12—回流罐;13—再沸器;14—缓冲罐

经吸收处理后得到的是湿净化气(含饱和水蒸气),此湿净化气还需脱水后才能作为商品气或管输,或去下游装置。

对于天然气中酸性气体含量高或溶剂循环量大的大型装置，可考虑采用分流流程。即由再生塔中部引出一部分半贫液送至吸收塔的中部来提高处理效率。如图 7-2 所示。分流流程虽然增加设备投资，但能耗显著降低。

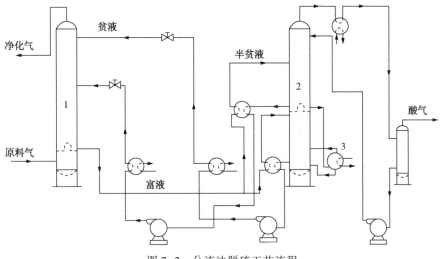

图 7-2　分流法脱硫工艺流程
1—吸收塔；2—再生器；3—再沸器

（2）活化热钾碱法

最具代表性的活化热钾碱法为 Benfield 法，所用吸收剂为加有活化剂的碳酸钾溶液。该方法吸收和再生均在高于 100℃ 的温度下进行，主要适用于合成气脱碳，在天然气中也有应用，其基本流程如图 7-3 所示。

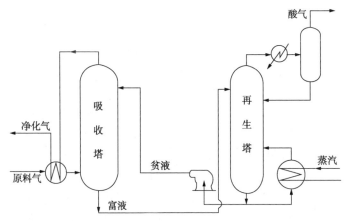

图 7-3　活化热钾碱法基本工艺流程

### 7.1.1.2　物理溶剂法

物理溶剂法利用 $H_2S$ 和 $CO_2$ 等酸性组分与 $CH_4$ 等烃类在溶剂中溶解度的差异进行分离。与醇胺法相比，物理溶剂法的特点是：①传质速度慢，酸性气负荷决

161

定于其在天然气中的分压；②可以同时脱硫脱碳，也可以选择性脱除 $H_2S$，对有机硫也有良好的脱除能力；③在脱硫脱碳的同时可以脱水；④由于酸性气体的物理吸收热远低于其与化学溶剂的反应热，故溶剂再生的能耗低；⑤对烃类尤其是重烃的溶解能力强，故不宜用于 $C_2H_6$ 以上烃类尤其是重烃含量高的气体；⑥基本上不存在溶剂变质问题。物理溶剂法不如醇胺法应用广泛，但在特定条件下，具有明显的技术经济优势。

常用的物理溶剂有多乙二醇二甲醚、碳酸丙烯酯、甲醇及 N–甲基吡咯烷酮和多乙二醇甲基异丙基醚等。其中多乙二醇二甲醚由美国 Allied 化学公司开发，其商业名称为 Selexol 法。

物理溶剂法有德国 NEAG-II 装置(图 7-4)和美国 Pikes Peak 装置(图 7-5)等两种基本流程。二者的差别主要在于再生部分，当用于脱除大量 $CO_2$ 时，净化气 $CO_2$ 指标较为宽松，此时可仅靠溶液的闪蒸而完成再生。如需达到较严格的 $H_2S$ 指标，则溶液闪蒸后还需通过汽提或真空闪蒸完成。

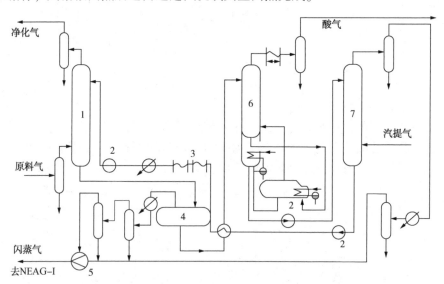

图 7-4 德国 NEAG-II Selexol 法装置工艺流程

1—吸收塔；2—泵；3—空气冷凝器；4—闪蒸槽；5—压缩机；6—解吸塔；7—汽提塔

### 7.1.1.3 化学–物理溶剂法

化学–物理溶剂法采用溶剂是醇胺、物理溶剂和水的混合物，兼有化学溶剂法和物理溶剂法的特点。迄今为止，工业上应用最广泛的物理–化学吸收法是砜胺法(Sulfinol 法)，其所用物理溶剂为环丁砜，而化学溶剂则是 MEA、DIPA、MDEA 等，溶液中还含有一定量的水。此外，还有 Amisol、Selefining、Optisol 和 Flexsorb 混合 SE 法等。

砜胺法的操作条件和脱硫脱碳效果大致与相应的醇胺法相当，但物理溶剂的存在使溶液的酸气负荷大大提高，尤其是当原料气中酸性组分分压高时此法更为

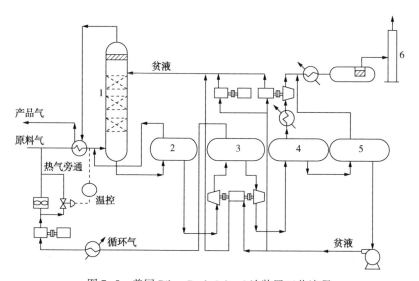

图 7-5　美国 Pikes Peak Selexol 法装置工艺流程

1—吸收塔；2—缓冲罐；3—高压闪蒸罐；4—中压闪蒸罐；5—低压闪蒸罐；6—烟囱

适用。另外，砜胺法的能耗低、可脱除有机硫、装置处理能力大、腐蚀性小、不易发泡及溶剂变质少，被广为应用，现已成为天然气脱硫脱碳的主要方法之一。砜胺法脱硫脱碳工艺流程和设备与醇胺法(图 7-1)基本相同。

#### 7.1.1.4　直接氧化法

直接氧化法以氧化-还原反应为基础，采用含氧化剂(氧载体)的碱性溶液脱除气体中的 $H_2S$，并将其氧化为单质硫，被还原的氧化剂则采用空气再生，从而使脱硫和硫回收合为一体。此方法目前虽在天然气工业中应用不多，但在焦炉气、水煤气、合成气等气体脱硫及尾气处理方面广为应用。由于溶剂的硫容量(即单位质量或体积溶剂能够吸收的硫的质量)较低，故适用于原料气压力较低及处理量不大的场合。

按所使用的氧载体不同分类，直接氧化法主要有铁法、钒法及其他方法。铁法的氧载体大多使用三价铁，目前国内获工业应用的有 Lo-Cat 法、Sulferox 法、EDTA 络合铁法、FD 及铁碱法等。钒法的氧载体是五价钒，获工业应用的主要有 Stretford 法、Sulfolin 法及 Unisulf 法等。

上述各种方法因都采用液体脱硫脱碳，故又统称为湿法。其主导方法是醇胺法和砜胺法。

#### 7.1.1.5　其他方法

除了上述方法外，目前还采用分子筛吸附法、低温分离法、膜分离法、改性活性炭催化氧化法以及超重力氧化还原法脱除 $H_2S$ 和有机硫。此外，非再生的固体(例如海绵铁)、液体以及浆液脱硫剂适用于 $H_2S$ 含量低的天然气脱硫。加气站的天然气脱硫(如果需要)一部分采用非再生的固体法。

膜分离法借助于膜的选择性渗透作用脱除天然气中的酸性组分，目前有 AVIR、Cynara、杜邦（DuPont）、Grace 等法，多用于从含 $CO_2$ 含量很高的天然气中分离 $CO_2$。

## 7.1.2 天然气脱水

从油气井开采出来的天然气，含有的液态游离水可通过气液分离器分离出来。但脱除了游离水的天然气及采用湿法脱硫脱碳后的净化天然气均含有饱和水蒸气。外输前，必须要将其中的水蒸气脱除至一定程度，使其水露点或水含量符合管道压力输送要求。同时为防止天然气在压缩天然气加气站的高压系统、天然气凝液回收及天然气液化装置的低温系统形成水合物或冰堵，还应对其进行深度脱水。

天然气脱水方法有溶剂吸收法、固体吸附法、低温法及膜分离法等。

### 7.1.2.1 溶剂吸收法脱水

溶剂吸收法是根据吸收原理，采用一种亲水液体与天然气逆流接触，从而吸收天然气中的水蒸气达到脱水的目的。

脱水前天然气的水露点（以下简称露点）与脱水后干气的露点之差称为露点降。工业上常用露点降表示天然气的脱水深度。

常用的脱水吸收剂是甘醇类化合物，尤其是三甘醇因其露点降大（30~70℃），成本低和运行可靠，在此类化合物中经济性最好，因而广为采用。

目前，甘醇法脱水主要用于使天然气露点符合管输要求的场合，一般建在集中处理厂（湿气来自周围气井和集气站）、输气首站或天然气脱硫脱碳装置的下游。此外，当天然气水含量较高但又要求深度脱水时，还可先采用三甘醇脱除大部分水，再采用分子筛吸附脱除残余水的方法。

图 7-6 为典型的三甘醇脱水工艺流程。此过程由高压吸收和低压再生两部分组成。经原料气分离器 1 分离了液体和固体杂质后的天然气与三甘醇溶液在吸收塔 2 内逆流接触，天然气中的水蒸气被三甘醇溶液吸收，离开塔顶的天然气与再生好的贫甘醇换热后进入外输管线。从吸收塔底流出的三甘醇富液经再生塔精馏柱顶部回流冷凝器盘管和贫甘醇换热器（贫/富甘醇换热器）加热后，进入闪蒸罐 4，在闪蒸罐内分离出富甘醇中的大部分溶解气，然后再经织物过滤器（除去固体颗粒，也称滤布过滤器）、活性炭过滤器（除去重烃、化学剂和润滑油等液体）和贫甘醇换热后进入再生塔 9 的精馏柱，自上而下流入塔底的再沸器 10，在再沸器内被加热至 177~204℃。被三甘醇吸收的水分汽化，自下而上从再生塔顶排出。通过再生脱除了水分后的贫三甘醇经换热降温、增压后循环至吸收塔顶部。

为保证再生后的贫甘醇质量分数在 99% 以上，通常还需向再沸器 10 中通入汽提气。汽提气一般是出吸收塔的干气，将其通入再沸器底部或再沸器与缓冲罐之间的贫液汽提柱，用以搅动甘醇溶液，使滞留在高黏度溶液中的水蒸气逸出，同时也降低了水蒸气分压，使更多的水蒸气蒸出，从而将贫甘醇中的甘醇浓度进一步提高。除了采用汽提法外，还可采用共沸法和负压法等。

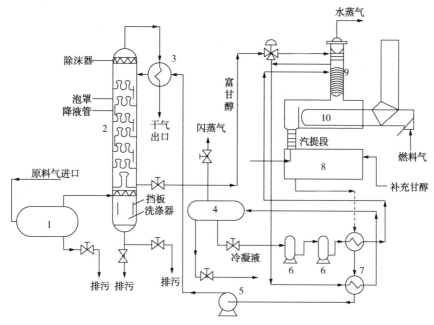

图 7-6  三甘醇脱水工艺流程

1—原料气分离器；2—吸收塔；3—气体/甘醇换热器；4—闪蒸罐；5—甘醇泵；
6—活性炭过滤器；7—贫/富甘醇换热器；8—缓冲罐；9—再生塔；10—再沸器

### 7.1.2.2  固体吸附法脱水

固体吸附法脱水是采用固体吸附剂与天然气接触，脱除其中水蒸气的工艺过程。用于气体脱水的吸附过程一般为物理吸附。故可通过改变温度或压力的方法快速改变吸附平衡关系，实现吸附的目的。

吸附法脱水装置的投资和操作费用比甘醇脱水装置高，故其仅用于以下场合：①高含硫天然气；②水露点要求很低；③同时控制水露点和烃露点；④天然气中含氧。

（1）吸附剂

常用的吸附剂有活性氧化铝、硅胶和分子筛三大类。

① 活性氧化铝。活性氧化铝是一种极性吸附剂，以部分水合的、多孔的无定形 $Al_2O_3$ 为主，并含有少量其他金属化合物，其比表面积可达 $250m^2/g$ 以上。

由于活性氧化铝的湿容量大，故常用于水含量高的气体脱水。但是，因其呈碱性，可与无机酸发生化学反应，故不宜处理酸性天然气。此外，因其微孔孔径极不均匀，吸附选择性不明显，在脱水时还能吸附重烃，且在再生时不易脱除。通常，采用活性氧化铝干燥后的气体露点可达−70℃。

② 硅胶。硅胶是一种晶粒状无定形氧化硅，分子式为 $SiO_2 \cdot nH_2O$，比表面积可达 $300m^2/g$。硅胶为亲水的极性吸附剂，吸附容量大，其量可达自身质量的 50%，故常用于水含量高的气体脱水。硅胶吸附水分时会放出大量的吸附热，易使其破裂产生粉尘，压降增加，降低其有效湿容量。另外，硅胶的微孔孔径分布也极不均匀，没有明显的吸附选择性。采用硅胶脱水一般可使天然气的露点达 -60℃。

③ 分子筛。分子筛是一种人工合成沸石，是具有骨架结构的碱金属或碱土金属的硅酸盐晶体。分子筛是强极性吸附剂，对极性、不饱和化合物和易极化分子特别是水具有很大的亲和力，选择性好，可按照气体分子极性、不饱和度和空间结构不同进行分离。

分子筛的热稳定和化学稳定性高，又具有许多孔径均匀的微孔孔道和排列整齐的空腔，故其比表面积大（$800 \sim 100m^2/g$），且只允许直径比其孔径小的分子进入微孔，从而使大小和形状不同的分子分离，起到了筛分分子的选择性吸附作用。天然气脱水多用 4A 或 5A 分子筛，采用分子筛干燥后的气体露点可低于 -100℃。

与活性氧化铝和硅胶相比，分子筛用作脱水吸附剂时具有以下特点：a. 吸附选择性强，即可按物质分子大小及极性不同进行选择性吸附；b. 虽然当气体中的水蒸气分压(或相对湿度)高时其湿容量较小，但当气体中水蒸气分压较低，以及在高温及高气速等苛刻条件下，则具有较高的湿容量，适宜天然气的精脱水；c. 由于可以选择性地吸附脱水，可避免因重烃共吸附而失活，故其使用寿命较长；d. 不易被液态水破坏；e. 再生时能耗高；f. 价格较高。

综上所述，对于水含量高的天然气，生产上一般先用三甘醇法脱除大量的水分后，再用分子筛深度脱水。这样既保证了脱水要求，又避免了在含水量高时分子筛湿容量较小，需频繁再生的缺点。

(2) 吸附法脱水工艺

与溶剂吸收法相比，吸附法脱水适用于要求干气露点较低的场合，尤其是分子筛，常用于车用压缩天然气的生产(CNG 加气站)和采用深冷分离的天然气凝液(NGL)回收、液化天然气生产等过程中。

采用不同吸附剂的天然气脱水工艺流程基本相同，干燥器(脱水塔)都采用固定床。为保证装置连续操作，至少需要两座吸附塔。工业上经常采用双塔或三塔流程。在双塔流程中，一塔进行脱水操作，另一座进行吸附剂再生和冷却，两者轮换操作。在三塔流程中，一般是一塔脱水，一塔再生，另一塔冷却。

图 7-7 为天然气凝液回收装置中普遍采用的天然气吸附脱水两塔工艺流程。原料气(湿天然气)自上而下流过吸附塔，床层内的吸附剂不断吸附天然气中的水分，在床层中水分未达到饱和之前进行切换，即将湿天然气改进入另一个已经再生好的吸附塔，而刚完成吸附脱水操作的吸附塔则改用再生气进行再生。

再生气可以用湿原料气，也可以用脱水后的高压干气或外来的低压干气。将气体在加热器内用蒸汽或燃料气直接加热到一定温度后，进入吸附塔再生。当床层出口气体温度升至预定温度时再生完毕。当床层温度冷却到要求温度时又可开始下一循环的吸附。

吸附操作时，气体从上向下流动，使吸附剂床层稳定和气流分布均匀。再生时，气体自下而上流动，一方面使靠近进口端的被吸附物质不流过整个床层，还可使床层底部干燥剂得到完全再生，从而保证天然气流出床层时的干燥效果。

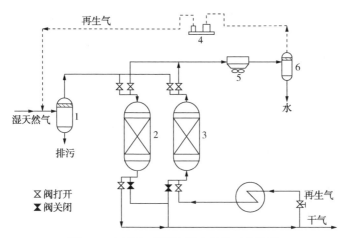

图 7-7　天然气吸附法脱水两塔工艺流程

1—分离器；2—脱水器；3—再生与冷吹；4—再生压缩机；5—再生气冷却器；6—分离器

### 7.1.2.3　低温法脱油脱水

低温法目前多用于含有重烃的天然气同时脱油(脱液烃或脱凝液)脱水，使其水露点、烃露点同时满足商品天然气质量指标或管道输送要求，即通常所谓的天然气露点控制。

为防止天然气在冷却过程中由于析出冷凝水而形成天然气水合物，一种方法是在冷却前采用吸附法脱水，另一种方法是加入水合物抑制剂。前者用于冷却温度很低的天然气凝液回收过程；后者用于冷却温度不是很低的天然气脱油脱水过程，即天然气在冷却过程中析出的冷凝水与水合物抑制剂水溶液混合后，随液烃一起在低温分离器中脱除，因而可同时控制天然气的水露点和烃露点。若低温法工艺过程温度很低，应选用吸附法脱水而不非采用注甲醇、乙二醇等水合物抑制剂来防止水合物的生成。

根据提供冷量的制冷系统不同，低温法可分为膨胀制冷(节流制冷和透平膨胀机制冷)、冷剂制冷和联合制冷三种。

(1) 膨胀制冷

膨胀制冷是利用焦耳-汤姆逊效应使高压气体等焓节流膨胀制冷获得低温，从而使气体中部分水蒸气和烃类冷凝析出，实现控制露点的目的。此方法多用在高压凝析气井井口有多余压力可供利用的场合。

图7-8为采用乙二醇作水合物抑制剂的低温分离法工艺流程。由凝析气井来的井流物先经分离器1脱除游离水后,注入贫乙二醇作水合物抑制剂,进入气/气换热器8与来自低温分离器的冷干气换热预冷。原料气预冷后再经节流阀节流制冷,温度进一步降低,析出冷凝水与液烃。在低温分离器2中分出的冷干气经气/气换热器8复热后进入外输管道,分出的富乙二醇和液烃送至稳定塔6进行稳定。稳定塔顶部脱出的气体作场站内部的燃料使用,稳定后的液体经换热冷却后送至醇-油分离器5。分离出的稳定凝析油去储罐,富乙二醇去再生器4再生,再生后的贫乙二醇用泵10增压后循环使用。

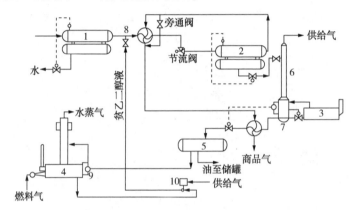

图7-8 采用乙二醇作水合物抑制剂的低温分离法工艺流程

1—游离水分离器;2—低温分离器;3—蒸气发生器;4—乙二醇再生器;5—醇油分离器
6—稳定器;7—油冷分离器;8—换热器;9—进料调节器;10—乙二醇泵

另外,国内外已将超音速分离器用于天然气脱油脱水。该分离器将膨胀制冷、旋流式气液分离和气体扩散再升压等集成于一个密闭紧凑的静设备内完成。2003年年底马来西亚在B11海上平台首先安装使用,我国塔里木气区牙哈凝析气处理厂也于2011年6月采用超音速分离器进行工业试验,取得良好效果。

(2)冷剂制冷法

在一些以低压伴生气为原料气的露点控制装置中,一般采用冷剂制冷法来获得低温,从而使天然气中的重烃和水蒸气冷凝析出。此外,对一些无压差可利用的高压天然气,也可以采用冷剂制冷法来控制天然气的露点。

图7-9为榆林天然气处理厂脱油脱水装置采用的工艺流程。该装置单套处理量为$300×10^4m^3/d$,压力为4.5~5.2MPa,温度为3~20℃。根据管输要求,干气出厂压力>4.0MPa,在出厂压力下水露点≤-13℃。

原料气首先进入过滤分离器1除去固体颗粒和游离液体,然后经板翅式换热器2预冷至-10~-15℃后,去中间分离器3分出凝析液。来自中间分离器3的气体再经丙烷蒸发器进一步冷却至-20℃左右进入旋流式分离器6，分离出的气体经预过滤器4和聚结过滤器5进一步除去雾状液滴后，去板翅式换热器2回收冷量并升温至0~15℃，压力为4.2~5.0MPa，露点符合要求的干气经集配气总站进入陕京输气管道。离开丙烷蒸发器的丙烷蒸气经压缩、冷凝后返回蒸发器循环使用。

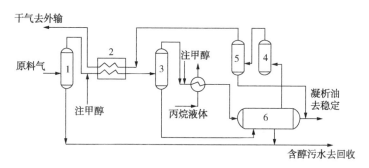

图7-9 典型的冷剂制冷法脱油脱水工艺流程

1—过滤分离器；2—换热器；3—中间分离器；4—预过滤器；5—聚结过滤器；6—低温分离器

低温分离器的分离温度需在运行中根据干气实际露点进行调整，在保证干气露点符合要求的前提下，尽量降低制冷系统能耗。通常，在这类装置的低温系统中多用加入水合物抑制剂的方法，以抑制天然气水合物的形成。

### 7.1.2.4 膜分离法脱水

天然气膜分离法脱水是目前新兴的、有广泛应用前景的天然气脱水方法。膜分离法在天然气工业中现主要用于脱除$CO_2$，并可同时脱水。

目前，美国 Air Product 公司的 PERMEA 工艺已实现天然气膜法脱水的商品化，有6套装置建成投产，最大规模为$600×10^4 m^3/d$。自1994年以来，中国科学院大连化学物理研究所在长庆气田进行了长期的工业试验。研究结构表明，长庆气田天然气采用膜法脱水后产品气在压力下的露点达到了管输要求（-10~-13℃），但因其$H_2S$含量仍高于$20mg/m^3$，$CO_2$含量高于3%，故必须在脱水前先选择合适方法脱硫脱碳，才能使产品气符合商品气质量要求。此外，废气中的烃类损失及废气处理等问题也需妥善解决。

## 7.1.3 天然气凝液回收

天然气（尤其是凝析气及油田伴生气）中除含有甲烷外，一般还含有一定量的乙烷、丙烷、丁烷、戊烷以及更重烃类。为了符合商品天然气质量指标和管输气的烃露点要求，或为了获得宝贵的液体燃料和化工原料，需要将天然气中的烃类按照一定的要求分离回收。

从天然气中回收到的液烃混合物称为天然气凝液（NGL），天然气凝液既可直接作为商品，也可根据有关产品质量指标进一步分离为乙烷、液化石油气及天然

169

汽油等产品。

天然气凝液回收方法可分为吸附法、油吸收法及冷凝分离法三种。目前，基本上均采用冷凝分离法。

冷凝分离法是利用在一定压力下天然气中各组分的沸点不同，将天然气冷却至露点温度以下某一温度，使其部分冷凝与气体分离，从而得到富含较重烃类的天然气凝液。这部分天然气凝液采用精馏的方法，进一步分离成所需的液烃产品。

冷凝分离法需要向天然气提供温度等级合适的足够冷量，使其温度降低至所需值。按照提供冷量的制冷方法不同，冷凝分离法又可分为冷剂制冷法、膨胀制冷法和联合制冷法三种。

# 7.2 压缩天然气(CNG)及其应用

压缩天然气(CNG)技术是利用气体的可压缩性，将常规天然气压缩增压至20~25MPa进行存储。在常温和高压(20~25MPa)下，相同体积的天然气质量是参比条件下天然气质量的270~300倍，因而可大大提高天然气的储存和运输量，使天然气的利用更为方便。

目前，CNG被广泛用于交通、城镇燃气和工业燃气领域，CNG的利用具有以下特点：①可以实现"点对点"供应，使供应范围增大；② CNG供应规模弹性很大。可适用日供应量从数十立方米到数万立方米的供气规模；③运输方式多样，可以采用多种多样的车、船运输，运输量可灵活调节；④容易获得备用气源，只要有两个以上CNG供应点，就有条件获得多气源供应；⑤CNG用作城镇燃气，克服了管道天然气的局限性，对于就近尚未铺设输气管道或远离输气管道的城镇，采用CNG供气的投资少、建设周期短、资金回收快。即使今后就近铺设输气管道，也可作为调峰和备用气源；⑥应用领域广泛。例如，用于中小城镇燃气调峰储存、CNG汽车以及工业燃气等。

## 7.2.1 CNG站分类

CNG站是指获得(外购或生产)并供应符合质量要求的CNG的场所。根据原料气(一般为管道天然气或煤层气)的杂质情况经过处理、压缩后，再去储存和供应。

按照供气目的分类，一般可分为加压站、供气站和加气站三种；按功能设置可分为单功能站、双功能站和多功能站；按附属关系可分为独立站和连锁站。

(1) 按供气目的分类

CNG加压站以生产CNG为目的，也称CNG压缩站。此类站是向CNG运输车(船)提供高压(20~25MPa)天然气，或为临近储气站加压储气。

CNG供气站是将压缩天然气调压至供气管网所需压力后，进而分配和供应天然气。CNG 供气站是天然气供应系统的气源站，连接的是燃气分配管网。

CNG 加气站是将压缩天然气直接供应给 CNG 车、船等用户的供气站。

（2）按功能设置分类

单功能站只有单一功能，例如加压站、供气站、汽车加气站等。

双功能站或多功能站则具有两种或两种以上的工作目的。例如 CNG 加压站和加气站的组合，也可以是 CNG 站和其他能源供应站的组合，例如 CNG 加气站和加油站、CNG 加气站和 LPG 加气站的组合等。

（3）按附属关系分类

按独立供应形式建设的 CNG 站称为独立站。大多数 CNG 站采用独立站的形式。

CNG 站之间相互依存或相互支持的站，称为连锁站。当连锁站的供应目的和功能相同或相近时，也称母子站，或称总站和子站。

目前，我国习惯上将 CNG 汽车加气站分为 CNG 加气常规站或标准站（简称常规站或标准站）、CNG 加气母站（简称母站）、CNG 加气子站（简称子站）。

## 7.2.2 CNG 加压站

CNG 加压站的功能是以来自输气管道的满足 GB 17820—2012《天然气》要求的商品天然气为气源，在环境温度为−40～50℃时，经净化、脱水、压缩至不大于 25MPa；出站的 CNG 符合 GB 18047—2017《车用压缩天然气》的各项规定，并充装给 CNG 运输车（船）送至城镇的 CNG 汽车加气站或城镇燃气公司的 CNG 供应站。通常 CNG 加压站专为 CNG 汽车加气子站的 CNG 运输车充气时，则称为 CNG 加气母站。

（1）CNG 加压站（CNG 加气母站）工艺

CNG 加压站的工艺流程框图如图 7-10 所示。CNG 加压站包括进站天然气调压计量、前处理、压缩、储存和加气（充气），以及回收和放散等。

图 7-10　CNG 加压站的工艺流程框图

（2）调压计量

进站天然气调压计量工艺流程如图 7-11 所示。

天然气进站后先经过滤器 6 除去天然气中的固体粉尘，然后经计量装置 8 计量，计量后天然气压力高于要求压力时，经调压器 10 调压后进入天然气前处理单元，若计量后压力低于要求压力时，经旁通管线进入前处理单元。

CNG 加压站为间歇式生产时，通常可不设过滤器、流量计、调压器等设备

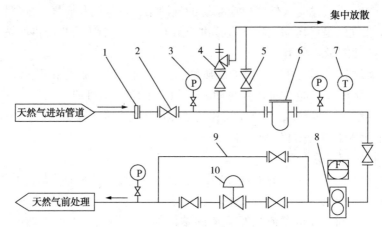

图 7-11 CNG 加压站调压计量工艺流程

1—绝缘接头；2—阀门；3—压力表；4—安全阀；5—放散阀；6—过滤器；
7—温度计；8—计量装置；9—旁通管线；10—调压器

的备用管线。为减少占地面积，调压计量等设备可组装成撬装式组合调压柜。天然气进站压力以 0.6~0.8MPa 为宜，既可由供气方按协议调压，也可以采用调压器调压。

（3）净化处理工艺

经调压计量后的天然气必须在压缩前或压缩后进行脱硫脱碳、深度脱水、脱除凝液等过程。

① 脱硫脱碳

CNG 加压站内的高压设备和管线采用高强度钢，对 $H_2S$ 特别敏感。当 $H_2S$ 含量较高时，容易发生"氢脆"现象，导致钢材失效。当进站天然气 $H_2S$ 含量大于 15mg/$m^3$ 时，应设置脱硫装置。

CNG 站多采用常温干法脱硫工艺，一般为塔式脱硫设备。干法脱硫净化度较高，设备简单，操作方便，脱硫塔占地少，但在更换或再生脱硫剂时有一定的污染物排放，废脱硫剂也难以利用。一般情况下脱硫剂不再生，废脱硫剂和硫化物集中进行无害化处理。

常用的常温干法脱硫剂有活性氧化铁、高效氧化铁、精脱硫剂（例如硫化羰水解催化剂和氧化锌脱硫剂的组合），以及活性炭和分子筛等。目前多用氧化铁脱硫剂，先脱硫再脱水。

因为符合 GB 17820—2012《天然气》一、二类天然气，以及《煤层气集输与处理运行规范》中商品煤层气中 $CO_2$ 含量均不大于 3%，所以进站天然气无须脱碳。如果进站天然气 $CO_2$ 含量大于 3%，由于 $CO_2$ 的临界压力为 7.4MPa，临界温度为 31℃，CNG 站可采用加压冷凝法脱除 $CO_2$。

② 脱水

脱水是为了防止凝结水与酸性气体形成酸性溶液而腐蚀设备，以及防止CNG在减压膨胀过程中结冰而形成冻堵。

CNG站中的原料气脱水一般采用固体吸附法。其特点是：第一，处理量小；第二，生产过程一般不连续，而且多在白天加气；第三，原料气已在上游经过处理，水露点通常已符合管输要求，故其相对湿度小于100%。

目前国内各地CNG站大多采用国产天然气脱水装置，并有低压（压缩前）、中压（压缩级间）、高压（压缩后）脱水3类。脱水后天然气的水露点小于-60℃。脱水吸附剂一般采用4A分子筛。

低、中、高压脱水方式各有优缺点。高压脱水由于气体在压缩机级间和出口处经冷却、分离排出的冷凝水量约占总脱水量的70%~80%，故吸附脱水所需的吸附剂少，脱水设备体积小，再生气量和能耗少，脱水后的气体露点低，深度脱水时具有优势。但高压脱水对容器的制造工艺要求高，需设置可靠的冷凝水排出设施，增加了系统的复杂性。另外，由于进入压缩机的气体未脱水，会对压缩机的气缸等部位产生一定的腐蚀，影响压缩机的使用寿命。低压脱水的优点是可保护压缩机气缸等不产生腐蚀，无须设置冷凝水排出设施，对容器的制造工艺要求低，但所需脱水设备体积大，吸附剂再生能耗高。

目前我国以管道天然气或煤层气为原料气的CNG站，因来气露点已符合商品天然气和商品煤层气要求，水含量甚少，故多采用低压脱水。

③ 脱除凝液（液态烃）

车用CNG要求在操作压力和温度下，CNG中不应存在液态烃。而GB 17820—2012《天然气》中只规定"在天然气交接点的压力和温度下，天然气中应不存在液态烃"，故在CNG站中压缩至高压后其$C_3^+$等较重烃类可能液化，需要脱除，以防止汽车发动机点火不正常。通常，CNG站可不设专门的脱除凝液设施。因为天然气中的$C_3^+$等较重烃类含量较高时，在站内经过压缩、冷却与分离后即可达到很好的脱除效果。而煤层气中基本不含$C_3^+$等重烃，故一般不需脱除凝液。

（4）压缩

压缩机组是CNG站的核心设备，其性能直接影响全站的运行。根据CNG站生产能力小，气体压力变化大的特点，CNG站一般采用往复式压缩机。天然气压缩系统主要由进气缓冲罐、压缩机、润滑系统、冷却系统、控制系统及附件组成。

往复式压缩机的压缩比通常为3~4，一般不超过7，可多级配置，一般为2~4级。压缩机的驱动机宜选用电动机。当供电有困难时，也可选用天然气发动机。

CNG站原料气来自城镇中压燃气管网时，压缩机进口压力一般为0.2~0.4MPa；当连接高压管网或输气干线时，则可达4.0MPa，甚至高达9.0MPa。除专门用于CNG储存的压缩机可经方案比较选择某确定的出口压力外，通常

173

CNG 站压缩机出口压力为 25MPa，单台排量一般为 250~1500m³/h。

（5）CNG 储存及加气

CNG 加压站的储存方式与其功能有关。对应于 CNG 运输车加气时，一般采用单级压力储气或压缩机直接充气（即不设储气设备）工艺。对应于 CNG 汽车加气，则可采用多级压力储气和取气。

CNG 加压站单级压力储气和直接充气工艺流程如图 7-12 所示。

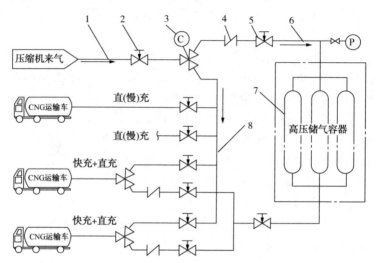

图 7-12　加压站单级压力储气和直接充气的工艺流程

1—进气总管；2—进气总阀；3—三通阀；4—止回阀；

5—储气总阀；6—储气总管；7—储气设备；8—直充总管

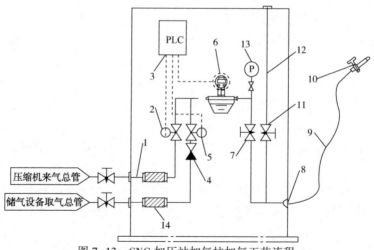

图 7-13　CNG 加压站加气柱加气工艺流程

1—直充接管；2—直充控制阀；3—PLC；4—止回阀；5—储气取气控制阀；6—计量装置；7—加气总阀；

8—拉断阀；9—加气软管；10—加气嘴；11—泄压阀；12—泄压管；13—压力表；14—过滤器

CNG 加压站加气工艺流程主要是指加气柱加气工艺流程，如图 7-13 所示。

（6）回收和放散

CNG 站需要回收的气体包括压缩机卸载排气、脱水装置干燥剂再生后的湿天然气、加气机加气软管泄压气及油气分离器分出的天然气等。回收方式应根据回收气体的性质和压力而定。

对于无法回收的天然气，符合排放标准时应按照安全规定进行放散。其他废液、废物均应按相应规定排放。

## 7.2.3 CNG 汽车加气站

CNG 汽车加气站是指为 CNG 汽车提供压缩天然气的站场，简称 CNG 加气站。

（1）CNG 汽车加气站分类

根据加气站附近是否有管输天然气，CNG 加气站可分为 CNG 加气标准站（常规站）、CNG 加气母站和 CNG 加气子站。

标准站和母站一般都建在输气管道或城镇天然气管网附近，从天然气管道或管网直接取气，经过脱硫、脱水及压缩后，标准站的 CNG 进入储气瓶组储存或通过售气机给汽车加气，而母站的 CNG 进入储气瓶组，由加气柱给车载储气瓶加气，为子站提供 CNG，或通过售气机给汽车加气。

通常，标准站加气量在 600～1000m³/h。目前标准站的数量占全国 80% 以上，一般靠近主城区。标准站的工艺流程框图如图 7-14 所示。母站加气量在 2500～4000m³/h 之间，但近年来母站规模呈逐步增大的趋势。母站的工艺流程如图 7-15 所示。

图 7-14 CNG 加气标准站工艺流程框图

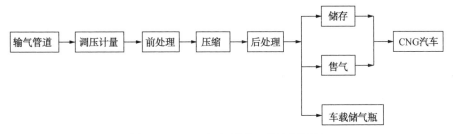

图 7-15 CNG 加气母站工艺流程框图

CNG 加气子站的功能是用车载储气瓶运进 CNG 为汽车加气。一般建在附近没有天然气管道的区域。为提高车载储气瓶的取气率，通常还需配置小型压缩机组合储气瓶组，用压缩机将车载储气瓶内低压气体增压后，转存在子站储气瓶内或直接给汽车加气。

（2）标准加气站工艺

标准加气站工艺中的天然气调压计量、处理、压缩、回收和放散工艺与加压站相同，以下主要介绍其储存和加气工艺。

为避免压缩机频繁启动及在不需要进行充气时提供气源，CNG加气站需设有储气装置。典型的设计是储气系统和售气系统通过优先顺序控制盘的顺序来实现高效充气和快速加气。

① CNG储存优先控制

通常加气站采用分级储存方式，将储气瓶组或储气井分为高压、中压和低压三级，由储气控制盘对其充气过程进行自动控制，三级储气控制盘工艺流程如图7-16所示。

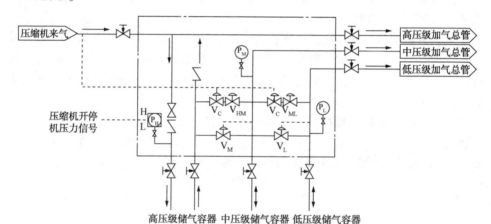

图7-16 三级储气控制盘工艺流程

当低压、中压、高压储气设备压力均达到最低设定值时，压缩机开启，阀门 $V_C$ 开启。压缩机来的CNG进入储气优先控制盘后分为两路。一路进入高压储气设备，另一路经高压加气总管流向加气机。当加气机有高压加气任务时，加气机取气接口的压力小于高压储气设备的压力 $p_H$，控制高压加气管路上的流量较大，以首先保证加气需要。当加气任务减小或没有加气任务时，压缩机来气大部分或全部转向高压储气设备。当高压加气管压力达到某设定值 $p_{HM}$（如23MPa）时，控制阀 $V_{HM}$ 打开，高压级向中压级储气。当中压加气管压力达到某设定值 $p_{ML}$（16MPa）时，中压级向低压级储气。直至中、低压级与高压级达到压力平衡，三级同时升压至最高储气压力，压力 $p_H$ 二次仪表给出压缩机停机信号，压缩机停机，气阀 $V_C$ 关闭，储气结束。可开启阀门 $V_L$ 由中压储气设备向低压储气设备补气；开启阀门 $V_M$ 由高压储气设备箱中压储气设备补气。

② CNG 取气顺序控制

取气过程顺序与储气过程相反。取气过程由取气顺序控制盘控制，其工艺流程如图 7-17 所示。

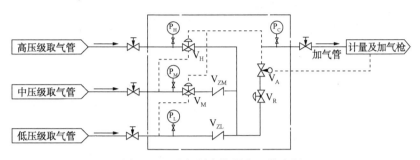

图 7-17　取气顺序控制盘工艺流程

取气时，加气枪工作阀 $V_A$ 打开，启动加气过程。加气开始，低压级取气阀 $V_R$ 处于常开状态，高压级取气控制阀 $V_H$ 和中压级取气控制阀 $V_M$ 关闭，此时只可通过低压级储气设备取气，并流向低压加气管。随着加气压力 $p_C$ 逐渐上升，低压取气阀 $V_R$ 前后压差 $p_L - p_C$ 小于某设定值时，中压取气阀 $V_M$ 打开，低压级止回阀 $V_{ZL}$ 闭合，通过中压级取气管从中压储气设备取气对外加气。随着 $p_C$ 升高，当中压级取气阀前后压差 $p_M - p_C$ 减小到另一设定值时，高压级取气阀 $V_H$ 打开，中压级止回阀 $V_{ZM}$ 闭合，通过高压级取气管从高压储气设备取气。当对外加气完成后，关闭加气枪工作阀，带动切断阀 $V_A$ 关闭，打开泄压阀，$p_C$ 迅速降低，使高压级和中压级取气控制阀 $V_H$ 和 $V_M$ 关闭。取气控制阀门组合恢复到加气前状态。

取气顺序控制盘可设置在加气机内，也可与储气优先控制盘组合成为总控制盘。

（3）加气子站工艺

加气子站按其整体移动性能划分，可分为固定式加气子站和移动式加气子站。

① 固定式加气子站

固定式 CNG 加气子站的功能有卸车、压缩、储存和加气等，其工艺流程如图 7-18 所示。

CNG 运输车进站后，连接卸气柱，通过三路向子站卸气或供气。一路经优先/顺序控制盘，向储气设备中的低压级储气设备补气；一路在车载钢瓶内气压降低不能补气时，用压缩机加压后通过储气优先控制盘，按要求储存于储气设备内；一路是在车载钢瓶内气体压力较高时，CNG 运输车作为站内一组"储气设备"，通过顺序控制盘，直接对 CNG 汽车加气。

当需要对 CNG 汽车加气时，加气机通过单管取气总管及取气顺序控制盘，

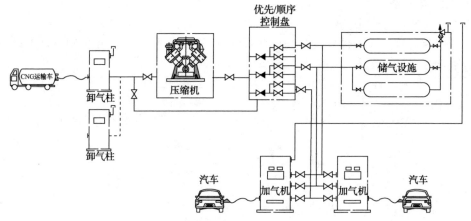

图 7-18　固定式加气子站工艺流程

依次从低压级、中压级、高压级储气设备取气，直至完成加气。当高压级的储气设备内压力低于设定值时，开启压缩机，从运输车载储气瓶取气加压后直接向 CNG 汽车加气。

加气子站一般选用小型往复式压缩机，可用电动机驱动，也可选用液压驱动。

② 移动式加气子站

移动式加气子站的工艺流程如图 7-19 所示。此类站只需带液泵的储气柱和单级加气机。

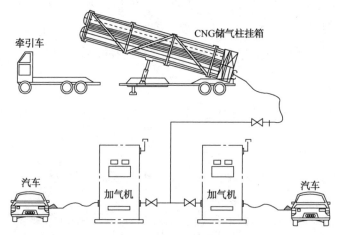

图 7-19　移动式加气子站工艺流程

CNG 运输车运至子站后，卸下储气设备并固定，用车架中部液压装置将储气柱组一端顶起，使储气柱成 15°倾斜。利用自带油泵，将液压油压入储气柱内部底端，推动内部活塞，使上部天然气保持 20MPa。通过端部控制阀和接口，连接加气机，加气机也可配套设置在撬装设备上，即可对 CNG 汽车进行加气。

（4）城镇 CNG 供气站

CNG 供气站是指以 CNG 为气源，向配气管网供应满足质量要求的天然气站场。主要适合于向距离气源比较远，用气规模不大的中小城镇供气。

CNG 供应站按流程和设备功能分为：卸气系统、调压换热系统、流量计量系统、加臭系统、控制系统、加热系统及调峰储气系统。

CNG 供应站工艺流程如图 7-20 所示。CNG 运输车到达 CNG 供应站后，在供应站的卸气台通过高压胶管和快装接头卸气。从运输车出来的 CNG 先经过一级换热器加热后，进入一级减压器减压到 3.0～7.5MPa；再经二级换热器加热和二级调压器减压至 1.6～2.5MPa。此后分为两路，一路送至次高压储气设备，在用气高峰时用于调峰；另一路直接通过三级调压器减压至 0.1～0.4MPa 后，将天然气输入站内中压输配管道。最后，在站内中压输配管道上对天然气进行计量和加臭后，即可输配到城镇中压管网。一部分进入储罐储存，另一部分通过三级调压器减压至管网运行压力后计量、加臭送入城镇输配管网。

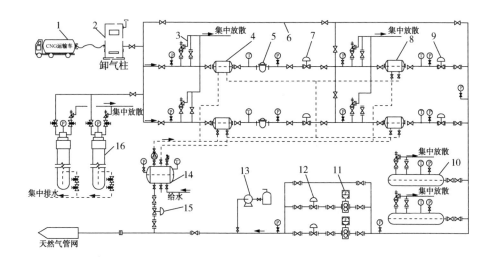

图 7-20　CNG 供应站工艺流程

1—CNG 运输车；2—卸气柱；3—放散阀；4、8——、二级加热器；5—过滤器；6—旁通管；
7——级调压器；8—二级加热器；9—二级调压器；10—次高压储气设备；11—流量计；
12—三级调压器；13—加臭装置；14—锅炉；15—锅炉专用调压器；16—高压储气设备

以热水作为热源供 CNG 在一级和二级调压中两级换热器所需的热量，通常进水温度取 65～85℃，回水温度 60℃，CNG 出口温度控制在 10～20℃。

通常将调压器、换热器、流量计及配套阀门、仪表组装在一个撬体内，称为 CNG 减压撬，其流量应不小于所供应各类用户的高峰小时流量之和。

## 7.2.4 CNG 储运装置

（1）CNG 储存装置

CNG 站的储气设备可分为储气瓶、地下储气井（井管）和球罐等。

①储气瓶

CNG 站的储气瓶应是指符合 GB 19158—2003《站用压缩天然气钢瓶》的规定，公称压力为 25MPa，公称容积为 50~200L，设计温度≤60℃的专用储气钢瓶。其储存介质为符合 GB 18047—2017《车用压缩天然气》和 GB/T 26127—2010《车用压缩煤层气》质量指标的 CNG。

习惯上将公称容积≤80L 的储气瓶称为小瓶，而将容积在 500~1750L 的储气瓶称为大瓶。在 CNG 站中，将数只大瓶或数十只小瓶连接成一组，组成储存容积较大的储气瓶组。小瓶以 20~60 只为一组，每组公称容积为 1.0~4.08m³。大瓶以 3 只、6 只、9 只为一组，每组公称容积为 1.5~16.0m³。每组均用钢架固定，撬装，配置进、出气接管，其结构形式如图 7-21（a）和图 7-21（b）所示。

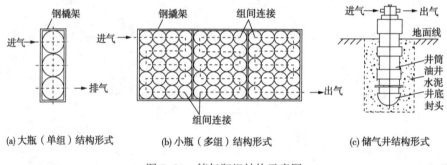

图 7-21　储气瓶组结构示意图

瓶组储气设备适用于所有 CNG 站，特别适用于加气子站和规模小的加气站。

合理安排各级储气瓶组天然气补气起充压力和容积比例，不但能提高储气瓶组的利用率和加气速度，而且可以减少压缩机的启动次数，延长使用寿命。根据经验，通过编组可提高加气效率，即将储气瓶组分为高、中、低压 3 组，各级瓶数比例以 1：2：3 较好。当压缩机向储气瓶组充气时，应按高、中、低压顺序；当储气瓶组向汽车加气时，则按低、中、高压顺序进行。分级储气可提高加气站储气装置容积利用率，一般可达 32%~50%。

② 地下储气井

CNG 也常采用地下立管储气井（简称储气井）储气，其结构形式如图 7-21（c）所示。储气井应符合 SY/T 6535—2002《高压气地下储气井》的有关规定。地下储气井的井管一般采用 φ159 的无缝钢管作为容器，每根长 100m，公称容积约为 2m³，投入运行后无须定期检查，使用年限为 25 年。由于 CNG 储存在地下，杜绝了地面安全隐患，具有安全性高、占地面积小、设备布局整齐等特点。但是地下储气井却受到 CNG 站址地质条件的限制。

③ 球罐

容积相同时，球罐比储气瓶的钢材耗量低，占地面积小，故可作为 CNG 站的储气设备。CNG 站球罐应符合 GB 150.1~4—2011《压力容器》有关规定，公称压力 25MPa，公称容积为 2~10m³。

（2）CNG 运输

CNG 可以通过车载或船载运输，目前较为常用的是 CNG 运输车（又称气瓶转运车）。CNG 运输车由牵引车、拖车和框架式储气设备箱组成。拖车和储气设备箱在目的地可与牵引车分离，作 CNG 站的气源或储气设备使用，用完后再由牵引车拖至 CNG 加压站充气。

运输车单车瓶组一般由 7~15 只大瓶瓶组（总水容积 16~21m³）组成固定管束形式，放置在拖车的车架上。也可用集装箱式拖车运输储气设备，此时的储气设备多由小储气钢瓶组成，且成撬装装置。

拖车的前端设置安全仓，由瓶组安全阀、爆破片、排污管道组成。操作端设置在拖车的尾端，由高压管道将各储气瓶出口汇集在一起，进行加气和卸气操作，另外还设置有温度、压力、快装接头等。

CNG 运输车必须持有中华人民共和国道路运输经营许可证（危险货物运输 2 类）才能在我国境内行驶。

# 7.3 液化天然气（LNG）及其应用

液化天然气（LNG）是指在常压或略高于常压下深冷到 -162℃ 的液态天然气，体积约为其气态时的 1/600，便于远洋运输和应用。随着 LNG 运输船及储罐制造技术的进步，LNG 远洋运输和贸易已成为天然气除管道输送外另一种重要的运输方式。另外，LNG 输送方式比管输天然气、CNG 交易较为灵活，不但可以转换交易对象，还可以进行现货市场交易。

LNG 生产一般包括天然气预处理、液化及储存三部分，其中液化部分是核心。通常，先将天然气经过预处理，脱除对液化过程不利的组分（如酸性组分、水蒸气、重烃及汞等），然后再进入液化部分制冷系统的高效换热器不断降温，并将丁烷、丙烷、乙烷等逐级分离出，最后在常压（或略高压力）下储存、运输和使用。现代 LNG 产业包括了 LNG 生产、运输（车、船）、接收、调峰及利用等全过程。从天然气井到用户的 LNG 产业链如图 7-22 所示。

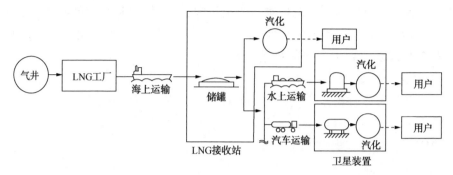

图 7-22　LNG 产业链示意图

## 7.3.1　LNG 工厂或装置类型

根据 LNG 生产和使用情况，LNG 工厂或装置通常可分为基本负荷型、接收站型、调峰型和浮式 LNG 生产储卸装置等。

（1）基本负荷型（基荷型）

基本负荷型工厂是生产 LNG 的主要工厂。此类工厂利用本地区丰富的天然气资源生产 LNG 供当地或外运远离气源的用户使用。其特点是：①工厂一般沿海岸设置，便于 LNG 装船运输到进口国家或地区；②工厂处理量较大，为了降低生产成本，近年更向大型化发展，单条生产线的最大处理能力已达 7.8Mt/a；③工厂的生产能力要与气源、储存及远洋输送能力等相匹配。

（2）调峰型

调峰型 LNG 工厂主要作用是对民用和工业企业用气的不均衡性进行调峰。一般由天然气预处理、液化、储存、再汽化等四部分组成，其特点是液化能力较小甚至间断运行，而储存和 LNG 再汽化能力较大。此类工厂一般远离气源，但靠近输气管道和天然气用户，将用气低峰时的相对多余的管道天然气液化并储存起来，在用气高峰时再汽化后供用户使用。调峰型 LNG 工厂在调峰和增加供气可靠性方面发挥着重要作用，可极大提高城镇天然气管网的经济性。

（3）接收站型（终端型）

此类工厂又称接收站，用于大量接收由 LNG 运输船从海上运来的 LNG，将其储存和再汽化，然后进入天然气管网供应用户。这类 LNG 工厂的特点是液化能力很小，仅将 LNG 储罐蒸发的天然气进行再液化，但储罐容量和再汽化能力都很大。2006 年以来，我国已在沿海地区投用和正在建设一大批的 LNG 接收站，其接收能力在 3~6Mt/a 不等。

（4）浮式 LNG 生产储卸装置

浮式 LNG 生产储卸装置（Floating Production，Storage and Offloading system，简称 FPSO）集液化天然气生产、储存与卸载于一体，具有投资低、建设周期短、便于迁移等优点，故特别适用于近海气田、深水气田和海上边际气田开发。

## 7.3.2 LNG 原料气要求及预处理工艺

（1）原料气要求

生产 LNG 时原料气中允许的杂质最大含量见表 7-1。

表 7-1　原料气中杂质允许含量

| 杂质组分 | 允许含量 | 杂质组分 | 允许含量 |
|---|---|---|---|
| $H_2O$ 体积分数/% | $<0.1\times10^{-6}$ | 总硫/（mg/m³） | $10\sim50$ |
| $CO_2$ 体积分数/% | $(50\sim100)\times10^{-6}$ | 汞/（μg/m³） | $<0.01$ |
| $H_2S$/（mg/m³） | 3.5 | 芳烃类/体积分数 | $(1\sim10)\times10^{-6}$ |
| COS 体积分数/% | $<0.1\times10^{-6}$ | $C_5^+$/（mg/m³） | $<70$ |

LNG 工厂的原料气来自油气田的气藏气、凝析气、油田伴生气及煤层气，一般都不同程度地含有 $H_2S$、$CO_2$、有机硫、重烃、水蒸气和汞等杂质，即使是经过处理后符合 GB 17820—2012《天然气》的质量要求，在液化前一般也必须进行预处理。例如，长庆气区靖边气田进入某外输管道的商品天然气组成见表 7-2。

表 7-2　靖边气田某外输管道商品天然气组成

| 组分 | $N_2$ | $CO_2$ | $C_1$ | $C_2$ | $C_3$ | $C_4$ |
|---|---|---|---|---|---|---|
| 摩尔分数/% | 0.22 | 2.48 | 96.30 | 0.84 | 0.084 | 0.020 |

| 组分 | $C_5$ | $C_6^+$ | Ar+He | $H_2S$ | 苯 | Hg |
|---|---|---|---|---|---|---|
| 摩尔分数/% | 0.0145 | 0.0183① | $20\times10^{-6}$ | $6\times10^{-6}$ | $26\times10^{-6}$ | $<0.03\mu g/m^3$ |

① 苯的含量另计。

由表 7-1、表 7-2 可知，当采用外输商品天然气作原料气生产 LNG 时，必须针对原料气气质选择合适的预处理工艺脱除有害杂质。

（2）原料气预处理工艺

原料气预处理目的是使其所含杂质组分在液化前达到表 7-1 要求。

① 原料气脱硫脱碳、脱水

原料气脱硫脱碳、脱水等工艺方法在本章第一节已介绍。

② 汞的脱除

汞在天然气中的含量为 $0.1\sim7000\mu g/m^3$（包括单质汞和有机汞化合物）。天然气中极微量的汞与低温换热器的铝材形成低熔点合金——铝汞齐，引起铝质板翅式换热器穿孔泄漏，还会造成环境污染及对设备维修人员的危害。因此，必须严格控制 LNG 工厂原料气中的汞含量。LNG 工厂一般要求预处理后的原料气汞含量小于 $0.01\mu g/m^3$。在天然气凝液（NGL）回收装置中也要求原料气在进入板翅式换热器之前脱汞。

目前，国内外天然气脱汞主要采用化学吸附脱汞工艺，应用较多的脱汞吸附剂有载硫活性炭、载银活性炭、载银分子筛及专用脱汞剂。

载硫活性炭不可再生，可将天然气中的汞含量降低至 $0.01\mu g/m^3$ 左右，适用于小流量、脱汞深度浅的情况。载银活性炭的脱汞效果比载硫活性炭好，可将天然气的汞含量降低至 $0.01\mu g/m^3$ 左右，但载银活性炭造价较高，适用于天然气流量大、深度脱汞的场合，可再生重复使用。目前国外克罗地亚 Molve 天然气处理厂等都采用载硫活性炭脱汞工艺。国内海南福山油田天然气液化装置和西北油田分公司大涝坝集气处理站也采用载硫活性炭脱汞工艺，可将原料气中汞含量从 $31\sim100\mu g/m^3$ 降至 $0.01\mu g/m^3$。

载银分子筛脱汞剂的典型产品是 UOP 公司开发的 HgSIV 脱汞剂，可将汞含量小于 $100\mu g/m^3$ 的天然气降至 $0.01\mu g/m^3$。在国外，已有超过 25 套 HgSIV 天然气脱汞装置在运行，主要分布在远东、中东、非洲、南美、美国等地区和国家。

③ 重质烃和苯的脱除

天然气中的重烃一般指 $C_5^+$ 烃类。其中一些重烃(尤其是苯、环己烷等环状化合物)因其熔点较高，在低温下会形成固体堵塞设备及管线，故必须在原料气液化之前将其脱除。天然气中可能存在的一些重烃熔点见表 7-3。

表 7-3　部分重烃的熔点

| 组分 | 苯 | 甲苯 | 对二甲苯 | 间二甲苯 | 邻二甲苯 | 新戊烷 | 环戊烷 | 环己烷 |
|------|-----|-------|---------|---------|---------|--------|--------|--------|
| 熔点/℃ | 5.5 | -94.9 | 13.2 | -47.9 | -25.2 | -19.5 | -93.7 | 6.5 |

天然气中重烃和苯的脱除一般都采用物理方法，常用的方法主要有重烃洗涤法、吸附法和低温分离法。

重烃洗涤法一般采用沸点较低的液体吸收原料气中沸点较高的重烃和苯，主要适用于重烃含量较多的原料气。吸附法一般采用 5A 分子筛或活性炭来吸附脱除天然气中的重烃和苯，主要适用于重烃含量极少的煤层气液化过程。低温分离法是指重烃在液化系统中按照其沸点从高到低相继冷凝，并在一个或多个分离器中脱除。

目前，三种脱除重烃和苯的方法在工业上均有应用，其中低温分离法在 LNG 生产中应用更为广泛。

④ 氮气、氧气、氦气的脱除

$N_2$、$O_2$、He 在常压下的液化温度分别为 -195.8℃、-182.9℃ 和 -268.9℃，均比天然气主要组成甲烷的液化温度(常压下为 -161.5℃)低。因此，原料气中 $N_2$、$O_2$、He 含量较高时，天然气难液化且降低 LNG 热值，LNG 中 $N_2$、$O_2$、He 含量过高，在储存时易出现翻滚现象而产生蒸发气(BOG)，储存安全性降低，因此必须将原料气中的 $N_2$、$O_2$、He 限制在标准允许含量以下。一般采用闪蒸方法将 LNG 中的 $N_2$、$O_2$、He 选择性脱除。

综上所述，国内多家 LNG 工厂结合自身特点，选用了各自的预处理工艺。例如，泰安某公司 LNG 工厂以某管道天然气为原料气，预处理部分采用 MDEA 溶液脱硫脱碳，分子筛吸附脱水，活性炭脱汞和脱苯。海南某公司 LNG 工厂以福山油田处理后的天然气为原料气，预处理部分采用 DGA 溶液脱硫脱碳，分子筛吸附脱水，活性炭脱汞。陕西某 LNG 工厂以煤层气为原料，进站压力为 1.6MPa，温度为 3~20℃，增压和冷却后进预处理部分的压力为 4.9MPa，温度为 40℃。预处理部分采用活化 MDEA 溶液脱碳，4A 分子筛脱水，活性炭脱重烃和苯，载硫活性炭脱汞。

## 7.3.3 天然气液化

经预处理后的天然气，进入低温系统换热，温度不断降低，直至常压下冷却至-162℃左右液化。因此，天然气液化过程的核心是其制冷系统。从 LNG 生产技术诞生以来，先后有节流制冷循环、膨机胀制冷循环、阶式制冷循环、混合冷剂制冷循环、带预冷的混合冷剂制冷循环等。目前，世界上基本负荷型 LNG 工厂主要采用后三种工艺，而调峰型 LNG 工厂多采用膨胀机制冷液化工艺。

(1) 基本负荷型 LNG 工厂液化工艺

基本负荷型 LNG 工厂的生产包括原料气预处理、液化、储存和装运等几部分，其典型的生产工艺流程如图 7-23 所示。

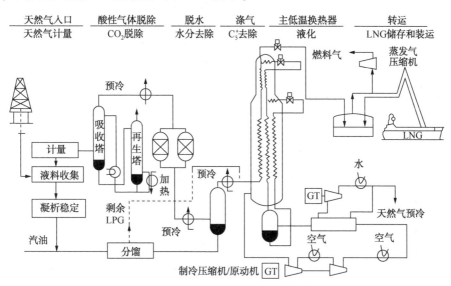

图 7-23　典型的 LNG 生产工艺流程

基本负荷型 LNG 工厂天然气液化工艺主要采用以下几种制冷工艺。

① 阶式(级联式)制冷循环

经典阶式制冷循环一般由丙烷、乙烯和甲烷三个独立的制冷循环串联组成三

185

个温度水平(丙烷段-38℃，乙烯段-85℃，甲烷段-160℃)。第一级丙烷制冷循环为天然气、乙烯和甲烷提供冷量；第二级乙烯制冷循环为天然气和甲烷提供冷量；第三级甲烷制冷循环为天然气提供冷量，天然气的温度逐步降低直至液化。1961年在阿尔及利亚Arzew建造的世界上第一座大型基本负荷型LNG工厂采用阶式制冷循环液化工艺。

Phillips石油公司在经典阶式制冷循环的基础上，开发了优化阶式制冷循环天然气液化工艺，并于1999年在特立尼达和多巴哥为Atlantic LNG公司建设投产了3.0Mt/a LNG生产线。该液化工艺流程如图7-24所示。与传统阶式制冷循环工艺相比，优化阶式制冷循环将甲烷制冷循环系统改成开放式，即原料气与冷剂甲烷混合构成循环系统，这种以直接换热方式取代了常规换热器的间接换热，提高了换热效率。

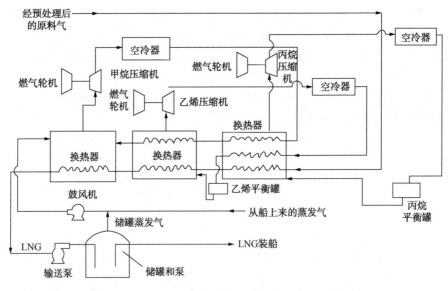

图7-24　优化阶式制冷循环天然气液化工艺流程图

② 混合冷剂制冷循环

混合冷剂制冷循环(Mixed Refrigerant Cycle，简称MRC)是美国空气产品和化学品公司APCI于20世纪60年代末开发成功的一项专利技术，采用$N_2$、$C_1 \sim C_5$混合物作冷剂，利用各组分沸点不同，部分冷凝的特点，得到所需的不同温位级别。如图7-25所示是MRC工艺流程图。主换热器是MRC制冷系统的核心，该设备垂直安装，下部为温端，上部为冷端，壳体内布置了许多换热盘管，体内空间提供了一条很长的换热通道，液体在换热通道中与盘管内流体换热以达到制冷的目的。

与阶式制冷循环相比，MRC的优点是只需1台混合冷剂压缩机，工艺流程大大简化，投资减少 15%~20%；缺点是能耗增加 20% 左右，混合冷剂组分的合理配比困难。

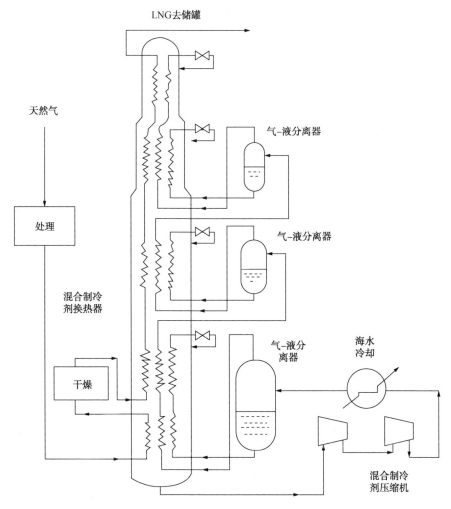

图 7-25　典型的 MRC 天然气液化工艺流程图

③ 带预冷的混合冷剂制冷循环

MRC 工艺基础上经过改进，又开发出带预冷的混合冷剂制冷循环。预冷采用的冷剂有氨、丙烷及混合冷剂等，其中带丙烷预冷的 MRC 工艺应用最广泛。

带丙烷预冷的 MRC 工艺分段提供冷量。"高温"段采用丙烷作为冷剂，按 3 个温位将原料气和混合冷剂预冷，"低温"段先后采用不同压力级别的混合冷剂把原料气顺序液化。这种工艺耦合了阶式制冷与一般混合冷剂制冷的诸多优点，工艺流程较简单，效率高，运行费用低、适应性强。典型带丙烷预冷混合冷剂制冷天然气液化工艺流程如图 7-26 所示。

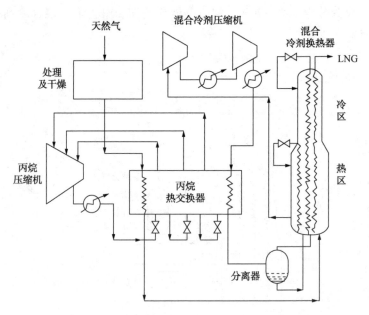

图 7-26　带丙烷预冷的 MRC 天然气液化工艺流程

采用混合冷剂预冷的 MRC 工艺，又称为双混合冷剂制冷循环工艺（Double Mixed Refrigerant，简称 DMR）。预冷的混合冷剂为乙烷和丙烷混合物。DMR 工艺的热力学效率比带丙烷预冷 MRC 高 20%，投资和操作费用也相对较低。

（2）调峰型 LNG 工厂液化工艺

调峰型 LNG 工艺液化能力不大，而储存容量和再汽化能力较大。这类工厂一般利用管线压力(或增压)，采用透平膨胀机制冷来液化平时相对富裕的部分管输天然气或 LNG 储罐的蒸发气，生产的 LNG 储存起来供平时或冬季高峰时使用。调峰型 LNG 工厂一般每年开工约 200~250 天。

调峰型 LNG 工厂主要采用的液化工艺为混合冷剂制冷和透平膨胀机制冷。后者可充分利用原料气与管网气之间的压差，达到节能的目的。

图 7-27 为德国斯图加特 TWS 公司调峰型 LNG 液化工艺流程，其工艺分为天然气净化、液化、储存、汽化四部分。进厂原料气预处理与基本负荷型 LNG 工厂相同，液化工艺采用 $N_2(64\%)$ 和 $CH_4(36\%)$ 混合冷剂三级压缩与 $-70℃$ 膨胀制冷流程。

（3）接收站型 LNG 工艺

LNG 接收站是海上运输 LNG 的终端，又是陆上天然气供应的气源，其主要功能包括 LNG 的接收、储存和汽化供气。LNG 接收站工艺流程主要包括 LNG 卸船、LNG 储存、蒸发气（Boil of Gas，BOG）处理、LNG 气化/外输和火炬放空系统。

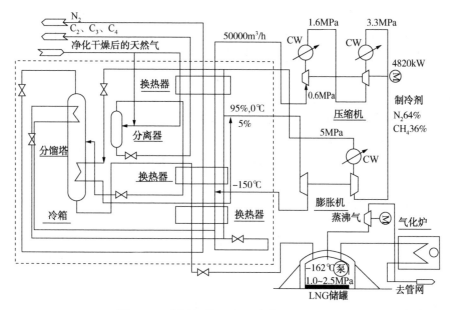

图 7-27　斯图加特 LNG 厂液化工艺流程图

根据 BOG 处理工艺不同，LNG 接收站分为 BOG 再冷凝工艺和 BOG 直接压缩工艺两种。两种工艺并无本质区别，仅在 BOG 的处理上有所不同。

① BOG 再冷凝工艺

典型的 LNG 接收站再冷凝工艺流程如图 7-28 所示。LNG 运输船抵达接收码头，启动船上 LNG 输送泵，经 LNG 卸料臂和管线将 LNG 输送至接收站内 LNG 储罐内储存。卸料期间，由于热量的传入和物理位移，储罐内会产生 BOG。一部

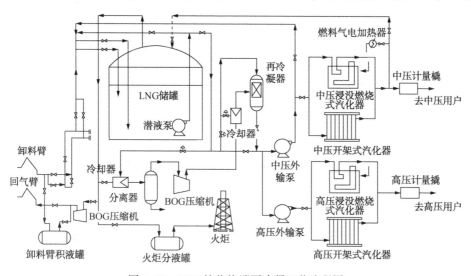

图 7-28　LNG 接收终端再冷凝工艺流程图

分 BOG 经卸船压缩机增压后经回流管线返回 LNG 船的料舱，以平衡料舱内压力；另一部分则进入 BOG 压缩机加压后进入再冷凝器，与来自储罐增压后的 LNG 过冷液体换热、冷凝成 LNG，和外输的 LNG 一起经中压、高压外输泵加压至用户管网压力后进入开架式汽化器汽化，并设置浸没燃烧式汽化器作为调峰和备用。汽化后天然气经计量、加臭后输往用户。接收站设有火炬，正常生产时泄漏的气体和事故紧急排放气体，通过火炬燃烧后排入大气。

② BOG 直接压缩工艺

来自 LNG 储罐的 BOG 通过压缩机加压到用户管网所需压力后，直接进入外输管网，该过程需要消耗大量的压缩功，适用于外输管网压力较低的 LNG 接收站。日本的 LNG 接收站较多，输气管网辐射区域面积较小，输气管网用压力较低，故 BOG 直接压缩工艺在日本较多采用。

不论是调峰型 LNG 接收站，还是气源型 LNG 接收站，BOG 再冷凝工艺都比直接压缩工艺能耗低。由于调峰型终端无法确保为再冷凝器提供持续冷源，外输管网压力低，使得两种工艺所需的总功率相差不大，而且省去了相关设备，投资相对较低，所以调峰型接收站一般采用直接压缩工艺。大型气源型 LNG 接收站由于 BOG 和外输气量大，输气管道压力高，LNG 外输连续，确保了再冷凝的冷源，使得再冷凝工艺的总功率远低于直接压缩工艺，节能效果明显，因而大型气源型 LNG 接收站 BOG 处理多采用 BOG 再冷凝工艺。

## 7.3.4 LNG 的储存和运输

（1）LNG 的储存

各种类型天然气液化工厂和接收站的 LNG 都要储存在 LNG 储罐中。随着 LNG 行业的发展和需求量增加，LNG 低温储罐在不断向大型化发展。

目前，绝大多数 LNG 储存容器都采用双层储罐，并在两层罐体之间装填良好的绝热材料。其中，内罐（内筒）是盛装 LNG 的主要容器，外罐（外筒）除了保护绝热材料之外还兼起安全作用。内罐的材料主要是 9% 的镍钢、铝合金或不锈钢，外罐材料则为碳钢或预应力混凝土，绝热材料大多为聚氨酯泡沫塑料、珠光砂、聚苯乙烯泡沫塑料、泡沫玻璃、玻璃纤维或软木等。为了防止罐顶因气体压力而浮起和地震时储罐倾倒，内罐用锚固钢带穿过底部保温层固定在基础上，外罐则用地脚螺栓固定在基础上，储罐连同基础板固定在钢管桩上。LNG 储罐分地面储罐和地下储罐两种。

① 地面储罐

目前世界上 LNG 储罐中，地面储罐数量最多。地面储罐按其结构可分为球罐、单容罐、双容罐、全容罐、膜式罐和子母罐等类型。它们的安全运行记录都比较好，但现在更倾向于采用安全可靠性更好的全容式储罐。全容罐是一种全封闭罐，安全性好，适合建设超大规模储罐。全容式储罐由 9% 镍钢内筒加 9% 镍钢或混凝土全封闭式外罐和顶盖构成，如图7-29所示。允许内筒里的LNG和气体向外罐泄漏，但不能向外界泄漏。LNG储罐入口一般设在储罐的顶部，但也可以通过罐内插入管从底部注入LNG，这样可以根据LNG密度进行操作，防止罐内LNG发生分层和翻滚。

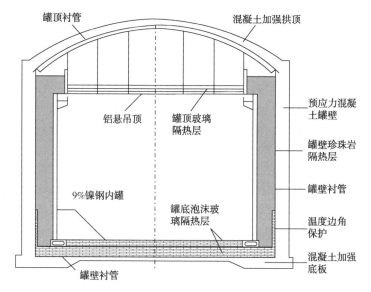

图7-29 全容罐的基本结构

② 地下储罐

地下储罐除罐顶以外，罐体的大部分建在地面以下，LNG储存的最高液面不超过地面。地下储罐的罐体建在不透水的稳定地层之上，为双层结构，内罐采取在罐体内部紧贴低温金属薄膜，外罐为钢筋混凝土结构；内外壳体之间充填绝热材料和氮气。LNG地下储罐具有容积大、占地少、多个储罐可紧密布置，对站周围环境要求较低，安全性高，储存液体不易溢出，具有防灾害性事故的功能，适宜建造在人口密集地区和海滩回填区上。但投资大，建设周期长。

日本是世界上LNG地下储罐最多的国家。东京扇岛LNG地下储罐容积达$20\times10^4m^3$，金属罐上为混凝土罐顶，用土填平地面后种上草，不见储罐踪影，可防飞机在站区内坠毁等事故。

（2）LNG运输

LNG的运输方式主要有两种方法，陆上一般用LNG槽车，海上则用LNG船。近年来由于技术发展，也有通过火车运输以及大型集装箱运输LNG的方法。

① 海上运输

LNG海上运输主要采用特制的远洋运输船。由于LNG具有低温特性，一般采用隔舱式和球形储罐两种结构的双层船壳（图7-30）。LNG运输船除应防爆和确保运输安全外，还要求尽可能降低蒸发率。

191

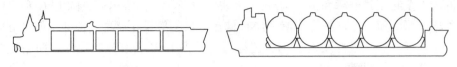

(a)隔舱式LNG船　　　　　　　　　　　　　　　(b)球形储罐LNG船

图 7-30　LNG 运输船剖面图

目前所有 LNG 运输船都采用双层壳体设计,外壳体与储罐间形成一个保护空间,从而减少了船舶因碰撞导致意外破裂的危险性。在船舶运输时,可采用全冷式储罐或半冷半压式储罐,大型 LNG 船一般采用前者。LNG 在 0.1MPa、-162℃下储存,其低温液态由储罐绝热层及 LNG 蒸发吸热维持,少部分蒸发气作为 LNG 船燃料,其余蒸发气回收后再液化,储罐内的压力靠抽去的蒸发气量控制。

② 陆上运输

LNG 用船运输到岸上接收站后,大部分汽化后用管道输往大型工业企业和民用用户,小部分则用汽车运输到中小用户,特别是天然气管网未及地区的其他用户。此外,在陆上建设的小型 LNG 工厂,汽车就成为其运输 LNG 的主要工具。因此,LNG 的公路运输也是其供应链的重要部分。

汽车槽车运输 LNG 时,其结构必须满足 LNG 装卸、绝热和高速行驶等要求。

## 7.3.5　LNG 冷量利用

LNG 气化后除用作城市燃气管网正常及调峰气源、LNG 汽车燃料等外,接收站储罐内 LNG 具有可观的低温冷量,约为 0.24kW·h/kg LNG,可在空分、制干冰、冷库、发电等领域加以利用。因此,LNG 冷量利用日趋重要。

LNG 冷量利用主要是依靠 LNG 与周围环境之间的温度差和压力差,通过 LNG 的温度与相态变化,回收 LNG 冷量。利用冷量的过程可分为直接和间接两种。LNG 冷量直接利用有发电、空气分离、冷冻仓库、生产液体二氧化碳、干冰等;间接利用有冷冻食品、低温干燥和粉碎、低温医疗和食品保存等。

# 第8章 天然气的利用

天然气是一种优质、高效、经济、清洁的低碳能源。与其他能源相比，天然气具有使用方便、经济安全、发热量高、污染少等优点，可以大大减少 $CO_2$、$SO_2$、$NO_x$ 及 PM 排放量，这对改善大气环境，减轻温室效应有着十分明显的作用，是一种公认的绿色环保燃料，因而被广泛用作城镇燃气和工业企业燃料。天然气在优化我国能源结构、提高能源利用效率、促进节能减排、保护环境特别是城市环境、缓解和应对气候变化等方面具有独特的战略优势。

进入 21 世纪以来，我国天然气开发利用取得了长足发展，市场进入快速发展期。加快天然气利用，确立天然气在我国能源系统中的战略地位，对于保障我国能源供应、保障能源安全、保护生态环境及改善能源结构具有重要的现实意义。

与煤炭、石油相比，天然气的优越性体现在以下几点：①天然气是高热值能源。能源物质的热值大致等于各元素热值之和。氢的热值为 34000kcal/kg，碳为 7800kcal/kg，所以氢含量高的烃类热值就高。以甲烷为主的天然气是烃类中 H/C 最高的，是天然生物和化石燃料中热值最高的能源。②天然气是环境污染小的能源。采用天然气作为能源，可减少煤和石油的用量，因而大大改善环境污染问题。另外，天然气是矿物燃料中最清洁的能源，杂质含量极少，天然气燃烧后生成 $CO_2$ 和 $H_2O$，基本没有 $SO_2$ 和 $NO_x$ 的排放，有助于减少酸雨形成，缓解地球温室效应，从根本上改善环境质量。③天然气是利用效率高的能源。提高能源利用效率就可以减少能源消耗量，达到节约资源，降低成本，减少污染的目的，从而提高经济效益和社会效益。长期以来，在热力学理论的研究、新技术和新材料的开发、新装备的应用以及从能源管理上，企业乃至全社会的能源使用效率都得到显著提高。而采用天然气则使能源利用效率的提高尤其显著。例如：工业燃煤锅炉效率 50% ~ 60%，而燃气锅炉效率可达 80% ~ 90%；家庭燃煤炉灶效率 20% ~ 25%，而燃气灶效率可达 55% ~ 65%；发电站燃煤蒸汽发电效率一般为 33% ~ 42%，而燃气联合循环发电站效率可达 50% ~ 58%。④天然气是资源丰富的能源。据统计，世界已探明的石油储量，按现在的消耗速度只能再支撑 40 ~ 70 年，而已探明的天然气储量，预计可以开采利用 200 年以上，因此世界天然气资源相对丰富。

# 8.1 我国天然气利用政策

2004 年，随着西气东输管道正式投入商业运营，我国天然气市场由启动期进入发展期，天然气市场需求呈现爆发性增长，国内资源已不能满足需求，2005 年、2009 年发生两起全国性的"气荒"。正是在天然气供不应求的背景下，《天然气利用政策》(2007)出台主要目的是缓解供需矛盾。

2007 年至今，我国天然气工业和天然气基础设施建设取得了突出发展，天然气供应形势持续好转。天然气资源量大幅增加，有效缓解了天然气供需矛盾，为扩大天然气利用规模提供坚实的资源基础。为兑现我国大气排放的国际承诺(2020 年单位 GDP $CO_2$ 排放量要在 2005 年的基础上降低 40%~50%)和发展低碳经济，需要扩大天然气利用领域和利用范围，加大天然气替代成品油、煤及煤气的力度，大幅提高天然气在一次能源消费结构中的比重。天然气供应形势的转变已为此创造了物质条件，但必须调整和修改原《政策》中的不适宜部分，特别是天然气用户类别的划分和天然气利用顺序等。为此，国家发改委于 2012 年 10 月 14 日颁布了新的《天然气利用政策》(2012)。

## 8.1.1 《天然气利用政策》(2012)

### 8.1.1.1 天然气利用原则和目标

天然气利用的基本原则。坚持统筹兼顾，整体考虑全国天然气利用的方向和领域，优化配置国内外资源；坚持区别对待，明确天然气利用顺序，保民生、保重点、保发展，并考虑不同地区的差异化政策；坚持量入为出，根据资源落实情况，有序发展天然气市场。

天然气利用的政策目标。按照科学发展观和构建社会主义和谐社会的要求，优化能源结构、发展低碳经济、促进节能减排、提高人民生活质量，统筹国内外两种资源、两个市场，提高天然气在一次能源消费结构中的比重，优化天然气消费结构，提高利用效率，促进节约使用。

### 8.1.1.2 天然气利用领域

新《政策》将天然气利用领域分为五大类，即城市燃气、工业燃料、天然气发电、天然气化工和其他用户。天然气利用顺序分为优先类、允许类、限制类和禁止类。

第一类：优先类

城市燃气：

● 城镇(尤其是大中城市)居民炊事、生活热水等用气；

● 公共服务设施(机场、政府机关、职工食堂、幼儿园、学校、医院、宾馆、酒店、餐饮业、商场、写字楼、火车站、福利院、养老院、港口、码头客运

站、汽车客运站等)用气;

● 天然气汽车(尤其是双燃料及液化天然气汽车),包括城市公交车、出租车、物流配送车、载客汽车、环卫车和载货汽车等以天然气为燃料的运输车辆。

● 集中式采暖用户(指中心城区、新区的中心地带);

● 燃气空调;

工业燃料:

● 建材、机电、轻纺、石化、冶金等工业领域中可中断的用户;

● 作为可中断用户的天然气制氢项目;

其他用户:

● 天然气分布式能源项目(综合能源利用效率70%以上,包括与可再生能源的综合利用);

● 在内河、湖泊和沿海航运的以天然气(尤其是液化天然气)为燃料的运输船舶(含双燃料和单一天然气燃料运输船舶);

● 城镇中具有应急和调峰功能的天然气储存设施;

● 煤层气(煤矿瓦斯)发电项目;

● 天然气热电联产项目。

第二类:允许类

城市燃气:

● 分户式采暖用户;

工业燃料:

● 建材、机电、轻纺、石化、冶金等工业领域中以天然气代油、液化石油气项目;

● 建材、机电、轻纺、石化、冶金等工业领域中以天然气为燃料的新建项目;

● 建材、机电、轻纺、石化、冶金等工业领域中环境效益和经济效益较好的以天然气代煤项目;

● 城镇(尤其是特大、大型城市)中心城区的工业锅炉燃料天然气置换项目;

天然气发电:

● 除第一类第(12)项、第四类第(1)项以外的天然气发电项目;

天然气化工:

● 除第一类第(7)项以外的天然气制氢项目;

其他用户:

● 用于调峰和储备的小型天然气液化设施。

第三类:限制类

天然气化工:

● 已建的合成氨厂以天然气为原料的扩建项目、合成氨厂煤改气项目;

- 以甲烷为原料，一次产品包括乙炔、氯甲烷等小宗碳一化工项目；
- 新建以天然气为原料的氮肥项目。

第四类：禁止类

天然气发电：

- 陕、蒙、晋、皖等十三个大型煤炭基地所在地区建设基荷燃气发电项目(煤层气(煤矿瓦斯)发电项目除外)；

天然气化工：

- 新建或扩建以天然气为原料生产甲醇及甲醇生产下游产品装置；
- 以天然气代煤制甲醇项目。

### 8.1.1.3 天然气利用政策

国家发改委、国家能源局统筹协调各企业加快推进天然气资源勘探开发，促进天然气高效利用，调控供需总量基本平衡，推动资源、运输、市场有序协调发展。

各省(区、市)发改委、能源局要根据天然气资源落实和地区管网规划建设情况，结合节能减排目标，认真做好天然气利用规划，确保供需平衡。同时，要按照天然气利用优先顺序加强需求侧管理，鼓励优先类、支持允许类天然气利用项目发展，对限制类项目的核准和审批要从严把握，列入禁止类的利用项目不予安排气量。优化用气结构，合理安排增量，做好年度用气计划安排。

坚持天然气的高效节约使用。在严格遵循天然气利用顺序基础上，鼓励应用先进工艺、技术和设备，加快淘汰天然气利用落后产能，发展高效利用项目。鼓励用天然气生产化肥等企业实施由气改煤技术。高含 $CO_2$ 的天然气可根据其特点实施综合开发利用。鼓励页岩气、煤层气(煤矿瓦斯)就近利用(用于民用、发电)和在符合国家商品天然气质量标准条件下就近接入管网或者加工成 LNG、CNG 外输。提高天然气商品率，增加外供商品气量，严禁排空浪费。

国家通过政策引导和市场机制，鼓励建设调峰储气设施。天然气销售企业、天然气基础设施运营企业和城镇燃气经营企业应当共同保障安全供气，减少事故性供应中断对用户造成的影响。

继续深化天然气价格改革，完善天然气价格形成机制，加快理顺天然气价格与可替代能源比价关系；建立并完善天然气上下游价格联动机制；鼓励天然气用气量季节差异较大的地区，研究推行天然气季节差价和可中断气价等差别性气价政策，引导天然气合理消费，提高天然气利用效率；支持天然气贸易机制创新。

配套相关政策。对优先类用气项目，地方各级政府可在规划、用地、融资、收费等方面出台扶持政策。鼓励天然气利用项目有关技术和装备自主化，鼓励和支持汽车、船舶天然气加注设施和设备的建设。鼓励地方政府出台如财政、收费、热价等具体支持政策，鼓励发展天然气分布式能源项目。

#### 8.1.1.4　天然气利用新政策

坚持以产定需,所有新建天然气利用项目(包括优先类)申报核准时必须落实气源,并签订购气合同,已用气项目供用气双方也要有合同保障。

已建成且已用上天然气的用气项目,尤其是国家批准建设的化肥项目,供气商应确保按合同稳定供气。

已建成但供气不足的用气项目,供气商应首先确保按合同量供应,有富余能力情况下逐步增加供应量。

目前在建或已核准的用气项目,若供需双方已签署长期供用气合同,按合同执行;未签署合同的尽快签署合同并逐步落实气源。

除新疆可适度发展限制类中的天然气化工项目外,其他天然气产地利用天然气亦应遵循产业政策。

### 8.1.2　《加快推进天然气利用的意见》

为适应社会、经济、环境和能源形势的深刻变化,我国相继提出了大气污染防治行动计划、推动能源生产和消费革命等国家战略。天然气具有优质高效、绿色清洁、能与可再生能源互补等优点,是我国推进能源革命、治理大气污染、应对气候变化等的现实选择。为加快推进天然气利用,提高天然气在我国一次能源消费结构中的比重,稳步推进能源消费革命和农村生活方式革命,有效治理大气污染,积极应对气候变化。国家发展和改革委员会于 2017 年 6 月 23 日发布了《加快推进天然气利用的意见》(以下简称《意见》)。总体目标是逐步将天然气培育成为我国现代清洁能源体系的主体能源之一,到 2020 年,天然气在一次能源消费结构中的占比力争达到 10% 左右,地下储气库形成有效工作气量 $148 \times 10^8 \mathrm{m}^3$。到 2030 年,力争将天然气在一次能源消费中的占比提高到 15% 左右,地下储气库形成有效工作气量 $350 \times 10^8 \mathrm{m}^3$ 以上。

(1)《意见》中提出了加快天然气利用的重点任务如下。

① 实施城镇燃气工程

a. 推进北方地区冬季清洁取暖　按照企业为主、政府推动、居民可承受的方针,宜气则气、宜电则电,尽可能利用清洁能源,加快提高清洁供暖比重。以京津冀及周边大气污染传输通道内的重点城市(2+26)为抓手,力争五年内有条件地区基本实现天然气、电力、余热、浅层地热能等取暖替代散烧煤。在落实气源的情况下,积极鼓励燃气空调、分户式采暖和天然气分布式能源发展。

b. 快速提高城镇居民燃气供应水平　结合新型城镇化建设,完善城镇燃气公共服务体系,支持城市建成区、新区、新建住宅小区及公共服务机构配套建设燃气设施,加强城中村、城乡按合部、棚户区燃气设施改造及以气代煤。加快燃气老旧管网改造。支持南方有条件地区因地制宜开展天然气分户式采暖试点。

c. 打通天然气利用"最后一公里"　开展天然气下乡试点,鼓励多种主体参与，宜管则管、宜罐则罐，采用管道气、压缩天然气（CNG）、液化天然气（LNG）、液化石油气（LPG）储配站等多种形式，提高偏远及农村地区天然气通达能力。结合新农村建设，引导农村居民因地制宜使用天然气，在有条件的地方大力发展生物天然气（沼气）。

②实施天然气发电工程

a. 大力发展天然气分布式能源　在大中城市具有冷热电需求的能源负荷中心、产业和物流园区、旅游服务区、商业中心、交通枢纽、医院、学校等推广天然气分布式能源示范项目，探索互联网＋、能源智能微网等新模式，实现多能协同供应和能源综合梯级利用。在管网未覆盖区域开展以 LNG 为气源的分布式能源应用试点。

b. 鼓励发展天然气调峰电站　鼓励在用电负荷中心新建以及利用现有燃煤电厂已有土地、已有厂房、输电线路等设施建设天然气调峰电站，提升负荷中心电力安全保障水平。鼓励风电、光伏等发电端配套建设燃气调峰电站，开展可再生能源与天然气结合的多能互补项目示范，提升电源输出稳定性，降低弃风弃光率。

c. 有序发展天然气热电联产　在京津冀及周边、长三角、珠三角、东北等大气污染防治重点地区具有稳定热、电负荷的大型开发、工业聚集区、产业园区等适度发展热电联产燃气电站。

③实施工业燃料升级工程

工业企业要按照各级大气污染防治行动计划中规定的淘汰标准与时限，在"高污染燃料禁燃区"重点开展 20 蒸吨及以下燃煤燃油工业锅炉、窑炉的天然气替代，新建、改扩建的工业锅炉、窑炉严格控制使用煤炭、重油、石油焦、人工煤气作为燃料。

鼓励玻璃、陶瓷、建材、机电、轻纺等重点工业领域天然气替代和利用。在工业热负荷相对集中的开发区、工业聚集区、产业园区等，鼓励新建和改建天然气集中供热设施。支持用户对管道气、CNG、LNG 气源做市场化选择，相关设施的规划、建设和运营应符合法律法规和技术规范要求。

④实施交通燃料升级工程

加快天然气车船发展。提高天然气在公共交通、货运物流、船舶燃料中的比重。天然气汽车重点发展公交出租、长途重卡，以及环卫、场区、港区、景点等作业和摆渡车辆等。在京津冀等大气污染防治重点地区加快推广重型天然气（LNG）汽车代替重型柴油车。船舶领域重点发展内河、沿海以天然气为燃料的运输和作业船舶，并配备相应的后处理系统。加快加气（注）站建设。在高速公路、国道省道沿线、矿区、物流集中区、旅游区、公路客运中心等，鼓励发展 CNG加气站、LNG 加气站、CNG/LNG 两用站、油气合建站、油气电合建站等。

充分利用现有公交站场内或周边符合规划的用地建设加气站，支持具备场地

198

等条件的加油站增加加气功能。鼓励有条件的交通运输企业建设企业自备加气站。推进船用 LNG 加注站建设，加快完善船用 LNG 加注站（码头）布局规划。加气（注）站的设置应符合相关法律法规和工程、技术规范标准。

（2）《意见》提出加强天然气资源供应保障

① 提高资源保障能力　立足国内加大常规、深海深层以及非常规天然气勘探开发投入，积极引进国外天然气资源，加强油气替代技术研发，推进煤制气产业示范，促进生物质能开发利用，构筑经济、可靠的多元化供应格局。鼓励社会资本和企业参与海外天然气资源勘探开发、LNG 采购以及 LNG 接收站、管道等基础设施建设。优先保障城镇居民和公共服务用气。

② 加强基础设施建设和管道互联互通　油气企业要加快天然气干支线、联络线等国家重大项目推进力度。建立项目单位定期向项目主管部门报告建设情况的制度，项目主管部门建立与重大项目稽查部门沟通机制，共享有关项目建设信息。重大项目稽查部门可根据项目建设情况，加强事中事后监管，开展不定期检查，督促项目建设。支持煤层气、页岩气、煤制天然气配套外输管道建设和气源就近接入。集中推进管道互联互通，打破企业间、区域间及行政性垄断，提高资源协同调配能力。加快推进城市周边、城乡接合部和农村地区天然气利用"最后一公里"基础设施建设。开展天然气基础设施建设项目通过招投标等方式选择投资主体试点工作。

③ 建立综合储气调峰和应急保障体系　天然气销售企业承担所供应市场的季节（月）调峰供气责任，城镇燃气企业承担所供应市场的小时调峰供气责任，日调峰供气责任由销售企业和城镇燃气企业共同承担，并在天然气购销合同中予以约定。天然气销售企业、基础设施运营企业、城镇燃气企业等要建立天然气应急保障预案。天然气销售企业应当建立企业天然气储备，到 2020 年拥有不低于其年合同销售量 10% 的工作气量。县级以上地方人民政府要推进 LNG、CNG 等储气调峰设施建设，组织编制燃气应急预案，采取综合措施至少形成不低于保障本行政区域平均 3 天需求量的应急储气能力。支持承担储气调峰责任的企业自建、合建、租赁储气设施，鼓励承担储气调峰责任的企业从第三方购买储气调峰服务和调峰气量等辅助服务创新。支持用户通过购买可中断供气服务等方式参与天然气调峰。放开储气地质构造的使用权，鼓励各方资本参与，创新投融资和建设运营模式。鼓励现有 LNG 接收站新增储罐泊位，扩建增压气化设施，提高接收站储转能力。

## 8.1.3　《关于促进天然气协调稳定发展的若干意见》

2018 年 9 月 5 日，国务院印发《关于促进天然气协调稳定发展的若干意见》（简称《意见》），对我国天然气产业发展做出全面部署。根据《意见》，我国天然气产业发展将按照"产供储销，协调发展""规划统筹，市场主导""有序施策，保障民生"的基本原则，加快破解天然气产业发展的深层次矛盾，有效解决天然气发展不平衡不充分问题，确保国内快速增储上产，实现天然气产业健康有序安全可持续发展。

《意见》要求，加强产供储销体系建设，促进天然气供需动态平衡。一是加大国内勘探开发力度。各油气企业全面增加国内勘探开发资金和工作量投入，确保完成国家规划部署的各项目标任务，力争到 2020 年年底前国内天然气产量达到 $2000 \times 10^8 m^3$ 以上。二是健全天然气多元化海外供应体系，加快推进进口国别（地区）、运输方式、进口通道、合同模式及参与主体多元化。三是构建多层次储备体系。供气企业到 2020 年形成不低于其年合同销售量 10% 的储气能力。四是强化天然气基础设施建设与互联互通。加快天然气管道、LNG 接收站等项目建设，集中开展管道互联互通重大工程，加快推动纳入环渤海地区 LNG 储运体系实施方案的各项目落地实施。

《意见》强调，要深化天然气领域改革，建立健全协调稳定发展体制机制。一是建立天然气供需预测预警机制，加强政府和企业层面对国际天然气市场的监测和预判。二是建立天然气发展综合协调机制，全面实行天然气购销合同制度，鼓励签订中长期合同，积极推动跨年度合同签订。三是建立健全天然气需求侧管理和调峰机制。新增天然气量优先用于城镇居民生活用气和大气污染严重地区冬季取暖散煤替代。四是建立完善天然气供应保障应急体系。五是理顺天然气价格机制。六是强化天然气全产业链安全运行机制。

## 8.2　城市燃气

天然气作为城市燃气的优势越来越明显，它不仅能改善城市环境，提高城市居民生活品质，同时也是城市现代化程度的一个重要标志。近年来，随着西气东输工程的实施，在因地制宜，合理利用能源方针的指导下，我国城市燃气得到了快速发展。自 2004 年西气东输一线投入商业运营以来，天然气用气人口以每年以 18.7% 的增速快速增长，天然气自 2005 年起已取代液化石油气成为第一大城市燃气气源。根据《中国城乡建设统计年鉴 2016》数据显示，2016 年全国城市用气总人口达 4.57 亿人。其中，天然气用气人口达到 3.08 亿人，占比 67.4%；LPG 用气人口 1.37 亿人，占比 30.0%；人工煤气 0.11 亿人，占比 2.6%。

目前，我国用作城市燃气的天然气通常为管道天然气(PNG)、压缩天然气(CNG)和液化天然气(LNG)。

### 8.2.1　用户类型及用气特点

根据燃气的使用性质，一般将城市燃气用户分为城镇居民生活用户、公共建筑用户、工业企业用户、建筑物采暖用户、天然气汽车、其他用户等。

（1）城镇居民生活用户

城镇居民生活是城镇燃气的基本用户之一，主要用于炊事和生活用水的加热。居民用户的用气特点是单户用气量不大，但用气随机性较强。

（2）公共建筑用户

公共建筑用户包括商业设施(如宾馆、旅店、饭店等)、餐饮业、学校、医院、国家机关和科研单位等用气。公共建筑用户的燃气供应主要用于各类食品和饮料的热加工制作过程、生活热水及饮用水。其特点是用气量不大，且比较规律。

（3）工业企业用户

工业企业用户是指在生产工艺中必须使用燃气的工业企业，对于供应燃气后可使产品质量大大改善和产量有很大提高的工业企业应优先供应。

工业企业用户具有用气量比较均匀的特点，所以工业企业用气量在城市总用气量中占有一定比例，将有利于平衡城市燃气使用的不均匀性，减少燃气储存设施的投资。

（4）建筑物采暖用户

建筑物采暖用户是指以燃气作为冬季采暖热源的用户。由于采暖锅炉燃煤与使用燃气的热效率相差不大，在城市燃气气源紧张的条件下，一般不供应建筑物采暖，只有通过技术经济论证，确认为供应燃气后经济效益高，社会效益好，且气源充足时可考虑供应燃气。建筑物采暖用燃气集中于冬季，用气具有突出的季节性不均匀的特点。

（5）天然气汽车

发展燃气汽车是降低城镇环境污染的有力措施之一。目前，燃气汽车主要有液化石油气汽车、液化天然气汽车和压缩天然气汽车三大类。大部分燃气汽车属于油气双燃料汽车(既可使用汽油，也可使用燃气)。天然气汽车用气量与其数量及运营情况有关，用气量随季节等外界因素变化比较小。发展燃气汽车不仅有利于减少城镇环境污染，还可以减少对汽油的依赖。

（6）其他用户

包括天然气空调、天然气发电用气等。天然气空调和以天然气为能源的热、电、冷联产的全能系统已经引起广泛关注，它对缓解夏季用电高峰、减少环境污染(噪声、制冷剂泄漏)、提高天然气输配管网利用率、保持用气的季节平衡、降低天然气输配成本有很大作用。特别是热、电、冷联产的方式具有较高的技术经济价值，是今后天然气空调的发展方向。

## 8.2.2  用气量指标

用气量指标又称为用气定额，是进行城镇规划、设计，估算燃气用气量的主要依据。因为不同燃气的发热量不同，国外也常用发热量指标来表示用气量指标。

（1）居民生活用气量指标

居民生活用气量指标是指城镇居民每人每年的平均天然气用量。影响居民生活用气量指标的因素很多，如地区的气候条件、居民生活水平和饮食生活习惯、居民每户平均人口数、住宅内用气设备的设置情况、公共生活服务网的发展情况、燃气价格等。通常，住宅内用气设备齐全，地区的平均气温低，则居民生活用气量指标高。但随公共生活服务网的发展以及燃具的改进，居民生活用气量会下降。

上述各种因素错综复杂、相互制约，因此对居民生活用气量指标的影响无法精确估算。一般情况下需统计 5~20 年的实际运行数据作为基本依据，用数学方法处理统计数据，并建立适用的数学模型来分析确定，并预测未来发展趋势，然后提出可靠的用气量指标推荐值。

我国一些地区和城市的居民生活用气量指标见表 8-1。

表 8-1　我国部分城市居民生活用气量指标

| 城 市 名 称 | 居民生活用气量指标，MJ/（人·年） | |
| --- | --- | --- |
| | 无集中采暖设备的用户 | 有集中采暖设备的用户 |
| 北京 | 2512~2931 | 2721~3140 |
| 上海 | 2300~2510 | — |
| 南京 | 2050~2180 | — |
| 大连 | 1550~1670 | 1790~2090 |
| 沈阳 | 1590~1720 | 2010~2180 |
| 哈尔滨 | 1670~1800 | 2430~2510 |
| 成都 | 2512~2931 | — |
| 重庆 | 2300~2720 | — |

注：1. 采暖指非燃气采暖。

2. 用气指标为按燃气低发热量计算值，用途为炊事和生活热水。

（2）公共建筑用户用气量指标

公共建筑用户用气量指标的影响因素主要有城市天然气的供应情况、用气设备性能、热效率、加工食品的方式和地区的气候条件等。公共建筑用户用气量指标也应根据当地公共建筑用气量的统计数据分析确定。我国几种公共建筑用户用气量指标见表 8-2。

表 8-2　公共建筑用户用气量指标

| 类 别 | | 用 气 指 标 | 单 位 |
| --- | --- | --- | --- |
| 职工食堂 | | 1884~2303 | MJ/（人·年） |
| 饮食业 | | 7955~9211 | MJ/（座·年） |
| 幼儿园 | 全托 | 1884~2515 | MJ/（人·年） |
| | 日托 | 1256~1675 | MJ/（人·年） |

| 类　　　别 | | 用　气　指　标 | 单　　位 |
|---|---|---|---|
| 医院 | | 2931～4187 | MJ/(床位·年) |
| 旅馆、招待所 | 有餐厅 | 3350～5024 | MJ/(床位·年) |
| | 无餐厅 | 670～1047 | MJ/(床位·年) |
| 宾馆 | | 8374～10467 | MJ/(床位·年) |

（3）工业企业用气量指标

工业企业用气量指标可由产品的耗气定额或其他燃料的实际消耗量进行折算，也可依照同行业的用气量指标分析确定。我国部分工业产品的用气量指标见表 8-3。

表 8-3　部分工业产品的生产用气量指标

| 序　号 | 产　品　名　称 | 加　热　设　备 | 单　位 | 用气量指标/MJ |
|---|---|---|---|---|
| 1 | 熔铝 | 熔炉锅 | t | 3100～3600 |
| 2 | 洗衣粉 | 干燥器 | t | 12600～15100 |
| 3 | 黏土耐火砖 | 熔烧窑 | t | 4800～5900 |
| 4 | 石灰 | 熔烧窑 | t | 5300 |
| 5 | 玻璃制品 | 熔化、退火等 | t | 12600～16700 |
| 6 | 白炽灯 | 熔化、退火等 | 万只 | 15100～20900 |
| 7 | 织物烧毛 | 烧毛机 | 万米 | 800～840 |
| 8 | 日光灯 | 熔化、退火 | 万只 | 16700～25100 |
| 9 | 电力 | 发电 | kW·h | 11.7～16.7 |
| 10 | 动力 | 燃气轮机 | kW·h | 17.0～19.4 |

（4）建筑采暖及空调用气量指标

采暖和空调用气量指标可按 CJJ 34—2010《城市热力管网设计规范》或当地建筑物耗热量指标确定。

（5）天然气汽车用气量指标

天然气汽车用气量指标应根据当地天然气汽车种类、车型和使用量的统计数据分析确定。当缺乏用气量的实际统计资料时，可参照已有燃气汽车城镇的用气量指标分析确定。

## 8.2.3　城市燃气需用工况

（1）城市燃气用气不均匀情况

城市燃气供应特点是供气基本均匀，而用户用气则不均匀。用户用气不均匀性与许多因素有关，如各类用户的用气工况及其在总用气量中所占的比例、当地的气候条件、居民生活作息制度、工业企业和机关的工作制度、建筑物和工厂车间用气设备的特点等。显然，这些因素对用气不均匀性的影响不能用理论计算确定。最可靠的办法是在相当长的时间内收集和系统地整理当地实际数据，才能得到用气工况的可靠资料。

用气不均匀性对燃气供应系统的经济性有很大影响。用气量较小时，气源的生产能力和输气管道的输气能力不能充分发挥和利用，燃气成本提高。

（2）用气不均匀系数

用气不均匀情况可分为季节或月不均匀性、周或日不均匀性、小时不均匀性等。

① 月用气工况

影响月用气工况的主要因素是气候条件，一般冬季各类用户的用气量都会增加。居民生活及商业用户加工食物、生活热水的用气会随着气温降低而增加；而工业用户即使生产工艺及产量不变化，由于冬季炉温及材料温度降低，生产用热也会有一定程度的增加。采暖与空调用气量属于季节性负荷，只有冬季采暖和夏季使用空调的时候才会用气。显然，季节性负荷对城镇燃气的季节或月不均匀性影响最大。目前，我国天然气用气季节峰谷差(季节高峰用气量与低谷用气量之比值)一般大于3，尤其像北京这样的大城市，由于人口的迁移性、流动性强，峰谷差已超过10。

一年中各月的用气不均匀情况可用月不均匀系数表示。因每月天数在28~31天内变化，故月不均匀系数 $K_1$ 按下式计算：

$$K_1 = \frac{月平均日用气量}{全年平均日用气量} \qquad (8-1)$$

在一年12个月中，平均日用气量最大的月也是用不均匀系数最大的月，称为计算月。并将最大月不均匀系数 $K_{1,max}$ 称为月高峰系数。

② 日用气工况

影响一个月或一周中用气波动的主要因素有居民生活习惯，工业企业的工作和休息制度，室外气温变化等。

居民生活炊事和热水日用气量具有很大的随机性，用气工况主要取决于居民生活习惯，平日和节假日用气规律各不相同。即使居民的日常生活有严格的规律，日用气量也会随室外温度等因素发生变化。工业企业的工作和休息制度比较规律。室外气温一周内变化通常没有规律，气温低时用气量大。采暖用气的日用气量在采暖期内随室外温度变化有一些波动，但相对来讲是比较稳定的。

日不均匀系数表示一个月(或一周)中日用气量的变化情况。日不均匀系数 $K_2$ 值按式(8-2)计算。该月中最大日不均匀系数 $K_{2,max}$ 称为该月的日高峰系数。

$$K_2 = \frac{月中某日用气量}{月平均日用气量} \qquad (8-2)$$

③ 小时用气工况

城镇中各类用户在一昼夜中各小时的用气量变化很大，特别是居民和商业用户。居民用户的小时不均匀性与居民的生活习惯、用气规模和所用燃具等因素有关。一般会有早、中、晚 3 个高峰。商业用户的用气与其用气目的、用气方式、用气规模有关。工业企业用气主要取决于工作班制、工作时数等。一般三班制工作的工业企业用户，其用气工况基本是均匀的。在采暖期，大型采暖设备的日用气工况相对稳定，单户独立采暖的小型采暖炉，多为间歇式工作。

## 8.2.4　城市燃气输配系统

目前，我国主要输气管道沿线的城镇燃气多为管道天然气，其余地区城镇根据各地自身情况使用 LNG、CNG 等作为天然气气源，也有不少城镇为多气源综合供给。

气源为管道天然气的城镇燃气输配系统一般由门站、燃气管网、储气设施、调压设施、管理设施、监控系统等组成，如图 8-1 所示。

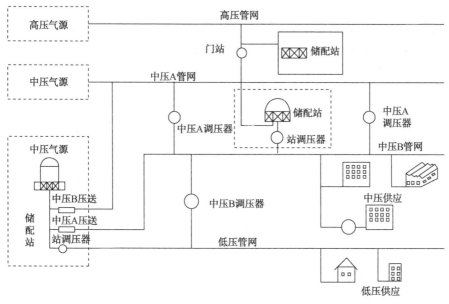

图 8-1　城市燃气输配系统图

### 8.2.4.1　管道天然气站场

由图 8-1 可知，气源为管道天然气的城镇燃气输配系统通常由门站、调压站、储配站等组成。

（1）门站

门站是输气系统的气源，通常与长输管线末站联合建设。其主要功能是接受长输管道来气并进行计量、调控供气压力、气量分配、净化、气质检测和加臭等。图 8-2 为典型城市门站工艺流程图。

205

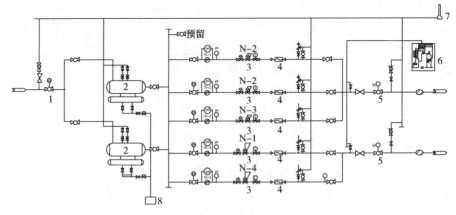

图 8-2　典型门站工艺流程图

1—进站阀；2—过滤分离器；3—调压器；4—流量计；5—出站阀组；
6—加臭装置；7—放空总管；8—排污池

（2）调压站

调压站是城镇燃气输配系统中进行压力调节的站场。其主要功能是将燃气管网压力调节到下一级管网或用户所需压力并保持调节后的压力稳定。城镇调压站主要分为区域调压站、专用调压柜（调压箱）等。

（3）储配站

燃气储配站是城镇燃气输配系统中储存和分配燃气的站场。其主要任务是保持天然气输配系统供需平衡，保证系统压力平稳。燃气储配站较为常用的流程是高压储存、高压输送和低压储存、中低压输送流程。

图 8-3 为高压储存、二级调压、高压输送工艺流程示例。一级调压器的作用是将超高压燃气的压力降至高压储气罐的工作压力，并储存至储气罐。二级调压

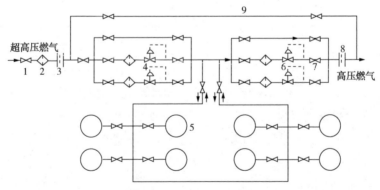

图 8-3　高压储存、二级调压、高压输送工艺流程

1—阀门；2—过滤器；3—进站流量计；4——级调压器；5—高压储气罐；
6—二级调压器；7—止回阀；8—出站流量计；9—越站旁通管

器的作用是将燃气压力调节到出站管道的工作压力。

### 8.2.4.2 城镇燃气输配管网

（1）城镇燃气管网分类

城市燃气输配管网是指从一个或几个气源至用户之间的管网，可按管网形状、输气压力、用途和敷设方式分类。

① 根据形状分类

城镇燃气管网根据形状可分为枝状管网、环状管网和混合管网（环枝状管网）。其中，混合管网兼有枝状管网和环状管网的优点，大的区域主干管网成环，内部或末端则采用枝状。目前，已建成城镇燃气管网大多为混合管网。

② 按用途分类

城市燃气输气管道按用途可分为以下几种：

a. 城市输气干管　将城市门站的燃气输送至各供应区域。

b. 配气管道　与输气干管相接，将燃气分配给用户的管道，分街区配气管道和住宅区配气管道。

c. 厂区燃气管道　在工厂区域内车间之间的配气管道，与城市燃气干管相接。

d. 室内燃气管道　建筑物内部的燃气管道，室内燃气管道通过引入管与配气管相接。

③ 按配气压力分类

根据安全、技术以及设备质量等级的不同要求，我国燃气管道按照 GB 50028—2006 规定，城市燃气压力共分为 7 个等级，见表 8-4。

表 8-4　城市燃气管道压力分级

| 名　称 | | 压力（表压）/MPa |
| --- | --- | --- |
| 低压燃气管道 | | $p < 0.01$ |
| 中压燃气管道 | B | $0.01 \leqslant p \leqslant 0.2$ |
| | A | $0.2 < p \leqslant 0.4$ |
| 次高压燃气管道 | B | $0.4 < p \leqslant 0.8$ |
| | A | $0.8 < p \leqslant 1.6$ |
| 高压燃气管道 | B | $1.6 < p \leqslant 2.5$ |
| | A | $2.5 < p \leqslant 4.0$ |

④ 根据敷设方式分类

分为地下燃气管道、架空燃气管道。

（2）城市燃气管网系统压力级制分类

城市燃气管网一般采用不同的压力级制。首先，燃气管网采用不同压力级制比较经济。因为大部分燃气由较高压力的管道输送，管道的管径可以选得小一些，管道单位长度的压力损失可以选得大一些，以节省管材。其次，各类用户需要的燃气压力不同。如居民用户和小型公共建筑用户需要低压燃气，而大型工业企业则需要中压或高压燃气。第三，考虑消防安全的要求。在城市未改建的老区，建筑物比较密集，街道和人行道都比较狭窄，不宜敷设高压或中压 A 管道，而只能敷设中压 B 和低压管道。同时大城市的燃气输配系统的建造、扩建和改建过程要经过许多年，所以在城市的老区原先设计的燃气管道压力，大都比近期建造的管道压力低。

根据城市燃气管网系统所采用的压力级制不同可分为以下几种。

① 低压一级燃气管网系统

低压一级管网系统是来自输气管道的天然气进入储配站，经调压后直接送入低压配气管网的管网系统。

此管网系统适用于用气量小，供气范围为 2~3km 的城镇和地区，如果加大其供气量及供气范围会使管网投资过大。

② 中压或次高压一级燃气管网系统

中压或次高压一级管网系统是来自输气管道的天然气进入储配站，经调压后送入中压或次高压配气管网，最后经箱式调压器调至低压后输送至用户的管网系统。适用于新城区和安全距离可以保证的地区；对街道狭窄、房屋密度大的老城区并不适用。

③ 低压-中(次高)压二级燃气管网系统

低压-中(次高)压二级燃气管网系统是天然气从输气管道线首先进入城镇门站，经门站调压、计量后送至城镇中(次高)压管网，然后经中(次高)压、低压调压站调压后送入低压配气管网，最后进入用户管道。

图 8-4 所示为某城市的配气管网系统，属低压-次高压二级管网系统。天然气由输气管道从东、西两个方向经门站送入该市，次高压管网连成环状，通过区域调压室向低压管网供气，通过专用调压室向工业企业供气，低压管网根据地理条件分成三个互不连通的区域管网向居民用气和小型公共建筑用户供气。此管网系统适用于街道宽阔、建筑物密度较小的大、中城市。

④ 三级燃气管网系统

三级燃气管网系统是从输气管道来的天然气先进入城镇门站，经调压计量后进入城镇高压(次高压)管网，然后经高、中压调压站调压后进入中压管网，最后经中、低压调压站调压后送入低压管网。

此系统的高压或次高压管道一般布置在郊区人口稀少地区，若出现漏气事故，危机不到住宅或人口密集地区，供气比较安全可靠。同时，高压或次高压外环网可以储存一部分天然气。

但此系统较为复杂，三级管网、二级调压站的设置给维护管理造成了不便，

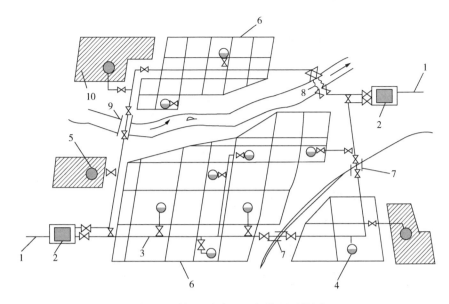

图 8-4　低压-次高压二级管网系统图

1—输气管道；2—城镇门站；3—次高压管网；4—区域调压室；5—工业企业专用调压室；6—低压管网
7—穿过铁路的套管敷设；8—穿越河流的过河管；9—沿桥敷设的过河管；10—工业企业

在同一条街道往往要同时铺设两条压力不同的管道，总管网长度大于一、二级系统，投资最高。同时，由于经过两级调压，导致天然气压力损失较大，进一步造成了输配管网管径增加。

⑤ 多级燃气管网系统

多级燃气管网系统是由低压、中压、次高压和高压管网组成。天然气从输气管道进入城镇储配站，在储配站将天然气的压力降低后送至城镇高压管网，再分别通过各自调压站进入各级较低压力等级的管网。

如图 8-5 所示为某城市的多级管网系统，气源是天然气，由地下储气库、高压储气站一级输气管道的末端储气三者共同调节供气和用气的不均匀性。天然气通过几条输气管道进入城镇燃气门站，压力降到 2.0MPa 后去城市外环高压管网，再分别通过各级调压站进入各级较低压力等级的管网，各级管网分别组成环状。

多级管网系统主要用于人口多，密度大的特大型城市。

⑥ 混合燃气管网系统

混合燃气管网系统是天然气从输气管道进入城镇门站，经调压计量后进入中压(或次高压)输气管网，一些区域经中压(或次高压)配气管网送入箱式调压器，最后进入户内管道。另一些区域则经过中、低压(或次高压、低压)区域调压站调压后，送入低压管网，最后送入庭院及户内管道。

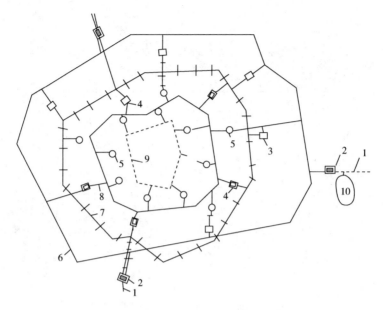

图 8-5　城市多级燃气管网系统图
1—输气管道；2—城市门站；3—调压计量站；4—储气站；5—调压站；
6、7—高压管网；8—次高压管网；9—中压管网；10—地下储气库

　　混合燃气管网系统管道总长度较三级管网系统要短，投资较省。该系统一般是在街道宽阔安全距离可以保证的地区采用一级中压(或次高压)供气，而在人口密集、街道狭窄地区采用低压供气。

　　此系统是我国目前可以广泛采用的城镇燃气管网系统，其适应性相对较强。

## 8.2.5　城市燃气的储气调峰

　　城市燃气的需用工况是不均匀的，随月、日、时而变化，但一般燃气气源的供应量是均匀的，不可能完全随需用工况而变化。为了解决均匀供气与不均匀用气之间的矛盾，保证不间断连续地向用户供应正常压力、流量的燃气，需要采取一定的措施使燃气供应系统供需平衡。一般应综合考虑气源、用户及输配系统的具体情况，提出合理的调峰手段。通常，城市燃气输配系统应在技术、经济比较的基础上采取不同调峰手段的组合方式。

　　(1) 常用调峰方式

　　常用的调峰方式包括两大类：一类是通过调峰设施来满足调峰需求，主要包括天然气储罐(多为球罐)、高压管束、输气管道末端、LNG 与 LPG 储罐、地下储气库等调峰设施；另一类是通过对大型工业用户中断供气、实行峰谷气价等来满足调峰需求。4 类不同类型的调峰方式比较见表 8-5。

表 8-5　不同类型调峰方式比较

| 储存方式 | 天然气状态 | 优点 | 缺点 | 用途 |
|---|---|---|---|---|
| 地面储罐储气 | 气态、常温低压或高压 | 建造简单 | 容量小，成本高，占地面积大，经济效益低，对安全性要求高 | 调节城市日和小时用气不均匀性 |
| 管道储气 | 气态、常温高压 | 建造简单 | 储气量小，调节范围窄 | 调节城市日和小时用气不均匀性 |
| LNG储气 | 液态、低温常压 | 有限空间的天然气储存量最大 | 钢材用量和建设投资巨大，能耗高 | 适宜于沿海地区、用船运输LNG的国家应急、调峰、战略储备 |
| 地下储气库储气 | 气态、常温高压 | 容量大，储气压力高，占地面积小，受气候影响小，经济性好，安全可靠性高 | 要求合适的地质构造，建设投资大，建设周期长 | 季节性调峰、战略储备、应急储备 |

（2）调峰方式选择

在调峰方式的选择上，地面储罐储气和管道储气的储气量小，具有调节灵活、操作方便的特点，是目前解决城市燃气日和小时不均匀性的主要方式，但由于建设投资高、安全性低，因此应用范围和规模都较小；而 LNG 与 LPG 气源灵活性强，可调能力大，有利于调节负荷，而且来源多元化，可靠性较好，作为城市燃气的储备、供应及调峰气源具有一定的优势。地下储气库储气具有造价低、运行可靠、库容规模大等特点，成为世界上主要的天然气储存方式，占天然气储存设施总容量的 90% 以上。一般来说，地下储气库是埋藏在地下的完全封闭构造体，在地面通过压缩机将多余天然气增压后注入构造体中储存起来。需要时通过生产井把天然气采出并输送到用户。目前，世界上的天然气地下储气库类型主要包括四种：即枯竭油气藏储气库、含水层储气库、盐穴储气库和废弃矿坑储气库。

随着我国天然气需求的快速攀升，季节性用气量峰谷差不断加大，建设一定规模的调峰能力和应急储备设施显得尤为重要。发达国家经验表明，储气库工作气量应占天然气总消费量的 15%～20%。目前，美国有 385 座储气库，有效容量 $1040 \times 10^8 m^3$，储气量约占消费量的 16%。欧盟储气量占消费量的 20.8%。我国现有地下储气库 18 座，有效容量 $40 \times 10^8 m^3$，仅占天然气消费量的 2.2%。我国天然气用量峰谷差已超过 3，尤其像北京这样的大城市峰谷差已超过 10，加大储气量的工作任重而道远。

根据国家发改委 2014 年第 8 号令《天然气基础设施建设与运营管理办法》要

求，天然气销售企业应当建立天然气储备，到 2020 年拥有不低于其年合同销售量 10%的工作气量，以满足所供应市场的季节(月)调峰以及发生天然气供应中断等应急状况的用气要求。发改委 2018 年 4 月印发了《关于加快储气设施建设和完善储气调峰辅助服务市场机制的意见》，明确了到 2020 年，供气企业储气能力不低于年合同量的 10%，以满足所供应市场的季节(月)调峰以及发生天然气供应中断等应急状况时的用气要求，按照上述比例 2020 年我国调峰储备量需达到 $350 \times 10^8 m^3$ 左右，2025 年需达到 $500 \times 10^8 m^3$ 左右，当前国内储气水平远未达到此要求。

## 8.2.6 城市燃气主要用气设备

城市燃气用气设备主要有民用(居民和商业)用气设备、工业企业用气设备和天然气汽车等。

(1) 民用用气设备

民用燃气用具包括燃气灶、热水器、采暖炉、燃气空调等。

① 民用燃气灶

民用燃气灶的样式很多，家用的有单眼灶、双眼灶、燃气烤箱等；商业(宾馆、食堂、餐馆)燃气设备有中餐炒菜灶、大锅灶、燃气蒸箱等。目前民用燃气灶普遍采用自动点火装置，以及熄火安全保护装置、自动温度控制装置等。

② 燃气热水器

家用燃气热水器分为容积式燃气热水器、快速热水器。

a. 容积式燃气热水器

容积式燃气热水器又称储水式热水器，热水器内有一个容积为 60~120L 的储水筒，筒内垂直装有烟管，燃气燃烧所产生的热烟气经管壁传热，加热筒内的冷水。容积式燃气热水器的热负荷为 21~50MJ/h，其加热和出水都是间歇性的，适合于一次性需要热水量较大场合使用。

容积式燃气热水器可根据储水筒的结构，分为开放型和封闭型两种。开放型热水器的筒顶有罩盖，但不紧固连接，因而热水器在大气压力下将水加热，热效率低，但便于清除水垢。筒体一般采用 0.5~0.8mm 的钢板焊制，用翅片管等增大换热面积。封闭型热水器的储水筒顶是密闭的，故热水器可承受一定的蒸汽压力，热损失较小，但由于密封，清除内壁污垢较困难。筒体可采用 1.0~1.2mm 的钢板制作。

目前使用较多的是封闭型热水器，其外形与结构如图 8-6 所示。

b. 快速燃气热水器

快速燃气热水器又称流水式热水器，是冷水流过带有翅片的蛇形换热管被燃气加热，得到需要的出水温度。快速燃气热水器的结构如图 8-7 所示。

快速热水器能快速、连续供应热水，结构紧凑，使用方便，热效率较容积式

212

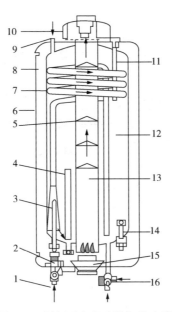

图 8-6　封闭型容积式燃气热水器

1—燃气进口管、2—燃气总阀；3—恒温探测器；4、11—牺牲阳极；5—烟气挡板；6—外壳；

7—预热盘管；8—保温层；9—热水出口；10—排气口；12—水箱；13—燃烧室；

14—过热保护装置；15—燃烧器；16—安全阀及进水口

热水器效率高 5%~10%，是目前居民家中最普及的民用燃气热水器。

③ 燃气空调

燃气空调是指以燃气为驱动能源的空调冷(热)源设备及其组成的空调系统。目前，天然气在空调系统中的应用主要有直燃型吸收式空调、燃气发动机驱动的压缩式制冷机以及利用天然气燃烧余热的除湿冷却式空调机，其中以水-溴化锂为工质的直燃型溴化锂吸收式冷热水机组应用较为广泛。

溴化锂是一种吸水性极强的盐类物质，无毒无害，可用作水蒸气吸收剂和空气湿度调节剂。在常压下，水的沸点是100℃，而溴化锂的沸点是1265℃。溴化锂水溶液沸腾时产生的蒸汽几乎都是水，不会有溴化锂成分。另外，溴化锂水溶液的水蒸气分压比同温度下纯水的饱和蒸气压低得多，具有强烈的吸湿性。

直燃型溴化锂吸收式冷热水机组，以燃烧天然气为制冷和制热时提供能源动力。图 8-8 为直燃型溴化锂吸收式冷热水机组流程。

夏季机组制冷水时，吸收器 11 内的稀溶液经出口的溶液泵输送，经过低温换热器 12、高温换热器 13 换热温度升高后进入高压发生器 1。高压发生器内燃烧天然气产生热能，加热高压发生器 1 的溴化锂溶液，产生高压水蒸气，溶液的浓度和温度升高。高压发生器的溶液经高温换热器 13 换热温度降低后进入低压发生器 2，与来自高压发生器的高压水蒸气换热，再次产生低压水蒸气，低压发生器内的溶液浓度进一步提高，高压水蒸气放热凝结成冷剂水。冷剂水节流后与

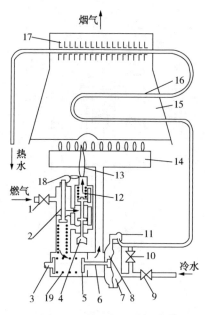

图 8-7　快速燃气热水器

1—燃气阀门；2—安全阀；3—调节螺钉；4—点火按钮；5—水气联动阀；6—顶针；7—隔膜室；8—薄膜；
9—进水阀；10—水量调节器；11—缓燃器；12—点火器；13—长明小火；14—主燃烧室；
15—燃烧室；16—盘管；17—换热器；18—弹簧片；19—弹簧

低压发生器 2 中的低压水蒸气一起进入冷凝器 3，被管内的冷却水冷却而成为冷剂水，冷剂水节流后进入蒸发器 8 的水盘中，并由冷剂泵 9 输送，喷淋在蒸发器的管簇外表面，吸收管内冷冻水的热量而汽化成冷剂水蒸气。冷冻水温度降低，达到制冷的目的。低压发生器内高浓度溶液经低压换热器 12 换热降温后进入吸收器 11，并喷淋在吸收器管簇上，吸收在蒸发器中产生的冷剂水蒸气后浓度降低，并重新成为稀溶液，继续循环。

　　冬季机组制热水时，吸收器、冷凝器与冷却塔和冷却盘管断开，与加热盘管连接，即将冷却水回路切换成热水回路向采暖环境提供热量，同时，冷却水回路和冷水回路停止工作。从低压发生器流出的溶液，被来自冷凝器的冷剂水稀释后，喷淋在吸收器管簇上降温放热，管内的热水吸收溶液的显热而升温，实现第一次加热。来自低压发生器的低压冷剂蒸汽在冷凝器管簇上冷凝放热，管内热水吸收热量，实现第二次加热。二次升温后的热水送至加热盘管供采暖使用。

　　目前，国内生产直燃型燃气吸收式冷热水机组的厂家有十多家，单机制冷量为 418～8378MJ/h。

　　直燃型溴化锂吸收式冷热水机组以天然气作为空调动力，与传统电空调相比，具有以下几个优点：

　　a. 实现电力和天然气的削峰填谷。我国经济较发达地区的空调能耗占建筑

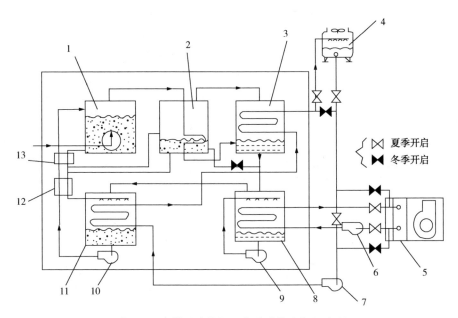

图 8-8 直燃型溴化锂吸收式冷热水机组流程

1—高压发生器；2—低压发生器；3—冷凝器；4—冷却塔；5—冷却(加热)盘管；6—冷水泵；
7—冷却水(热水)泵；8—蒸发器；9—冷剂泵；10—溶液泵；11—吸收器；12—低温换热器；13—高温换热器

能耗的 45%以上，夏季空调的使用让电网"峰谷"差增大，夏天用电高峰电网压力越来越大。溴化锂吸收式空调机组以燃气为能源，有效削减电力高峰负荷，减少电力投资，消耗夏季过剩的燃气，提高能源的组合利用率。

b. 减少环境污染。我国约 80%的电力来自煤炭发电，因此燃气空调取代电力空调的环境效益非常突出。以天然气作为能源，可以大大减少 $CO_2$、$SO_2$ 及灰渣等的排放量，对环境污染有很大的改善。此外，溴化锂直燃吸收式空调机组不使用 CFC(氯氟烃)和 HCFC(氢氯氟烃)作制冷剂，因此不会破坏大气臭氧层。

c. 运行效率高。天然气直燃型溴化锂吸收式空调机组的燃气机转速可进行连续调节，效率近似恒定，保证机组在低负荷下的高效运行。机组本身具有 5%~115%负荷调节范围，其变负荷调节特性由电动压缩机调节，而建筑实际负荷 80%以上的时间处于部分负荷运行状态，因此部分负荷效率高，节约运行费用。

d. 天然气直燃型溴化锂吸收式空调机组除功率较小的屏蔽泵外，无其他运动部件，运转安静，运行时基本上没有噪声和振动。制冷机在真空状态下运行，无高压爆炸危险；制冷量调节范围广，在 20%~100%的负荷内可进行制冷量的无级调节。

e. 机组结构简单，对安装基础的要求低，无须特殊的机座。体积小，用地省，制造管理容易，维护费用亦较低廉；运转十分安全。

215

（2）工业企业用气设备

工业企业常用的用气设备主要是工业炉，目前工业炉的能源有电、煤、油、气四种。后三种工业炉的加热方式是用燃烧后的生成物来加热物体，通常被称为火焰炉。燃烧天然气的工业炉与其他两种火焰炉相比，具有以下优点：

① 燃烧过程清洁环保。气体燃料都经过脱硫处理，且含氮少，燃烧生成气体中 $SO_2$、$NO_x$ 含量少，同时对高温生成的 $NO_x$ 也较其他燃料容易控制。燃烧器不存在结焦、结渣问题。

② 燃烧过程易于控制。一般来说，燃气燃烧器的负荷调节范围较宽，过剩空气量少且微调灵敏性好，容易实现炉温和炉压、甚至炉内气氛的自动控制，容易实现自动点火及火焰监测等。

③ 容易实现特种加热工艺。燃气工业炉内燃烧产物的成分调节灵敏，稍改变过剩空气量，炉内气氛随即发生变化。

④燃气工业炉的管理及操作比较严格。因为燃气-空气混合物的可燃混合组分都在爆炸范围内，如果操作不当，管理不严，就容易发生爆炸等事故。

# 8.3　天然气发电

随着天然气占中国一次能源消费比重的不断提高，天然气发电清洁、高效、环保的优势也越来越得到市场的认可和地方政府的关注。在国家和行业政策上，定位了我国天然气发电主要用于电网调峰。

天然气发电具有能量转化效率高、污染物排放少、启停迅速、运行灵活、碳排放少等特点，符合我国节能和减排双目标。近年来，随着我国天然气资源的大规模开发利用，国家"西气东输"、近海天然气开发和引进国外 LNG 等工作全面展开，我国燃气发电产业持续快速发展，为优化能源结构、促进节能减排、缓解电力供需矛盾、确保电网安全稳定发挥了重要作用。

## 8.3.1　天然气能量梯级利用

传统的发电和供热是分别实施，电、热分开生产。天然气（或石油产品）燃烧产生的高温烟气的热能（高品位能量）用传统原动机（蒸汽轮机）无法利用，只能通过锅炉发生 500℃ 左右的高压蒸汽来推动蒸汽轮机做功，产生电力。而工厂中需要的中、低温热能由另外设置的锅炉发生蒸汽供给。这种电、热分开生产的方式，使天然气燃烧产生的高品位优质热能被降级使用，从而降低了燃料的利用率，导致天然气发电电价高。同时，增大了对环境的污染程度，增加了 $CO_2$ 等大气污染物的排放量。

天然气的理论燃烧温度可达 2000℃ 以上，燃烧之后不产生废水、废渣，由于杂质含量低，排烟温度可以低到 50℃ 而不产生公害。针对天然气的燃烧特性，分层次的系统梯级利用可更好发挥天然气的潜力。梯级利用第一步就是利用天然气燃烧产生的高品位热能产生高价值、高品位的电能，而后利用中、低温位热能进行制热、制冷或形成新的功能。

图 8-9 为天然气能量梯级利用概念图。天然气能量梯级利用在实际应用中表现为多种形式：如燃气-蒸汽联合循环发电、热电联供、天然气分布式能源系统等。天然气分布式能源系统的主要形式是冷、热、电联供，是指根据用户需求同时提供冷量、热量和电力；该系统的高品位热能用于发电，发电后排出的热能通过余热回收利用设备(余热锅炉或者热能制冷机等)向用户供热、供冷。天然气冷热电联供系统通过能量的梯级利用使其利用效率从常规发电系统的 30%～40% 提高至 80% 以上。

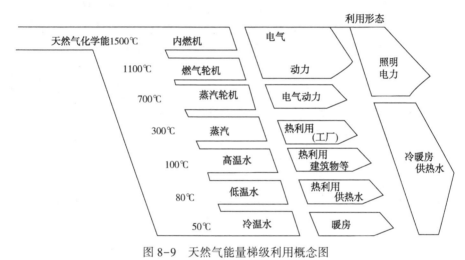

图 8-9　天然气能量梯级利用概念图

## 8.3.2　天然气联合循环发电

大型动力装置(含大型发电机组)应用的热力循环主要有两类：一是朗肯循环(汽轮机)，它的排气温度可以低到接近大气温度，但受设备材质限制，蒸汽初温不能太高(550℃左右)，且水的相变潜热大，热效率的进一步提高受到限制；二是布雷顿循环(燃气轮机)，其燃气初温目前已达 1430℃，但是燃气轮机的排气温度很高(一般在 450～600℃)，而且燃气工质的流量很大，致使大量热能随排气进入大气而损失，热效率也不高(35%～40%)。如果将燃气轮机循环与汽轮机循环结合起来，用燃气轮机的排气产生蒸汽并驱动汽轮机做功，将会大幅度提高热效率。

(1) 燃气-蒸汽联合循环发电技术原理

燃气-蒸汽联合循环发电技术是一种将燃气轮机发电与蒸汽动力发电有机结合起来的一种新型的动力装置，它是随燃气轮机、蒸汽轮机和余热锅炉的技术进步而发展的。联合循环的工作原理如图8-10所示。

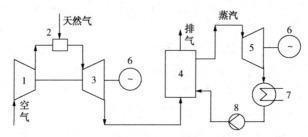

图8-10　燃气-蒸汽联合循环发电工作原理示意图

1—空压机；2—燃烧室；3—燃气透平；4—余热锅炉；5—汽轮机；6—发电机；7—凝汽器；8—泵

燃气轮机从大气环境中抽取大量空气经过滤后进入压缩机1压缩，压缩后的空气进入燃烧室2与燃料混合燃烧，产生高温烟气推动燃气轮透平3带动发电机6发出电力，实现燃气轮机发电的目的。蒸汽循环系统主要由余热锅炉和汽轮机组成，燃气轮机排出的废烟气温度还很高(一般为400~600℃)，将它送入余热锅炉4，将烟气中的热能转换成蒸汽，推动汽轮机5带动发电机发出电力，实现利用蒸汽轮机发电的目的。燃气-蒸汽联合循环发电就是对高温热源燃气使用燃气轮机循环和对低温热源使用蒸汽轮机循环的组合式发电方式。燃气-蒸汽联合循环实现了热能的梯级利用，提高系统的热利用率，使系统达到较高的供电效率。

(2) 燃气-蒸汽联合循环的基本方案

按热力循环系统中能量转换利用的组织形式的不同，燃气-蒸汽联合循环可分为4种基本类型：无补燃的余热锅炉型、补燃的余热锅炉型、增压锅炉型以及给水加热型联合循环。

① 无补燃的余热锅炉型联合循环

无补燃的余热锅炉型联合循环是指所有的热量都从燃气轮机部分输入，如图8-11所示。空气被压缩机增压至0.9~2MPa，进入燃烧室与燃气混合燃烧，产生高温高压烟气进入燃气轮机膨胀做功，对外输出机械能发电。排气膨胀到0.1MPa后，烟气温度约为400~500℃，引入余热锅炉(余热锅炉一般为双压或三压，经过余热锅炉排出的烟气温度降至110℃左右)。烟气加热余热锅炉给水产生蒸汽，驱动汽轮机做功。这是一种以燃气轮机为主的联合循环，是目前各种联合循环中效率最高、使用最广泛的联合循环形式。

该循环中汽轮机只是燃气轮机的余热利用设备，汽轮机功率所占的比例较小，约为燃气轮机功率的30%~50%。燃气侧参数直接影响汽轮机的功率和蒸汽参数，对联合循环系统性能的影响较大。

该方案的优点是：a. 热工转换效率高；b. 基本投资费用低，结构简单，锅炉和厂房都很小；c. 运行可靠性高，运行可靠度达到90%~98%；d. 启动快，大约在18~20min内便能使联合循环发出2/3的功率，80min内发出全部功率。

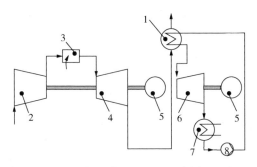

图 8-11　无补燃的余热锅炉型联合循环示意图

1—余热锅炉；2—压气机；3—燃烧室；4—透平；5—负荷；6—汽轮机；7—凝汽器；8—泵

② 补燃的余热锅炉型联合循环

补燃的余热锅炉型联合循环是指在燃气轮机之后的烟气通道或余热锅炉中通过补充燃料，增加热量的联合循环过程，如图 8-12 所示。通过补燃，联合循环的发电功率得到显著提高，但是联合循环的效率有所下降(除少数情况外)。此方案是针对无补燃余热锅炉的蒸汽参数低、蒸发量受限的缺点设计。它在燃气轮机与余热锅炉之间的烟气通道中(或余热锅炉中)加装补燃器，将燃气轮机排气中剩余的氧气用来帮助另行喷入的燃料进行燃烧，以提高排烟温度，使余热锅炉产生品质更高、数量更多的蒸汽，由此提高汽轮机的功率或增加对外有效的供热量。但由于补燃燃料的能量仅在蒸汽部分的循环中被利用，未实现能源的梯级利用，致使该联合循环的效率一般低于无补燃的余热锅炉。补燃的余热锅炉型联合循环多用于热电联产系统，通过改变补燃比，可灵活地调节热电输出比例。

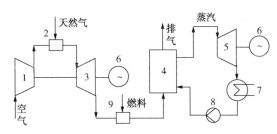

图 8-12　有补燃的余热锅炉型联合循环示意图

1—空压机；2—燃烧室；3—燃气透平；4—余热锅炉；5—汽轮机；
6—发电机；7—凝汽器；8—泵；9—补燃器

为避免余热锅炉增设辐射受热面后结构过于复杂，余热锅炉入口补燃后的燃气温度最高不超过 800~900℃。采用烟道补燃器时，由于补燃后烟气温度受烟道等材料耐温性能的限制，不能太高，使汽轮机的功率仅能达到与燃气轮机功率相同的程度。

与余热锅炉型相比较，补燃的余热锅炉型联合循环的优点是：a. 蒸汽的初参数不受燃气轮机排气温度的限制，可选用 535~550℃ 的高温，以提高蒸汽部分的循环效率；在部分负荷下，可在较大或很大的输出功率变化范围内，不改变燃气轮机的工况而只改变补燃燃料供应量，即只改变汽轮机的功率来改变联合循环的输出功率，使部分负荷下效率较高；b. 在余热锅炉中可以燃烧廉价的煤或其他劣质燃料；c. 当燃气轮机因故障停机后，可用备用风机鼓风使锅炉中燃料继续燃烧，汽轮机仍能正常运行。

③ 增压燃烧锅炉型联合循环

增压燃烧锅炉型联合循环的特点是将燃气轮机的燃烧室与产生蒸汽的增压锅炉合二为一，形成在压力下燃烧的锅炉。燃气轮机的压气机取代了锅炉的送风机，锅炉是在燃气轮机的工作压力下燃烧和换热的。增压锅炉的给水吸收高温燃气的部分热量，产生蒸汽驱动汽轮机做功。增压锅炉的排气直接通过燃气透平做功，燃气透平的排气温度很高，一般用来加热锅炉给水。

这种联合循环的蒸汽由增压锅炉产生，不受燃气透平排气温度的限制，便于采用高参数蒸汽循环，是一种以汽轮机为主的联合循环，系统的性能主要取决于蒸汽循环参数，一般汽轮机功率可达燃气轮机的 1.4~5 倍。此循环中由于增压锅炉在较高压力下燃烧、传热，燃烧强度和传热系数都有大幅度的增加，故增压锅炉的体积比常压锅炉要小得多。

与前两种联合循环相比，增压锅炉本身就是一个体积较大的密闭压力容器，其造价昂贵。另外，研究表明燃气轮机初温大约在 1050~1100℃ 时，增压燃烧锅炉型联合循环的热效率大于余热锅炉型；初温在 1050~1100℃ 以上时，余热锅炉型循环的热效率大于增压燃烧锅炉型，且随着初温的提高，二者效率的差距迅速增大。增压燃烧锅炉型联合循环至今发展较慢。

④ 给水加热型联合循环

给水加热型联合循环，是指在原火电厂增加一台小容量的燃气轮机，将燃气轮机的排气用于加热原火电机组给水的一种简单联合循环方式。在这个循环中，燃气轮机的排气仅用来加热蒸汽轮机锅炉的给水，蒸汽轮机的蒸汽发生部分所需热量则专门由额外的锅炉提供。由于加热锅炉给水的热量需求有限，使得燃气轮机的容量比蒸汽轮机的小得多，因而这种联合循环以汽轮机输出功率为主。

由于燃气轮机排放的高温烟气仅用来预热锅炉给水，烟气的高品位热量并未得到有效利用，联合循环的效率较低。因此新设计的高性能燃气轮机组成的联合循环大多不采用该类型联合循环方案，仅在用燃气轮机来改造和扩建原有汽轮机电站时才会采用。

综上所述，目前应用最多、发展最快的是余热锅炉型联合循环。随着近年燃气轮机初温的升高，燃机热效率不断提高；同时燃机排气温度的提高，使得该循环的热效率最高。另外，由于控制系统简单，使用性能优良，且具有建设成本、安装成本低等多种优点，所以成为联合循环发电装置的主流工艺。

（3）天然气联合循环发电工艺流程

天然气联合循环发电工艺流程如图 8-13 所示。联合循环的单级功率已达到 350MW，供电效率超过 54.8%，甚至达到了 58%，远远领先与任何形式的发电设备，并能装备成为承担基本负荷的大功率电站。由于设备的投资费用较低，设备简单、占地面积小，建设周期短，具有广泛使用的潜力。

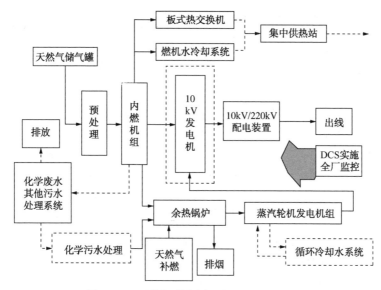

图 8-13　天然气联合循环发电工艺流程图

（4）联合循环发电系统的轴系布置

燃气-蒸汽联合循环发电系统由燃气轮机、蒸汽轮机、发电机、余热锅炉等主要设备组成。按轴系布置方案来分，分为多轴布置系统和单轴布置系统。多轴布置系统即燃气轮机和汽轮机分别拖动发电机运行。单轴布置系统即燃气轮机和汽轮机共同拖动一台发电机运行。

① 多轴布置系统

燃气轮机和汽轮机发电各自独立，故在电厂建设时，只要燃气轮机机组安装完毕即可发电(不必等到锅炉与蒸汽轮机安装完毕)，蒸汽轮机检修时燃气轮机仍可发电。多轴布置系统启动快，燃气轮机可先启动发电(不必等到锅炉里的水加热成蒸汽)。在我国 200MW 以下的燃气-蒸汽联合循环发电机组多采用多轴布置。

② 单轴布置系统

单轴布置系统只有一台发电机与相关电气设备，可节省设备费用，减少厂房面积，系统调控相对简单，但是汽轮机故障时余热锅炉的蒸汽 100%经旁路进入凝汽器，余热锅炉不能停炉，必须随燃气轮机一起运行。目前，我国 300MW 以上的燃气-蒸汽联合循环发电机组多采用单轴布置。

## 8.3.3 天然气热电联供

天然气热电联供(Combined Heating and Power, CHP)在发电的同时，合理有效地利用发电时产生的余热，实现有效利用能源，节能减排的目的。图8-14为天然气热电联产流程框图。

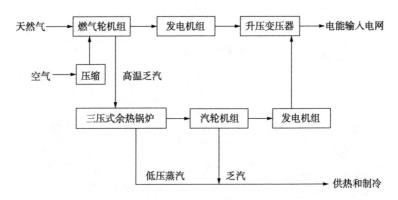

图8-14 天然气热电联产流程框图

由图8-14可知，天然气热电联供以天然气燃烧后的高温气体为工质，在燃气轮机内膨胀做功并输出动力发电。做功后的高温烟气再在余热锅炉中发生蒸汽，或以其他方式直接利用高温烟气的热能。天然气热电联供系统具有高效、节能和灵活方便的特性，能供应工矿、商场和住宅小区等独立分散供电和供热的需求，在发达国家的电力工业中广泛应用。

(1) 天然气热电联供系统种类

① 以蒸汽供热的系统

当生产或生活需用蒸汽的方式来供热时，可在燃气轮机后加装余热锅炉，利用排出的高温烟气产生蒸汽供热。当余热锅炉中产生的蒸汽温度或蒸汽量低于所需值时，可采用补燃方案。当所需供热温度低时，余热锅炉中产生的蒸汽可先通过抽汽凝汽式蒸汽轮机做功，抽出的低压蒸汽作为供热热源，这样就组成了联合循环热电联供系统。

② 直接利用排出高温烟气热量的系统

天然气燃烧后产生的烟气属于清洁排气，可用燃气轮机排气直接烘干某些工业产品，或通过加热器来加热某些工艺介质。另外，也可以将燃气轮机排气作为工业炉的燃烧用空气，由于排气温度高，也可作为被预热过的高温燃烧用空气，能有效减少工业炉的燃料用量，是一种有效的节能措施。

③ 用燃气轮机排气热量制冷的系统

将燃气轮机排气引入溴化锂吸收式制冷系统产生冷水供冷，可供生产用或建筑物空调用。

（2）热电联供系统中使用的燃机类型

天然气热电联供系统中所使用的燃机有燃气轮机及内燃机两种。

① 天然气燃气轮机热电联供系统

天然气燃气轮机热电联供系统主要由燃气轮机和余热锅炉组成。系统运行时，燃气轮机带动空气压缩机吸入空气并压缩至 0.9~2MPa，温度随着升高。压缩后的空气分段进入燃烧室与喷入的天然气混合燃烧而产生高温烟气，高温烟气流经涡轮时膨胀做功，同时带动空气压缩机运转。燃气轮机借助涡轮旋转带动发电机发电，而排出的烟气则在余热锅炉中按工艺要求产生不同压力等级的蒸汽。

天然气燃气轮机一般应用于发电能力在 2000kW 以上且热/电比例较高的场合，燃气轮机发电端效率为 20%~30%，最高可达 35%。

② 天然气内燃机热电联供系统

天然气内燃机是在其汽缸内完成进气、压缩、膨胀和排气 4 个冲程，并在周而复始的运动中将天然气的化学能经燃烧反应转变为机械功。为保证内燃机长时间正常运行，常用循环冷却水夹套对机体进行冷却。因此内燃机的余热主要就是从其排气与夹套冷却水中回收。内燃机排气温度为 450~700℃，可用于余热锅炉发生蒸汽；夹套冷却水的热量品位低，只能用于取暖或作为锅炉进水。

天然气内燃机一般应用于发电能力在低于 2000kW 的热电联供系统。天然气内燃机发电端效率为 30%~35%，最高可达 38%。

利用燃气轮机和内燃机的热电联供系统的总能量利用率均可达到 70%~80%。通常燃气轮机热电联供系统的热/电比例高，排出的大量高温烟气较适用于对其他工业部门供热，且热/电比在一定范围内灵活调节。内燃机排出的热量虽然也可回收 40%左右，但其中一半被循环冷却水吸收，产生低温热水，大大降低了利用效率。

（3）热电联供系统的应用

热电联供装置一般是用户自备自用的独立分散的供电、供热系统。它的发电能力在一定范围内可灵活调节，不受电网负荷的干扰，基本没有线路损耗。以天然气为燃料的热电联供系统装置的优点很多，如无须燃料储存和预处理设施、设备简单且容易操作、环境污染小等，特别适用于同时需要供电、供热的人口密度大的居住区、商业区和大型工矿企业。

油气田一般均远离城市和中心电网，故利用自产天然气，以热电联供的方式单独向矿区供电和供热，对加速油气田开发、合理利用能源、降低操作成本和减少环境污染都具有极为重要的现实意义。

（4）热电联供系统存在的问题

热电联供具有较高的能源优势和经济优势，在世界各地已得到广泛的推广应用。由于热电联供系统中热、电负荷相互牵制，夏季用电负荷处于高峰时热负荷偏低，冬季热负荷高时电负荷处于低谷，热电联供机组的稳定运行调节困难，热电联供机组的运行指标不能在全年内达到最佳。解决这一问题的最佳方式就是冷热电三联供。

## 8.3.4 天然气冷热电三联供系统

天然气冷热电联供系统(Combined Cooling Heating and Power,CCHP)将分布式发电和热能利用技术充分结合,集制冷、供热(采暖和供生活热水)和发电过程一体化,是一种建立在能源梯级利用概念基础的多联供总能系统。该系统可实现对天然气能源的梯级利用,产生的高品位热能用于发电,低品位热能用于供热或者被吸收式热源设备利用来供冷,可向一定区域内的用户同时提供电力、蒸汽、热水和空调冷水(或冷风)等能源。其综合能源利用率在80%左右(世界先进水平已达90%),在负荷中心就近实现能源供应,避免了长距离输送的损失。

与传统集中式供能相比,天然气冷热电联供系统具有能源效率高、清洁环保、安全性高、削峰填谷、经济效益好等优点。对于夏季需制冷、冬季需供热的建筑,以及空调负荷很大的车间,热负荷较大的加热、干燥等工艺,CCHP系统可提供极大的供能灵活性。

(1)天然气冷热电三联供系统的工作原理

典型的天然气冷热电三联供系统由联合循环的热电联产和蒸汽吸收式制冷装置组成,如图8-15所示。该系统以天然气为燃料,天然气与空气在燃机燃烧室混合燃烧,产生的高温烟气进入燃机膨胀推动叶片做功,带动发电机产生电力。排出的500℃左右的次高温烟气进入余热锅炉中回收热量并产生蒸汽。余热锅炉产生的蒸汽可通过换热器加热热水向外供热,也可驱动吸收式溴化锂机组制冷。

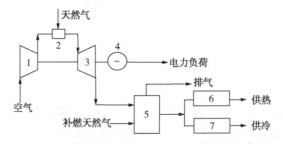

图8-15 典型的天然气冷热电三联供系统示意图

1—空压机;2—燃烧室;3—燃气透平;4—发电机;5—余热锅炉;6—换热器;7—溴化锂机组

(2)天然气冷热电三联供系统构成

主要由发电系统、余热利用系统组成。

① 发电系统

发电系统是天然气冷热电三联供系统的核心,目前三联供系统应用的发电系统主要以小型燃气轮机、燃气内燃机及微燃机(微型燃气轮机)为主,近年来还发展有外燃机和燃料电池等。不同的燃气发电设备性能参数见表8-6。

表 8-6　燃气发电设备性能参数

| 性能参数 | 小型燃气轮机 | 燃气内燃机 | 微燃机 |
|---|---|---|---|
| 发电容量/kW | 500~25000 | 2~6000 | 28~300 |
| 发电效率/% | 20~38 | 25~45 | 12~32 |
| 综合效率/% | 50~70 | 70~90 | 50~70 |
| 余热回收形态 | 400~650℃烟气 | 400~600℃烟气；<br>80~120℃缸套水；<br>40~65℃润滑油冷却水 | 250~650℃烟气 |
| 启动时间 | 6min~1h | 10s | 60s |
| 所需燃气压力/MPa | 中高压 | 低压 | 中压 |
| 噪声 | 中 | 高(中) | 中 |
| $NO_x$排放水平/(mg/m³)<br>(含氧量15%) | 65~300(无控制时)<br>8~25(低氮燃烧) | 250~500(无控制时) | 8~25 |

比较不同发电设备的发电容量，小型燃气轮机的发电功率在 600kW 以上，适用于较大规模的建筑群。燃气内燃机的发电功率在 6000kW 以下，适用范围较广。微燃机的发电功率在 300kW 以下，可用于较小规模的单独建筑。根据美国的统计资料，对于功率在 1000kW 以下的系统，燃气内燃机占绝对主导地位；对于功率在 1000~5000kW 的系统，燃气轮机的数量约为燃气内燃机的 50%；对于功率大于 5000kW 的系统，燃气轮机占主导地位。

从发电效率角度分析，在相同发电功率下，燃气内燃机的发电效率通常高于燃气轮机，且发电功率受环境影响较小。对于较大型的燃气轮机可采用燃气-蒸汽联合循环系统，具有更高的发电效率和调节灵活性。微型燃气轮机受环境影响大，发电功率和发电效率随进气温度和海拔高度的增加而下降，且对进气清洁度要求较高。随着负荷率的降低，各种燃气发电机组的发电效率均呈下降趋势。

比较不同发电设备的余热利用可知，燃气轮机的余热形式主要是高温烟气，余热品质较高，容易回收利用，可产生压力较高的蒸汽或直接用于双效吸收式制冷机组。燃气内燃机的余热有一部分是较低品质的热水，这部分余热只能用于单效吸收式制冷或制备生活热水。当用户热(冷)需求较大且较稳定时，燃气轮机联供系统的总热电效率较高。对于冷热负荷波动较大的系统，燃气内燃机联供系统在部分负荷下具有更高的热电效率。

比较燃气供气压力可知，燃气内燃机要求燃气压力不大于 0.2MPa，压力较低，容易满足。小型燃气轮机要求燃气压力不小于 1.0MPa，微燃机要求燃气压力为 0.4~0.8MPa，因此二者需要设置燃气增压机。燃气增压机需消耗部分电能，系统总效率降低。同时燃气增压机房为甲类厂房，对消防要求较高。

② 余热回收利用系统

天然气冷热电三联供发电系统原动机产生的可利用余热，主要有系统冷却用的高温热水以及排放出的高温烟气。用能侧需要的是可以用于空调的冷冻水、用于采暖的热水、卫生热水，有时还有保持建筑内空气品质的湿度控制技术与设备所需的热量或冷量。余热利用的载体主要是热水或者蒸汽两种形式。

余热回收利用系统所采用的余热利用设备主要包括余热锅炉、换热器、蒸汽型吸收式制冷机、热水型吸收式制冷机和烟气型吸收式制冷机等。对同样的发电原动机系统和用能需求，可以有多种不同的余热利用方案，例如，对发动机的高温烟气，可以选择直接送入烟气型吸收式制冷机，夏季产生冷冻水、冬季产生采暖水；也可以选择送入余热锅炉，产生蒸汽并送入蒸汽型吸收式制冷机。

另外，在"以电定热"的设计原则下，对绝大部分建筑而言，仅靠发电原动机的余热所能提供的冷量或热量不足以满足需求，必须考虑其他的补充设施，例如直燃型吸收式制冷机、电动冷水机组和燃气锅炉等。具体采用何种备用设备，必须在考虑电力、空调、采暖和热水负荷的情况下，进行经济分析确定。

（3）天然气冷热电三联供系统类型

采用何种冷热电三联供系统方案，主要取决于当地的能源需求结构。电是高品质能源，从能量转换角度分析，联供系统应尽可能地多发电，有利于促进一次能源的高效利用，故应以发电系统为核心，热冷系统为辅；同时要考虑用户的需求，选取合理、适当的产品比例，既实现能量的高效利用，又要满足用户需求。另外，还要考虑系统的灵活性，具备良好的变工况性能等，常见的三联供系统构成方案类型有三种。

① 燃气轮机+吸收式制冷机

天然气先通过燃气轮机发电，排放的高温烟气通过吸收式溴化锂机组制冷。由于溴化锂制冷机组排出的烟气温度仍然较高，因此可进行二次余热利用，夏季用于供应生活热水，冬季用于供暖。在燃气轮机停用或供热、制冷所需热量不足的情况下，可以通过补燃产生热量来进行制冷或采暖。该方案结构简单，一次投资少，适合于余热充足场合或作为楼宇制冷、采暖的补充。

该系统为设置锅炉及相关系统，系统结构相对简单，系统投资成本较低，适合于对热能要求较低的场合。

② 内燃机+吸收式制冷机

天然气先在内燃机内燃烧发电，发电后的余热利用包括两部分，一部分来自高温烟气，温度在 500~600℃，直接排入余热锅炉产生蒸汽，驱动吸收式制冷机工作；另一部分来自内燃机缸套的温度大约 85~95℃ 的冷却水，与温度大约为50~60℃润滑油的冷却水，直接用来换热产生热水。夏季制冷，冬季采暖。当余热不足可通过补燃增加热量。该方案热效率高、负荷调节灵活，可以满足建筑物在内燃机任意工况下制冷、采暖的需要。

③ 燃气轮机+余热锅炉+吸收式制冷机组

天然气燃烧后首先驱动燃气轮机发电，烟气中的余热通过余热锅炉回收转换成蒸汽利用。在燃气轮机故障停运或所需热量不足的情况下，可通过备用锅炉或余热锅炉补燃的方式提供所需热量。冬季依靠换热器加热水来采暖，夏季依靠蒸汽驱动溴化锂吸收式制冷机组制冷。与前两种系统相比，增加了余热锅炉和备用锅炉，系统的可调节性显著增强。

为提高天然气分布式能源系统的能源利用率和经济性，各种冷热电联供系统方案都应当特别重视加强系统集成，注意处理冷热电之间的关系，充分利用中、低温热量，全面满足用户多种需求。

（4）天然气冷热电三联供适用领域

天然气冷热电三联供适用领域主要有：①全年有冷热负荷需求的用户，系统年运行时间≥3500h；②电力负荷与冷、热负荷使用规律相似的用户；③需要设置发电机组的重要公共建筑；④市电接入困难的用户；⑤电价相对较高的公共建筑；⑥允许发电机组与市电并网的用户；⑦天然气供应充足、稳定的地区；⑧对节能、环保要求高的地区；⑨经过方案优化设计和经济分析，确定经济可行的项目。

按照冷热电供应范围分类，天然气冷热电三联供可分为区域型和楼宇型。区域型主要针对各种工业、商业或科技园区等较大的区域所建设的冷热电能源供应中心。设备一般采用容量较大的机组，往往需要建设独立的能源供应中心，还要考虑冷热电供应的外网设备。楼宇型是针对具有特定功能的建筑物，如写字楼、商厦、医院及某些综合性建筑所建设的冷热电供应系统，一般仅需容量较小的机组，机房往往布置在建筑物内部，不需要考虑外网建设。

一般条件下，医院、大学、机关、宾馆、饭店、车站、机场、商业中心、休闲场所、高档写字楼、工业企业、农业园区等能源消费量大且集中的地区，以及对供电安全要求较高的单位。这些用户组织性强，便于集中控制和管理，有利于资金回收；用电、用冷（热）负荷非常集中，时间长，单位面积负荷大；特别是商业中心，电价比居民用电高，效益极好。

（5）国内天然气分布式能源发展的相关政策

前瞻产业研究院《2018—2023年中国分布式能源行业市场前瞻与投资战略规划分析报告》，对截至2018年，国务院，国家发改委，国家能源局分布式能源相关政策进行了汇总，近两年的部分相关政策如下：

2016年12月，国家发展改革委、国家能源局印发《能源生产和消费革命战略（2016—2030）》提出：积极推动天然气国内供应能力倍增发展。加强天然气勘查开发，推动煤层气、页岩气、致密气等非常规天然气低成本规模化开发，稳妥推动天然气水合物试采。处理好油气勘探开发过程中的环境问题，严格执行环保标准，加大水、土、大气污染防治力度，推动分布式能源成为重要的能源利用方式。开展交通领域气化工程，大力推进车、船用燃油领域天然气替代，加快内河船舶液化天然气燃料的推广应用。

2016年12月，国家发改委关于印发《石油天然气发展"十三五"规划的通知》提出：合理布局天然气销售网络和服务设施，以民用、发电、交通和工业等领域为着力点，实施天然气消费提升行动。以京津冀及周边地区、长三角、珠三角、东北地区为重点，推进重点城市"煤改气"工程。加快建设天然气分布式能源项目和天然气调峰电站。在可再生能源分布比较集中和电网灵活性较低区域积极发展天然气调峰机组，推动天然气发电与风力、太阳能发电、生物质发电等新能源发电融合发展。2020年天然气发电装机规模达到 $1.1 \times 10^8 kW$ 以上，占发电总装机比例超过5%。

2017年6月，国家能源局《关于加快推进天然气利用的意见》，指出，大力发展天然气分布式能源，在大中城市具有冷热电需求的能源负荷中心、产业和物流园区、商业中心、医院、学校等推广天然气分布式能源示范项目。在管网未覆盖区域开展以LNG为气源的分布式能源应用试点。细化完善天然气分布式能源项目并网上网办法。

我国天然气分布式能源产业在资源、技术、市场等方面已具备大规模发展的条件，国家也相继出台了一些政策法规鼓励天然气分布式能源的发展，但缺乏配套政策和落实措施。与发达国家相比，我国鼓励天然气分布式能源先进技术的法律政策水平仍然处在初级阶段，仅做了一些原则性的规定，缺乏实施细则，分布式电源并网标准体系有待推进，配套的鼓励和补贴政策很少，可操作性不强。为加快我国天然气分布式能源产业发展，重点需要加快电源并网标准体系建设，推进天然气分布式能源实现发电联网，建立气电联动的上网电价机制、气热联动的供热价格机制，同时在城市规划、燃气供应、财政税收、节能补贴等方面给予政策扶持。

## 8.3.5 天然气发电设备

在天然气联合循环发电、天然气热电联供、天然气冷热电三联供系统中采用的原动机主要有燃气轮机、内燃机、微燃机及燃料电池等。

（1）燃气轮机

燃气轮机是一种以空气和燃气为工质的旋转式热力发动机，将燃料在高温燃烧时释放出来的热量转化为机械功。燃气轮机驱动系统由空气压缩机、燃烧室、燃气透平（也称动力涡轮）三部分组成，如图8-16所示。为确保正常工作，燃气轮机还设有燃料、润滑、冷却、启动、调节与安全等辅助系统。

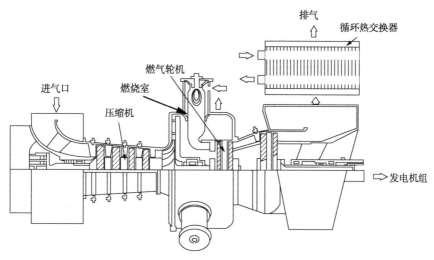

图 8-16　燃气轮机驱动系统组成

压缩机的作用是向燃气轮机的燃烧室连续供应高压空气。燃气轮机所使用的压缩机主要有轴流式和离心式两种类型。轴流式压气机优点是流量大、效率高（80%~92%），缺点是增压能力低（每级的压缩比约为 1.15~1.35）。离心式压气机优点是增压能力高（每级的压缩比可达 4~4.5），缺点是流量小、效率低（75%~85%）。中小功率的燃气轮机主要采用离心式压气机，而大功率的燃气轮机则主要采用轴流式压气机。

燃气透平的作用是将来自燃烧室的高温、高压烟气的热能转化为机械功，带动压缩机并向外界输出净功。按照烟气在透平内的流动方向，可将燃气透平分为轴流式和向心式两种类型。轴流式透平的优点是流量大、效率高（91%左右，最高可达 94%），缺点是每级的做功能力小。向心式透平的优点是每级的做功能力大，缺点是流量小、效率低（88%左右）。向心式透平主要用在小功率的燃气轮机中，而轴流式透平则主要用在大功率的燃气透平中。

燃气轮机的工作原理为：压缩机从外界大气环境吸入空气并逐级压缩（温度、压力逐级升高），压缩空气被送入燃烧室，与经燃气喷嘴喷入的气体燃料混合并燃烧，生成的高温高压烟气进入透平膨胀做功，推动动力叶片高速旋转，透平排气可直接排到大气，也可通过各种换热设备，回收利用部分余热。燃气轮机的涡轮所发出的机械功，约 2/3 用来驱动空气压缩机，其余部分可以输出用来驱动其他机械工作，如驱动发电机发电。

燃气轮机排出的高温烟气可进入余热锅炉产生蒸汽或热水，用以供热、提供生活热水或驱动蒸汽（或热水）吸收式制冷机供冷，也可直接进入排气补燃型吸收式机组用于制冷、供热和提高生活热水。通常余热锅炉带补燃，发电量、供热量、供冷量的调节比较灵活。

燃气轮机还可以与蒸汽轮机(抽汽式或背压式)共同组成燃气-蒸汽轮机联合系统,将燃气轮机做功后排出的高温烟气通过余热锅炉回收转换为蒸汽,再将蒸汽注入蒸汽轮机发电,或将部分发电做功后的乏气用于供热。

(2) 微燃机

微燃机即微型燃气轮机,是一种新型热力发动机,其功率范围在 25~300kW(国外学者认为功率小于 500kW 为微型燃气轮机),转速为每分钟几万到十几万转,通常采用回热循环,主要由离心压缩机、向心式透平、燃烧室、回热器、空气轴承等组成,以天然气、煤制气、甲烷、液化石油气、汽油、柴油等为燃料。目前微型燃气轮机发电机组的发电效率已达到 30%,且工作寿命长,运行费用和维护费用大大低于广泛使用的柴油发电机组。

图 8-17 为微型燃气轮机的工作原理示意图。压缩机连续地从大气中吸入空气并将其压缩,然后进入回热器进行预热,预热后的空气进入燃烧室,与喷入的燃气混合后燃烧,称为高温烟气。高温烟气随即流入燃气涡轮机中膨胀做功,推动透平机叶轮带着压缩机叶轮一起旋转压缩空气,多余的功通过永磁同步发电机向外输出电功。

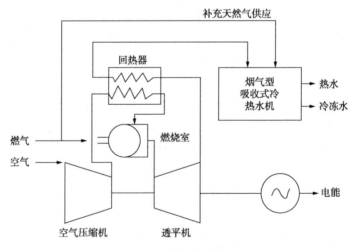

图 8-17 微燃机系统组成

微型燃气轮机以径流式叶轮机械为技术特征,采用回热循环大大增加了微型燃气轮机的竞争力。微型燃气轮机发电机组具有如下主要特征:

①这种体积非常小的高速燃气轮机采用了简单的径向设计原理,使其结构更加简单、小巧。较低的燃烧室温度避免了使用高成本的尖端材料。

②采用高效回热器,利用燃气轮机排放的高温烟气(600~800℃)将压缩后的空气(0.32~0.48MPa)加热至 500~600℃,以代替部分燃料,使排气温度降低至 200~340℃,从而提高微型燃气轮机的发电效率。

③采用的高速交流发电机和微型燃气轮机同轴运转,由于发动机体积非常

230

小，可与微型燃气轮机组装在一起，形成一个紧凑的高转速透平交流发电机。这种装置不需减速箱，交流发电机还可作为一个启动电动机，进一步减小发电机组的体积。

④采用功率逆变控制器。透平交流发电机的电力输出频率是 1000~3000Hz，必须转换成 50~60Hz。功率逆变控制器是一个由微处理器控制的功率调节控制器，可进行输出频率转换，也可调节成其他输出频率，以便提供不同质量和特性的电能。功率调节控制器可根据负荷变化调节转速，也可根据外部电网负荷变化运行。功率调节控制器可作为独立系统运行，还可进行远程管理、控制和监测。

微型燃气轮机体积小、重量轻、适用燃料范围广，可靠近用户安装，显著提高了对用户供电的可靠性。这些优点使得微型燃气轮机的应用很广，包括分布式发电、冷热电联供、汽车混合动力系统，以及微型燃气轮机-燃料电池联合系统等。

(3)燃料电池

燃料电池是一种按电化学原理，将燃料和氧化剂中的化学能直接转化为电能的能量转换装置。一般来说，燃料电池的发电效率比其他的发电装置(如内燃机、燃气轮机等)高 1/6~1/3，以燃料低热值定义的发电效率可达 40%~55%。燃料电池系统在发电的同时，利用回收热能可采暖、制冷和供应生活热水，综合热效率可达 80%以上。它具有发电效率高、噪声小、环境兼容性好，燃料广泛，使用方便，寿命长，能连续供电，适应负荷能力强等优势，已成为国际能源领域研究和开发的热点。

①燃料电池的基本原理

燃料电池是一种化学电池，通过燃料(氢气)在电池内进行氧化还原反应产生电能，电极本身并不发生变化。以氢-氧燃料电池(图 8-18)为例，燃料电池负极(氢电极)通入氢气，正极(氧电极或称空气电极)通入空气。

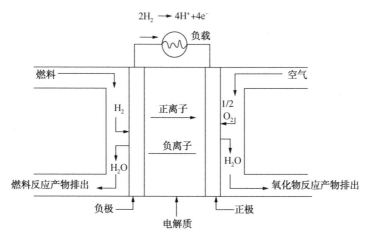

图 8-18　氢-氧燃料电池反应原理示意图

在酸性电解质燃料电池中，燃料电池负极(氢电极)通入氢气，氢气在负极发生电离，释放出负电子和 $H^+$：

$$2H_2 \longrightarrow 4H^+ + 4e^-$$

这些负电子通过连接正负极的电路流到正极，同时 $H^+$ 通过电解液被送到正极。正极(氧电极或称空气电极)通入空气，在正极氧气与负电子、$H^+$ 发生反应生成水。

$$O_2 + 4H^+ + 4e^- \longrightarrow 2H_2O$$

在碱性电解质燃料电池中，在负极氢气被由电解质传递而来的 $OH^-$ 氧化，释放出能量和负电子：

$$2H_2 + 4OH^- \longrightarrow 4H_2O + 4e^-$$

在正极，氧气与负电子、电解质里的水发生反应，生产 $OH^-$ 离子：

$$O_2 + 4e^- + 2H_2O \longrightarrow 4OH^-$$

燃料电池的电能是由其化学反应的吉布斯自由能转换而来，单体电池的实际电压一般为 $0.6 \sim 0.7V$。将很多个单体燃料电池"串联"组成的燃料电池堆，是燃料电池的核心。而燃料电池系统则是由燃料电池堆以及辅助装置所构成。不同类型的燃料电池的辅助装置差别很大。一般情况下，有动力装置、直流电/交流电转换装置、电动机、燃料储存装置、燃料处理装置、脱硫装置、压力控制装置、冷却装置等。

②燃料电池的基本类型

燃料电池按电池中使用的电解质可分为以下几类：碱性燃料电池(AFC)、磷酸型燃料电池(PAFC)、熔融碳酸盐型燃料电池(MCFC)、固体氧化物型燃料电池(SOFC)、聚合物膜电解质型燃料电池(PEFC)和质子交换膜燃料电池(PEMFC)等。这几种燃料电池中，除碱性燃料电池必须采用纯氢和纯氧作为燃料和氧化剂外，其他类型燃料电池均可采用天然气重整气和空气作为燃料和氧化剂。各种类型燃料电池的基本情况见表8-7。

表8-7　不同类型燃料电池的基本情况

| 项目 | 碱液型 (AFC) | 磷酸型 (PAFC) | 熔融碳酸盐型 (MCFC) | 固体氧化物型 (SOFC) | 聚合物膜电解质型 (PEFC) | 质子交换膜电解质型 (PEMFC) |
|---|---|---|---|---|---|---|
| 电解质名称 | KOH 水溶液 | 磷酸 | $Li_2CO_3/K_2CO_3$ | $ZrO_2$基陶瓷 | 离子交换膜 | 全氟磺酸质子交换膜 |
| 工作温度/℃ | $50 \sim 200$ | $150 \sim 220$ | $600 \sim 700$ | $900 \sim 1100$ | $60 \sim 120$ | 室温~100 |
| 催化剂 | 镍、银、铂 | 铂 | 镍、银 | 碱性氧化物 | 铂、铑、钯 | 铂 |

| 项目 | 碱液型（AFC） | 磷酸型（PAFC） | 熔融碳酸盐型（MCFC） | 固体氧化物型（SOFC） | 聚合物膜电解质型（PEFC） | 质子交换膜电解质型（PEMFC） |
|---|---|---|---|---|---|---|
| 进电池燃料/($mL/m^3$) | 纯 $H_2$（不应含 $CO_2$） | $H_2$（CO < $100 \times 10^{-6}$） | $H_2 + CO$（允许 $CO_2$） | $H_2 + CO$ | $H_2 + CO$ | $H_2$（CO < $100 \times 10^{-6}$） |
| 进发电系统燃料 | 纯 $H_2$ | 天然气、液化石油气（LPG）、甲醇、石脑油等经外部转化制氢 | 天然气、LPG、甲醇、石脑油等经外部或内部转化制氢 | 天然气、LPG、甲醇、石脑油等经外部或内部转化制氢 | 天然气、LPG、甲醇、石脑油等经外部转化制氢 | 天然气、LPG、甲醇、石脑油等经外部转化制氢 |
| 氧化剂 | 纯氧 | 空气、氧气 | 空气、氧气 | 空气、氧气 | 空气、氧气 | 空气、氧气 |
| 发电效率/% | 45~60 | 40~45 | 45~60 | 50~60 | 40~45（直接用 $H_2$ 时为 60） | 45~50 |
| 适用范围 | 航天、特殊地面应用 | 特殊需求、区域供电 | 区域供电 | 区域供电、联合循环发电 | 交通运输、家庭用电源 | 电动汽车、潜艇推动可移动电源 |
| 发展状况 | 局部应用，广泛现场实验 | 技术成熟，商业利用 | 现场验证阶段 | 实验室研究阶段 | 现场验证实验，车载行车实验 | 局部应用，高度发展 |
| 优点 | 启动快，室温常压下工作 | 对 $CO_2$ 不敏感 | 效率高，对 CO 不敏感 | 结构简单，寿命长 | 结构简单，体积小，功率比重高 | 构造简单，低温启动速度快，输出功率可随意调整 |
| 缺点 | 对 $CO_2$ 十分敏感，需纯 $O_2$ 作氧化剂，成本高 | 对 CO 敏感，设备投资与操作成本相对较高 | 工作温度过高，液态电解质存在腐蚀及泄漏问题 | 启动时间长，工作温度过高，制造工艺复杂 | 高分子膜成本较高，导电性与机械强度有待提高 | 对 CO 敏感，成本较高 |

与其他制氢技术相比，以天然气作为燃料电池的燃料来源更为经济合理。首先，天然气中含氢量较高，天然气转化制氢技术成熟，成本相对较低，制氢产生

的温室气体相对较少。工业上也有以甲醇为燃料的燃料电池，但目前生产甲醇最主要的原料也是天然气。其次，我国目前正大力发展城市天然气，将其作为燃料电池的燃料符合国家的能源政策。

③天然气燃料电池的特点

与燃气轮机、燃气内燃机等原动机相比，燃料电池具有以下优点：

a. 能量转换效率高。燃料电池按照电化学原理等温下将化学能直接转化为电能，不同于常规的原动机需经过机械功的中间转化环节，既无能量转换损失，也不受热力学卡诺循环理论的限制，理论上发电效率可达85%～90%。但由于工作时受各种极化的限制，目前各类燃料电池的实际能量转化效率为40%～55%，若用于冷热电三联供系统，总的能量利用率可达80%以上。

b. 污染物排放量低。燃料电池是名副其实的清洁能源技术，但对燃料的要求很高，有些燃料电池只能用氢气，有些燃料电池虽用天然气，但必须脱硫。因此若不将燃料改质所产生的污染物排放计入的话，燃料电池可以做到"零排放"。

c. 噪声低。燃料电池依靠电化学反应发电，其内部没有任何活动部件，不会发出任何噪声。在尽量降低其动力装置（如泵）的噪声与振动之后，燃料电池系统在运行时的噪声和振动极低。实验证明，距离40kW磷酸燃料电池发电站4.6m处的噪声值小于60dB。

d. 负荷调节灵活。燃料电池发电装置为模块结构，容量可大可小，布置可集中可分散，且安装简单，维修方便。另外，燃料电池的载荷有变动时，可很快响应，故无论处于额定功率以上过载运行或低于额定功率运行，它都能承受且效率变化不大。这种性能使燃料电池不仅可用于冷热电联供系统，也可在用电高峰时作为调节的储能电池使用。

燃料电池的缺点：

a. 燃料电池的价格昂贵，是内燃机、燃气轮机等发电设备的2～10倍。目前最先进的燃料电池系统的价格相当于太阳能发电系统的价格。

b. 燃料电池的维护与其他发电装置不同，一旦发生故障，往往需要运回生产基地进行维修，目前还无法做到现场更换电池堆。

c. 燃料电池对燃料非常挑剔，往往需要非常高效的过滤器，且要经常更换。在这个意义上来说，燃料电池是一种尚未商业化的技术。

随着技术的不断进步，燃料电池的价格有望降低到可与其他原动机竞争的水平，并且经过一段时间使其趋于成熟，它将以其高效、清洁、安静等综合优势成为各种分散式发电技术中最优的技术之一。

# 8.4　天然气汽车燃料

天然气作为汽车燃料可显著减小大气污染，改善环境。与汽油相比，其尾气排放中不含铅，基本不含硫化物，一氧化碳减少97%，碳氢化合物减少72%，氮氧化物减少30%，二氧化硫减少90%，苯、铅粉尘减少100%，噪音降低40%。在所有的清洁燃料中，天然气以其应用技术成熟、安全可靠、经济可行，而被世界公认为是目前最适宜的车用汽油、柴油的替代燃料。为提高空气质量、优化天然气利用结构，国家鼓励天然气汽车的发展。

### 8.4.1 天然气汽车燃料

（1）天然气汽车燃料特点

天然气的主要成分是甲烷，约占83% ~ 96%，此外还有少量乙烷、丙烷、CO、$N_2$ 等。由于其成分波动很大，故对内燃机运行性能和排放都有很大影响。

天然气不含硫、苯、烯烃等有害成分，所以天然气内燃机排气中无多环芳烃、硫化物、醛和1, 3-丁二烯等有害物质也很少。

天然气的辛烷值高于汽油，抗爆性好，因此天然气可采用比原汽油机更高的压缩比。

天然气的着火温度高，所以不能通过压缩自燃，必须用火花塞点燃或用少量柴油压缩后引燃，才能使混合气着火燃烧。

天然气的燃烧速度比汽油慢，为提高热效率和减少后燃，应将天然气点火提前角调整到比汽油机大一些。

天然气无润滑性且排烟温度较高，因此天然气发动机的气门、气门座等磨损要比汽油机或柴油机的严重。天然气与汽油、柴油的部分特性比较见表8-8。

表8-8　天然气与汽油、柴油的特性比较

| 项目 | 柴油 | 汽油 | 天然气 |
|---|---|---|---|
| 蒸气密度/（kg/m³） | 3.4 | ≥4 | 0.75 ~ 0.8 |
| 低热值/（MJ/kg） | 42.5 | 43.9 | 46.7 |
| 混合气热值/（MJ/m³） | 3.53（$\lambda = 1$） | 3.51 | 3.12 |
| 理论空燃比/（kg/kg） | 14.3 | 14.8 | 17.2 |
| 着火（爆炸）浓度极限/% | 5 ~ 15 | 1.4 ~ 7.6 | 0.6 ~ 5.5 |
| 自燃温度/℃ | 250 | 390 ~ 420 | 650 |
| 十六烷值 | 40 ~ 65 | — | — |
| 辛烷值 | — | 80 ~ 99 | 130 |
| 沸点/℃ | 180 ~ 370 | 30 ~ 190 | -162 |

（2）天然气汽车燃料种类

按天然气储存方式不同，天然气汽车可分为压缩天然气汽车（CNGV）、液化天然气汽车（LNGV）和吸附天然气汽车（ANGV）三种形式。目前使用最广泛的压缩天然气（CNG）技术是在高压（20~25MPa）下储存天然气。液化天然气（LNG）是在常压及-162℃下将天然气液化并储存。吸附天然气技术是在中等压力(约3.5MPa)下吸附储存天然气,该技术目前尚处于研究阶段,要进入实用化还有待于解决吸附热问题以及开发更高效的吸附剂。

LNG 和 CNG 是天然气的不同状态,其应用在内燃机中的优点基本相同。但是在储存形式上,LNG 采用低温微正压储存,而 CNG 采用高压储存,因此 CNG 的储瓶必须使用质量更大的高压储瓶,储瓶的质量甚至是罐内天然气质量的10倍,而 LNG 的储液瓶仅需双层的绝热瓶即可。所以,使用过程中的 CNG 比 LNG 储存质量少,有效载荷大,高压充装时间长。另外,LNG 的能量储存密度比 CNG 高3倍多,达到24.90MJ/L,可以说,即使储量相同,LNG 燃料产生的续航能力也是 CNG 的3倍以上。此外,随着绝热技术的完善,LNG 在储存方法上已经不存在明显的瓶颈,因此 LNG 已逐渐成为新一代天然气发动机的主要燃料存储形式。

(3)天然气汽车按使用燃料分类

按使用燃料的情况分类,天然气汽车可分为单燃料天然气汽车、两用燃料汽车和双燃料汽车。

① 天然气单燃料汽车

单燃料汽车是指针对天然气特性而专门设计制造的汽车,它可以最大限度地发挥天然气的优势。

② 两用燃料汽车

目前以天然气作为燃料的汽车绝大部分是由汽油发动机和柴油发动机改装,考虑到改装后汽车行驶的通用性,将原来的燃料系统保留不变。改装后的汽车既可以使用原来的燃料,也可使用天然气,但两种燃料不同时使用,这种车称为"两用燃料"(Bi-Fuel)汽车。

③ 双燃料汽车

即汽车发动机同时使用两种燃料的汽车。如柴油发动机改用天然气燃料时,将原来的发动机柴油燃料系统保留,用少量柴油喷入汽缸点燃天然气,这种两种燃料同时在汽缸中工作的汽车称为"双燃料"(Dual-Fuel)汽车。

(4)天然气发动机的供气方式分类

当前使用的天然气发动机大多是由汽油机或柴油机改装。天然气发动机的供气方式主要有缸外供气和缸内供气两大类。缸外供气方式主要包括进气道混合器预混合供气和缸外进气阀处喷射供气;缸内供气方式主要包括缸内高压喷射供气和低压喷射供气。

① 进气道混合器预混供气方式

在供气系统的混合器中,将天然气通过调节阀以一定比例与空气混合,由发动机吸入汽缸。这种供气方式具有汽油机供气特征,在点燃式发动机和压燃式天然气-柴油双燃料发动机上得以应用。其缺点是天然气占据了空气的进气通道,导致空气进气量减少10%~15%,影响发动机的燃烧过程及其功率。

② 缸外进气阀处喷射供气方式

缸外进气阀处喷射是将气体喷射器布置在各汽缸进气道进气阀处，实现对每一缸的定时定量供气，通常称之为电控多点气体喷射系统。进气阀处喷射可由软件严格控制气体燃料时间与进排气门及活塞运动的相位关系，易于实现定时定量供气和层状进气。此方式可根据发动机转速和负荷，更准确地控制对发动机功率、效率和废气排放有重要影响的空燃比指标，实现稀薄混合气燃烧，更进一步提高发动机的动力性、经济性，以及更进一步改善排放特性。缸外进气阀处喷射在一定程度上可降低供气对空气进气量的影响。

③ 缸内气体喷射供气方式

缸内喷射有高压喷射和低压喷射两种，其中低压喷射主要用在压缩比较低的点燃式气体燃料发动机上；高压喷射主要用在压缩比较高和压缩终点喷射的气体燃料发动机上。缸内气体喷射完全实现了燃料供给量的有效调节，对空气进气量几乎没有影响，为进一步完善发动机性能提供了条件。

缸内气体喷射供气方式的优点是天然气不参与压缩过程，减少了爆燃的可能性。同时，供气系统对气体燃料的成分不敏感，采用这种供气方式的发动机可采用多种气体燃料。这种供气方式还易于实现电控，具有较高的热效率和比功率，但系统设计制造复杂，成本较高。

目前车用发动机已普遍使用电控喷射技术。随着汽车电控技术的不断发展，缸外进气阀顺序喷射技术已相对成熟，但缸内气体燃料喷射技术目前还处于研究阶段和商业化前期。

## 8.4.2　压缩天然气汽车

CNG 汽车采用定型汽车改装，在保留原车供油系统的情况下增加一套"车用压缩天然气装置"。

（1）CNG-汽油两用燃料改装技术

由于 CNG 和汽油在燃烧室燃烧的性质相同，汽油车改装为 CNG 汽车可以保持原车供油系统不动，只需另加一套"压缩天然气型车用压缩天然气装置"。图 8-19 是国产压缩天然气-汽油两用燃料汽车改装系统示意图。改装部分由以下三个系统组成。

①天然气储气系统，主要由加气阀、储气瓶、高压截止阀、高压接头、高压管线、压力表、压力传感器及气量显示器等组成，完成 CNG 的加装和储备；②天然气供给系统，主要由高压电磁阀、三级组合式的减压阀、混合器等组成，完成天然气经减压后供发动机运转使用；③油气燃料转换系统，主要由三位油气转换开关、点火时间转换器、汽油电磁阀等组成，主要用来控制发动机燃料使用的转换及点火时间转换器，点火时间转换器由电路系统自动转换两种燃料的不同点火提前角。

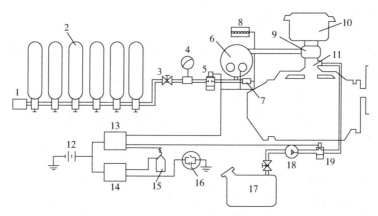

图 8-19 CNG-汽油两用燃料汽车改装系统

1—充气阀；2—高压储气钢瓶；3—截止阀(高压)；4—压力表(高压)；
5—电磁阀(高压)；6—减压调节器；7—压力传感器；8—显示灯(气量)；
9—混合器；10—空气滤清器；11—化油器；12—电瓶；13—油气转换开关；
14—点火时间转换器；15—点火线圈；16—断电器；17—汽油箱；18—汽油
泵；19—汽油电磁阀

充气阀实际上是一个单向截止阀，它可与加气站售气机充气枪对接为天然气气瓶充气。高压天然气气瓶和汽油箱一样，是车载天然气的存储装置。根据车型和气瓶容量的大小，汽车上可携带一个或多个气瓶，气瓶之间并联连接。气瓶的瓶口处安装有易熔塞和爆破片两种保安装置，当气瓶温度超过100℃，或压力超过26MPa时，保安装置会自动破裂泄压。每个气瓶都有阀门可分别关闭，总出口还设有一个高压截止阀。

油气转换开关、天然气高压电磁阀和汽油电磁阀共同构成了燃料转换的控制，油气转换开关决定两个电磁阀的通断，决定发动机以汽油还是天然气为燃料运行。当使用天然气作燃料时，手动高压截止阀3打开，油气燃料转换开关拨到"气"的位置，此时天然气电磁阀打开，汽油电磁阀关闭。高压天然气经三级减压后，通过混合器与空气混合，经化油器通道进入汽缸。减压调节器与混合器配合，产生不同真空度(49~69kPa)，自动调节供气量，并使天然气与空气均匀混合，满足发动机不同工况的使用要求。减压调节器总成设有怠速电磁阀，供发动机怠速用气。天然气减压过程中要膨胀做功且节流吸热，因此在减压调节器上还设有利用发动机循环水的加温装置。点火时间转换器由电路系统自动转换两种燃料时不同的点火提前角。燃料转换开关上还设有供发动机起动的供气按钮。当使用汽油作燃料时，驾驶员将油气燃料转换开关拨到"油"的位置，此时天然气电磁阀关闭，汽油电磁阀打开，汽油通过汽油电磁阀进入化油器并吸入汽缸燃烧。燃料转换开关有三个位置，当拨到中位时，油气电磁阀均关闭，该功能是专门用来由汽油转换到天然气时，烧完化油器里残存汽油而设置的，以免发生油气混烧现象。

238

虽然天然气的抗爆性很好，允许在较高的压缩比下工作，但改装时为使原发动机可用汽油正常工作，并未改变原发动机的压缩比，发动机的功率要损失10%~20%。为了减少功率损失，可在改装时把原来汽油机的压缩比提高，并改变点火提前角以适应天然气的工作需要。这样虽然可以减少功率损失，但再用汽油工作时会产生爆震的危险，甚至难以点火工作。所以目前汽油车改装时，发动机的压缩比一般保持不变。

（2）CNG-柴油双燃料改装技术

CNG-柴油双燃料发动机是以压燃少量喷入汽缸内的柴油为"引燃燃料"，天然气作为主要燃料的汽车，它既可以用柴油引燃天然气工作，也可用100%的柴油燃料工作。对大多数柴油机汽车进行改装时，可保留原有柴油机供油方式，只需增加一套天然气供气系统。图8-20为CNG-柴油双燃料汽车改装系统示意图。

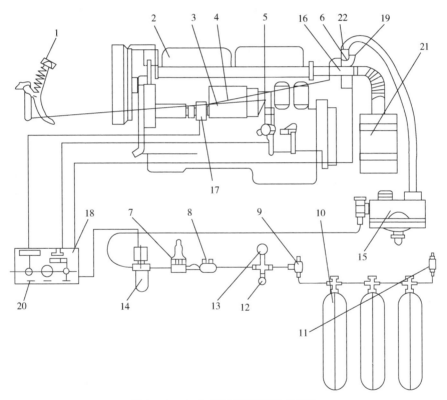

图 8-20　CNG-柴油双燃料汽车系统

1—油门踏板；2—柴油机；3—天然气控制阀拉杆机构；4—柴油拉杆弹簧机构；5—高压油泵供油量限位器；6—混合气接口；7—高压减压阀；8—天然气加热器；9—储气瓶供气阀；10—高压气瓶；11—天然气加气阀；12—天然气气源压力传感器；13—天然气压力表；14—过滤电磁阀；15—低压减压阀；16—混合器；17—转速传感器；18—电子控制盒；19—限速电磁铁；20—燃气压力指示器；21—空气滤清器；22—天然气流量控制阀

以国内 6130 型 CNG-柴油双燃料发动机为例，改装后的 CNG-柴油双燃料汽车，其燃料供给系统由四大部分组成：①天然气储气减压系统，包括天然气加气阀 11、高压气瓶 10、手动截止阀 9、天然气压力表 13、天然气加热器 8、高压减压阀 7、过滤电磁阀 14、低压减压阀 15 构成；②天然气流量控制系统，包括天然气流量控制阀 22、混合器 16、天然气控制阀拉杆机构 3；③柴油油量控制机构，由柴油拉钩弹簧机构 4、柴油引燃量控制机构 5 构成；④电控制系统，由电子控制盒 18、转速传感器 17、天然气气源压力传感器 12、过滤电磁阀 14 中的电磁铁、限速电磁铁 19 构成。

打开储气瓶供气阀 9，CNG 经天然气加热器 8 加热后，进入高压减压阀 7 减压至 1MPa，经过滤电磁阀 14 过滤，进入低压减压阀 15 经两级减压至常压。常压天然气经过流量控制阀，进入混合器 16，在混合器中与空气进行预混合，然后由进气管进入发动机。发动机工作时需要供应一定量的引燃柴油，为此在原发动机的供油系统高压油泵上加装了柴油引燃量控制机构 5。当发动机处于双燃料工作状态时，高压油泵供油量限位器限制高压油泵的供油量，踩踏油门踏板时，主要控制天然气供给量，而柴油的供给量限制在引燃油量的范围内。当气瓶中天然气压力低于 1MPa 时，系统工作难以正常进行，需要加气。

实践经验证明，CNG-柴油双燃料发动机汽车与柴油机汽车相比，由于使用了空气与天然气的混合气，能节约 85% 左右的柴油；排放尾气中的烟度减少 2/3~4/5；固态微粒排放减少；发动机的噪声降低 1.5~3dB；发动机寿命延长 1 倍以上；发动机的结构及其燃料供给系统的维修简单；在发动机曲轴转速较低的范围内也可获得较大扭矩，气缸活塞部位的零部件磨损较少；当发动机使用单一燃料柴油时，可直接在行车过程中快速改用 CNG—柴油双燃料工作，发动机仍可保持原有的工作状态运行。

(3) CNG 单燃料汽车技术

① 由柴油发动机改装 CNG 单燃料汽车

柴油发动机也可改装成为单独燃烧 CNG 的天然气单燃料汽车。保持原柴油发动机基本结构不变，按电点火方式改装。将原柴油发动机的供油系统全部拆除，改变原汽缸压缩比以适应燃气发动机的需要，加装燃气点火系统，加装燃气发动机专用点火电脑板，加装燃气供给控制的闭环电脑板，加装燃气供气和减压装置等，最后实现将柴油发动机改装成为天然气发动机。改装后的发动机能够完全使用天然气，油气替代率为 100%。这种改装方法比较简单、技术比较成熟，但发动机功率损失较大，仅为原柴油机的 65%~70%。

② CNG 单燃料发动机

近年来，国内相继研发了一系列的天然气单燃料汽车发动机。与柴油发动机相比天然气发动机的差别较大。主要体现在：a. 燃料供给系统。天然气发动机取消了原柴油机燃油喷射系统相关的零部件，增加了高压电磁阀、高压减压器、

240

低压电磁阀、电控调压器、混合器、高压滤清器和低压滤清器等控制天然气喷射量和喷射时间的相关零部件。b. 点火系统。柴油机是压燃式发动机，受燃料特性限制(抗爆震性能)，天然气发动机采用与汽油机相同的点火式燃烧。将原缸盖上的喷油器孔改为了火花塞孔；取消柴油油泵，在原柴油泵位置安装一个点火传动装置，通过凸轮轴位置传感器获得发动机的点火信号；另外，增加了电控模块、点火线圈及火花塞等零件组成的点火控制系统。c. 控制系统(ECU)。天然气发动机是一种电控发动机，与原机械式柴油机相比，各工况点的空燃比、点火提前角、增压压力都实现了更精确的控制。为满足这些控制要求，增加了相应的天然气温度和压力、发动机冷却水温度、空气的进气压力及温度、环境压力、大气湿度及温度、点火正时以及氧浓度等传感器。d. 压缩比。根据天然气的燃料特性，天然气发动机压缩比较汽油发动机高，但比柴油机低。玉柴开发的系列天然气发动机的压缩比为11。e. 空燃比控制。天然气燃烧方式与柴油不同。天然气发动机可通过氧传感器测量尾气中的氧浓度，从而推算出混合气空燃比。发动机控制系统通过氧传感器的反馈信号，不断修正天然气的喷射量，实现全工况闭环控制，精确控制空燃比，使天然气在缸内燃烧最优化。f. 增压控制。在空气进气管路上设置增压器和中冷器，大大提高发动机的动力性能。

CNG 单燃料发动机的原理示意图如图 8-21 所示。高压压缩天然气由储气钢瓶经滤清器过滤后，经高压电磁阀进入高压减压器。高压电磁阀的开合由 ECU控制。高压减压器的作用是把高压压缩天然气(工作压力 3~20 MPa)经减压加热，将压力调整至 0.7~0.9MPa。高压压缩天然气在减压过程中由于减压膨胀，需要吸收大量的热量，为防止减压器结冰，将发动机冷却液引入到减压器，对天然气进行加热。减压后的天然气经低压电磁阀进入电控调压器，然后与空气在混合器内充分混合，最后进入发动机汽缸内，再由火花塞点燃进行燃烧。电控调压器根据发动机运行工况精确控制天然气喷射量，火花塞的点火时刻由 ECU 控制，氧传感器即时监控燃烧后尾气的氧浓度推算出空燃比，ECU 再根据氧传感器的反馈信号来控制点火控制曲线，及时修正天然气喷射量。

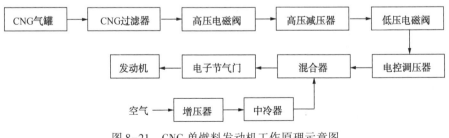

图 8-21　CNG 单燃料发动机工作原理示意图

(4)CNG 汽车用储气瓶

CNG 汽车用储气瓶是 CNG 汽车改装的关键部件，按 GB 17258—2011《汽车用压缩天然气钢瓶》进行生产，为保证安全，储气瓶需经水压试验、低温压力试验、坠落试验、火烧试验、枪击试验、环境暴露试验、振动试验、挤压试验等多种严格测试，出厂供 CNG 汽车使用。储气瓶口安装有易熔塞和爆破片两种保安全装置，当气瓶温度超过 100℃，或压力超过 26MPa 时，保安装置会自动破裂卸压。气瓶头部装有减压阀，减压阀上设有安全阀，气瓶及高压管线安装时，均有防震胶垫，并用卡箍卡紧牢固。

根据 GB 17258—2011《汽车用压缩天然气钢瓶》，车用压缩天然气的储存瓶工作压力为 20MPa，公称水容积是 30~300L，工作温度为-40~65℃，设计使用寿命为 15 年。根据使用材质不同，压缩天然气的气瓶分为 4 类：第一类为钢或铝合金金属气瓶(CNG1)，其特点是价格便宜，但质量大，容积质量等效比小；第二类为钢或铝内衬加"环箍缠绕"树脂沉浸长纤维加固的复合材料气瓶(CNG2)，其内衬承担 50%的内压压力，复合材料承担 50%的应力，与同容积的全钢瓶相比，成本提高，质量减轻 35%左右，具有较好的性价比，很适合在CNG 汽车上使用；第三类为钢或铝内衬加"整体缠绕"树脂沉浸长纤维加固的复合材料气瓶(CNG3)，内衬承担较小比例的应力，质量更轻，但价格更高；第四类为塑料内衬加"整体缠绕"树脂沉浸长纤维加固的复合材料气瓶(CNG4)，气瓶应力全部由复合材料承担，特点是质量轻，但价格高。目前，国内实际应用并得到广泛认可的是 CNG1 和 CNG2 储气瓶。其中公共汽车一般采用 CNG1 钢质钢瓶，而小车使用 CNG2 缠绕钢瓶。

车用压缩天然气气瓶的型号由以下部分组成。CNG1-□-□-□-□，示例CNG1-229-60-20A。表示公称工作压力为 20MPa，公称水容积为 60L，外径为229mm，结构形式为 A 的钢瓶。

汽车上使用 CNG 的主要缺点是储气瓶质量过重、体积过大。与液体燃料相比，天然气体积能量密度低，压力为 20MPa 的 CNG 燃料体积仅相当于汽油的30%。另外，储气瓶储量有限、行驶里程短、加气时间过长也是其缺点之一。

## 8.4.3  LNG 汽车改装技术

CNG 发动机虽然技术更加成熟，但还是因气瓶质量过大、储气能力有限、高压存在安全隐患等问题制约其广泛推广。大力发展 LNG 发动机已经成为天然气内燃机发展的一个新方向。

LNG 作为内燃机的新能源，和汽油机、柴油机的主要区别是燃料特性、储存和供给方式不同，电控系统也略有差异，但内燃机的主要工作原理和功能组成基本相同。

（1）LNG 单燃料内燃机

LNG 作为单一燃料的内燃机，可以看作是由汽油机改造的。LNG 内燃机和汽油机的主要区别体现在加装 LNG 供给系统、改装发动机冷却液系统、加装混气系统、调整电控系统四个方面。图 8-22 为 LNG 汽车燃料系统示意图。

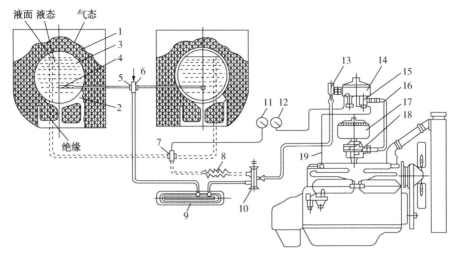

图 8-22　LNG 汽车燃料系统

1—气体输出阀的接头；2—瓶内容器；3—最大加灌量液面指示器的接管；4—加、输阀的接管；5—十字接头；6—加灌阀的紧帽；7—十字接头；8—气体加热器；9—汽化器；10—自动转换阀；11—气瓶压力表；12—减压器的压力表；13—过滤器；14—两级减压器；15—减压器上的省油器；16—低压管路；17—空气过滤器；18—混合器；19—进气管的接头

① LNG 供给系统。LNG 供给系统主要由 LNG 低温绝热储瓶、连接管路及控制系统组成。LNG 储瓶正常的工作压力在 0.65~1.6MPa 之间，工作温度为 -162℃。当储瓶压力低于 0.65MPa 时，将会出现发动机供气不足、动力性下降，并且导致催化转化器烧结等现象。在车辆启动前，先将储瓶主安全阀打开，储瓶内的 LNG 在自身压力作用下流出，经过管道和控制阀门流入汽化器。

② 汽化器。汽化器的作用是将低温 LNG 或气液混合物加热、汽化后供发动机燃烧。汽化器热源一般是来自发动机的冷却液，在特殊情况下也可以采用空温型汽化器。汽化器是一种间接加热的小型管壳式换热设备，串联在发动机冷却液的回路上，采用逆流接触，用冷却发动机后具有较高温度的冷却液，对 LNG 或气液混合物进行加热、汽化。发动机在不同工况下工作，单位时间内流经汽化器的燃料量也随之变化，这种流量变化主要由储气瓶和汽化器出口的压差来决定，当发动机负荷增加时，压差增加，天然气流量增加；反之，发动机负荷减少，压差减少，天然气流量减少。

③ 配气系统。经汽化器汽化后的天然气压力为 0.65MPa，温度为 20~-50℃，经过滤和两级减压后，经低压管路进入混合器，与过滤后的空气在混合器内充分混合后，采用单点喷射技术进入发动机燃烧做功。

④ 电控系统。LNG 发动机采用电子控制模块（ECM），对发动机的天然气燃料供给和点火进行控制。

（2）LNG-柴油双燃料内燃机

LNG-柴油双燃料内燃机是指在保留柴油机所有结构和燃烧工作方式不变的前提下，增加一套LNG供气系统和柴油-天然气双燃料电控喷射系统，既可以使用柴油单独驱动，也可以采用柴油-天然气双燃料混合驱动。

双燃料内燃机在启动和怠速情况下采用柴油，在运行中通过电子控制单元（ECU）控制天然气的喷射，喷射出的天然气和空气混合导入发动机进气口，同时导入的少量柴油压燃后作为天然气的点火源。双燃料发动机大大降低了柴油的消耗量，并且具有更好的环保效益和经济效益，现已成功应用于LNG运输船和长途运输货车等。

现有的LNG内燃机多数由汽油机或柴油机直接改造，受天然气着火温度高、火焰发展期长等燃烧特性限制，可以通过改变压缩比、改进燃烧室结构、增大点火能及点火提前角等技术手段解决LNG内燃机动力缺失的问题。通过增大散热器、增大曲轴与水泵皮带轮的传动比等方法解决尾气温度过高的问题。因此，需要针对LNG重新设计和制造内燃机，并专门配置相应的控制系统。

（3）LNG车载储气瓶

LNG低温绝热储瓶是燃料系统的核心部件，绝热储瓶技术的发展使LNG作为内燃机燃料成为可能。LNG绝热储瓶一般采用双金属高真空多层绝热结构，在合理的缠绕工艺下实现"超级绝热"。壳体材料为0Cr18Ni9+16MnR，内胆的主要材料为0Cr18Ni9。储瓶液体充装率为80%~90%，要求日蒸发量小于2%，带液静置7天（轿车用瓶3天）安全阀不起跳。常规LNG车载气瓶工作压力≤1.6MPa，储瓶上设置主、副安全阀，可在紧急状况下泄压以保证瓶体安全。

LNG车载气瓶由内胆、绝热结构、外壳、支撑系统和刚性组件等组成。内胆用以盛装LNG，内部有加注喷淋管、液位探头等。外壳和内胆之间是密闭的真空绝热夹套，夹套采用高真空多层绝热，又称超级绝热。外壳保护内胆并对整个瓶体起支撑作用，具有高强度及良好绝热性能的支撑系统将内胆悬挂在外壳之内；支撑结构多采用轴向支撑固定内胆。在移动或运输过程中，内胆易发生振荡，尤其对于满液的LNG车载气瓶，装载的LNG自重所引发的支撑臂的弯曲不可忽略，最大应力主要出现在颈管与内封头连接处。

为测量储气瓶中的燃料液位，采用低温电容液位计，这种液位计由探头和仪表电路组成，通过分析电容介电常数的变化监测液位信息，它不与液面接触，减少了热量损失的可能，实现了最大限度的隔热保温。

目前，LNG车载气瓶一般采用卧式，高真空多层绝热，容积不超过600L，目前国内市场上较多见的有45L、160L、175L、200L、335L、375L、410L和450L。

由于城市公交、出租车、大型货车等车辆使用频率较高、行驶里程较远，不易出现停滞时间过长时LNG蒸发量超过安全阀设定而泄压的状况，可广泛使用LNG发动机。若想LNG内燃机更广泛地应用于家用轿车，需要研究加装缓冲罐或进一步提升绝热工艺,以保障 LNG 储瓶长时间不使用时的安全性。

世界范围内 LNG 汽车仍处于试验研究阶段,尚未进行大规模推广应用。国内广州、四川、河南、吉林、甘肃等省市一些企业先后进行试验并取得一定成效,但仍未达到批量生产的水平,开发应用的步伐需加快。

### 8.4.4 LPG 汽车改装技术

液化石油气(LPG)与汽油、柴油相比,燃烧完全且积炭少,减少了冲击载荷及发动机磨损,提高了使用寿命,噪声低,环境污染少。LPG 与 CNG、LNG 相比,单位体积的热值高,发动机动力性好,携带使用方便,行驶里程长,且 LPG 汽车改装费用低,投资少,LPG 汽车的社会效益和经济效益很好。

LPG 汽车按燃料供给系统不同可分为 LPG 单燃料汽车、LPG 和汽油两用燃料汽车、LPG 和柴油双燃料汽车。目前几乎所有的 LPG 发动机都由汽油机改装而成。

(1)LPG-汽油两用燃料汽车

汽油车改装为 LPG 汽车,可以保持原车供油系统不动,只需另加一套"LPG装置",包括 LPG 储存、供气、油气转换、电子控制和操作系统,形成汽油系统和 LPG 系统的双独立系统。图 8-23 为 LPG-汽油两用燃料汽车改装系统示意图。

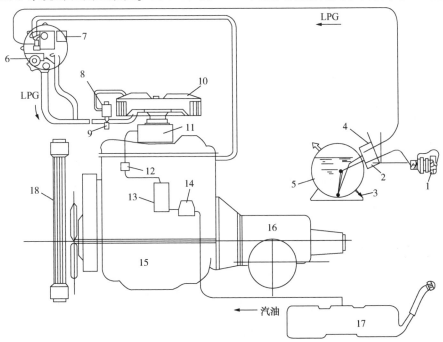

图 8-23  LPG-汽油两用燃料汽车改装系统

1—外充气口;2—组合阀;3—安装架;4—保护盒;5—LPG 储罐;6—LPG 电磁阀;7—燃料关闭装置;8—蒸发调节器;9—功率阀;10—盘式混合器;11—化油器;12—汽油电磁阀;13—燃油过滤器;14—汽油泵;15—发动机;16—变速箱;17—油箱;18—散热器

① LPG改装零部件及其主要功能。LPG汽车改装时需要增加的零部件有：LPG钢瓶、组合式减压阀、LPG电磁阀、高压截止阀、蒸发调节器、点火时间转换器、燃料转换开关、高低压输气管线、LPG加气接头、LPG压力仪表灯。组合阀是一种多功能阀，由安全阀、80%限充阀、超流量截止阀、电子阀、液位显示装置等组成，保证LPG安全可靠的输入和输出钢瓶。蒸发调节器的功能是将LPG充分汽化，并通过二级减压至略高于大气压的气体，供发动机使用。LPG电磁阀在LPG汽车使用LPG时打开，LPG电磁阀内装有滤芯，能过滤液化气杂质，对系统起保护作用。LPG燃气喷轨是指四缸发动机共用的进气管，为发动机每缸的喷嘴供气。

② LPG-汽油两用汽车工作原理。LPG汽车启动时，发动机以汽油为燃料运转，当蒸发调节器内的冷却循环水温度达到设定温度时，系统自动转换LPG燃料工作。液态LGP在饱和蒸气压的作用下从钢瓶流出，经组合阀后进入高压管路，经过LPG电磁阀的控制和过滤杂质后进入蒸发调节器，在此与发动机冷却循环水换热后汽化并减压成为低压气体，经低压过滤器和低压管路输送到燃气喷轨，分配给发动机的燃气喷嘴，燃气喷嘴在LPG电脑的控制下将气体喷入进气管，与空气混合，进入汽缸内燃烧做功。

(2)LPG-柴油双燃料汽车

车用柴油机改为LPG-柴油双燃料发动机，必须保留原柴油机供给系统，用来提供引燃空气与LPG混合气的少量柴油，并需配备一套"LPG装置"。这样发动机同时具有两套燃料供给系统，汽车同时携带两种燃料。

LPG-柴油双燃料发动机和柴油机一样，用纯柴油启动。待发动机冷却水温度达到正常范围后，打开液化气气瓶阀门，LPG在瓶内压力作用下流入蒸发器。在蒸发器内，液化气吸收来自发动机冷却水的热量，完全蒸发成气体。气态LPG流入减压阀降压至某一数值，该数值可根据发动机运行要求进行调整。降压后的LPG进入调节阀，调节阀根据发动机运行工况，利用混合器真空度自动调节流入混合气的LPG量。

# 8.5 天然气化工利用

天然气化工是以天然气为原料生产化工产品的工业。经净化分离后的天然气通过蒸汽转化、氧化、氯化、硫化、硝化、脱氢等反应可制成合成氨、甲醇及其加工产品(甲醛、醋酸等)、乙烯、乙炔、二氯甲烷、四氯化碳、二硫化碳、硝基甲烷等。

目前，世界上约有50多个国家不同程度地发展了天然气化工，天然气化工年消耗天然气量约占世界天然气消费量的5%。

世界上年产 $1000 \times 10^4$ t 以上的天然气化工产品有合成氨、尿素、甲醇、甲醛和乙炔。其中，约80%的合成氨生产以天然气为原料，约70%的甲醇生产以天然气为原料，约32%的乙炔生产以天然气为原料。天然气化工曾在我国天然气利用领域占有相当重要地位，用气比例最高超过40%。21世纪以来，随着国家逐步理顺天然气价格和化工产品市场疲软，天然气化工的经济效益大幅减少。我国的天然气资源状况和价格条件不适于将天然气大量用于化工原料，但天然气产地资源和价格条件形成的化工利用会保留，但难以发展壮大。2012年新颁布施行的《天然气利用政策》申明，天然气化工项目仅有天然气制氢项目会有条件地发展，其余全部以天然气为原料的化工项目均被限制或禁止。

本节主要介绍《天然气利用政策》(2012)中天然气化工的允许类和限制类项目：天然气制氢、天然气制合成氨、天然气制乙炔。

## 8.5.1 天然气制氢

(1)氢气的主要用途

氢气既是重要的工业原料，又是今后主要的二次能源。氢气作为重要的工业原料，首先用于生产合成氨、甲醇以及石油炼制过程的加氢反应(如加氢裂化、催化加氢、加氢精制、加氢脱硫、苯加氢制环己烷、萘加氢制十氢萘等)。其次，还被大量运用于电子工业、冶金工业、食品工业、浮法玻璃、精细有机合成等领域。

氢气作为二次能源，氢与氧燃烧放出大量的热，唯一生成物是水，所以氢是最理想的无污染燃料。在空间技术方面，液氢与液氧或氟可作为一级火箭的燃料，将来有希望作为核动力火箭的推进剂。随着燃料电池技术的迅猛发展及其制造技术的日臻成熟，高纯度的氢气被广泛应用于燃料电池的燃料。

(2)天然气制氢工艺

目前，约96%的氢通过石油、天然气、煤等化石资源制取，以天然气制氢最为经济和合理。天然气制氢工艺方法大致分为四类：天然气蒸汽转化法、天然气部分氧化法、天然气自热转化法、甲烷催化裂解法。其中天然气蒸汽转化法制氢是最成熟、最常用的方法。

① 天然气蒸汽转化法制氢

目前，天然气蒸汽转化法(SRM)制氢工艺中技术优势明显，工业装置应用较多的代表工艺有法国的德希尼布(Technip)工艺、德国的林德(Linde)工艺、伍德(Uhde)工艺。其基本工艺流程大致相同，整个工艺流程是由原料气处理、蒸汽转化、CO变换和氢气提纯4个单元组成。

a. 原料气处理单元

原料气处理单元的主要目的是脱硫和压缩。原料气在转化炉对流段预热到350~400℃，采用Co-Mo催化剂加氢法在加氢反应器中将气体原料中的有机硫转化为$H_2S$，再用ZnO吸附脱硫槽脱除$H_2S$。此技术能将气体中的总硫含量降到

$0.1mg/m^3$ 以下。

大规模的制氢装置由于原料气的处理量较大，常选用较大的离心式压缩机对原料气进行压缩，离心式压缩机可选择电驱动、蒸汽透平驱动和燃气驱动。

b. 蒸汽转化单元

蒸汽转化单元的核心是转化炉。转化炉的炉管多采用 Ni/Cr/Nb 合金钢，在炉管装填有催化剂。在催化剂存在及高温条件下，天然气与水蒸气反应，生成 $H_2$、CO 等混合气。反应强吸热，需要外界供热，炉管进、出口的平均温度分别为 600℃ 和 880℃。

蒸汽转化单元大致由预转化炉、辐射段、对流段、转化器废热锅炉等构成，在蒸汽转化前设预转化炉，可使转化炉负荷降低约 20%，同时将天然气中的重碳氢化合物全部转化为甲烷和 $CO_2$，从而大大降低主转化炉结焦的可能性。另外，预转化可将原料气中残余的硫全部除去，使转化炉催化剂不会发生硫中毒，延长催化剂的使用寿命。

c. CO 变换单元

CO 变换单元是使来自蒸汽转化单元的混合气在装有催化剂的变换炉中进行反应，CO 进一步与水蒸气反应，大部分 CO 转化为 $CO_2$ 和 $H_2$。依变换温度的不同可分为高温变换、中温变换。高温变换操作温度一般在 350~400℃ 左右，中温变换操作温度则低于 300~350℃。变换后的气体冷却，分离工艺冷凝液后，气体送氢气提纯工艺。

d. 氢气提纯单元

目前，氢气提纯普遍使用的是已经单独成型的变压吸附(PSA)提纯技术。通过 PSA 多个吸附床切换操作，CO、$CO_2$、$N_2$ 被吸附，在装置出口可获得纯度高达 99.9% ~ 99.99% 的氢气。国外主要 PSA 技术供应商有 UOP、Linde、Air Liquide 和 Air Products 公司，国内西南化工研究设计院开发的 PSA 技术已具有工业应用的条件。

在天然气蒸汽转化制氢工艺技术中，应用了加氢催化剂、脱硫剂、预转化催化剂、转化催化剂、变换催化剂和 PSA 吸附剂等多种催化剂。加氢催化剂一般使用 Co-Mo 或者 Ni-Mo 催化剂，寿命在 5 年以上，脱硫剂使用 ZnO，一般半年更换 1 次。各公司使用的转化催化剂型号不同，使用寿命均可达到 4~5 年以上，变换催化剂的寿命为 5 年以上。

② 天然气部分氧化法制氢

甲烷部分氧化法(POM)实际是由甲烷与氧气进行不完全氧化生成 CO 和 $H_2$。该反应可在较低温度(750~800℃)下达到 90% 以上的热力学平衡转化率。

$$CH_4 + 1/2O_2 \longrightarrow CO + 2H_2$$

目前 POM 法主要采用以活性组分 Ni、Rh 和 Pt 等为主的负载型催化剂，反应器主要有固定床反应器、蜂窝状反应器和流化床反应器等。

248

与传统蒸汽转化法相比，POM 法制合成气或氢具有能耗低、反应速率快、操作空速大等优势。从 20 世纪 90 年代以来，甲烷部分氧化制合成气或氢已成为人们研究的热点。虽然 POM 法制氢近 10 多年以来发展较快，但由于其存在高纯廉价氧的来源、催化剂床层热点、催化材料反应稳定性、反应器飞温、操作体系安全性等问题，限制了该工艺的发展。迄今，尚未见该工艺技术工业化的文献报道。

③ 甲烷自热转化制氢

甲烷自热转化(ATRM)是结合 SRM 和 POM 的一种方法，其基本原理是在反应器中耦合了放热的甲烷部分氧化反应和强吸热的甲烷水蒸气转化反应，反应体系可实现自供热。反应体系中有氧气、水蒸气和甲烷，发生的化学反应主要有甲烷部分氧化反应、蒸汽转化反应以及变换反应：

$$2CH_4 + 3O_2 \longrightarrow 2CO + 4H_2O + Q$$
$$CH_4 + H_2O \longrightarrow CO + 3H_2 - Q$$
$$CO + H_2O \longrightarrow CO_2 + H_2 + Q$$

Topsoe 公司开发的 ATRM 反应器，将蒸气转化和部分氧化结合在同一个反应器中进行。反应器的上部是燃烧室，用于甲烷的部分氧化燃烧，而甲烷和水蒸气重整在反应器下部进行。该工艺利用上部不完全燃烧放出的热量提供给下部的吸热反应，在限制反应器内最高温度的同时降低了能耗。SRM 是吸热反应，POM 是放热反应，两者结合后存在一个新的热力学平衡。该热力学平衡是由原料气中 $O_2/CH_4$ 和 $H_2O/CH_4$ 的比例决定的，所以 ATRM 反应的关键是最佳的 $O_2/CH_4$ 和 $H_2O/CH_4$ 的比例，$O_2/CH_4$ 的增加会降低氢气的产率，而 $H_2O/CH_4$ 的增加能提高氢气的产率。

自热转化工艺一般采用富氧空气或氧气，因此需增加氧气分离装置、增加投资是制约该工艺发展和应用的主要障碍。目前制氧技术正在迅速发展，其中透氧膜的研究开发具有重要意义，如开发成功势必大幅度降低制氧成本，将有利地推动 ATRM 工艺的发展。

④ 甲烷催化裂解制氢

甲烷催化裂解生成碳和氢气，甲烷分解反应是温和的吸热反应，产物气中不含碳氧化合物，避免了 SRM、POM、ATRM 法制氢工艺中需要分离提纯氢的工序，降低了整个工艺的经济成本。近年来国内外研究者对甲烷催化裂解反应进行了大量研究，但很少有人将其用于大规模的制氢过程，主要是基于研究甲烷制氢机理及生成碳纳米材料。

催化剂的种类是影响甲烷分解的重要因素，所用催化剂包括金属催化剂和非金属催化剂。研究发现甲烷在各种活性炭上的裂解都有较高的初始活性。由于催化剂与反应产物相同，无须分离即可利用，节约了成本，是目前国际研究的热点之一。催化裂解的影响因素包括温度、压力、空速、接触时间等。

甲烷催化裂解/再生循环连续工艺是目前较有前途的工艺，即将甲烷在催化剂上的裂解和催化剂的再生匹配起来，循环连续的生产 $H_2$。在甲烷裂解反应中，催化剂的失活是由于 Ni 表面被积碳覆盖引起的。该工艺催化剂再生是利用水蒸气、$O_2$ 和 CO 与 C 反应除去积炭：

$$C+O_2 \longrightarrow CO_2$$
$$C+2H_2O \longrightarrow CO_2+2H_2$$
$$C+CO_2 \longrightarrow 2CO$$

这三种方法都能完全使催化剂的活性恢复。$O_2$ 再生过程比水蒸气再生过程快，但可能将 Ni 氧化为 NiO 而使催化剂失活。而水蒸气再生过程中催化剂床层温度较均一，同时保持催化剂金属 Ni 的形式。

该工艺需要两个平行的反应器，在反应器（1）中进行甲烷裂解反应的同时，在反应器（2）中进行催化剂的再生，依次交替循环。

甲烷催化裂解制氢有其自身优点，但制约该工艺发展的主要问题是开发适宜甲烷裂解制氢/催化剂再生循环的长寿命催化剂。该过程在制氢的同时副产大量的积炭，若该过程欲获得大规模工业化应用，关键的问题是解决好产生的积炭，使其能够具有特定的重要用途和广阔的市场前景，否则必将限制其规模的扩大。

## 8.5.2　天然气制合成氨

（1）氨的主要用途

合成氨是天然气化工的主要产品。其主要用途是作为氮肥原料，其主要产品有尿素、硝酸铵、硫酸铵、碳酸铵、氯化铵和磷酸一铵、磷酸二铵、硝酸磷肥等多种含氮化肥产品。合成氨也是生产有机胺、苯胺、酰胺、氨基酸、有机腈和硝酸的原料，并广泛用于冶金、炼油、机械加工、矿山、造纸、制革等行业。另外，氨还是一种常用的制冷剂，被广泛用于大型制冷行业。

（2）天然气制氨工艺

氨的合成反应式为

$$1/2N_2+3/2H_2 \Longrightarrow NH_3+Q$$

该反应为放热反应，需有催化剂存在，在加压状态下进行。由于 $N_2$ 在空气中大量存在，合成氨原料气生产的本质就是制氢。

目前，以天然气为原料生产合成氨方法很多，但其基本流程差别不大，主要由天然气脱硫、造气、变换、脱碳、甲烷化、压缩和氨合成等工序组成，每个工序又有不同的工艺。

①造气

不同的合成氨生产工艺，其造气工艺主要有蒸汽转化工艺及部分氧化工艺两种。

a. 蒸汽转化工艺

目前合成氨工业普遍采用的天然气蒸汽转化法有英国的 ICI 法、丹麦的 Topsoe 法、美国的 Selas 法、Kellogg 工艺、Foster–Wheller 法、法国的 ONIA–GEGI 法和日本的 TEC 法。这些方法除一段转化炉的炉型、烧嘴结构、原料预热和余热回收对流段布置各具特点外，工艺流程大同小异。

天然气蒸汽转化工艺流程框图见图 8-24。

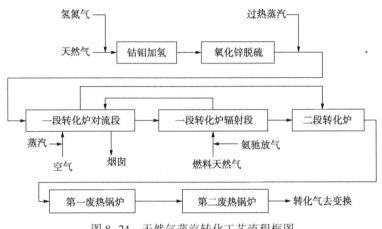

图 8-24　天然气蒸汽转化工艺流程框图

b. 部分氧化法

部分氧化法有常压、加压、有催化剂和无催化剂之分。美国多采用无催化剂部分氧化工艺，而欧洲多采用有催化剂的部分氧化工艺。

部分氧化法实际是部分天然气氧化和蒸汽转化相结合的方法。反应气体一部分进行氧化反应，放出的热量供给其余烃类进行蒸汽转化反应，综合起来是一个温和的放热反应。在 $750 \sim 800 ℃$ 下甲烷的平衡转化率可达 90% 以上，CO 和 $H_2$ 的选择性高达 95%，合成气的 $H_2$ 和 CO 的摩尔比接近 2。

· 常压催化部分氧化法　脱硫后硫含量小于 $3 \times 10^{-6}$（体积分数）的常压天然气与水蒸气一起加热到 $300 \sim 400 ℃$ 进入混合器。在混合器内，天然气、水蒸气与氧（或富氧空气）充分混合后，进入转化炉反应。转化炉出口气体温度约为 $850 \sim 1000 ℃$，经喷水冷却降温至 $425 ℃$ 以下去变换工序。此方法采用热水饱和塔和余热锅炉回收热量。

· 加压催化部分氧化法　硫含量小于 $10 \times 10^{-6}$（体积分数）和烯烃含量小于 20% 的原料烃加压到 2.94MPa，与蒸汽混合并预热至 $550 ℃$；氧（或富氧空气）加热后也预热至 $500 ℃$。此两种气流进入自热转化炉顶部喷嘴充分混合后，在炉内进行部分氧化反应，并升温到 $1100 ℃$，再经镍基催化剂床层进行转化反应。从转化炉底部出来的转化气温度为 $900 \sim 1000 ℃$，甲烷含量小于 0.2%。为防止气体离开催化剂床层后在转化炉下部发生 CO 歧化反应而析炭，采用急冷水将其迅速冷

251

却，产生的蒸汽供变换工序使用。急冷后约650℃的转化气作为热源再经余热锅炉产生高压蒸汽，而转化气则降温至约360℃后去变换工序。

此方法不能完全避免产生炭黑。

② 变换

从造气工序来的转化气中含有大约13%的CO，需要采用高温、低温两段变换将其转化为$H_2$和容易脱除的$CO_2$，使气体中的CO含量(干基)小于0.3%~0.5%。

高温变换采用铁铬基催化剂，温度多在370~485℃，水气比为0.6~0.7($H_2O/CO$为4.5~5.5)，压力约3MPa，空速约2000~3000$h^{-1}$。出口气体中CO含量(干基)2%~4%。

低温变换采用铜锌铬基和铜锌铝基催化剂，以后者居多。温度在230~250℃，水气比为0.45~0.6，压力约3MPa，空速约2000~3000$h^{-1}$。出口气体中CO含量(干基)0.2%~0.5%。

③ 脱碳

变换后的合成气中$CO_2$的含量在16%左右。为了将变换气处理成纯净的$H_2$、$N_2$，必须将$CO_2$从气体中脱除。此外，回收到的$CO_2$也是生产尿素、纯碱、碳酸氢铵、干冰等产品的原料。

合成气脱碳的方法很多，有化学溶剂法、物理溶剂法、化学-物理溶剂法、直接转化法和其他类型方法等。合成氨工艺中常用的脱碳工艺主要有3种，即Benfield法(改良的热钾碱法或活化热钾碱法)、经活化的MDEA工艺及物理溶剂类的Selexol工艺。

④ 甲烷化

经变换和脱碳后的气体尚含有残余的CO和$CO_2$。为了满足合成工序进料气体中CO和$CO_2$总含量小于$10 \times 10^{-6}$(体积分数)的要求，还需对来自脱碳工序的气体进行净化。

甲烷化的基本原理是在280~420℃的温度范围内，在催化剂作用下使原料气中的CO、$CO_2$与$H_2$反应生成甲烷和易除去的水。甲烷化过程是消耗有用的氢气而生成惰性$CH_4$，因此必须在CO变换及脱碳过程严格控制进料气中的CO和$CO_2$之和不高于0.6%。

⑤ 压缩

氨的合成需在相当高的压力下进行，大型合成氨装置普遍采用离心式压缩机，以二级蒸汽透平驱动。

⑥ 合成

合成工序是合成氨工艺中最后一道工序，也是比较复杂和关键的工序。受化学平衡限制，合成氨的单程转化率较低，为了获得更多的氨，只有将未反应的合成原料气($H_2$、$N_2$)循环使用。但是，由于原料气中含有少量$CH_4$、Ar等惰性气体，在循环中会有积累，必须将它们(驰放气)排出系统。故合成工序包括：a.氢

252

氮气的压缩并补入循环气(未反应气体)系统;b. 循环气余热和氨的合成;c. 氨的分离;d. 热量回收利用;e. 未反应气体增压并循环使用;f. 排放一部分循环气(驰放气)以保持循环气中惰性气体含量等。

### 8.5.3 天然气制乙炔

(1)乙炔的用途

乙炔与氧燃烧可获得3000~4000℃的高温,广泛用于金属的加热、切割和焊接。乙炔含有极活泼的三键,可与许多物质发生化学反应,衍生出几千种有机化合物。尽管近几十年来受到廉价乙烯原料的冲击,但乙炔在生产1,4-丁二醇、醋酸乙烯、聚乙烯醇等炔属精细化工产品中仍具有较强的竞争力,在基本有机化工原料领域仍占有相当重要的地位。

(2)天然气制乙炔工艺

工业化的乙炔生产方法主要有电石水解法、天然气部分氧化法、天然气电弧裂解法和煤电弧等离子裂解法。

① 天然气部分氧化法

天然气部分氧化法于1942年首先由BASF公司完成工业化试验,并于1945年实现甲烷制乙炔的工业化生产。比利时氮素公司(SBA)与美国Kellogg公司于1953年在比利时Marly建成的部分氧化法制乙炔厂,采用的工艺称为SBA法。这两种工艺均为常压操作。1953年意大利Montecatini公司开发成功加压部分氧化法,称为Montecatini法。之后比利时、美国、日本、苏联也开发了新的专利技术。

天然气部分氧化法生产乙炔是利用天然气部分燃烧产生的大量热量将另一部分天然气加热到1230℃以上,此时,乙炔的吉布斯自由能低于天然气的吉布斯自由能,即在此温度下,乙炔的热力学稳定性高于甲烷,甲烷分解为乙炔和氢气。然而,此时乙炔的吉布斯自由能仍然高于炭黑,为了防止乙炔进一步分解为炭黑和氢气,保持理想的乙炔收率,需要缩短停留时间,及时终止自由基反应,在工业上通常采用油淬冷或水淬冷的方式来实现。乙炔收率一般为30%~35%,裂解气中的乙炔浓度为8%~9%(稀乙炔)。

天然气部分氧化热解制乙炔工艺包括稀乙炔制备和乙炔提浓两部分,其工艺流程如图8-25所示。

a. 稀乙炔制备

压力为0.35MPa的天然气和氧气分别在预热炉预热至650℃,然后进入裂解反应炉上部混合器内,按总氧比[$n(O_2)/n(CH_4)$]为0.5~0.6的比例均匀混合。混合后的气体经多个旋焰烧嘴导流进入反应区,一部分天然气和氧燃烧产生高温(1400~1500℃)并使其余部分天然气发生裂解反应。

反应炉内过程大致分为3个区域:燃烧诱导区、火焰区和裂解区。天然气和

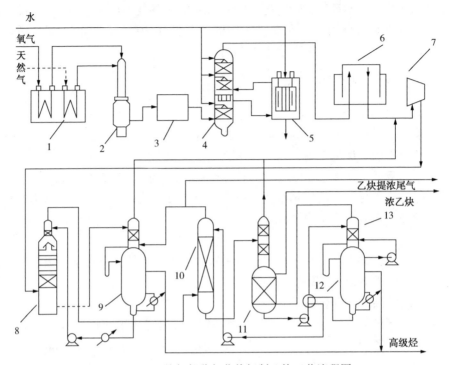

图 8-25　天然气部分氧化热解制乙炔工艺流程图

1—预热炉；2—反应器；3—炭黑沉降槽；4—淋洗冷却塔；5—电除尘器；6—稀乙炔气柜；
7—压缩机 8—预吸收塔；9—预解吸塔；10—主吸收塔；11—逆流解吸塔；12—真空解吸
塔；13—第二解吸塔

氧进入反应炉内，直接经过燃烧诱导区，随即燃烧而消耗绝大部分氧气，燃烧产生的高温同时引起烃类热解生成乙炔，并伴有部分乙炔分解和水煤气反应。裂解反应炉结构如图 8-26 所示。

　　b. 乙炔提浓

　　目前采用的乙炔提浓工艺主要以 N-甲基吡咯烷酮(NMP)作为乙炔吸收剂使裂解气中的乙炔富集。由稀乙炔气柜来的稀乙炔与回收气、返回气混合后，经压缩机两级增压至 1.2MPa 进入预吸收塔，用少量吸收剂除去气体中的水、萘和高级炔烃(丁二炔、乙烯基炔、甲基乙炔等)高沸点杂质，同时也有少量乙炔被吸收。

　　经预吸收后的气体(温度为 20 ~ 35℃，压力为 1.2MPa)进入主吸收塔，用 NMP 将乙炔及其同系物全部吸收，同时也会吸收部分 $CO_2$ 和低溶解度气体。从主吸收塔顶部出来的尾气中 CO、$H_2$ 体积分数高达 90%，而乙炔的体积分数小于 0.1%，可用作合成氨或合成甲醇的合成气。

　　预吸收塔底部流出的富液用换热器加热至 70℃，节流减压至 0.12MPa 后去预解吸塔上部，用主吸收塔顶尾气(分流一部分)对其反吹，解吸其中吸收的乙

炔和 $CO_2$ 等。离开预解吸塔上部的解吸气(回收气)去循环压缩机。离开预解吸塔上部的液体经 U 形管进入预解吸塔下部，在真空下解吸出高级炔烃，解吸后的贫液循环使用。

主吸收塔流出的富液节流至 0.12MPa 后去逆流解吸塔上部，使低溶解度气体(例如 $CO_2$、$H_2$、$CO$、$CH_4$ 等)解吸出来。此外，还采用第二解吸塔流出的部分乙炔反吹，使低溶解度气体完全解吸，同时也有少量乙炔被吹出。由于此解吸气含有大量乙炔，故将其返回压缩机循环使用，因而称为"返回气"。由逆流解吸塔中部流出的气体即为乙炔提浓气，其纯度在 99% 以上。

逆流解吸塔底部流出的吸收液经真空解吸塔的贫液预热至 105℃ 左右去第二解吸塔，解吸气用作逆流解吸塔顶的反吹气。解吸后的吸收液进入真空解吸塔，在真空下用 116℃ 左右的温度加热吸收液，将吸收剂中的所有残留气体全部解吸出去。解吸后的贫液冷却至 20℃ 左右返回主吸收塔循环使用，真空解吸尾气通常去火炬烧掉。

吸收剂中的聚合物最多不能超过 0.45% ~ 0.8%，故需不断抽取贫液去再生。再生一般采用减压蒸馏和干馏。

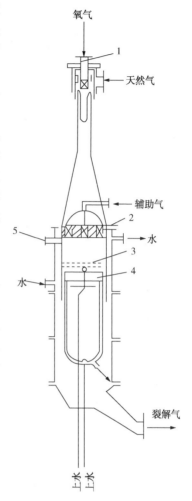

图 8-26 旋转裂解反应炉结构
1—旋转混合器；2—旋焰火嘴；
3—淬火头；4—炭黑刮刀；5—点火孔

乙炔提浓除采用 NMP 作为吸收剂外，还可采用二甲基甲酰胺、液氨、甲醇、丙酮等提浓。

部分氧化法是天然气制乙炔的主要方法，但投资和运行成本较高。其主要原因是：a. 该法是通过甲烷部分燃烧提供其余甲烷热解的热源，故形成的高温受限，而且每吨产品消耗的天然气量过大；b. 必须有空分装置供给氧气，而且由于氧气的存在需要增设复杂的防爆设备。氧气的存在还使裂解气中含有氧化物，增加了分离及提浓系统的设备投资；c. 裂解气组成比较复杂，因而增加了分离及提浓系统的投资和运行成本。

② 天然气电弧法制乙炔

电弧法制乙炔是利用气体电弧放电产生的高温使甲烷热解获得乙炔。甲烷既是工作气体，也是反应物。电弧法于 1920 年由 BASF 公司首创，并与 1940 年在德国 Huels 开始工业化运行。在美国，此法始于 20 世纪 50 年代，由 DuPont 公司实现工业化。这两种工艺为电弧法的代表。

电弧法生产乙炔的设备主要为电弧炉，德国休斯化学厂的电弧炉具有代表性。该炉功率为 8000kW，电压为 7000V，电流为 1150A，功率因数为 0.75，用直流电产生弧长 1m 的电弧。

图 8-27 为电弧法制乙炔的工艺流程。天然气进入电弧炉的涡流室，气流在电弧区进行裂解，其停留时间仅为 0.002s。裂解气先经沉降、旋风分离及泡沫洗涤器除去生成的炭黑，再经碱洗、油洗除去其他杂质。净化后的裂解气去气柜储存，再送入后续工序使乙炔提浓。电弧法单程收率较低，裂解气中残余甲烷较多。

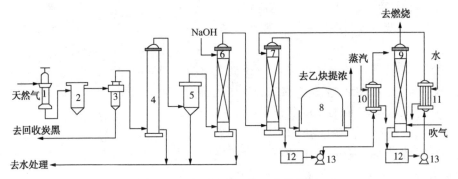

图 8-27 电弧法制乙炔工艺流程图

1—电弧炉；2—炭黑沉降槽；3—炭黑分离器；4—泡沫洗涤塔；5—湿式电滤器；6—碱洗塔；
7—油洗塔；8—气柜；9—解吸塔；10—加热器；11—冷却器；12—储槽；13—泵

电弧炉示意图如图 8-28 所示。天然气作为原料和放电气体沿切线方向进入既是反应器也是电弧发生器的中空柱形区，形成漩涡运动，然后通过外加电能产生电弧，并在电弧高温区裂解生成乙炔。含有乙炔的裂解气沿中心管流出急冷。

实现裂解反应的最高温度为 1900K，单程转化率约为 50%。与部分氧化法不同的是，单程转化后的气体经过分离后将未反应的甲烷再次返回电弧炉循环利用。乙炔收率可达 35%，每生产 1t 乙炔消耗甲烷 4200m³，副产氢气 3500m³。

电弧法的优点：a. 放电能量可迅速形成裂解所需的高温，故烃类转化为乙炔的收率明显高于部分氧化法；b. 原料天然气循环利用，提高了原料利用率和乙炔产率。

电弧法的缺点：a. 电耗大，超过 10kW·h/kg；b. 电极寿命短，阴极约 800h，阳极(壁厚 10~20mm)约 150h，所以必须两个炉子切换运行；c. 对操作参数变化敏感，当操作不当时会产生大量的副产物，故不能很好地控制甲烷的裂解程度。因此，尽管电弧法已工业化，但并未得到广泛应用。

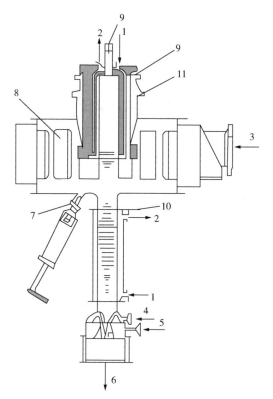

图 8-28　电弧炉示意图

1—冷却水进口；2—冷却水出口；3—供气；4—冷
却水；5—供氮；6—反应气出口；7—值班（阳极）
电极；8—切向进气；9—阴极；10—接地电极；
11—瓷绝缘体

# 第9章 煤气的利用

根据加工方法、煤气性质和用途可将煤气分为焦炉煤气、高炉煤气等中热值煤气和发生炉煤气、水煤气、半水煤气等低热值煤气等。本章主要介绍焦炉煤气的综合利用及发展前景。

我国是世界焦炭产量最大的国家，产生的副产物——焦炉煤气量巨大。若干种烟煤配成的炼焦用煤，在炼焦炉中经高温干馏后产出焦炭、焦油及其他化学产品的同时，副产的可燃性气体即为焦炉煤气，其主要成分为氢气（55%~60%）和甲烷（23%~27%），另外还有少量一氧化碳、二氧化碳、氮气等。随着环保要求及资源综合利用水平的不断提高，我国焦炉煤气回收利用越来越受到关注，焦炉煤气的资源化利用势在必行。

对于焦炉煤气的利用，一是利用其物理显热，焦炉煤气从炭化室出来经上升管、桥管到集气管，其温度约为650~700℃，蕴藏较多的可利用热能；二是利用其化学燃烧热，利用焦炉煤气中的可燃性气体燃烧释放出的化学热用作燃料；三是利用其元素化学能，氢气和甲烷含量高，且杂质少、毒性小，可作为羰基化、氢甲酰化等反应的原料，用来生产甲醇等碳一化工产品原料，亦可生产直接还原剂，或用变压吸附法制备高纯氢气等。焦炉煤气的利用方式多样化，主要包括用作燃料、用于发电及制氢、合成天然气、合成甲醇、生产化肥等化工原料和生产直接还原铁。

## 9.1 煤气燃料

### 9.1.1 城镇燃气

在投资规模与其他方案相同的情况下，焦炉煤气作为居民燃气应为首选方案。由于煤气销售具有较高的价格，且投资较少，主要为铺设管道及相关费用，具有较高的经济效益。一直以来，许多独立焦化企业的焦炉煤气用于城市供气，消除了中小型焦化企业剩余焦炉煤气燃烧放散的现象。焦炉煤气用作城市供气的优点是燃烧热值高、燃气资源丰富、价格便宜以及易于输送等，是人工煤气中最适合作为城市民用煤气的副产气。

城市煤气气源焦化企业是以城市煤气为目标而建的大型机焦企业。大型机焦炉所产焦炉煤气约48%用于焦炉自身加热，其余52%外输用作城市民用燃气，并且所生产的煤气一般供不应求。每年用于民用燃气的焦炉煤气量可达上百亿立方米，解决了焦炉煤气回收困难的问题。20世纪80年代初期，我国建设了一批焦炉制气厂，如北京焦化厂、上海焦化厂、昆明焦化制气厂等。

但与天然气相比，焦炉煤气的燃烧热值低于天然气，且含有杂质元素硫、氮等，需要进一步净化。随着"西气东输"工程的建成，人工煤气正逐渐退出城市民用燃气的历史舞台，加大了开发焦炉煤气其他用途的紧迫性。

### 9.1.2　工业燃气

独立焦化企业可将焦炉煤气用于自身焦炉、锅炉、粗苯管式炉加热，还可以用于厂内生活用气，这一部分燃气大约占企业煤气发生量的50%。其次，钢铁联合企业可将焦炉煤气用于烧结点火炉等热值要求高的设备上，还可以与高炉煤气、转炉煤气混合供轧钢等用户使用。另外，焦化企业可以将剩余的焦炉煤气外供于其他的企业用户作为工业燃料，例如供给石灰窑用户作燃料。由于人工煤气具有良好的经济性，其在工业燃气中仍扮演者重要的角色。

## 9.2　煤气发电

### 9.2.1　煤气发电可行性

焦炉煤气用于发电，是一项比较可行的方案。由于目前国家电力较紧张，利用废气发电可有效改善环境质量、缓解电力紧张，提高煤炭、炼焦企业的经济效益。

（1）焦炉煤气发电经济效益分析

将焦炉剩余煤气引入燃气发电机组发电可以有效地减少焦炉煤气对环境污染，有利于环境保护；可为企业创造巨大的经济效益；具有较好的社会效益，不但保护公司周边的环境，而且可以节约大量的燃料；实现了资源的综合利用，变废为宝。

（2）焦炉煤气发电的社会效益分析

焦炉煤气的主要成分有甲烷，并含有硫化氢等其他有害气体，如果不加以利用，直接排放，将对环境造成污染。而煤气经燃烧发电过程以后，对环境的危害减少。另外，煤气发电可以一定程度上弥补当地电力不足，缓解电力短缺的局面。

## 9.2.2　煤气发电方式

焦炉煤气发电有蒸汽轮机发电、内燃机发电、燃气轮机发电等三种方式。

（1）蒸汽轮机发电

利用锅炉直接燃烧焦炉煤气，将煤气化学能转化为热能，通过锅炉内管束将水转化为蒸汽，利用蒸汽推动蒸汽轮机再驱动发电机发电（图9-1）。系统主要设备包括燃气燃烧器、锅炉本体、蒸汽轮机、发电机、水处理系统、给水系统、冷凝器、冷却塔、变压器和控制系统等，工艺流程较复杂。根据国内煤气锅炉对燃料的要求，当燃料热值≥12.56MJ/Nm³时，锅炉便可稳定燃烧，一般的焦炉煤气均能满足这一要求。这一技术是我国综合利用焦炉煤气发电的主要方式。

该技术对焦炉煤气要求较低，燃气处理系统较简单，技术成熟，但燃烧煤气仅能产生16.5t/h蒸汽，投资相对较大，水消耗量大（约55t/h），能量转换率低，热电转换只有28%左右，装机容量最高仅3500kW左右，机组启动慢（约需2h以上），且燃料波动对机组效率影响大，厂房结构复杂，施工周期长。

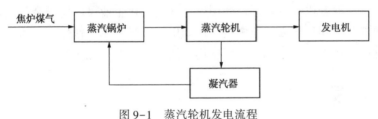

图9-1　蒸汽轮机发电流程

（2）燃气内燃机发电

内燃机发电是用煤气直接燃烧，做功驱动发电机直接发电，按焦炉煤气热值（低热值）16720kJ/m³计算，1m³焦炉煤气可发电1.3kW·h，发电效率通常在30%~40%。该技术发电效率较高、设备集成度高、安装快捷、对气体的品质要求不高，对于风扇水箱式机组用水量很少，设备的单位千瓦造价较低。内燃机对焦炉煤气中的水含量和硫化氢含量比燃气轮机的要求低得多，焦炉煤气稍加处理即可满足燃烧要求。

（3）燃气轮机发电

燃气轮机发电是通过压气机涡轮将空气压缩，高压空气在燃烧室与焦炉煤气混合燃烧，空气受热急剧膨胀做功，从而推动动力涡轮转动做功来驱动发电机发电。

燃气轮机热电联供机组实现了节能、环保、高效，特别适合冶金、焦化、石化、油田、煤矿企业生产过程中产生的高炉煤气、焦炉煤气、炼化伴生气、油田伴生气、煤矿瓦斯的开发利用。燃气轮机热电联供发电机组的效率高，热利用率高达65%，投资小，占地少，回收周期短，启动迅速，运行稳定，故障率低，维修工作量小，结构简单，灵活方便，自动化程度高，燃料适应范围广等特点，成为目前成熟、稳定、可靠的焦炉煤气发电技术。

利用焦炉煤气使用燃气轮机进行热电联供的生产工艺流程如图9-2所示。随温度的降低，焦炉煤气中的焦油冷凝后分离，在洗萘塔内轻焦油吸收萘，再经洗氨塔，焦炉煤气中氨被水吸收，经过洗苯塔洗油吸收苯；经脱硫装置，脱硫剂与硫化物进行化学反应，达到城市煤气标准。然后进入煤气柜（或风包），经煤气压缩机加压至0.9~1.0MPa，送至压缩煤气风包。燃气轮机启动时，先由与主机相连的励磁启动拖动机组运转。燃气轮机具有转速后，其压气机将外部的空气吸入并增压，再送至燃烧室中。当燃气轮机转速达到点火转速时，压缩煤气经燃料调节进入燃烧室，与燃气轮机压气机吸入的空气混合并点火燃烧产生高温、高压的烟气，驱动涡轮做功。燃机转速达到额定转速的40%左右，励磁启动机分离。当机组达到平衡转速后，发电机即可独立发电。从燃气轮机涡轮排出

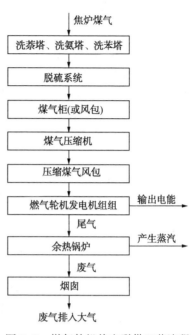

图9-2　燃气轮机热电联供工艺流程

的余温近400℃的烟气再通过排气烟道进入余热锅炉，与水换热、降温至190℃左右，从而实现了热电联供。

燃气轮机发电，设备在性能及可靠性方面较差，发电效率不超过30%，采用燃气和蒸汽联合循环发电，既利用了高压烟气的流动能，又利用了高温烟气的热能，发电效率高达45%，是今后焦炉煤气发展趋势。燃气-蒸汽联合循环发电技术是我国大中型钢铁联合企业正在积极推广的技术，是热能资源的高效梯级综合利用，技术成熟，该技术是目前国内焦炉煤气发电采用的主要方式。

# 9.3　化工原料

## 9.3.1　制氢

氢能是一种清洁无污染的能源，代表未来能源的发展方向，同时也是一种重要的化工原料，在清洁汽油、清洁柴油生产中扮演重要的角色。利用焦炉煤气制氢在我国已有多年的历史，其生产技术成熟，具有较高的经济性，与水电解法制氢相比，经济效益显著。水电解法生产氢气耗电为6.5kW·h/m³，而利用焦炉

煤气生产氢气仅耗电 0.5kW·h/m³。

氢气是焦炉煤气的主要成分,占焦炉煤气的 54%~59%,简单分离即可获得氢气。焦炉煤气制取氢气的方法主要有深冷法、变压吸附法(PSA)。

(1)深冷法

利用焦炉煤气中各主要组分冷凝温度的不同,加压、冷却使焦炉煤气发生部分冷凝,氢气与其他气体组分分离,利用液氮吸收,脱除气相中残余的 CO 和 $CH_4$,得到含量 83%~88% 的氢气。深冷法是焦炉煤气制氢应用最早、技术最成熟的方法,不仅能回收氢气,还能回收焦炉煤气中的其他副产品。该方法需在较高的压力下进行,对设备抗压性能要求高,装置投资大、运转费用高、投资回收期长,经济性不佳。

(2)变压吸附法

利用不同气体组分在固体吸附剂上吸附能力的差异和吸附量随压力变化的特性,借助压力的周期性变化来实现气体混合物的分离、提纯。PSA 法是一种物理分离技术。焦炉煤气中氢气与其他组分的性质差异较大,为应用 PSA 进行氢气分离提供了条件,本方法回收效率高、回收氢气浓度大、操作条件缓和,能耗较低,在国内外广泛推广。

PSA 法制氢工艺分原料气压缩、冷冻净化分离、PSA-C/R 及精脱硫、半成品气压缩、PSA-$H_2$ 及脱氧等 5 个工序。通过螺杆压缩机将焦炉煤气由 0.010~0.015MPa 加压至 0.580MPa,冷却至 40~45℃ 后输出。经压缩冷却后的煤气含游离水、焦油、萘、苯等杂质,易造成吸附剂中毒,导致吸附剂性能下降,经净化工序对杂质进行脱除,当冷却器前后压差高于设定值或运行一段时间后,自动切换至另一个系统,对停止运行的系统进入加热吹扫,利用低压蒸汽对冷却器和分离器内附着的重组分进行吹除,完成后处于待用状态。随着装置运行时间的增长,分离后残余的微量重组分杂质、蒸汽随煤气进入后续工段,逐渐积累会造成吸附剂中毒,故在冷冻分离后增加了除油器,主要是精脱重组分及水蒸气。净化后煤气进入 PSA-C/R 工序,该工序的主要目的是脱除煤气中极性较强的 HCN、$C_2^+$、$CO_2$、$H_2S$、$NH_3$、NO、有机硫及大部分 $CH_4$、CO、$N_2$ 等,此时半成品氢气已得到净化,对压缩机工作条件要求较低,再采用一级活塞式压缩工艺,将半成品氢气从 0.50MPa 压缩至 1.25MPa,进入 PSA-$H_2$ 工序进行提纯,得到纯度 99.99% 商品氢气出售。

## 9.3.2 合成天然气

天然气在我国民用燃料中的比例不断增加,天然气的有效供应成为制约经济、环境协调发展的关键。利用我国丰富的煤炭资源,发展合成天然气产业意义重大。焦炉煤气的主要成分为氢气、甲烷,一氧化碳及少量的二氧化碳、氮气等,以焦炉煤气资源生产天然气,既缓解了天然气供气矛盾,又可充分利用工业尾气资源，减少环境污染，实现资源循环利用，具有良好的社会、经济效益。焦炉煤气制备液化天然气主要有以下三种途径。

（1）直接分离提取甲烷

不经过甲烷化反应，焦炉煤气经过物理分离直接提取其中的甲烷，净化处理满足商品天然气质量要求后，输送或液化到用户使用。从煤气净化来的焦炉煤气经加压进入净化预处理，脱除煤气中的硫、苯、萘及焦油等杂质，气体通过脱$CO_2$吸附分离后，进入深冷液化工序制得 LNG。此工艺技术简单成熟，投资低，但甲烷收率较低，天然气产量小，脱除的一氧化碳和二氧化碳未有效利用，单位能耗较高。工艺流程如图 9-3 所示。

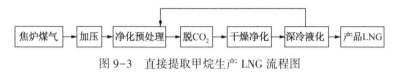

图 9-3　直接提取甲烷生产 LNG 流程图

（2）甲烷化生产天然气（SNG）

以提高焦炉煤气的利用价值，利用净化后煤气中的 $H_2$、CO、$CO_2$ 发生甲烷化反应，可显著提高甲烷浓度。对焦炉煤气进行净化处理，除去其中含有的苯、萘、硫化氢及油雾等，是 SNG 的关键环节，直接影响到甲烷的收率，进而影响天然气的整体质量。甲烷化处理后，甲烷含量超过 60%，其中的二氧化碳、一氧化碳含量已达到制取天然气的标准，再经 PSA 可将甲烷浓度提升到 90% 以上，副产的氢气也可以直接进行销售。对 SNG 进行加压处理，或者采用膨胀制冷、混合制冷等技术进行液化处理，便得到 LNG。该工艺技术相对复杂，投资大，甲烷化可把 CO、$CO_2$ 变为 $CH_4$，使 LNG 产量明显提升，单位能耗较低。其工艺流程如图 9-4 所示。

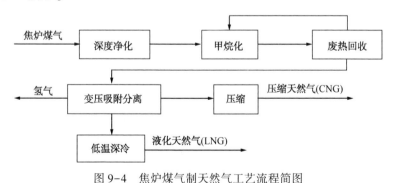

图 9-4　焦炉煤气制天然气工艺流程简图

焦炉煤气制天然气工序如下：

① 焦炉煤气预处理

焦炉煤气预处理的主要工序有煤气冷却、除萘、除焦油雾、洗氨、脱苯、脱硫、脱氰等。

②焦炉煤气精脱硫

经过预处理的焦炉煤气只能将硫体积分数降低到 200 μL/L 左右，不能满足甲烷化催化剂的使用要求，需要进一步精脱硫处理，使总硫体积分数小于 0.1 μL/L，以避免无机硫和有机硫导致的催化剂永久性中毒。脱硫过程中，有机硫转变为硫化氢、经过固体吸附剂进行脱除。

主反应：

$$COS+H_2 \Longrightarrow CO+H_2S$$

$$C_4H_4S+4H_2 \Longrightarrow C_4H_{10}+H_2S$$

$$R_1SR_2+2H_2 \Longrightarrow R_1H+R_2H+H_2S$$

$$RSH+H_2 \Longrightarrow RH+H_2S$$

$$CS_2+H_2 \Longrightarrow CH_4+2H_2S+Q$$

副反应：

$$O_2+2H_2 \Longrightarrow 2H_2O+Q$$

$$C_2H_4+H_2 \Longrightarrow C_2H_6$$

$$C_2H_2+2H_2 \Longrightarrow C_2H_6$$

焦炉煤气精脱硫流程如图 9-5 所示，焦炉煤气加压到略高于甲烷化反应所需的压力后进入精脱硫系统，经过氧化铁脱硫来降低 $H_2S$ 的含量，然后采用两级加氢转化和两级脱硫工艺，将总硫降低到 0.1 μL/L，加氢催化剂采用铁钼和镍钼催化剂，脱硫催化剂采用的是氧化锌脱硫剂。

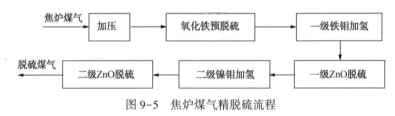

图 9-5　焦炉煤气精脱硫流程

③ 甲烷化工艺

甲烷化主反应有：

$$CO+3H_2 \Longrightarrow CH_4+H_2O \quad \Delta H = -206.2kJ/mol$$

$$CO_2+4H_2 \Longrightarrow CH_4+2H_2O \quad \Delta H = -165.0kJ/mol$$

副反应有：

$$C_2H_4+H_2 \Longrightarrow C_2H_6$$

$$C_2H_6+H_2 \Longrightarrow 2C_2H_4$$

$$O_2+2H_2 \Longrightarrow 2H_2O$$

在发生 CO、$CO_2$ 与氢气发生反应的同时，煤气中少量的乙烯、氧等也可与氢气反应而转化，反应释放大量的热。

264

甲烷化工艺分为低温甲烷化和高温甲烷化，低温甲烷化采用绝热反应炉，一般要求甲烷化反应器内的温度低于450℃，通常采用大量产品气循环的方法将甲烷化炉入口的原料气中 CO 和 $CO_2$ 的体积分数降低到 3% 左右。精脱硫后小于 $0.1\mu L/L$ 硫含量的焦炉煤气能够满足低温甲烷化催化剂的要求。精脱硫的净化气体可以直接进入甲烷化反应器。低温甲烷化工艺的能耗高，经济性较差，主要用于制氢过程降低 CO、$CO_2$ 浓度，以提高氢气纯度。适用于 CO、$CO_2$ 含量低的物料体系。图9-6 为低温甲烷化流程图。

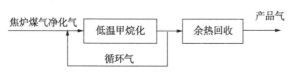

图9-6 低温甲烷化流程图

高温甲烷化采用镍基催化剂，在绝热条件下采用多级甲烷化反应器，通过循环气来控制甲烷化反应温度，甲烷化反应热由废热锅炉副产蒸汽来回收。高温甲烷化工艺主要有德国鲁奇、英国 Davy 和丹麦托普索。图9-7 为高温甲烷化工艺流程。

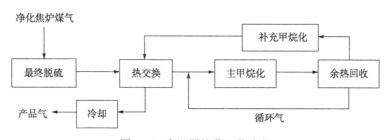

图9-7 高温甲烷化工艺流程

(3) 补碳甲烷化生产 LNG

焦炉煤气中 $H_2$ 含量 50%~60%，CO 或 $CO_2$ 在 10%~15%，通过甲烷化难以消耗完煤气中的 $H_2$。通过补充 CO 或 $CO_2$，促进甲烷化反应的进行以增加甲烷产量，该工艺相对复杂，投资较大，但可最大量增产甲烷，SNG 产量更大，单位能耗低，成本低，适合于钢铁联合企业。流程如图9-8 所示。

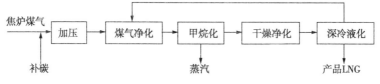

图9-8 补碳甲烷化生产 LNG

钢铁企业有高炉煤气或转炉煤气，通过补碳甲烷化工艺可最大量的增产 LNG

产量，故适合采用补碳甲烷化生产 LNG 工艺。但对于独立焦化企业，由于碳源不易寻找，比较适合采用甲烷化生产 LNG 工艺。

### 9.3.3 合成甲醇

甲醇是重要的有机化工原料，通过近年来 MTO、MTP、MTA、MTG 等工艺的工业化生产，甲醇已成为耦合现代煤化工、天然气化工、石油化工等能源化工的有机媒介。同时甲醇也是一种优良的液体燃料。合成甲醇已成为目前我国焦炉煤气综合利用的主要方式之一。焦炉煤气组分本身含有甲烷 24%~28%，简单转化即可满足甲醇合成气氢碳比要求，2000~2200m³ 焦炉煤气可生产 1t 甲醇。

焦炉煤气转化过程主要反应如下：

$$CH_4+O_2 \Longrightarrow CO_2+2H_2$$
$$CH_4+H_2O \Longrightarrow CO+3H_2$$
$$CH_4+CO_2 \Longrightarrow 2CO+2H_2$$

防积炭反应：

$$C+H_2O \Longrightarrow CO+H_2$$

合成反应为：

$$CO+2H_2 \Longrightarrow CH_3OH$$
$$CO_2+3H_2 \Longrightarrow CH_3OH+H_2O$$

以焦炉煤气为原料制取甲醇的工艺流程如图 9-9 所示。焦炉煤气初步净化后进入气柜，加压、加氢转化有机硫，干法脱硫，在催化剂作用下将甲烷和一些碳氢化合物转化为 $H_2$、CO 和 $CO_2$，用压缩机对其进行加压，然后送入合成塔中合成甲醇。最后，对粗甲醇进行精馏，得到最终产品甲醇。

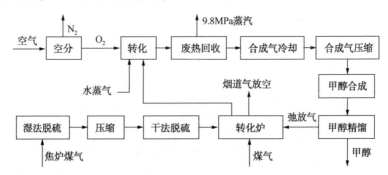

图 9-9 焦炉煤气为原料制取甲醇的工艺流程

（1）精脱硫

焦炉煤气净化脱硫一般采取先用湿法脱除大部分 $H_2S$ 后，再对有机硫进行加氢处理，将有机硫转化为 $H_2S$，用固体脱硫剂去除。目前应用较为广泛的方法是铁钼加氢串联氧化锰吸附法，之后再镍钼加氢转化串联氧化锌吸附。将硫化物的含量降低到 0.1 μg/g 以下满足甲醇合成工艺的要求，精脱硫工艺如图 9-10 所示。

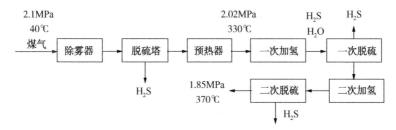

图 9-10　焦炉煤气精脱硫工艺

（2）催化氧化

焦炉煤气通过催化氧化使煤气中的甲烷和烃类氧化转化为 $H_2$、CO 和 $CO_2$ 再加以利用。转化工艺通常有蒸汽转化法、催化部分氧化法和间歇催化转化法等。催化部分氧化法的转化炉构造简单，流程短且具有反应速率快、投资低等特点，较适合实际生产应用。焦炉煤气中的一些氢气、甲烷、碳氢化合物在转化炉上部的燃烧室中进行部分燃烧，放出的热提供给转化所需能量。高温气体进入到下面的转化催化剂层中，烃类物质与水蒸气吸热发生转化反应，甲烷浓度大幅降低，转化炉出口气体中所含甲烷低于 0.6%。图 9-11 为焦炉煤气催化氧化工艺流程。

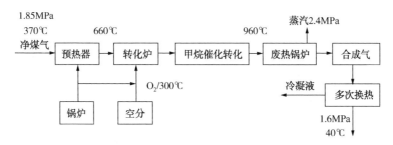

图 9-11　焦炉煤气催化氧化工艺

（3）甲醇合成

甲醇催化合成可分为高压、中压、低压法。反应器主要是管壳式等温反应器，管内装有甲醇合成触媒，壳程为沸腾热水。国内常采用低压合成技术，工艺过程如图 9-12 所示。反应产生的热量用来生产中压饱和蒸汽，以控制反应温度。产品经换热冷却后，在甲醇分离器内进行气液分离器，分离出的气体一部分作为循环气进入循环压缩机，升压后与原料气混合进入甲醇合成塔。另一部分作为排放气，经洗醇塔回收甲醇后送燃料气系统，闪蒸槽闪蒸后得到粗甲醇。随着技术进步、甲醇合成催化剂耐温性能的提高，绝热反应器在甲醇合成工艺中的应用逐渐扩大。

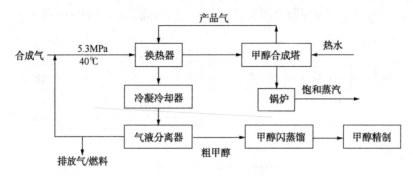

图 9-12　甲醇合成工艺

（4）甲醇精馏

合成产品中含有一定量的杂醇须进一步精馏得到精甲醇，常采用三塔精馏，如图 9-13 所示。合成单元的粗甲醇混合溶液由预塔脱除粗甲醇中的轻组分，预后粗甲醇经过加压塔和常压塔精馏后，在加压塔塔顶和常压塔塔顶出料分别获得精甲醇，利用加压塔塔顶甲醇蒸气的冷凝潜热作为常压塔再沸器热源，杂醇从常压塔侧线采出，废水从常压塔塔底排出。

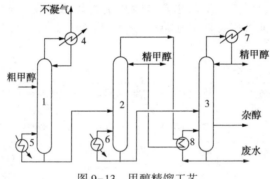

图 9-13　甲醇精馏工艺

2004 年 12 月国内利用焦炉煤气制取甲醇的第一套装置在云南曲靖建成并生产出合格甲醇，该装置采用焦炉煤气纯氧部分氧化转化工艺将气体中的甲烷和少量碳烃转化为甲醇合成原料气，采用低压法甲醇合成工艺。国内第二套焦炉煤气制取甲醇装置 2005 年 9 月 5 日在河北某焦化公司投产，该装置工艺流程简短、投资少、产出高、节能环保、操作方便。随后，河北、山西、山东等地的焦化企业也都在投资建设焦炉煤气回收利用合成甲醇的生产装置。利用焦炉煤气制取化肥和甲醇显现出广阔的发展前景和可观的经济价值。

利用焦炉煤气制备甲醇的优势：①虽以煤为基础原料，但跨越了造气过程，大幅降低甲醇生产能耗；②每生产 $240 \times 10^4$ t 焦炭副产焦炉煤气 $41000 \times 10^4$ m³/a，直接作为燃料使用,按照 0.1 元/m³ 计算仅带来 4100 万元的效益。可生产得到 20 ×10⁴t 甲醇,按照 2000 元/t 计算,可带来 4 亿元的效益,焦炉煤气制备甲醇既增强了企业的抗风险能力,又为社会创造了高附加值的产品;③焦炉煤气合成甲醇技术,有效弥补了煤制甲醇的市场、气化技术风险,有效缓解了甲醇需求压力,另外将焦炉煤气变废为宝,节约了资源,增加了社会效益;④焦炉煤气中的有毒有害化学物质若直接排放或燃烧会造成极严重的环境污染,以循环经济的方式,利用焦炉煤气生产甲醇,不仅集中处理了有毒有害化学物质,而且保护了环境。

### 9.3.4 生产化肥

在竞争激烈的氮肥市场中,利用焦化企业生产过程副产的廉价焦炉煤气作为合成氨的原料生产尿素,充分显示了以焦炉煤气作为合成氨原料气的成本优势。利用焦炉煤气制合成氨是焦炉煤气利用最早的技术途径之一。我国合成氨始于 20 世纪 60 年代,将焦炉煤气部分氧化,用空气作为氧化剂,将焦炉煤气中的甲烷进行氧化,转化成氢气和 CO 等有效成分,同时通过空气加入氮气,用来生产合成氨。

以焦炉煤气为原料合成氨工艺的关键环节:①焦炉煤气净化,脱除有机硫和无机硫,同时脱除焦油、萘、HCN 等杂质;②焦炉气转化,将焦炉气中的 CH₄ 转化成合成氨所需要的 CO 和 H₂ 等有效合成气成分,满足生产合成氨所需要的合理比例。图 9-14 是焦炉煤气生产合成氨流程示意图。

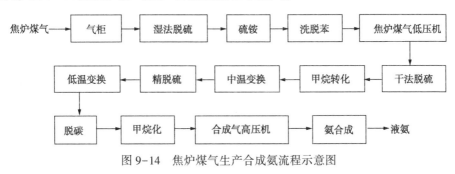

图 9-14 焦炉煤气生产合成氨流程示意图

焦炉煤气作为制氨原料气通常有四种利用工艺途径,即深冷分离法、变压吸附法、蒸汽转化法及部分氧化法,它们的优缺点如下:①焦炉气中经深冷分离法出的约 25% 的 CH₄ 还不能直接合成氨,仍需要转化成 H₂ 才能使用;②变压吸附法从能耗等因素分析,优于深冷分离法,但存在分离后 CH₄ 再利用的问题,另外,还需要氮源,此法除特定条件外,基本不予考虑;③蒸汽转化法不需要空分装置配制富氧,但需要体积庞大的一段转化炉,大量耐高温的 Cr₂₅Ni₂₀ 炉管,价格昂贵。同时强吸热的蒸汽转化反应要消耗 1/4 的焦炉气源作为燃料,蒸汽转化法为催化转化过程,精制脱硫工序负荷高;④部分氧化法制氨不用大量的高镍铬转化炉管，只需一段转化，转化炉可在蒸汽转化二段炉的基础上延续发展，流程简单，采用富氧实行自热式转化后，还避免了蒸汽转化法外部间接加热的能量消耗，焦炉煤气的消耗定额降低，同时原料气的脱硫要求程度远不如蒸汽转化那样严格。部分氧化法已成为焦炉气生产合成氨的首选工艺路线。

# 9.4 直接还原铁

直接还原铁又被称为海绵铁，是精铁粉或氧化铁在炉内经低温还原形成的低碳多孔状物质，化学成分稳定，杂质含量少，主要用于电力炼钢原料，也可作为转炉炼钢的冷却剂。

焦炉煤气经过加氧热裂解，可将甲烷热解为 CO、$H_2$ 含量为 75%、25% 的还原性气体，用于生产海绵铁，可大幅降低炼焦煤、焦炭消耗，是焦炉煤气综合利用的重要途径。近年来，国内外电炉炼钢迅猛发展，国外电炉钢占总钢产量的 40% 以上。电炉炼钢的发展促进了直接还原铁——海绵铁的快速发展。以年产焦炭 $100 \times 10^4 t$ 的焦化厂估算，每年可外输焦炉煤气 $2.2 \times 10^8 Nm^3$，裂解后可产还原气 $3.5 \times 10^8 Nm^3$，可生产海绵铁 $13.5 \times 10^4 t$，以 200 元/t 利润计算，经济效益可观。

焦炉煤气综合利用技术如表 9-1 所示，从表中可以看出传统的焦炉煤气利用技术仍有存在的价值和优势，这些技术经过多年的实践，比较成熟，在企业中利用效率高，占有重要的地位。

表 9-1 焦炉煤气利用技术对比

| 利用技术 | 优 点 | 缺 点 | 适 应 性 |
|---|---|---|---|
| 城市燃气 | 工艺简单，维护费用比较小 | ①焦炉气供应无法随着城市用气量大小调整。②焦炉气中的杂质比较多 | 由于缺点较多，现在基本淘汰 |
| 用于发电 | ①投资较小，建设周期较短；②设备占地少，操作简单，工艺成熟 | ①小焦化厂产生的电量小，上电网困难。②大型焦化厂发电，综合经济效益一般 | 适用于小型炼焦企业 |
| 用于生产化肥 | ①综合成本相对于以天然气和煤为原料的成本低。②工艺相对成熟并且有成熟的运行经验 | ①工艺比价复杂，工艺产生的能耗比较高，生产的规模比较小。②产品市场竞争激烈，综合效益不高 | |

270

| 利用技术 | 优　点 | 缺　点 | 适 应 性 |
|---|---|---|---|
| 用于生产甲醇 | ①和制备天然气还有以煤为原料生产甲醇的成本相对比较低，有很好的市场前景。②工艺相对其他来说比较成熟，已经拥有很多年的运行经验。③该工艺产品价格高，需求量大 | ①对焦炉气的质量要求高，年产 $10 \times 10^4 t$ 焦炉煤气制甲醇项目需配套年产 $100 \times 10^4 t$ 的焦炭炼制企业提供焦炉煤气，适应大型焦炭企业。中小焦炭厂家投资甲醇项目成本过大。②受焦炭企业生产情况的影响大，焦炉煤气中的氢气组分不能完全利用 | 适用于百万吨以及百万吨以上焦炭企业 |
| 用于制氢 | ①投资小，运行费用低。②工艺简单，技术成熟，经济效益好 | 受后续市场制约，并且运输起来比较困难 | 需与相关大型装置配合才能创造巨大的经济价值 |
| 用于还原铁 | ①投资中间水平，收益很高。②节约了焦炭的使用量，减少了 $CO_2$ 的排放 | 工艺局限性较大，需要建设在冶炼钢铁企业附近 | 适用于大型炼钢企业配套的焦化工段 |
| 用于低温分离生产液化天然气 | ①投资低于焦炉煤气生产甲醇。②操作弹性大，受上游气量影响小。③生产方式灵活，产生的氢气利用氢气锅炉为全厂提供动力，也可用于合成氨 | 在氢气利用上，用氢气燃烧提供动力经济效益不能达到最大化 | 非常适合于中小型炼焦企业 |

# 9.5　焦炉煤气制甲烷联产氢气工艺

　　天然气液化后可以大大节省储运空间和成本，运输方式更为灵活，而且提高了燃烧性能。随着低温分离技术的发展，LNG 原料气已完全实现多元化，煤层气、页岩气、合成氨驰放气、焦炉煤气等富含甲烷的气体都可以作为 LNG 的原料。焦炉煤气生产 LNG 联产氢气工艺的关键技术就是焦炉煤气中一氧化碳、氮气和甲烷的有效分离，目前该技术已经日臻成熟，在实际液化分离工程方面积累了大量的经验。焦炉煤气制甲烷联产氢气工艺流程如图 9-15 所示，焦炉煤气经加压粗脱硫后进入预处理过程，净化脱除苯、萘及焦油等杂质后，压缩进入水解脱硫工序脱除硫化氢，利用 $N$-甲基二乙醇胺（MDEA）溶液吸收脱除二氧化碳等酸性气体，再经吸附脱掉残余硫化物、汞、水分、高碳（$C_5$ 以上化合物）即可进入膜分离装置。通过膜分离装置分离生产的高纯氢气既可用于氢气动力锅炉，也可液化外输。膜分离装置的剩余焦炉煤气成分主要为甲烷，还有少量 $H_2$、$N_2$、

CO。经过膜分离的焦炉煤气通过换热器降温至−170℃后，进入低温精馏塔，液态甲烷在精馏塔底部排出，装入液态甲烷槽车，也可复热后以气态形式储存。$H_2$、$N_2$、CO 等从精馏塔顶部抽出，通过回收系统，复热后送蒸汽锅炉燃烧以产生动力蒸汽。系统的冷量由一个闭式氮气膨胀制冷循环或氮气甲烷混合膨胀制冷循环提供。

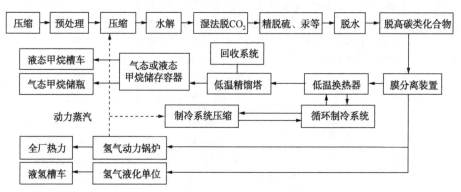

图 9-15 焦炉煤气制甲烷联产氢气工艺流程

# 9.6 煤气综合开发利用的前景

中国作为煤炭、炼焦、钢铁大国，有充足的焦炉煤气资源，随着技术的不断进步和国力的增强，焦炉煤气将在各行业发挥出潜在的巨大经济效益。随着焦炭产量的不断增加和西气东输工程的投入运行，焦炉煤气的产量和剩余量将越来越多，加强焦炉煤气的合理利用与减轻环境污染为焦炉煤气高效、清洁利用技术的研究、开发提供了广阔的空间。单一原料、单一工艺、单一产品的利用方式已难以满足煤气、产品市场变化的需求，对焦炉煤气实施多联产利用正成为减少碳排放、煤气高效清洁利用的方向。

(1)构建洁净煤 $CO_2$ 低排放多联产焦化工业园

我国多家煤化工研究机构和企业提出了洁净煤低排放多联产焦化工业园构想，其主要的思路在于：①采用连续的封闭式洁净煤焦化技术，从源头上减少焦化过程中带来的污染；②采用冷煤气和水混合熄焦新技术，回收高温焦炭中的显热，同时减少熄焦过程中带来的污染；③采用碳催化 $CO_2$+$CH_4$ 重整新技术，把富余煤气中的 $CH_4$ 和 $CO_2$ 转化成合成气，然后来生产甲醇、二甲醚等化学产品或混合含氧燃料，实现 $CO_2$ 源头的控制。

(2)以甲醇为原料的新化工发展之路

利用甲醇作为原料来生产低碳烯烃的 MTO 技术，已成为发展新型煤化工产业、实现国家"以煤代油"战略的必由之路，其乙烯、丙烯产品以及下游的聚乙烯、聚丙烯、丙烯酸、乙二醇等产品，市场前景广阔，我国正在进行该技术的研发工作。

(3)建立以焦炉煤气和汽化气为龙头的多联产系统

焦炉煤气中虽然富含氢气，但其中含有 23%~27% 的甲烷，难以直接用于合成工业。粉煤灰熔聚汽化气中含有约 40% 的 $H_2$、20% 的 $CO_2$、35% 的 CO，也不易直接用于合成工业。但是，采用碳催化 $CH_4$-$CO_2$ 重整技术，可将焦炉煤气中的 $CH_4$ 和汽化气中的 $CO_2$，经过 $CH_4+CO_2\longrightarrow CO+H_2$ 反应，直接转化为合成气，既降低水的消耗又减少 $CO_2$ 排放。与传统工艺相比，多联产系统可以大幅度提高资源利用率。因此，煤多联产系统已成为我国能源利用中的热点。以煤焦化和煤气化为龙头的多联产系统，是煤热解气化、燃气发电以及用合成气合成化学产品等单元过程的优化耦合，经济、环境、社会效益好，资源利用效率高。

# 第10章 燃气互换性与燃具适应性

气体燃料的种类较多，其组分、密度、热值、火焰特性存在较大差别。目前许多地区经常同时出现几种气体燃料并存的现象，任何一种气体燃料的燃烧器都是根据该气体燃料的性质设计，随燃料性质的变化，燃烧器的热功率、一次空气系数、燃烧稳定性、火焰结构、燃烧产物组分等都会发生变化。研究燃气的互换性就是为了分析燃气性质变化对燃烧的影响，界定燃气的组成变化范围，从而安全、有效利用燃烧。

## 10.1 概述

### 10.1.1 燃气互换性

随着我国国民经济的日益发展，人民群众的生活质量水平不断提高，对民用燃气发展规模、质量的要求日益提升，供气规模、气源类型、用具类型都在不断增加。我国燃气供应系统的气源已由20世纪50年代的单一炼焦煤气，经过60年来的液化石油气、油制气、天然气等各种类型气源的相继发展，具有多种气源的城市越来越多。随着国家能源调整战略的实施，北京、西安、天津、上海、深圳、兰州等城市都已形成以天然气为主气源的供应格局，但来源不同的天然气，在组分、燃烧特性上也存在一定差别。

具有多种气源的城市，随着燃气供应规模的发展或制气原料的改变，原来使用的燃气要长时期由性质不同的另一种燃气所代替。当基本气源发生紧急事故，或在高峰负荷时，由于基本气源不足，需要在供气系统中掺入性质与原有燃气不同的其他燃气。不论何种情况，都会使燃气性质发生改变，从而对燃具的正常工作产生影响。

任何燃具都是按一定的燃气成分设计，当燃气成分发生变化而导致其热值、密度和燃烧特性发生变化时，燃具燃烧器的热负荷、一次空气系数、燃烧稳定性、火焰结构、烟气中一氧化碳含量等燃烧工况均会改变。对于这一问题，原则上有以下两种解决途径：

①如果燃烧器可以更换或者其可调部分可以重新调整，那么通过更换或重新调整燃烧器即可使燃具适应新的燃气。但是，该方法在燃气供应系统中存在很大困难且几乎是不可能实现的。这是因为，即使一个气化率不高的中等城市，也有成千上万只燃具(这里主要指民用燃具)分散在千家万户。不论气源性质发生长时期的一次性变化或经常反复的变化，从技术上和经济上都不可能将全部燃烧器逐个更换或重新调整。

②提出气体燃料置换准则。燃烧器固然是按某种气体燃料设计的，但对燃料性质的变化还是具有一定的适应性。燃烧组成虽然有所改变，燃烧工况变化，但尚能满足燃烧器的设计要求。即允许在一定范围内改变气体燃料的组成、种类。

针对民用燃具燃烧器难以更换或重新调整的客观现实，研究以一种燃气替代另一燃气的互换性问题，对于安全使用燃气十分重要。由于引射式燃气燃烧器广泛应用于民用、商业，公共事业与工业，因此"互换性"的概念与研究主要针对引射式燃气燃烧器。

## 10.1.2 燃具适应性

根据燃气互换性的要求，当气源供给用户的燃气性质发生改变时，置换气必须对原有燃气具有互换性，否则就不能保证用户安全、满意和经济地用气。燃气互换性是对燃气生产单位的基本要求，它限制了燃气性质的任意改变。

两种燃气可否互换，不仅决定于燃气性质，还受燃具燃烧器以及其他部件性能的影响，例如，有些燃具能够同时适用 a、b 两种燃气，但另一些燃具却不能同时适用，因此燃具存在"适应性"指标。所谓燃具适应性，是指燃具对于燃气性质变化的适应能力。适应性大的燃具能在燃气性质变化范围较大的情况下正常工作，适应性小的燃气则不能。

燃具适应性大小主要受燃烧器性能的影响，燃具的其他性能(例如，二次空气的供给情况，敞开燃烧还是封闭燃烧等)也影响其适应性。因此，适应性不应单指燃烧器的适应性，而谈燃具的适应性更全面、准确。

## 10.1.3 燃气互换性与燃具适应性研究意义

固然燃烧器是按照一定燃气成分设计，但即使在燃烧器不加重新调整的情况下，也应能适应燃气成分的某些改变。当燃气成分变化不大时，燃烧器燃烧工况虽有改变，但尚能满足燃具的原有设计要求，这种变化是允许的。但当燃气成分变化过大时，燃烧工况的改变使得燃具不能正常工作，这种变化就不允许。设某一燃具以 a 燃气为基准进行设计和调整，由于某种原因要以 b 燃气置换 a 燃气，如果燃烧器此时不加任何调整即可保证燃具正常工作，则表示 b 燃气可以置换 a 燃气，或称 b 燃气对 a 燃气具有"互换性"。a 燃气称为"基准气"，b 燃气称为"置换气"。反之，如果燃具不能正常工作，则称 b 燃气对 a 燃气没有互换性。

b 燃气对 a 燃气具有"互换性"，并不能说明 a 燃气对 b 燃气也具有"互换性"，即 b 燃气能够置换 a 燃气，并不表示用 a 燃气一定可置换 b 燃气，就是说两者不一定完全互换。为保证燃烧器的正常使用，不允许任意更改气体燃料的种类。

　　美国国家天然气委员会与设备商、研究机构等联合成立的天然气互换性研究机构（NGCT）为了考虑民用燃具之外的化工、冷冻、汽车、发电等用途中的互换性，将燃气互换性定义为：在某燃烧设备中，同一种气体燃料替换另一种气体燃料，而不会显著改变其操作安全性、效率和性能，也不会显著增加污染物排放量。

　　气体燃料的置换性与燃具的适应性是同一个问题的两个侧面。前者说为了燃具在不加调整的情况下正常工作，要求气体燃料的性质变化不超过某一限度；后者是说一种较好的燃具应可适应燃气性质在一定范围内的变化。置换性是对燃气品质提出的要求，适应性是对燃具提出的要求。一个地区的不同燃气间的置换性较好，则对燃具的要求就较低；反之如果燃具具有较强的适应性，则可适度降低对燃气置换性的要求。

　　研究燃气互换性和燃具适应性问题具有很大的技术经济意义。它最大限度地从扩大使用各种气源的角度对燃气生产部门和燃具制造部门同时提出了要求。

　　燃气互换性原则对燃气生产部门起了一个限制作用。燃气生产部门可根据互换性的要求来确定哪些燃气可以直接供给用户使用，哪些燃气需要改制，哪些燃气需要和其他燃气掺混，以扩大气源，更多地使用新型、廉价、来源丰富的燃气资源，保证整个燃气供应系统的安全、可靠和经济运行。

　　对于燃具制造厂来说，首先应致力于提高各种燃具的工艺效率、热效率和清洁指标，但同时必须注意扩大燃具的适应性。在设计和调整燃具时，除了以基准气为主要对象外，还应预先估计到可能使用的置换气，以便有针对性地采取措施扩大燃具的适应性。例如，如预计今后的置换气较易引起离焰，则在以基准气为对象进行燃具初调整时，就应使其工作状态距离吹脱极限远些。

　　工业燃烧器和民用燃烧器对气体燃料置换性的要求不同。工业燃烧器的运行控制条件较好，有专人管理，有的还可仪表检测。当气体燃料性质发生变化时，可以通过调节来达到合适的工作状态，因此工业燃烧器对气体燃料置换性的要求较低；而民用燃烧器分布在千家万户，出厂后一般不再作调整。因此，如果将没有置换性的气体燃料提供给用户，燃烧器的燃烧就会出现各种问题，如回火、脱火、黄焰、不完全燃烧等。讨论气体燃料置换性时，主要考虑气体燃料在民用燃烧器上的置换。

## 10.2　燃气互换性判定准则

　　当使用一种气体燃料置换另一种气体燃料时，最重要的是保证燃气用具的热负荷不发生大的改变。如果热功率减小过多，则达不到在预定时间加热到一定温度的要求；如果为保证热功率而供应过多的燃料，则燃烧工况恶化，易发生不完全燃烧。选择合适的参数来判定燃料的互换性意义重大。

## 10.2.1　华白指数

华白指数是最早用以判定燃气互换性的指标，它的基准是燃气互换后保持燃具热负荷不变。燃烧器的热负荷为

$$Q = q_V \cdot H \tag{10-1}$$

式中　$q_V$——燃气流量，$m^3/h$；

　　　$H$——燃气热值(分为高热值 $H_h$ 和低热值 $H_L$)，$kJ/m^3$；

　　　$Q$——燃烧器热负荷，$kW$。

对大气式燃烧器，燃气流量 $q_V$ 计算按式(10-2)计算：

$$q_V = \frac{0.0035 \mu d_j^2}{3600} \sqrt{\frac{p}{d}} \tag{10-2}$$

燃烧器的热负荷为

$$Q = \frac{0.0035 \mu H d_j^2}{3600} \sqrt{\frac{p}{d}} \tag{10-3}$$

式中　$\mu$——喷嘴流量系数，$\mu = 0.7 \sim 0.8$；

　　　$d$——燃气相对密度；

　　　$p$——喷嘴前燃气压力，$Pa$，(通常取燃烧器额定压力，详见表 10-1)。

　　　$d_j$——喷嘴直径，$mm$。

表 10-1　燃烧器额定压力

| 燃气 | 人工煤气 | 矿井气、液化石油气混空气 | 天然气、油田伴生气 | 液化石油气 |
|---|---|---|---|---|
| 额定压力/Pa | 1000 | 1000 | 2000 | 2800 或 5000 |

由式(10-3)可见，影响热负荷 $Q$ 的因素有喷嘴直径、喷嘴流量系数等燃烧器结构参数和燃气热值、密度及额定压力等燃气参数。

当燃烧器喷嘴前压力(额定压力)不变时，燃具热负荷 $Q$ 与燃气热值 $H$ 成正比，与燃气相对密度的平方根 $\sqrt{d}$ 成反比。此时采用"华白指数"代表燃气热负荷：

$$W = \frac{H}{\sqrt{d}} \tag{10-4}$$

式中　$W$——华白指数(一般按高热值计算)，$MJ/m^3$。

当喷嘴前压力(额定压力)变化时，采用"广义华白指数"代表燃气热负荷：

$$W_1 = H\sqrt{\frac{p}{d}} = W\sqrt{p} \tag{10-5}$$

式中　$W_1$——广义华白指数。

277

燃具热负荷与华白指数成正比($Q=KW$)，华白指数是代表燃气特性的一个参数。两种燃气的热值和密度均不相同，但只要它们的华白指数相等，就能在同一燃气压力和同一燃具上获得同一热负荷。若甲燃气的华白指数较另一燃气大，则其热负荷也大。因此华白指数又称为热负荷指数。考虑燃气互换时，管网压力变化工况的广义华白指数与华白指数一样也代表燃料的热负荷。

气体燃料组成改变之后，除了燃具热负荷改变外，还会引起燃具一次空气系数 $\alpha_1$ 的变化。设使用引射器组织燃烧，定义引射器质量引射系数 $n$ 为

$$n = \frac{\rho_k V_k}{\rho_r V_r} = \frac{\alpha_1 V_0}{\rho_r / \rho_k} \quad (10\text{-}6)$$

式中　$V_k$、$V_r$——空气与燃气的体积流量；

$V_0$——该燃气燃烧的理论空气量，m³ 空气/m³ 燃气，与燃气热值成正比；

$\rho_r$、$\rho_k$——燃气和空气的密度，m³/kg，$\rho_r/\rho_k = d$。

进一步整理可得

$$\alpha_1 = \frac{n\rho_r/\rho_k}{V_0} = \frac{nd}{V_0} \propto \frac{nd}{H} \propto \frac{n\sqrt{d}}{H/\sqrt{d}} = \frac{n\sqrt{\rho_r/\rho_k}}{W} \quad (10\text{-}7)$$

由式(10-7)可知，$\alpha_1$ 与华白指数 $W$ 成反比。燃烧器喷嘴前压力的变化对一次空气系数影响不大。

综上可知：①如果两种燃气具有相同的华白指数，则在互换时能使燃具保持相同的热负荷和一次空气系数。若置换气的华白指数比基准气的华白指数大，则置换后，燃烧器的热功率增大，而一次空气系数减小，反之亦然。②气体燃料喷嘴前压力的增大可使其流量增大，引射能力增大，$n$ 增大，故 $\alpha_1$ 略有增大。

华白指数是燃气互换性问题初期使用的一个互换性判断指数。一般规定两种燃气互换时华白指数的偏差不大于 5%~10%，不同城镇燃气的华白指数与燃烧势见表 10-2。

表 10-2　城镇燃气的类别及特性指标(15℃，101.325kPa)

| 类别 | | 华白指数 $W/(MJ/m^3)$ | | 燃烧势 $CP$ | |
| --- | --- | --- | --- | --- | --- |
| | | 标准 | 范围 | 标准 | 范围 |
| 人工煤气 | 3R | 13.71 | 12.63~14.66 | 77.7 | 46.5~85.5 |
| | 4R | 17.78 | 17.38~19.03 | 107.9 | 64.7~118.7 |
| | 5R | 21.57 | 19.81~23.17 | 93.9 | 54.4~95.6 |
| | 6R | 25.69 | 23.85~27.95 | 108.3 | 63.1~111.4 |
| | 7R | 31.00 | 28.57~33.12 | 120.9 | 71.5~129.0 |

| 类别 | | 华白指数 $W/(MJ/m^3)$ | | 燃烧势 $CP$ | |
|---|---|---|---|---|---|
| | | 标准 | 范围 | 标准 | 范围 |
| 天然气 | 3T | 12.28 | 12.22~14.35 | 22.0 | 21.0~50.6 |
| | 4T | 17.13 | 15.75~18.54 | 24.9 | 24.0~57.3 |
| | 6T | 23.35 | 21.76~25.01 | 18.5 | 17.3~42.7 |
| | 10T | 41.52 | 39.06~44.84 | 33.0 | 31.0~33.0 |
| | 12T | 50.73 | 45.67~54.78 | 40.3 | 37.3~69.3 |
| 液化石油气 | 19 Y | 76.84 | 72.86~76.84 | 48.2 | 48.2~49.4 |
| | 22Y | 87.53 | 81.83~87.53 | 41.6 | 44.9~49.4 |
| | 20Y | 79.64 | 72.86~87.53 | 47.3 | 41.6~49.4 |

根据气体燃料的华白指数，国际燃气协会将气体燃料分为以下三类：华白指数为 17.8~35.8 的燃气为一类燃气，主要包括焦炉煤气和其他人工燃气；华白指数为 35.8~53.7 的为二类燃气，主要指的是天然气；华白指数为 71.5~87.2 的为三类燃气，指的是液化石油气。

互换性问题初期，由于置换气和基准气的化学、物理性质相差不大，燃烧特性接近时，用华白指数就足以解决气体燃料互换性的需要。但随着气体燃料种类的增多，出现了一些燃烧特性相差很大的气体燃料的互换问题，仅用华白指数便无法满足要求，这时必须根据火焰稳定特性来确定气体燃料的互换性。通过实验，确定不同气体燃料的火焰稳定曲线，结合燃气的物理、化学性质确定产生离焰、黄焰、回火和不完全燃烧等倾向性，便可相当准确地分析各种气体燃料的置换性，并为燃烧器的选型提供指导。

由于燃气组成、燃具形式、互换性要求的不同，每种指标都是对一种燃气在对应的燃具标准下来界定的，用单一指标难以全面解决燃气的互换性问题，至今尚未制定统一的燃气互换性判定法。但借助这些判定方法的基本思想可以解决一般燃气的互换性问题。

## 10.2.2　美国燃气协会(A.G.A.)判定准则

美国燃气协会(A.G.A.)对于热值大于 32000kJ/Nm³(800Btu/ft³) 的气体燃料的置换性进行了系统研究，提出了关于脱火、回火和黄焰三个置换指数表达式。实践表明对于热值略小于 32000kJ/Nm³ 的气体燃料同样具有一定的适应性。

为了验证置换气燃烧的稳定性，美国燃气协会制订三指数判定法，即离焰互换指数、回火互换指数与黄焰互换指数。该法与综合性指标燃烧势不同，对不稳定燃烧的三种状况分别以指数方式界定，从而更具有针对性。互换指数分别由下列公式计算：

$$I_L = \frac{K_a}{\dfrac{f_a a_s}{f_s a_a}\left(K_s - \lg \dfrac{f_a}{f_s}\right)} \tag{10-8}$$

$$I_F = \frac{K_s f_s}{K_a f_a}\sqrt{\frac{H_s}{39940}} \tag{10-9}$$

$$I_Y = \frac{f_s a_a \alpha'_{ay}}{f_a a_s \alpha'_{sy}} \tag{10-10}$$

式中　$I_L$——离焰互换指数；

$K_a$、$K_s$——基准气与置换气的离焰极限常数，计算式见式（10-11）；

$f_a$、$f_s$——基准气与置换气的一次空气因数，其值为华白指数的倒数，$m^3/kJ$；

$a_a$、$a_s$——基准气和置换气完全燃烧放出 105 kJ 热量所需要的理论空气量；

$I_F$——回火互换指数；

$H_s$——置换气高热值，$kJ/Nm^3$；

$I_Y$——黄焰互换指数；

$\alpha'_{ay}$、$\alpha'_{sy}$——基准气与置换气的黄焰极限一次空气系数，计算式见式（10-12）。

燃气离焰极限常数由式（10-11）计算。

$$K = \frac{F_1 y_1 + F_2 y_2 + \cdots}{d_{mix}} \tag{10-11}$$

式中　$F_1$、$F_2$——单一气体的离焰常数，见表 10-3；

$y_1$、$y_2$——燃气中各组分的体积分数，%；

$d_{mix}$——混合燃气的相对密度。

表 10-3　单一气体离焰常数 $F$ 和消除黄焰所需的最小空气量 $T$

| 气体 | $H_2$ | CO | $CH_4$ | $C_2H_6$ | $C_3H_8$ | $C_4H_{10}$ | $C_2H_{10}$ | $C_3H_6$ | $C_6H_6$ | $O_2$ | $CO_2$ | $N_2$ |
|------|-------|-----|--------|----------|----------|-------------|-------------|----------|----------|-------|--------|-------|
| $F$ | 0.600 | 1.407 | 0.670 | 1.419 | 1.931 | 2.550 | 1.768 | 2.060 | 2.710 | 2.90 | 1.080 | 0.688 |
| $T$ | 0 | 0 | 2.18 | 5.80 | 9.80 | 16.85 | 8.70 | 13.0 | 52.0 | -4.76 | — | — |

黄焰极限一次空气系数是为消除黄焰所需最小空气量，由式（10-12）计算：

$$\alpha'_y = \frac{T_1 y_1 + T_2 y_2 + \cdots}{V_0 + 7 y_{in} - 26.3 y_{O_2}} \tag{10-12}$$

式中　$T_1$、$T_2$——单一气体为消除黄焰所需最小空气量，$m^3/m^3$，见表 10-3；

$V_0$——燃气理论空气量，$m^3$空气/$m^3$燃气；

$y_{in}$——燃气中 $N_2$ 和 $CO_2$ 的体积分数，%；

$y_{O_2}$——燃气中 $O_2$ 的体积分数，%。

美国燃气协会以 1 号天然气（$H_s = 44500 kJ/m^3$，$d = 0.64$）、2 号天然气（$H_s =$

$38300kJ/m^3$，$d=0.558$）与 3 号天然气（$H_s=39900kJ/m^3$，$d=0.693$，惰性气体含量大于 10%）为基准气，对各种置换气进行大量试验和计算，获得互换指数的适用范围（表 10-4）。

表 10-4 天然气互换指数适用范围

| 指数 | 1 号天然气 | | | 2 号天然气 | | | 3 号天然气 | | |
|---|---|---|---|---|---|---|---|---|---|
| | 适合 | 勉强适合 | 不适合 | 适合 | 勉强适合 | 不适合 | 适合 | 勉强适合 | 不适合 |
| $I_L$ | <1.0 | 1.0~1.12 | >1.12 | <1.0 | 1.0~1.06 | >1.06 | <1.0 | 1.0~1.03 | >1.03 |
| $I_F$ | <1.18 | 1.18~1.2 | >1.2 | <1.18 | 1.18~1.2 | >1.2 | <1.18 | 1.18~1.2 | >1.2 |
| $I_Y$ | >1.0 | 1.0~0.7 | <0.7 | >1.0 | 1.0~0.8 | <0.8 | >1.0 | 1.0~0.9 | <0.9 |

## 10.2.3 法国燃气公司德尔布（P. Delbourge）判定准则

法国煤气公司的互换性研究项目主持人 P. 德布尔在 1965 年得到较完善的成果，提出了燃烧势的概念。德布尔在特制的控制燃烧器上进行了大量试验，结果表明：不同燃气在同一燃烧器上燃烧时，离焰极限、回火极限和 CO 极限三条曲线主要与内锥高度有关，而黄焰极限与内锥高度无关。为此，选择燃烧势和校正华白指数 $W'$ 两个指标来判断燃气的互换性。

（1）校正华白指数

$$W'=K_1K_2W \tag{10-13}$$

式中　$W'$——校正华白指数；

$K_1$——与燃气中 $CH_4$ 之外的其他 $C_mH_n$ 的高热值有关的修正系数；

$K_2$——与燃气中 CO、$O_2$、$CO_2$ 含量有关的修正系数。

（2）燃烧势

燃烧势又称燃烧速度指数，是由燃气燃烧速度与密度两因素衡量燃气燃烧内焰高度的指标，与引射式燃烧器内焰高度与稳定燃烧相关，即与回火、离焰与黄焰有关。我国国家标准采用式（10-14）计算燃烧势。

$$CP=K_1\frac{y_{H_2}+0.6(y_{CO}+y_{C_mH_n})+0.3y_{CH_4}}{\sqrt{d}} \tag{10-14}$$

式中　$CP$——燃烧势；

$K_1$——与燃气氧含量有关的系数，$K_1=1.0+0.0054y_{O_2}^2$；

$y_{H_2}$、$y_{CO}$、$y_{C_mH_n}$、$y_{CH_4}$、$y_{O_2}$——燃气中 $H_2$、CO、$C_mH_n$、$CH_4$ 与 $O_2$ 的体积分数，%。

具有不同 $W'$ 和 $CP$ 值的燃气在典型燃具上进行试验，就可以在 $W'$-$CP$ 坐标系上作出等离焰线、等回火线和等 CO 线。这三条曲线所限制的范围就是具有不同 $W'$ 和 $CP$ 值的燃气在该燃具上的互换范围。将城市燃气管网中实际应用的所有

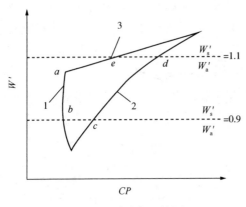

图 10-1　德布尔互换图
1—等离焰线；2—等回火线；3—等 CO 线

典型燃具的互换图合并在同一坐标系上，其内部界限所组成的范围就是满足所有典型燃具要求的互换范围，如图 10-1 所示。$W'$ 的允许波动范围一般为 5% ~ 10%。这样在 $W'$-$CP$ 坐标系就可以作出两条平行于 $CP$ 轴的直线，一条为 $W'$ 允许变化上限（图中 $W'_s / W'_a = 1.1$），另一条为 $W'$ 允许变化下限（图中 $W'_s / W'_a = 0.9$）。由等离焰线、等回火线、等 CO 线和两条 $W'$ 允许变化线所限制的范围就是燃气允许互换范围，又称德布尔互换图。

## 10.2.4　Weaver 指数法

Weaver 使用甲烷、乙烷、丙烷、氢气、氮气、CO、乙烯、丙烯、$CO_2$ 等代表各种天然气、人工煤气进行测试，于 1951 年提出了一组称为 Weaver 指数的判据。与其他判定方法不同的是，Weaver 尝试引入火焰速度的概念来解释离焰与回火现象；Weaver 指数的一部分来自理论推导，一部分来自以前的试验研究。该方法考虑了热负荷、空气引射量、回火、脱火、CO 排放和黄焰。各指数的表达式如下：

（1）热负荷指数

热负荷指数 $J_H$ 代表燃气压力不变时，置换前后的热负荷变化，其值等于置换气与基准气的华白指数之比：

$$J_H = \frac{W_s}{W_a} \tag{10-15}$$

式中　$W_s$、$W_a$——置换气与基准气的华白指数，$MJ/Nm^3$。

$J_H = 1$ 代表完全互换；$J_H > 1$ 说明置换后热负荷增大，$J_H < 1$ 表示置换后热负荷减小，增加了离焰倾向。

（2）引射指数

引射指数 $J_A$ 反映置换前后一次空气系数的变化，计算式为

$$J_A = \frac{V_{0s}}{V_{0a}} \sqrt{\frac{d_a}{d_s}} \tag{10-16}$$

式中　$V_{0s}$、$V_{0a}$——置换气与基准气的理论空气量，$Nm^3/Nm^3$；

　　　$d_s$、$d_a$——置换气与基准气的相对密度。

对天然气来讲，完全燃烧释放相等热量所需的理论空气量基本不变，可认为

一次空气系数与华白指数成反比，因此 $J_A$ 与 $J_H$ 数值差异很小。$J_A=1$ 代表完全互换；$J_A>1$ 说明置换后一次空气系数减小，增加了黄焰和不完全燃烧的倾向。$J_A<1$ 表示置换后一次空气系数增大，增加了离焰倾向。

（3）回火指数

回火指数的推导方法本质上和 A.G.A 离焰指数是一致的，其最终表达式为

$$J_F = \frac{S_s}{S_a} - 1.4J_A + 0.4 \tag{10-17}$$

式中  $S$——火焰速度指数（氢气为 100），计算式为

$$S = \frac{\sum y_i B_i}{V_0 + 5y_n - 18.8y_{O_2} + 1} \tag{10-18}$$

式中  $y_i$——可燃组分的体积分数，%；

$B_i$——各可燃组分相应的火焰速度系数，见表 10-5；

$y_n$——燃气中惰性气体的体积分数，%；

$y_{O_2}$——燃气中 $O_2$ 的体积分数，%。

火焰速度指数的公式是基于如下假设：由两种燃气组成的混合气的最大火焰速度与每种燃气量及其理论空气量之和呈线性关系。公式中的系数是由实验数据拟合得到，式中体积分数均按燃气总体积为 1 计算。

表 10-5  单一气体的火焰速度系数 $B$ 和指数 $S$

| 可燃组分 | $B$ | $S$ | 可燃组分 | $B$ | $S$ |
|---|---|---|---|---|---|
| $H_2$ | 339 | 100 | $C_3H_6$ | 674 | 30 |
| CO | 61 | 18 | $C_3H_8$ | 398 | 16 |
| $CH_4$ | 148 | 14 | $C_4H_8$ | — | — |
| $C_2H_2$ | 776 | 60 | $C_4H_{10}$ | 513 | 16 |
| $C_2H_4$ | 545 | 29.6 | $C_6H_6$ | 920 | 25 |
| $C_2H_6$ | 301 | 17 | | | |

（4）脱火指数

脱火指数 $J_L$ 是对火焰速度和一次空气系数进行经验关联（假定火焰速度和一次空气系数呈线性关系），并考虑了燃气中 $O_2$ 对理论空气量的影响后提出。计算式为

$$J_L = J_A \frac{S_s}{S_a} \cdot \frac{1-(y_{O_2})_s}{1-(y_{O_2})_a} \tag{10-19}$$

$J_L=1$ 代表完全互换；$J_L>1$ 代表置换后离焰倾向增加。与实验数据的对比分析表明，$J_L$ 更适用于人工燃气，而 $I_L$ 更适用于天然气。

(5)CO 生成指数

CO 生成指数 $J_I$，也称不完全燃烧指数，主要考虑一次空气的供应对燃烧的影响，并增加了反映碳氢比的变量以与实验数据相符。计算式为

$$J_I = J_A - 0.366 \frac{R_s}{R_a} - 0.634 \qquad (10-20)$$

式中　$R$——燃气中氢原子数与碳氢化合物中碳原子数的比值。

由于 $J_A$ 与 $J_H$ 差别很小，$J_I$ 可认为是对置换气和基准气的华白指数比值进行碳氢比修正。$J_I = 0$ 代表完全互换；$J_I > 0$ 代表置换后燃烧不完全倾向增加。

(6)黄焰指数

黄焰指数 $J_Y$ 是对一次空气系数进行经验修正，引入了与积炭相关的参数 $N$ 后提出。计算式为

$$J_Y = J_A + \frac{N_s - N_a}{110} - 1 \qquad (10-21)$$

式中　$N$——每 100 个燃气分子中燃烧时容易析出的碳原子数，其值等于烃分子中碳原子数减去饱和烃分子数(假设每个饱和烃分子有一个碳原子)。认为不饱和烃和环烃中每个碳原子均易析出，而每个饱和烃分子有一个碳原子不易析出。

$J_Y$ 也可看成对置换气和基准气的华白指数比值进行析碳修正。$J_Y = 0$ 代表完全互换；$J_Y > 0$ 代表置换后黄焰倾向增加。与实验数据的对比分析表明，$J_Y$ 更适用于人工燃气和石油气，而 $I_Y$ 更适用于天然气。

Weaver 指数法用于燃气压力为 1.25kPa，变化范围在 0.5~1.5 倍该压力之间。此法适用于民用燃具和工业燃烧装置。对于当时美国的燃具，经试验和计算得到。完全互换的指数值与极限值见表 10-6。

表 10-6　Weaver 指数允许值

| 指数 | 完全互换 | 极限值 |
|---|---|---|
| 热负荷 | $J_H = 1$ | 0.95~1.05 |
| 引射空气 | $J_A = 1$ | — |
| 回火 | $J_F = 0$ | <0.08 |
| 脱火 | $J_L = 1$ | >0.64 |
| CO 生成 | $J_I = 0$ | <0 |
| 黄焰 | $J_Y = 0$ | <0.14 |

互换性指数极限值的选取会从根本上影响到互换性判定结论，因此有必要针对现代燃具，在目前的基准气和预期的置换气条件下进一步研究互换性判定方法的应用。新泽西气电公共服务公司[Public Service Gas & Electric (PSE& G) in New Jersey]与 20 世纪 70~80 年代进行了大量的燃具实验，制定了炼厂气、液化气混空气和阿尔及利亚 LNG 的混合标准，并基于这些燃气和燃具试验提出了新

的互换性指数极限，见表 10-7。1988 年 A. G. A 互换性计算程序中也提出了默认的互换性指数极限，其值 2001 和 2002 版的计算程序中基本没有变化。2007 年 A. G. A 推荐的互换性指数极限见表 10-7。

表 10-7　PSE&G AGA 提出 Weaver 互换性极限

| 指数 | PSE&G | A. G. A |
|---|---|---|
| $J_H$ | 0.95~1.03 | 0.95~1.05 |
| $J_A$ | — | 0.80~1.20 |
| $J_F$ | — | ≤0.26 |
| $J_L$ | >0.64 | ≥0.64 |
| $J_I$ | <0.05 | ≤0.05 |
| $J_Y$ | <0.30 | ≤0.30 |

# 10.3　火焰特性对燃气互换性的影响

## 10.3.1　互换性与燃烧器关系

现结合图 10-2 说明气体燃料置换时运行点的确定方法。图中的实线分别为 a 种燃气的黄焰线和脱火线，虚线分别为 b 种燃气的黄焰线和脱火线。$L_b$ 位于 $L_a$ 的右方，这表明 b 种燃气的火焰不易吹脱。而 $Y_b$ 在 $Y_a$ 的右侧，则表明 b 种燃气在进入稳定燃烧区所需的一次空气量较大。设某燃气为基准气，初调整时，将运行点定于 $A_1$ 点。当用 b 种燃气置换时，其运行点将移至 $B_1$ 点。由于 $B_1$ 点位于 b 种燃气黄焰线的左侧，即发生黄焰，表明不能置换。但如果在燃烧器初调整时将运行点定为 $A_2$，用 b 种燃气置换后的运行点将移至 $B_2$，它位于该燃气黄焰线的右侧，则表明置换可行。对于脱火和回火也可以进行类似分析。因此在一种燃烧器上，能否用一种燃气置换另一种燃气不仅与气体燃料本身的性质有关，而且与燃烧器使用基准气初调的运行点有关。

由此也可以理解，在某种燃烧器上可由 b 种燃气置换 a 种燃气，但并不表明以 b 种燃气为基准气设计的燃烧器上就可以用 a 种燃气置换 b 种燃气。若新运行点的位置位于稳燃区之内则表示可以置换，但新运行点往往会偏到稳燃区之外。就是说两种气体燃料的置换性一般没有可逆性。

## 10.3.2　燃烧器的适宜性及改造

天然气自 2005 年起已取代液化石油气成为第一大城市燃气气源。面临这一气源变动的形势，对燃气用具的改造是一个急迫的任务，为此必须研究燃烧器的适应性，在此基础上确定改造方案。

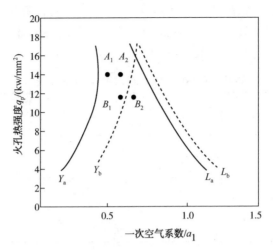

图 10-2　燃烧置换时燃烧器工作状态的变化

(1) 互换性与燃烧器的关系

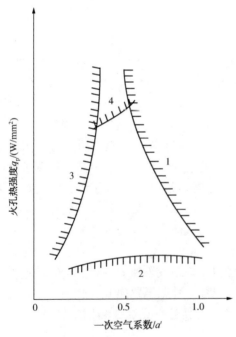

图 10-3　燃气燃烧特性曲线
1—离焰极限；2—回火极限；
3—黄焰极限；4—CO 极限

对于引射式燃烧器，燃烧稳定性是由 4 个指标确定的，即离焰、回火、黄焰与一氧化碳极限，它们在火孔热强度———一次空气系数坐标系上的曲线如图 10-3 所示。这些曲线称为燃气燃烧特性曲线，燃烧器的运行点在这四条曲线所围区域内即稳定燃烧。

不同燃气在同一燃烧器上所获得的特性曲线不同，即使可互换的燃气也如此。

由于燃烧器运行点是随火孔热强度与一次空气系数的变化而变化，而火孔热强度又取决于燃烧器热负荷。燃烧器的热负荷与华白指数成正比，即

$$\frac{Q_s}{Q_a} = \frac{W_s}{W_a} \qquad (10\text{-}22)$$

式中　$Q_a$、$Q_s$——基准气与置换气在同一燃烧器上燃烧时的热负荷，kW；

$W_a$、$W_s$——基准气与置换气的华白指数，MJ/ m$^3$。

286

同时，一次空气系数与燃气相对密度成正比，与燃气理论空气需要量成反比，而理论空气需要量与燃气热值成正比，因此一次空气系数与华白指数成反比，即

$$\frac{\alpha_{1s}}{\alpha_{1a}} = \frac{W_a}{W_s}$$ （10-23）

式中  $\alpha_{1s}$、$\alpha_{1a}$——基准气与置换气的一次空气系数。

由式（10-22）与式（10-23）可见，对于基准气与置换气在同一燃烧器的运行点相对位置是取决于华白指数的比例，即不变的。因此即使基准气与置换气在同一燃烧器上有不同的燃烧特性曲线，可能出现置换气运行点在稳定燃烧范围以外，此时也有可能通过调整基准气在稳定燃烧范围内的运行点，而使置换气的运行点落在其自身稳定燃烧范围内。

调整基准气的运行点使置换气落在其极限曲线上，从而获得基准气运行点调节极限曲线。当基准气运行点在此极限曲线形成范围内时，置换气即可稳定燃烧，即置换是有条件的。如此范围在基准气稳定燃烧区域内，此时若以置换气置换基准气，则置换气在其稳定燃烧范围内任一运行点，均可置换基准气，基准气的运行点则落在上述极限曲线形成范围内，即置换是无条件的，因此基准气与置换气的互换有时是不可逆的。

同时，上述燃烧器的初调整拓宽了燃气互换性的范围，即两种燃气在互换性指标上出现不理想状况时，有可能通过燃烧器的调整而实现置换。基准气运行点的极限调整位置如图 10-4 所示，$a_1$ 与 $a_2$ 所在曲线为对应置换气离焰曲线 $L_a$ 的基准气运行调节离焰极限曲线 $L$，在基准气离焰曲线 $L_a$ 左侧，即在不发生离焰的区域中，$a_1$ 与 $a_2$ 为置换气的对应运行点。同理获得基准气运行调节黄焰极限曲线 $Y$，在基准气黄焰曲线右侧，即在不发生黄焰的区域中，其对应的置换气运行点在置换气黄焰曲线 $Y_s$ 上。基准气运行调节，回火与 CO 极限曲线也如此确定，四条极限曲线形成基准气运行点的极限曲线范围。

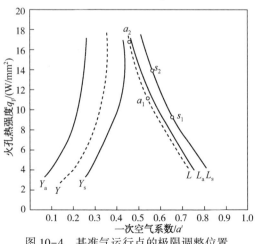

图 10-4  基准气运行点的极限调整位置

（2）燃烧器适应性

燃烧器适应性是指燃烧器结构不做改动或作局部改动的条件下，适应与原设计气种不同气种的能力。本书主要对低压引射式燃烧器的适应能力作解析基础上，提出改造措施。

为准确地进行燃烧器的设计、校核以及考察变化气种、结构参数与工况参数后的燃烧稳定性，必须开发计算软件。开发的软件包括两部分，首先按原气种设计或校核燃烧器，然后按变换的气种在结构与工况不变动的或变动的状况下，解析燃烧的稳定性，从而提出气种变换状况下对燃烧器改造的措施。

对应用最广泛的家用炊事灶的低压引射式燃烧器作气种变化时，保持热负荷不变与变动，变动火孔热强度、额定燃气压力以及空气吸入管阻力等，考察燃烧的稳定性。作为燃烧稳定性的控制参数是可燃混合物的火孔出口速度与一次空气系数，其稳定燃烧状况下的数值见表 10-8。

表 10-8　火孔出口速度与一次空气系数

| 燃气 | 焦炉煤气 | 天然气 | 液化石油气 |
|---|---|---|---|
| 一次空气系数 $\alpha_1$ | 0.55~0.60 | 0.60~0.65 | 0.60~0.65 |
| 火孔出口速度 $V_F/(m/s)$ | 2.0~3.5 | 1.0~1.3 | 1.2~1.5 |

以焦炉煤气与液化石油气燃烧器为气种变化对象，其中焦炉煤气变换为液化石油气、天然气与液化石油气混空气，液化石油气变换为天然气与液化石油气混空气，液化石油气混空气是按所采用的天然气燃烧特性配制的，即为天然气的可置换气。

① 保持热负荷不变

保持热负荷 $Q$ 不变，仅需按变换气种改变燃气喷嘴直径。喷嘴前燃气压力按所变换气种的规范规定值重新确定。计算结果如表 10-9 所示，表中 $F_F$ 为火孔总面积（$mm^2$），$q_p$ 为火孔热强度（$kW/mm^2$），下同。

表 10-9　保持热负荷不变的气种变换

| 项目 | 燃气 | 燃烧器工况 | $Q/kW$ | $p/Pa$ | $d_j/mm$ | $\alpha_1$ | $F_F/mm^2$ | $q_p/(kW/mm^2)$ | $V_F/(m/s)$ |
|---|---|---|---|---|---|---|---|---|---|
| 变换前 | 焦炉煤气 | 最佳工况 | 2.91 | 1000 | 2.08 | 0.60 | 201.75 | 0.0144 | 2.89 |
| 变换后 | 液化石油气 | 最佳工况 | 2.91 | 3000 | 0.96 | 0.53 | 201.75 | 0.0144 | 2.06 |
| 变换后 | 天然气 | 最佳工况 | 2.91 | 2000 | 1.37 | 0.57 | 201.75 | 0.0144 | 2.55 |
| | 液化石油气混空气 | 最佳工况 | 2.91 | 2000 | 1.39 | 0.62 | 201.75 | 0.0144 | 2.42 |
| 变换前 | 液化石油气 | 非最佳工况 $A=0.7$ | 2.91 | 3000 | 0.96 | 0.60 | 363.25 | 0.008 | 1.29 |

| 项目 | 燃气 | 燃烧器工况 | $Q$/kW | $p$/Pa | $d_j$/mm | $\alpha_1$ | $F_F$/mm² | $q_p$/(kW/mm²) | $V_F$/(m/s) |
|---|---|---|---|---|---|---|---|---|---|
| 变换后 | 天然气 | 非最佳工况 $A=0.7$ | 2.91 | 2000 | 1.37 | 0.65 | 363.25 | 0.008 | 1.59 |
| | 液化石油气混空气 | 非最佳工况 $A=0.7$ | 2.91 | 2000 | 1.39 | 0.70 | 363.25 | 0.008 | 1.52 |

由表 11-9 可见，对于焦炉煤气与液化石油气燃烧器，当变换气种时如仅改变燃气喷嘴直径以保护热负荷不变，由于火孔出口速度偏高，均不能获得稳定燃烧，其中焦炉煤气燃烧器变换后的火孔出口速度偏离正常值更大。焦炉煤气燃烧器变换后的一次空气系数有所升降，变动范围为-12%~3%，而液化石油气燃烧器变换后的一次空气系数上升，最大升幅为16%。

② 变化热负荷

当变化热负荷时，也仅须按变换气种改变燃气喷嘴直径，但喷嘴前燃气压力按变换气种的规范规定值重新确定。根据前述热负荷不变的解析结果，为改变火孔出口速度偏高而导致燃烧不稳定，采取低热负荷以求降低火孔出口速度。计算结果见表 10-10。

**表 10-10  变化热负荷的气种变换**

| 项目 | 燃气 | 燃烧器工况 | $Q$/kW | $p$/Pa | $d_j$/mm | $\alpha_1$ | $F_F$/mm² | $q_p$/(kW/mm²) | $V_F$/(m/s) |
|---|---|---|---|---|---|---|---|---|---|
| 变换前 | 焦炉煤气 | 最佳工况 | 2.91 | 1000 | 2.08 | 0.60 | 201.75 | 0.0144 | 2.89 |
| 变换后 | 液化石油气 | 最佳工况 | 2.33 | 3000 | 0.86 | 0.60 | 201.75 | 0.0115 | 1.85 |
| | | | 1.74 | 3000 | 0.74 | 0.70 | 201.75 | 0.0086 | 1.60 |
| | 天然气 | 最佳工况 | 2.33 | 2000 | 1.23 | 0.64 | 201.75 | 0.0115 | 2.27 |
| | | | 1.74 | 2000 | 1.06 | 0.75 | 201.75 | 0.0086 | 1.96 |
| | 液化石油气混空气 | 最佳工况 | 2.33 | 2000 | 1.24 | 0.70 | 201.75 | 0.0115 | 2.17 |
| | | | 1.74 | 2000 | 1.07 | 0.82 | 201.75 | 0.0086 | 1.89 |
| 变换前 | 液化石油气 | 非最佳工况 $A=0.65$ | 2.91 | 3000 | 0.96 | 0.6 | 391.19 | 0.0070 | 1.19 |
| 变换后 | 天然气 | 非最佳工况 $A=0.65$ | 2.33 | 2000 | 1.23 | 0.73 | 391.19 | 0.0059 | 1.31 |
| | | | 1.86 | 2000 | 1.10 | 0.83 | 391.19 | 0.0048 | 1.17 |
| | | | 1.40 | 2000 | 0.95 | 0.97 | 391.19 | 0.0036 | 1.01 |
| | 液化石油气混空气 | 非最佳工况 $A=0.65$ | 2.56 | 2000 | 1.30 | 0.76 | 391.19 | 0.0065 | 1.32 |
| | | | 2.33 | 2000 | 1.24 | 0.80 | 391.19 | 0.0059 | 1.26 |
| | | | 1.74 | 2000 | 1.07 | 0.93 | 391.19 | 0.0045 | 1.10 |

由表 10-10 可见，对于焦炉煤气燃烧器，即使热负荷下降40%，即 $Q$ =

1.74kW，火孔出口速度仍超出稳定燃烧范围。并且一次空气系数均增大，最高增幅达 37%。

对于液化石油气燃烧器，通过降低热负荷的手段，可以使变换使用的天然气与液化石油气混空气进入稳定燃烧范围，其热负荷降低范围分别为 20%～52% 与 12%～40%。同时随着热负荷的降低，一次空气系数有明显的增加，其增加幅度随热负荷下降而升高，液化石油气燃烧器尤为剧增，增幅范围为 22%～62%，致使稳定燃烧范围变窄。由此可知，降低热负荷的手段，对焦炉煤气燃烧器无效，对液化石油气燃烧器虽可获得稳定燃烧，但过分降低热负荷对用户不利，而且随着一次空气系数的明显增加，对燃烧稳定性不利。因此降低热负荷是得不偿失的。

③ 变化火孔热强度

在保持热负荷不变的前提下，为降低火孔出口速度，可采取降低火孔热强度，即增大火孔面积的措施。喷嘴前燃气压力按所变换气种的规范规定值重新确定。计算结果如表 10-11 所示。

表 10-11　变化火孔热强度的气种变换

| 项目 | 燃气 | 燃烧器工况 | $Q$/kW | $p$/Pa | $d_j$/mm | $\alpha_1$ | $F_F$/mm² | $q_p$/(kW/mm²) | $V_F$/(m/s) |
|---|---|---|---|---|---|---|---|---|---|
| 变换前 | 焦炉煤气 | 最佳工况 | 2.91 | 1000 | 2.08 | 0.60 | 201.75 | 0.0144 | 2.89 |
| 变换后 | 液化石油气 | 非最佳工况 $A=0.88$ | 2.91 | 3000 | 0.96 | 0.66 | 342.06 | 0.0085 | 1.48 |
| | | 非最佳工况 $A=0.82$ | 2.91 | 3000 | 0.96 | 0.68 | 387.67 | 0.0075 | 1.35 |
| | | 非最佳工况 $A=0.75$ | 2.91 | 3000 | 0.96 | 0.75 | 447.31 | 0.0065 | 1.20 |
| | 天然气 | 非最佳工况 $A=0.67$ | 2.91 | 2000 | 1.37 | 0.77 | 528.64 | 0.0055 | 1.28 |
| | | 非最佳工况 $A=0.57$ | 2.91 | 2000 | 1.37 | 0.79 | 647.11 | 0.0045 | 1.07 |
| | | 非最佳工况 $A=0.71$ | 2.91 | 2000 | 1.39 | 0.83 | 484.58 | 0.0060 | 1.33 |
| | 液化石油气混空气 | 非最佳工况 $A=0.62$ | 2.91 | 2000 | 1.39 | 0.86 | 581.50 | 0.0050 | 1.13 |
| | | 非最佳工况 $A=0.57$ | 2.91 | 2000 | 1.39 | 0.86 | 647.11 | 0.0045 | 1.03 |
| 变换前 | 液化石油气 | 非最佳工况 $A=0.70$ | 2.91 | 3000 | 0.96 | 0.60 | 363.25 | 0.0080 | 1.29 |

| 项目 | 燃气 | 燃烧器工况 | $Q/kW$ | $p/Pa$ | $d_j/mm$ | $\alpha_1$ | $F_F/mm^2$ | $q_p/(kW/mm^2)$ | $V_F/(m/s)$ |
|---|---|---|---|---|---|---|---|---|---|
| 变换后 | 天然气 | 非最佳工况 $A=0.60$ | 2.91 | 2000 | 1.37 | 0.66 | 447.31 | 0.0065 | 1.32 |
| | | 非最佳工况 $A=0.56$ | 2.91 | 2000 | 1.37 | 0.67 | 484.58 | 0.0060 | 1.23 |
| | | 非最佳工况 $A=0.48$ | 2.91 | 2000 | 1.37 | 0.68 | 581.50 | 0.0050 | 1.03 |
| | 液化石油气混空气 | 非最佳工况 $A=0.62$ | 2.91 | 2000 | 1.39 | 0.71 | 415.36 | 0.0070 | 1.33 |
| | | 非最佳工况 $A=0.55$ | 2.91 | 2000 | 1.39 | 0.72 | 484.58 | 0.0060 | 1.16 |
| | | 非最佳工况 $A=0.51$ | 2.91 | 2000 | 1.39 | 0.73 | 528.64 | 0.0055 | 1.07 |

由表 10-11 可见，降低火孔热强度可使各类变换气均控制在稳定的燃烧范围内，且一次空气系数的增幅低于降低热负荷所引起的变化，焦炉煤气燃烧器的增幅大于液化石油气燃烧器。因此保持热负荷不变(改变燃气喷嘴直径)，降低火孔热强度是切实可行的。当焦炉煤气燃烧器变换为采用液化石油气、天然气与液化石油气混空气时，火孔热强度分别为 0.0065 ~ 0.0085kW/mm² 和 0.0045 ~ 0.0055 kW/mm²、0.0045 ~ 0.0060kW/mm²，当液化石油气燃烧器变换为采用天然气与液化石油气混空气时，火孔热强度分别为 0.0050 ~ 0.0065kW/mm² 和 0.0045 ~ 0.0070kW/mm²。由于火孔面积增加，使燃烧器的工况判别数下降。

④ 变化喷嘴前燃气压力

喷嘴前燃气压力的降低可使火孔出口速度下降。保持热负荷不变时其对火孔出口速度与一次空气系数变化的影响见表 10-12。

表 10-12　变化喷嘴前燃气压力的气种变换

| 项目 | 燃气 | 燃烧器工况 | $Q/kW$ | $p/Pa$ | $\alpha_1$ | $V_F/(m/s)$ |
|---|---|---|---|---|---|---|
| 变换前 | 焦炉煤气 | 最佳工况 | 2.91 | 1000 | 0.60 | 2.89 |
| 变换后 | 液化石油气 | 最佳工况 | 2.91 | 1500 | 0.44 | 1.72 |
| | | 最佳工况 | 2.91 | 1000 | 0.39 | 1.55 |
| | 天然气 | 最佳工况 | 2.91 | 1500 | 0.52 | 2.35 |
| | | 最佳工况 | 2.91 | 1000 | 0.46 | 2.16 |
| | 液化石油气混空气 | 最佳工况 | 2.91 | 1500 | 0.57 | 2.25 |
| | | 最佳工况 | 2.91 | 1000 | 0.51 | 2.03 |
| 变换前 | 液化石油气 | 非最佳工况 $A=0.65$ | 2.91 | 3000 | 0.60 | 1.19 |

| 项目 | 燃气 | 燃烧器工况 | $Q/kW$ | $p/Pa$ | $\alpha_1$ | $V_F/(m/s)$ |
|------|------|-----------|--------|--------|-----------|-------------|
| 变换后 | 天然气 | 非最佳工况 $A=0.65$ | 2.91 | 1500 | 0.59 | 1.31 |
| | | 非最佳工况 $A=0.65$ | 2.91 | 1000 | 0.53 | 1.24 |
| | 液化石油气混空气 | 非最佳工况 $A=0.65$ | 2.91 | 1500 | 0.65 | 1.31 |
| | | 非最佳工况 $A=0.65$ | 2.91 | 1000 | 0.58 | 1.18 |

由表 10-12 可见，对于焦炉煤气燃烧器，即使将天然气与液化石油气混空气的喷嘴前压力降至 1000Pa，仍不能获得稳定燃烧，而对于同样状况下的液化石油气燃烧器，将两种变换气的喷嘴前压力降至 1500Pa 以下时，可获得稳定燃烧，且一次空气系数变化不大。但燃气燃烧器的额定压力由规范规定，不宜作变动。

⑤ 增大吸气收缩管阻力

增大空气吸入的收缩管阻力可降低火孔出口速度与一次空气系数。保持热负荷不变时，增大吸气收缩管阻力系数 $K$ 的解析结构见表 10-13。喷嘴前压力按所变换气种的规范规定值重新确定。由表 10-13 可见，增加吸气收缩管阻力，对焦炉煤气燃烧器变换气种后，火孔出口速度不能达到稳定燃烧范围。而对液化石油气燃烧器，当阻力系数增大至 0.7～3.0 时火孔出口速度可进入稳定燃烧范围，但一次空气系数下降剧烈，引起不完全燃烧。因此增加吸气收缩管阻力不可作为主要调整手段。一次空气系数保持允许范围前提下，当液化石油气燃烧器的气种变换时，可配合火孔热强度改变等措施作为辅助手段。

**表 10-13 增大吸气收缩管阻力的气种变换**

| 项目 | 燃气 | 燃烧器工况 | $Q/kW$ | $p/Pa$ | $K$ | $\alpha_1$ | $V_F/(m/s)$ |
|------|------|-----------|--------|--------|-----|-----------|-------------|
| 变换前 | 焦炉煤气 | 最佳工况 | 2.91 | 1000 | 0.0 | 0.60 | 2.89 |
| 变换后 | 液化石油气 | 非最佳工况 $A=0.86$ | 2.91 | 3000 | 3.0 | 0.36 | 1.43 |
| | | 非最佳工况 $A=0.82$ | 2.91 | 3000 | 4.0 | 0.33 | 1.32 |
| | 天然气 | 非最佳工况 $A=0.86$ | 2.91 | 2000 | 3.0 | 0.37 | 1.82 |
| | | 非最佳工况 $A=0.82$ | 2.91 | 2000 | 4.0 | 0.34 | 1.69 |
| | 液化石油气混空气 | 非最佳工况 $A=0.86$ | 2.91 | 2000 | 3.0 | 0.41 | 1.68 |
| | | 非最佳工况 $A=0.86$ | 2.91 | 2000 | 4.0 | 0.37 | 1.55 |
| 变换前 | 液化石油气 | 非最佳工况 $A=0.70$ | 2.91 | 3000 | 0.0 | 0.60 | 1.29 |
| 变换后 | 天然气 | 非最佳工况 $A=0.60$ | 2.91 | 2000 | 0.7 | 0.53 | 1.34 |
| | | 非最佳工况 $A=0.49$ | 2.91 | 2000 | 2.0 | 0.41 | 1.09 |
| | | 非最佳工况 $A=0.44$ | 2.91 | 2000 | 3.0 | 0.36 | 0.97 |
| | 液化石油气混空气 | 非最佳工况 $A=0.60$ | 2.91 | 2000 | 0.7 | 0.58 | 1.27 |
| | | 非最佳工况 $A=0.49$ | 2.91 | 2000 | 2.0 | 0.45 | 1.00 |
| | | 非最佳工况 $A=0.44$ | 2.91 | 2000 | 3.0 | 0.39 | 0.90 |

综上所述，对于焦炉煤气与液化石油气燃烧器，如不作结构或工况参数的调整，不能变换气种使用，原因是火孔出口速度高于稳定燃烧范围。对于其他人工煤气燃烧器亦如此。

研究5种调整措施后，认为保护热负荷不变（按变换气种的规定喷嘴前燃气压力改变喷嘴直径）并降低火孔热强度是改造燃烧器的有效措施，而增加吸气收缩管阻力的方法可作为辅助手段。

### 10.3.3　燃烧器改造

在进行燃气气种转换时，对用户现有燃烧器分别进行更换或改造，对改造后的燃烧器应进行校核计算与检测，以确定燃烧工况是否符合要求。

燃烧器改造的原则是：气种转换后燃烧器热负荷不变且燃烧稳定、有害物排放合格。改造的主要技术手段是变化喷嘴直径与火孔总面积，并辅以调整一次空气入口调风板。

（1）计算喷嘴直径

保持燃烧器热负荷不变时，喷嘴直径与华白指数或广义华白指数的平方根成反比，即

$$d'_j = d_j \sqrt{\frac{W}{W'}} \tag{10-24}$$

$$d'_j = d_j \sqrt{\frac{W_1}{W'_1}} \tag{10-25}$$

式中　$d'_j$——改燃新气种时的喷嘴直径，mm；

　　　$d_j$——原有喷嘴直径，mm；

$W'$、$W'_1$——新气种华白指数（MJ/m³）与广义华白指数（MJ·Pa^{1/2}/m³）；

$W$、$W_1$——原有燃气华白指数（MJ/m³）与广义华白指数（MJ·Pa^{1/2}/m³）。

如燃气转换时额定压力不变，采用式（10-24）。如额定压力变化，采用式（10-25），人工煤气与液化石油气燃烧器转换使用天然气，即属此种情况。

（2）计算火孔总面积

为获得稳定燃烧与有害排放物符合要求，燃气转换时一般须改变火孔热强度。当人工煤气与液化石油气燃烧器转换使用天然气或液化石油气混空气时，应降低火孔热强度，此时可按表10-8推荐的火孔出口速度按式（10-26）计算火孔总面积。

$$F_F = \frac{L_G(1+\alpha_1 V_0)}{0.0036 V_F} \tag{10-26}$$

也可以按火孔热强度由式（10-27）计算火孔总面积。

$$F_F = \frac{Q}{q_p} \tag{10-27}$$

当焦炉煤气燃烧器转换采用液化石油气、天然气与液化石油气混空气时，火

孔热强度 $q_p$ 分别为 0.0065~0.0085kW/mm$^2$、0.0045~0.0055kW/mm$^2$ 与 0.0045~0.0060kW/mm$^2$。当液化石油气燃烧器转换采用天然气与液化石油气混空气时，火孔热强度 $q_p$ 分别为 0.0050~0.0065kW/mm$^2$ 与 0.0055~0.0070kW/mm$^2$。一般此两种燃烧器作上述气种转换时，火孔热强度均有所下降。

(3)核算一次空气系数

当火孔热强度降低时，往往引起一次空气系数增大，使稳定燃烧范围变小，可适当调整一次空气入口调风板，当进风口调小时，使引射器能量损失系数 $K$ 增大，从而一次空气系数降低。进风口阻力影响可按前述 $K$ 值增加 0.06~0.12 考虑。按式(10-28)核算一次空气系数。

$$\alpha_1 = \frac{-\dfrac{V_0}{d}-V_0+\sqrt{\left(\dfrac{V_0}{d}+V_0\right)^2-\dfrac{4V_0^2}{d}\left(1-\dfrac{2}{K_2 F_j/F_M+K_1 F_j F_M/F_F^2}\right)}}{\dfrac{2V_0^2}{d}} \tag{10-28}$$

式中　$F_j$——喷嘴出口截面积，mm$^2$；

　　　$F_M$——混合管截面积，mm$^2$；

　　　$K_1$——头部能量损失系数，$K_1 = 2.7 \sim 2.9$；

　　　$K_2$——引射器能量损失系数，$K_2 = 1.5 \sim 2.3$，当混合管长度为 2.5 倍直径时，$K_2 = 1.5$，$K_2$ 值随长度减少而增加。

(4)核算工况判别数

当火孔热强度降低而使火孔总面积增加时，工况判别数 $A$ 下降。

$$A = \frac{2}{\dfrac{F_F}{F_M}\sqrt{\dfrac{K_2}{K_1}}+\dfrac{F_M}{F_F}\sqrt{\dfrac{K_1}{K_2}}} \tag{10-29}$$

# 10.4　置换气的配制

受季节、温度、供需等情况的影响，不同种类的城市燃气的供应量会发生变化，影响城镇居民的使用，以互换性一致为原则，利用多余的其他燃气进行适当调配以生产置换气是燃气生产企业的重要任务。

## 10.4.1　城市燃气置换气的配制

(1)液化石油气混空气配制天然气的置换气

液化石油气混空气可用作天然气的过渡气源、补充气源或事故气源，要求它们具有互换性。根据互换性的要求，液化石油气混空气应按天然气对华白指数与燃烧势的要求进行配比计算以确定液化石油气与空气的混合比例，天然气的华白指数与燃烧势见表 10-2。

由于液化石油气混空气往往是天然气的替补气源，因此液化石油气混空气燃烧器喷嘴前压力宜采用天然气燃烧器额定压力，且两种原料气配比只有一个未知数，因此配比计算时以华白指数作互换标准，以一种原料气的比例作未知数代入华白指数计算式求解，并校核燃烧势是否在允许范围内，且应符合液化石油气的体积比例应高于其爆炸上限 2 倍的要求。

液化石油气的体积比例应满足天然气的华白指数，即

$$W_{NG} = \frac{x_{LG}H_{LG}}{\sqrt{x_{LG}d_{LG} + (1-x_{LG})d_a}} \qquad (10-30)$$

式中　$W_{NG}$——天然气华白指数，$MJ/m^3$；

　　　$x_{LG}$——混合气中液化石油气的体积分数，%；

　　　$H_{LG}$——液化石油气高热值，$MJ/m^3$；

　　　$d_{LG}$——液化石油气相对密度；

　　　$d_a$——空气相对密度，$d_a = 1$。

液化石油气体积成分 $x_{LG}$ 由式（10-31）计算：

$$x_{LG} = \frac{W_{NG}^2(d_{LG}-d_a) + W_{NG}\sqrt{(d_a-d_{LG})^2 W_{NG}^2 + 4H_{LG}^2 d_a}}{2H_{LG}^2} \qquad (10-31)$$

如核算时发现燃烧势超出允许范围，可在允许范围内对天然气华白指数作变动，再次计算配比。

（2）多种燃气配制天然气的置换气

以华白指数与燃烧势为控制指标配制天然气的置换气，同时采用离焰、回火与黄焰互换指数对置换气的燃烧稳定性做进一步判定。

高华白指数天然气 12T 的置换气采用液化石油气与空气或人工煤气，即两种原料气配制可达到实用要求；而低华白指数天然气 6T 与 4T 的置换气除采用液化石油气与空气或人工煤气配制外，还可以采用热裂解油制气与空气或发生炉煤气配制；天然气 10T 的置换气唯有采用液化石油气、空气与发生炉煤气三种原料气方能配制。

① 基准天然气与原料气

采用的基准天然气为标准天然气与高甲烷天然气，其参数分别见表 10-2 与表 10-14。

表 10-14　高甲烷天然气性质

| 华白指数 $W/(MJ/m^3)$ | 燃烧势 $CP$ | 体积成分/% | | | | |
| --- | --- | --- | --- | --- | --- | --- |
| | | $CH_4$ | $C_3H_8$ | $C_4H_{10}$ | $C_mH_n$ | $N_2$ |
| 50.54 | 39.58 | 98 | 0.3 | 0.3 | 0.4 | 1 |

采用的原料气参数见表 10-15。

表 10-15 原料气参数

| 编号 | 燃气 | 华白指数 $W$ /(MJ/m³) | 燃烧势 $CP$ | 组分 | | | | | | | | | | | |
|---|---|---|---|---|---|---|---|---|---|---|---|---|---|---|---|
| | | | | $H_2$ | CO | $CH_4$ | $C_2H_4$ | $C_2H_6$ | $C_3H_6$ | $C_3H_8$ | $C_4H_{10}$ | $C_mH_n$ | $O_2$ | $N_2$ | $CO_2$ |
| 1 | 焦炉煤气 | 32.56 | 120.26 | 59.2 | 8.6 | 23.4 | — | — | — | — | — | 2.0 | 1.2 | 3.6 | 2.0 |
| 2 | 直立炉煤气 | 27.41 | 109.25 | 56.0 | 17.0 | 18.0 | — | — | — | — | — | 1.7 | 0.3 | 2.0 | 5.0 |
| 3 | 发生炉煤气 | 7.29 | 29.09 | 8.4 | 30.4 | 1.8 | — | — | — | — | — | 0.4 | 0.4 | 57.4 | 2.2 |
| 4 | 水煤气 | 14.76 | 99.62 | 52.0 | 34.4 | 1.2 | — | — | — | — | — | | 0.2 | 4.0 | 8.2 |
| 5 | 催化油制气 | 27.23 | 114.08 | 58.1 | 10.5 | 16.6 | 5.0 | — | — | — | — | | 0.7 | 2.5 | 6.6 |
| 6 | 热裂油制气 | 46.05 | 79.09 | 31.6 | 2.7 | 28.5 | 23.8 | 2.6 | 5.7 | — | — | | 0.6 | 2.4 | 2.1 |
| 7 | 液化石油气 | 82.58 | 44.47 | — | — | — | — | — | — | 50 | 50 | | | | |

② 两种原料气配制

按基准气与置换气华白指数相等确定配制气成分，须核对燃烧势是否在允许范围内，当与空气混合时，可燃成分比例应大于爆炸上限的两倍。设定置换气在喷嘴前的压力同基准气，即为天然气燃烧器的额定压力。第一种原料气体积成分代入式（10-4）得

$$W_n = \frac{H_1 x_1 + H_2(1-x_1)}{\sqrt{d_1 x_1 + d_2(1-x_1)}} \qquad (10-32)$$

解得

$$x_1 = \frac{2H_2^2 - 2H_1H_2 + d_1W_n^2 - d_2W_n^2 + \sqrt{(2H_1H_2 - 2H_2^2 - d_1W_n^2 + d_2W_n^2)^2 - 4(H_1-H^2)^2(H_2^2 - d_2W_n^2)}}{2(H_1-H_2)^2}$$

$$(10-33)$$

$$x_2 = 1 - x_1 \qquad (10-34)$$

式中 $W_n$——基准气华白指数，MJ/m³；

$H_1$、$H_2$——第一种原料气与第二种原料气高热值，MJ/m³；

$x_1$、$x_2$——置换气中第一种原料气与第二种原料气体积分数,%；

$d_1$、$d_2$——第一种原料气与第二种原料气相对密度。

采用两种原料气配制的结果见表 10-16。

表10-16 两种原料气的配制气

| 配制气参数 | | 1 | 2 | 3 | 4 | 5 | 6 | 7 | 8 | 9 | 10 | 11 | 12 | 13 | 14 | 15 | 16 | 17 | 18 |
|---|---|---|---|---|---|---|---|---|---|---|---|---|---|---|---|---|---|---|---|
| 配气编号 | | 7+空气 | 7+1 | 7+2 | 7+3 | 7+4 | 7+5 | 6+空气 | 6+1 | 6+2 | 6+3 | 6+4 | 5+空气 | 5+3 | 5+4 | 4+1 | 4+2 | 3+1 | 3+2 |
| 12T | 华白指数/(MJ/m³) | 50.73 | 50.73 | 50.73 | 50.73 | 50.73 | 50.73 | — | — | — | — | — | — | — | — | — | — | — | — |
| | 燃烧势 | 39.62 | 79.29 | 73.23 | 37.57 | 65.32 | 74.14 | — | — | — | — | — | — | — | — | — | — | — | — |
| | 原料气配比/%(体积) | 54.8+/45.2 | 27.1+/72.9 | 31.8+/68.2 | 50.7+/49.3 | 41.4+/58.6 | 31.3+/68.7 | — | — | — | — | — | — | — | — | — | — | — | — |
| 10T | 华白指数/(MJ/m³) | 41.52 | 41.52 | 41.52 | 41.52 | 41.52 | 41.52 | 41.52 | 41.52 | 41.52 | 41.52 | 41.52 | — | — | — | — | — | — | — |
| | 燃烧势 | 38.16 | 96.08 | 85.21 | 35.67 | 72.78 | 86.89 | 72 | 90.04 | 85.23 | 72.52 | 80.31 | — | — | — | — | — | — | — |
| | 原料气配比/%(体积) | 43.4+/56.6 | 12.3+/87.7 | 17.7+/82.3 | 38.5+/61.5 | 28.5+/71.8 | 17.1+/82.9 | 92.3+/7.7 | 64.3+/35.7 | 73.9+/26.1 | 90.6+/9.4 | 88.9+/11.1 | — | — | — | — | — | — | — |
| 6T | 华白指数/(MJ/m³) | 23.35 | — | — | 23.35 | 23.35 | — | 23.35 | — | — | 23.35 | 23.35 | 23.35 | 23.35 | 23.35 | 23.35 | 23.35 | 23.35 | 23.35 |
| | 燃烧势 | 29.09 | — | — | 32.09 | 89.89 | — | 56.83 | — | — | 50.04 | 93.38 | 99.37 | 97.03 | 108.22 | 107.8 | 105.6 | 86.85 | 93.99 |
| | 原料气配比/%(体积) | 22.8+/77.2 | — | — | 17.2+/82.8 | 7.8+/92.2 | — | 57.1+/42.9 | — | — | 48.2+/51.8 | 26.3+/73.7 | 91.0+/9.0 | 87.6+/12.4 | 72.0+/28.0 | 46.3+/53.7 | 28.7+/71.3 | 24.0+/76.0 | 12.8+/82.8 |

| 配制气参数 | | 配气编号 | | | | | | | | | | | | | | | | | |
|---|---|---|---|---|---|---|---|---|---|---|---|---|---|---|---|---|---|---|---|
| | | 1 | 2 | 3 | 4 | 5 | 6 | 7 | 8 | 9 | 10 | 11 | 12 | 13 | 14 | 15 | 16 | 17 | 18 |
| | | 7+空气 | 7+1 | 7+2 | 7+3 | 7+4 | 7+5 | 6+空气 | 6+1 | 6+2 | 6+3 | 6+4 | 5+空气 | 5+3 | 5+4 | 4+1 | 4+2 | 3+1 | 3+2 |
| 4T | 华白指数/(MJ/m³) | 17.13 | — | — | 17.13 | 17.13 | — | 17.13 | — | — | 17.13 | 17.13 | 17.13 | 17.13 | 17.13 | 17.13 | 17.13 | 17.13 | 17.13 |
| | 燃烧势 | 23.15 | — | — | 30.89 | 96.59 | — | 50.49 | — | — | 42.27 | 97.58 | 83.6 | 72.14 | 101.61 | 101.5 | 100.93 | 65.62 | 70.23 |
| | 原料气配比/(%体积) | 16.4+ / 83.6 | — | — | 10.7+ / 89.3 | 2.0+ / 98.0 | — | 43.3+ / 56.7 | — | — | 31.6+ / 68.4 | 7.2+ / 92.8 | 73.6+ / 26.4 | 62.8+ / 37.2 | 21.4+ / 78.6 | 84.1+ / 15.9 | 79.2+ / 20.8 | 46.2+ / 53.8 | 38.2+ / 61.8 |
| 3T | 华白指数/(MJ/m³) | 13.28 | — | — | 13.28 | — | — | 13.28 | — | — | 13.28 | — | 13.28 | 13.28 | — | — | — | 13.28 | 13.28 |
| | 燃烧势 | 19.23 | — | — | 30.15 | — | — | 44.59 | — | — | 37.51 | — | 75.38 | 56.8 | — | — | — | 52.56 | 55.59 |
| | 原料气配比/(%体积) | 12.5+ / 87.5 | — | — | 6.7+ / 93.3 | — | — | 34.3+ / 65.7 | — | — | 20.8+ / 72.9 | — | 60.7+ / 39.3 | 43.8+ / 56.2 | — | — | — | 62.8+ / 37.2 | 57.2+ / 42.8 |

由表 10-16 可见，按基准天然气华白指数求解获得的原料气配制方案有 18 种，表中数据空白说明该配制气无法获得对应基准天然气的华白指数，是由于两种原料气的华白指数同时高于或低于基准天然气的华白指数所致。对于高华白指数的基准天然气 12T，原料气之一为液化石油气方能配制，而基准天然气 10T 虽由原料气之一为液化石油气或热裂解油制气才能配制，但由于配制气燃烧势均超出允许范围而不适用，因此采用两种原料气无法配制其置换气。对于低华白指数的基准天然气 3T 或 4T，4 号、7 号与 10 号配制气均适用，而 5 号、11 号、与 12 号~18 号配制气均因燃烧势超出允许范围而不适用，对于 6T，4 号配制气适用，而 5 号、7 号与 11 号~18 号配制气均因燃烧势超出允许范围而不适用，主要是油制气与煤制气由于华白指数低、燃烧势高的特点所致。因含空气配制气中可燃成分比例达不到爆炸上限两倍而不适用的 1 号配制气用于基准天然气 4T 与 3T 两例。

同时，由表 10-16 可知，以液化石油气为原料气之一的配制方法适用范围最广，显然应优先采用混空气方案，当混合人工煤气配制而液化石油气用量明显减少时，对于已有人工煤气气源的场合，此部分气源的利用具有经济效益。

综上所述，除基准天然气 10T 外，两种原料气的配制气可适用于基准天然气。

③ 三种原料气配制

由华白指数与燃烧势计算公式联合求解，可获得三种原料气的配制气方案，此时配制气的华白指数与燃烧势等于基准天然气的华白指数与燃烧势。

与空气混合时，须核对可燃成分比例是否大于爆炸上限 2 倍以上。

第一种原料气与第二种原料气体积成分代入式（10-4）与式（10-14）得

$$W_n = \frac{H_1 x_1 + H_2 x_2 + H_3(1 - x_1 - x_2)}{\sqrt{d_1 x_1 + d_2 x_2 + d_3(1 - x_1 - x_2)}} \tag{10-35}$$

$$CP_n = K_1 \frac{E_1 x_1 + E_2 x_2 + E_3(1 - x_1 - x_2)}{\sqrt{d_1 x_1 + d_2 x_2 + d_3(1 - x_1 - x_2)}} \tag{10-36}$$

$$x_1 + x_2 + x_3 = 1$$

式中　　$CP_n$——基准气燃烧势；

$H_1$、$H_2$、$H_3$——第一种原料气、第二种原料气与第三种原料气高热值，MJ/m³；

$d_1$、$d_2$、$d_3$——置换气中第一种原料气、第二种原料气与第三种原料气相对密度；

$x_1$、$x_2$、$x_3$——置换气中第一种原料气、第二种原料气与第三种原料气的体积分数，%；

$E_1$、$E_2$、$E_3$——第一种原料气、第二种原料气与第三种原料气对应系数；

$K_1$——系数。

采用三种原料气配制的结果见表 10-17。由表 10-17 可见，对于高华白指数基准天然气 12T，配制气中少量人工煤气成分可使其燃烧势等同基准气燃烧势。对于基准天然气 10T 而言，3 号配制气是唯一华白指数与燃烧势均符合要求的置换气，但因可燃成分未达爆炸上限 2 倍以上而不适用于基准天然气 4T 与 3T。

表 10-17　三种原料气的配制气

| 配制气参数 | | 配制气编号 | | | | | |
|---|---|---|---|---|---|---|---|
| | | 1 | 2 | 3 | 4 | 5 | 6 |
| | | 7+空气+1 | 7+空气+2 | 7+空气+3 | 7+空气+4 | 7+空气+5 | 7+空气+6 |
| 12T | 华白指数 /(MJ/m³) | 50.73 | 50.73 | 50.73 | 50.73 | 50.70 | 50.75 |
| | 燃烧势 | 40.09 | 40.01 | 40.05 | 40.21 | 40.02 | 40.08 |
| | 原料气配比 /%(体积) | 55.44+43.56+1.0 | 54.45+44.55+1.0 | 54.50+44.45+1.0 | 54.45+45.55+1.0 | 54.45+45.55+1.0 | 53.9+44.1+2 |
| | 可燃成分爆炸上限/% | 9.09 | 9.10 | 9.26 | 9.12 | 9.29 | 9.18 |
| 10T | 华白指数 /(MJ/m³) | — | — | 41.52 | — | — | — |
| | 燃烧势 | — | — | 33 | — | — | — |
| | 原料气配比 /%(体积) | — | — | 39.42+14.58+46.0 | — | — | — |
| | 可燃成分爆炸上限/% | — | — | 17.07 | — | — | — |
| 6T | 华白指数 /(MJ/m³) | — | — | — | — | — | — |
| | 燃烧势 | — | — | — | — | — | — |
| | 原料气配比 /(%体积) | — | — | — | — | — | — |
| | 可燃成分爆炸上限/% | — | — | — | — | — | — |
| 4T | 华白指数 /(MJ/m³) | — | — | 17.3 | — | 17.3 | 17.3 |
| | 燃烧势 | — | — | 24.87 | — | 25.6 | 28.03 |
| | 原料气配比/%(体积) | — | — | 15.89+78.02+6.0 | — | 15.68+82.32+2.0 | 14.1+79.9+6 |
| | 可燃成分爆炸上限/% | — | — | 11.80 | — | 9.82 | 11.08 |

| 配制气参数 | | 配制气编号 | | | | | |
|---|---|---|---|---|---|---|---|
| | | 1 | 2 | 3 | 4 | 5 | 6 |
| | | 7+空气+1 | 7+空气+2 | 7+空气+3 | 7+空气+4 | 7+空气+5 | 7+空气+6 |
| 3T | 华白指数/(MJ/m³) | — | — | 13.82 | — | — | — |
| | 燃烧势 | — | — | 22 | — | — | — |
| | 原料气配比/%(体积) | — | — | 11.96+80.04+8 | — | — | — |
| | 可燃成分爆炸上限/% | — | — | 13.85 | — | — | — |

（3）配制气燃烧稳定性的判定

为进一步确认基于华白指数与燃烧势进行配制的配制气燃烧稳定性，采用美国燃气协会制定离焰、回火与黄焰互换指数进行复核。基准气采用高甲烷天然气。

配制气为液化石油气与空气或人工煤气的混合气，计算结果见表10-18。对于高甲烷天然气的高焰、回火与黄焰互换指数允许范围见表10-4。对照表10-4与表10-18的数据可见，配制气的燃烧势除4号气偏低外，其余均偏高，即有回火倾向，其回火互换指数均不低于1.27，属不适合范围，而离焰互换指数均在合适或接近合适范围内。相反4号气出现离焰互换指数较高现象，说明燃烧势偏低而发生离焰。另一方面配制气均出现黄焰互换指数过低，发生黄焰是另一燃烧不稳定因素。

表10-18　基准气为高甲烷天然气的配制气

| 配制气编号 | 1 | 2 | 3 | 4 | 5 | 6 | 7 |
|---|---|---|---|---|---|---|---|
| 配制气参数 | 7+空气 | 7+1 | 7+2 | 7+3 | 7+4 | 7+5 | 7+6 |
| 华白指数/(MJ/m³) | 50.54 | 50.54 | 50.54 | 50.54 | 50.54 | 50.54 | 50.54 |
| 燃烧势 | 42.29 | 81.20 | 73.79 | 37.66 | 65.63 | 75.11 | 72.51 |
| 原料气体积比/% | 54.58+45.52 | 27.19+73.81 | 31.07+68.93 | 50.33+49.67 | 41.13+58.87 | 30.95+69.05 | 9.25+90.75 |
| 离焰互换指数 | 1.05 | 0.83 | 0.87 | 1.07 | 0.92 | 0.87 | 0.88 |
| 回火互换指数 | 1.27 | 1.37 | 1.35 | 1.21 | 1.34 | 1.33 | 1.28 |
| 黄焰互换指数 | 0.50 | 0.63 | 0.62 | 0.59 | 0.59 | 0.63 | 0.73 |

燃烧势是燃烧速度的指标，其与离焰、回火互换指数具有相同的趋势，但不能对出现黄焰进行判断，因此进一步采用三个互换指数判定配制气置换的可行性

是必要的，对燃具的调整具有实用意义。

## 10.4.2 配制实验检测用置换气

当燃具研制与生产时，往往需配制该燃具适用气源的置换气，而采用的原料气应为使用普遍的单一气体或当地可供燃气，配制中一般采用空气作惰性成分，以获得所需的燃烧性能。

（1）两种原料气配制

液化石油气与空气是易获得的原料气组，可配制天然气与油田伴生气。对于矿井气虽可配得华白指数与燃烧势相符的置换气，但因液化石油气比例未达爆炸上限2倍以上而不采用。由于是两种原料气，其计算方法同天然气置换气的配制，采用高热值计算华白指数，计算结果见表10-19，表中液化石油气的开瓶气、中瓶气与底瓶气的成分简化设定丙、丁烷比例分别为100%：0、50%：50%、0：100%。液化石油气混空气的华白指数同目标气，因此表中仅列出燃烧势。

表 10-19　液化石油气混空气的配制气

| 燃气 | 华白指数 /（MJ/m³） | 燃烧势 | 液化石油气混空气 | | | | | |
|---|---|---|---|---|---|---|---|---|
| | | | 开瓶气 | | 中瓶气 | | 底瓶气 | |
| | | | 液化石油气/% | 燃烧势 | 液化石油气/% | 燃烧势 | 液化石油气/% | 燃烧势 |
| 大然气 | 50.51 | 40 | 60.88 | 45.29 | 54.58 | 42.29 | 49.39 | 39.77 |
| 油田伴生气 | 52.61 | 39 | 63.81 | 45.49 | 57.29 | 42.54 | 54.91 | 40.07 |
| 矿井气 | 15.07 | 19 | 17.41 | 24.38 | 14.30 | 21.58 | 12.68 | 19.36 |
| | 17.74 | 22 | 19.45 | 27.56 | 17.00 | 24.52 | 15.09 | 22.08 |

除上述3种燃气外，液化石油气与空气不能配制其他城市燃气的置换气，其原因为燃烧势偏低，即使调节目标气的华白指数，如华白指数为标准值的1.05倍与1.01倍时，其燃烧势仅分别增加2%~4%与4%~7%，且目标气的华白指数越大，燃烧势增幅越小。因此调节华白指数仍不能扩大液化石油气混空气的适用范围。

氮作为惰性气体与液化石油气混合是安全的，但其配制气体的燃烧势更低，仅为液化石油气与空气配制的39%~72%，且华白指数越大，燃烧势降幅越小。氢与空气、氢与氮这两组原料气因配制气的燃烧势在166以上而不能置换任何城市燃气。

甲烷与氢仅适于配制矿井气，对于华白指数为15.07 MJ/m³、燃烧势为19的矿井气配得甲烷含量为36.54%，氢含量为63.46%的置换气，其华白指数为15.07 MJ/m³、燃烧势为23.69。

采用直立炉煤气与液化石油气可配制焦炉煤气的置换气，其计算结果见表 10-20，计算方法同表 10-19。直立炉煤气高热值为 17.11MJ/m³、华白指数为 20.56MJ/m³，混合气的华白指数同焦炉煤气。

表 10-20　直立炉煤气混液化石油气的配制气

| 燃气 | 华白指数 /（MJ/m³） | 燃烧势 | 直立炉煤气混液化石油气 | | | | | |
|------|------|------|------|------|------|------|------|------|
| | | | 开瓶气 | | 中瓶气 | | 底瓶气 | |
| | | | 直立炉煤气/% | 燃烧势 | 直立炉煤气/% | 燃烧势 | 直立炉煤气/% | 燃烧势 |
| 焦炉煤气 | 39.15 | 121 | 82.81 | 89.04 | 85.35 | 88.69 | 87.25 | 88.45 |
| | 30.32 | 119 | 95.38 | 103.43 | 96.08 | 103.27 | 96.59 | 103.16 |
| | 33.09 | 127 | 91.69 | 98.64 | 92.94 | 98.40 | 93.86 | 98.22 |

（2）三种原料气配制

当采用三种原料气配制置换气时，大大拓宽了配制气的应用范围。由于其两个成分比例是未知的，即有两个未知数须利用华白指数与燃烧势两个计算式作方程联立解。采用液化石油气、氢与空气可以配制上述两种原料气可配制的置换气以外全部城市燃气的置换气，但其中出现混合煤气与压力气化煤气的配制气中可燃成分比例在爆炸上限的 2 倍以下故不可采用，而采用甲烷、氢与空气配制此两种煤气置换气时可获得相同效果，且可燃成分比例均在爆炸上限两倍以上。

假设采用两种可燃气体与空气或一种惰性气体为原料气，其体积分数分别为 $x_1$、$x_2$ 与 $x_3(x_1+x_2+x_3=1)$，相对密度分别为 $d_1$、$d_2$、$d_3$，两种燃气热值分别为 $H_1$、$H_2$。目标气的华白指数为 $W$、燃烧势为 $CP$。由于华白指数与燃烧势计算公式组成的联立方程组如下：

$$W=\frac{H_1 x_1+H_2 x_2}{\sqrt{d_1 x_1+d_2 x_2+d_3 x_3}} \qquad (10-37)$$

$$CP=\frac{K_1(E_1 x_1+E_2 x_2)}{\sqrt{d_1 x_1+d_2 x_2+d_3 x_3}} \qquad (10-38)$$

式中　　$CP$——基准气燃烧势；

$H_1$、$H_2$——第一种原料气、第二种原料气高热值，MJ/m³；

$d_1$、$d_2$、$d_3$——置换气中第一种原料气、第二种原料气与空气或一种惰性气相对密度；

$x_1$、$x_2$、$x_3$——置换气中第一种原料气、第二种原料气与空气或一种惰性气的体积分数，%；

$E_1$、$E_2$——第一种原料气、第二种原料气对应系数。

当采用空气作原料气时，由于 $K_1$ 值计算中氧含量为未知数，因此须采用选

303

代法运算，即先假设氧含量进行计算，当前后两次 $K_1$ 值之差的绝对值不大于 0.05 或 0.01 可终止计算，此时 CP 值的最大相对误差分别为 2%或 0.5%。

液化石油气、氢与空气的配制计算结果见表 10-21，甲烷、氢与空气的配制计算结果见表 10-22，其中配制气与目标气的华白指数误差在 5‰以下，故未列出，表 10-22 的目标气同表 10-21。

表 10-21　液化石油气、氢与空气的配制气

| 燃气 | 华白指数 /（MJ/m³） | 燃烧势 | 液化石油气+氢+空气 | | | | | | | | |
|---|---|---|---|---|---|---|---|---|---|---|---|
| | | | 开瓶气 | | | 中瓶气 | | | 底瓶气 | | |
| | | | 液化石油气/% | 氢/% | 燃烧势 | 液化石油气/% | 氢/% | 燃烧势 | 液化石油气/% | 氢/% | 燃烧 势 |
| 混合煤气 | 21.0 | 86 | 12.99 | 37.59 | 87.49 | 11.19 | 38.58 | 87.61 | 9.83 | 39.33 | 87.70 |
| | 22.19 | 93 | 12.60 | 42.71 | 94.40 | 10.86 | 43.71 | 94.52 | 9.54 | 44.47 | 94.61 |
| 油制气 | 27.39 | 74 | 20.18 | 29.37 | 75.23 | 17.45 | 30.81 | 75.35 | 15.37 | 31.90 | 75.46 |
| 压力气化煤气 | 26.72 | 114 | 11.74 | 58.31 | 116.03 | 10.04 | 59.46 | 117.18 | 8.87 | 60.33 | 117.3 |
| 焦炉煤气 | 41.30 | 121 | 20.08 | 66.96 | 122.54 | 17.31 | 69.21 | 122.71 | 15.21 | 70.90 | 122.84 |
| | 31.98 | 119 | 13.83 | 64.08 | 123.04 | 11.89 | 65.59 | 123.28 | 10.42 | 66.72 | 123.46 |
| | 34.91 | 127 | 14.42 | 68.21 | 129.67 | 12.40 | 69.84 | 129.85 | 10.87 | 71.06 | 129.99 |

表 10-22　甲烷、氢气与空气的配制气

| 燃气 | 甲烷+氢+空气 | | |
|---|---|---|---|
| | 甲烷/% | 氢/% | 燃烧势 |
| 混合煤气 | 27.36 | 38.21 | 87.02 |
| | 25.51 | 42.39 | 93.89 |
| 油制气 | 37.94 | 32.31 | 79.81 |
| 压力气化煤气 | 24.19 | 54.52 | 117.38 |
| 焦炉煤气 | 39.93 | 55.22 | 123.97 |
| | 29.65 | 55.72 | 120.08 |
| | 30.83 | 58.42 | 127.59 |

# 第11章 燃气安全性与污染物控制

所谓燃烧是指可燃物与氧化剂作用发生的激烈氧化反应，它是自然界中经常发生的一种化学反应过程，反应常常伴随着发光效应和放热效应。按发生瞬间的特点，燃烧可分为着火、自燃和闪燃三种类型，其中，着火是可燃物受到外界火源的直接作用而开始的持续燃烧，例如用火柴点燃柴草，就会引起着火；对于自燃来说，虽然可燃物没有受到外界火源的直接作用，但是当其受热达到一定的温度或物质内部反应释放的热量聚集起来达到一定的温度时亦会发生自行燃烧，例如暴露在空气中的黄磷即使在室温下与氧气发生氧化反应，它放出的热量积累起来也足以使其达到自行燃烧的温度；当火焰或炽热物体接近一定温度下的易燃或可燃液体时，其液面上方蒸气与空气的混合物会产生一闪即灭的燃烧，这种燃烧现象叫作闪燃。

爆炸是自然界经常发生的一种快速燃烧过程，在上述过程中，物质所含能量快速转化，变成物质本身、变化产物、周围介质的压缩能或运动能，其主要特征如下：

①爆炸过程的快速性；

②爆炸点附近压力急剧升高，多数爆炸伴有温度升高；

③周围介质发生振动或邻近的物体遭到破坏。

爆炸通常可分为物理爆炸、化学爆炸和核爆炸，其中，由物质发生剧烈的物理变化所引起的爆炸现象称为物理爆炸，例如暖水瓶爆炸和蒸汽锅炉爆炸；由物质化学结构发生剧烈变化而引起的爆炸现象称为化学爆炸，例如矿井瓦斯爆炸、煤矿粉尘爆炸及炸药爆炸；由原子核的裂变或聚变所释放出来的能量引起的爆炸现象称为核爆炸，例如原子弹爆炸。

火灾是指在时间或空间上失去控制的燃烧所造成的灾害。在各种灾害中，火灾是最经常、最普遍地威胁公众安全和社会发展的主要灾害之一。人类能够对火进行利用和控制，是文明进步的一个重要标志，然而，人类自从掌握了用火技术以来，火在为人类服务的同时，却又屡屡危害成灾。火灾的危害十分严重，具体表现在以下几个方面：

第一，凡是火灾都要毁坏财物，火灾能烧掉人类经过辛勤劳动创造的物质财富，使城镇、乡村、工厂、仓库、建筑物和大量的生产、生活资料化为灰烬；火灾可将成千上万温馨的家园变成废墟；火灾能吞噬掉茂密的森林和广袤的草原，使宝贵的自然资源化为乌有；火灾能烧掉大量文物、古建筑等诸多的稀世瑰宝，使珍贵的历史文化遗产毁于一旦，此外，火灾所造成的间接损失往往比直接损失更为严重，这包括受灾单位自身的停工、停产、停业以及相关单位生产、工作、运输、通讯的停滞和灾后的救济、抚恤、医疗、重建等工作带来的更大的投入与花费，至于森林火灾、文物古建筑火灾造成的不可挽回的损失，更是难以用经济价值计算。

第二，火灾不仅使人陷于困境，它还涂炭生灵，直接或间接地残害人类生命，造成难以消除的身心痛苦，譬如 1994 年 11 月 27 日辽宁省某歌舞厅发生火灾，死亡 233 人；同年 12 月 8 日新疆维吾尔自治区克拉玛依某宾馆发生火灾，死亡 325 人；2000 年 12 月 25 日河南省洛阳某商厦发生火灾事故，造成 309 人死亡、7 人受伤；2008 年 9 月 20 日深圳市龙岗区某俱乐部发生火灾事故，造成 44 人死亡、64 人受伤。这些群死群伤火灾事故的发生，给人民生命财产造成巨大损失。

第三，火灾严重破坏生态环境，譬如 1987 年 5 月 6 日黑龙江省大兴安岭地区火灾烧毁大片森林，延烧 4 个储木厂和 $85 \times 10^4 \mathrm{m}^3$ 木材以及铁路、邮电、工商等 12 个系统的大量物资、设备等，烧死 193 人，伤 171 人。这起火灾使我国宝贵的林业资源遭受严重的损失，对生态环境造成了难以估量的巨大影响。1998 年 7 月发生在印度尼西亚的森林大火持续了 4 个多月，受害森林面积高达 150 万公顷，经济损失高达 200 亿美元。这场大火还引发了饥荒和疾病的流行，使人们的健康受到威胁，环境遭到污染。此外，大火所产生的浓烟使能见度大大降低，由此造成了飞机坠毁和轮船相撞事故。另外，这场大火使大量的动植物灭绝，环境恶化，气候异常，干旱少雨，风暴增多，水土流失，最主要的是导致生态平衡破坏，严重威胁人类的生存和发展。

第四，火灾不仅给国家财产和公民人身、财产带来了巨大损失，还会影响正常的社会秩序、生产秩序、工作秩序、教学科研秩序以及公民的生活秩序。当火灾规模比较大，或发生在首都、省会城市、人员密集场所、经济发达区域、有名胜古迹等地方时，将会产生不良的社会和政治影响。有的会引起人们的不安和骚动，有的会损害国家的声誉，有的还会引起不法分子趁火打劫、造谣生事，造成更大的损失。

与燃烧相比，爆炸发生的过程更短，一旦发生就没有时间采取措施控制它，而且爆炸造成的伤害和冲击波影响范围更大，人员伤亡、财产损失和环境污染也更严重，因此高度重视燃烧安全性，切实对燃烧污染物进行合理、有效的控制是十分必要和及时的。

## 11.1 燃气的爆炸与预防

燃气安全是涉及系统安全管理和系统安全工程的复杂问题,其目标是鉴别燃气的危险性并使之减至最小,从而在操作效率、耗费时间和投资费用约束下达到最佳安全程度。燃气安全要求相关从业人员在具备专业知识和技能的情况下,充分应用科学和工程原理、标准及技术知识去鉴别、消除或控制燃气的危险性,它的任务范围包括发现、鉴别燃气的危险性或隐患,预测风险及事故发生的可能性,安全措施方案的设计、选择、调整、实施和评价,事故原因调查、分析,设计新型安全系统,采用更先进的安全技术、最大限度地防止事故的发生,并与行为科学、管理科学相结合,实现安全现代化管理。

### 11.1.1 燃气爆炸的危害及危险性评估

(1)燃气爆炸的原因及危害

燃气爆炸是指短时间内发生在有限空间中,燃气化学能转化为热能形成高温高压气体膨胀对周围物体产生压力和破坏的机械作用。随着城市燃气在工业与民用领域的广泛应用,由于燃气引起的爆炸常有发生,城市燃气爆炸造成的损失很大。燃气的爆炸属于混合气体的爆炸,是可燃气体和助燃气体以适当的浓度混合,由于燃烧波或爆轰波的传播而引起的,这种爆炸的过程极快,例如 $30MJ/m^3$ 的燃气与空气混合后,在 0.2s 的时间内便可以燃烧完全。

城市燃气工程中的常见爆炸现象,一般是由两种原因引起的:一是由于管道或管件损坏导致燃气泄漏,遇明火或电火花引起爆炸;二是由于超量的灌装或容器缺陷(主要是液化石油气供应工程中)导致容器破裂,进而引起燃气泄漏而产生爆炸。

燃气爆炸的危害主要有物理影响、经济影响和社会影响。其中,物理影响指爆炸造成的直接损失,即爆炸带来的人员伤亡,机械设备、原材料、产品、建筑物的破坏损失。这些损失主要是由于爆炸后物理方面的原因造成的,如爆炸后的热效应产生火焰、高温喷出物和热辐射,它将造成烧伤、火灾和二次爆炸,而爆炸产生的冲击波会产生冲击波压力和爆炸噪声,导致死伤、破坏、倒塌和二次灾害,另外因爆炸而产生的飞散物也会毁坏物品,导致人员伤亡和二次爆炸;经济影响是间接损失,包括设备修复和系统重新运行所需要的资金,停运期间的经济损失,以及赔偿金等;社会影响则是由于爆炸事故的出现造成的社会效果,比如对该行业的可靠性、安全性的评价,对行业发展的支持程度以及公众对其发展前途的信心。至于企业由于爆炸所带来的经济损失使企业倒闭、员工失业等,均会造成较为严重的社会问题。

(2)燃气爆炸的危险性评估

① 燃气的爆炸特性

不同介质泄漏以后的爆炸危险性是不同的，如爆炸的范围、点燃的能量、扩散的难易等都会对其危险性产生影响，因此，通常把可燃的介质分成不同的危险等级，详见表11-1。

表11-1 可燃气体及液化烃、可燃液体的火灾危险性分类举例

| 类别 | 名称 |
|---|---|
| 甲 | 乙炔、环氧乙烷、氢气、合成气、硫化氢、乙烯、氰化氢、丙烯、丁烯、丁二烯、顺丁烯、反丁烯、甲烷、乙烷、丙烷、丙二烯、丁烷、环丙烷、甲胺、环丁烷、甲醛、甲醚、异丁烷等 |
| 乙 | 一氧化碳、氨、溴甲烷 |
| 甲$_A$ | 液化甲烷、液化天然气、液化乙烷、液化丙烷、液化丙烯、液化环丁烷、液化丁烯、液化丁烷、液化石油气等 |
| 甲$_B$ | 戊烷、汽油等 |
| 乙$_A$ | 煤油等 |
| 乙$_B$ | 35号轻柴油等 |
| 丙$_A$ | 轻柴油、重柴油等 |
| 丙$_B$ | 变压器油、润滑油等 |

② 燃气设备工作环境的危险性

燃气的泄漏往往发生在其输送、储存和应用的各个环节，每个环节需采用相应的设备并在相应的环境下运行，设备工作环境的好坏会影响其爆炸的危险性，其工作环境包括以下几种：

a. 腐蚀性 输气管线通常埋在地下，土壤的腐蚀性直接影响管道的寿命。由于土壤的强腐蚀性而使管道在正常的使用年限内穿孔，导致燃气的地下泄漏是常见的。对于储气设施，若燃气存在腐蚀性的成分(如硫化氢)则会导致容器内壁的脆化，降低强度，甚至破裂。

b. 外力 埋地的城市燃气管道，通常都不可能远离人群，城市建设的扩展以及其他基础设施的建设过程常会使其受到外力的侵害，如施工时开挖土地直接挖断管道的事故屡见不鲜。

c. 环境温度 尽管埋地管道可以部分消除由于环境温度变化产生的热胀冷缩现象，但在直管长度过长时，由于温度剧烈的变化而使管道伸缩挤压阀门导致损坏、漏气的事故不少。而对液化石油气储配站而言，过高的外部气温会直接引起容器内的压力上升，使整个系统的连接处容易出现泄漏。

d. 管理水平 高素质的管理人员和严格的管理制度，直接决定燃气出现爆炸事故的可能性。燃气的生产、运输、储存及应用的企业，每一个从事与之相关

308

环节的人员都必须有丰富的燃气安全常识，任何一个环节都必须有严格的操作规程、安全管理制度，并且有完善的监督、培训体系，遵守操作规程，防止误操作，杜绝违反安全法规的一切行为。对于缺少系统安全管理知识的人员，从事工程建设、设备的运行管理和站场维护工作都是相当危险的。

## 11.1.2　燃气爆炸预防

燃气爆炸预防是任何企业和个人必须重视的一件大事，而且是一项系统工程。要达到预期的目的，必须进行科学的决策，依靠先进的技术和完善的管理体制，需要掌握预防燃气爆炸的关键。

(1)燃气爆炸预防的基本原理

燃气爆炸预防是指预先消除物质爆炸的条件，采取一种使物质本身不能引起爆炸的措施。爆炸的进行过程，是一个突发的过程，进行的时间往往以毫秒计。它一旦出现，想完全控制几乎是不可能的。"防患于未然"在燃气爆炸的预防工作中显得尤为重要。燃气燃烧是燃气爆炸的前提，而燃气燃烧的出现需要满足相应的条件，也就是说，要有可燃物质，要有氧化剂，要有点火源这三个要素都必须同时存在。那么，爆炸的基本预防应该从预防消除这三个要素开始。

没有可燃物质，燃烧就失去了基础；没有氧化剂，就构不成燃烧反应；但是有了可燃物质和氧化剂，若没有点火源把物质加热到燃点以上，燃烧反应就不能开始，所以这三个条件是燃烧现象必备的三要素，三者缺一不可，且此三者必须同时存在，互相接触，相互作用，才可以产生燃烧。

(2)燃气爆炸预防的措施

为了有效地预防工程中可能发生的燃气爆炸，有必要根据对象爆炸的危险性和对周围构成的威胁大小采取一定的预防措施。

①根本性措施。根本性措施，指使容易发生爆炸的场所成为不利于形成爆炸的场所的措施。也就是说，这些措施的采取，将使爆炸事故尽可能彻底的根除。通常这种措施应该在企业的构思、初步设计阶段加以考虑，而且是从事工程设计、调查、研究的人员所必须充分了解的。在采取预防爆炸的根本性措施时，应该首先关注物质的性质、物质的固有危险和人为的变化引起的危险程度，以及引起爆炸的条件和危险状态改变的可能性。采取根本性预防措施的目的，在于预先消除爆炸危险源。

②设备性能措施。采用设备性能措施的目的，在于保持工程中的机械、电器安装和建筑设施的性能具有足够的耐负荷强度。也就是说，许多设施或装置在运行之初，其性能是非常良好的，为了保持这些性能的持续性，同时也保持这些设备或装置的安全可靠性，这些措施同样也应该在工程设计阶段加以考虑。其中包括主体材料的性能(应力特性、温度特性、抗腐蚀特性、抗疲劳特性、抗燃烧特性、耐油特性、导电特性等)和辅助材料的性能。辅助设备以及安装时采用的密

封衬垫等材料的性能也是很重要的。有些情况下，尽管主体设备的安全特性很好，但由于对于辅助设备的安全性能的忽略，常常会使整个系统的安全性受到极大的影响，甚至会功亏一篑。也就是说，完善的设备性能措施同样是根本性措施的有力保证。

③性能维护措施。在整个系统的有效运转期内的所有运行过程中，期待所有的根本性措施和补充措施都是有效的，显然这需要采取一些使其保持良好性能状态的维护措施，即所谓性能维护措施。这些措施在设计和操作时应该采用。主要的内容是进行设备和装置的性能预测、监视以及测定，如强度特性的测定、腐蚀性能的测定、装置灵敏性的检查和测定等。

④操作措施。在操作上采用的措施，主要是保证系统设备的运转正常。这需要创造排除异常运转的条件，有效防止误操作。要达到这一目的，首先要制订正确、严格的操作规程，并对操作人员进行严格的思想的和技术的教育。其次是要求能对系统的运行状态进行准确有效的监测，对异常情况的出现容易做出正确的判断。

⑤ 紧急措施。从工程设计开始便应该对异常事故出现时采用的紧急安全措施加以考虑，重点是人员和物质在非常情况下的紧急撤离、有效的人身防护，如系统的紧急停机、安全防护用具、安全撤离通道等。

(3)燃气爆炸预防的要点

①泄漏控制。防止燃气爆炸最基本的措施之一是防止泄漏。燃气工程的每个工艺系统，设备的每个部分都有容易发生泄漏的薄弱环节，比如管道的连接处、管道与阀件、管道与设备的连接部等，都容易漏气。泄漏的防止，通常是由设备的质量、材料的质量以及施工的质量来加以保证的。

②火源管理。对于与燃气相关的设施，理论上讲，若远离火源便永远不会发生爆炸。管理好火源是预防爆炸的关键。但火源的种类很多，有的是无法管理的。常见的火源有：明火、高热物及高温表面、冲击摩擦火花、自然着火、化学反应、电火花、静电、光线等。上述的多种火源中，有些是可以控制的，但有些是难以防范的。火源的有效管理则是采用一定的措施，使可以管理的火源得以完全控制，而对于难以管理的火源则使其产生的可能性降低到最小的程度。

③超压预防。容器的破裂大多是由于超压引起的。防止容器出现超压，主要依赖于检测设备的可靠性和操作的准确性。在储存液化石油气的过程中，容器内液相充装质量限制极为严格，若过量充装，在使用过程中由于温度的变化很容易引起超压。如果容器的运行环境温度超过其设计使用温度的最高限额，也会导致超压。

④使灾害控制在局部。一旦事故发生，损失是在所难免的，而且很难终止。这时所能采取的唯一办法就是使灾害控制在局部，不能使其向周围更广泛的区域蔓延。燃气工程中所发生的事故，其扩散范围相当广，气体的扩散、液体的流动、爆炸冲击波压力等都会在很大程度上对周围环境的人和物造成破坏。

### 11.1.3　燃气爆炸预防与防护技术的开发

燃气爆炸的预防与防护通常是依靠一定的装置或设备来完成的，目前可大致将燃气爆炸分为预防技术与防护技术两大类：

(1)燃气爆炸预防技术：包括燃气成分的控制技术(如燃气混合比的控制、防止燃气与空气或氧气形成爆炸性气氛)、温度控制技术(如抑制蒸汽压上升)、着火源切断技术(如静电预防、静电消除、防雷)等。

(2)燃气爆炸防护技术：包括泄压技术(如安全阀)、防止真空技术(如防真空装置)、泄漏报警与紧急切断技术(如燃气浓度检测装置、紧急切断阀)、过流保护技术(如过流保护阀)、防止火焰传播技术(如阻火装置)、安全隔离技术(如防火墙、防火堤)等。

从总体而言，燃气爆炸预防与防护技术的开发应该具有必要性、可行性、可靠性、经济性和方便性，具体到实际的安全技术开发，还应该对以下事项进行充分的研究：

①掌握对象的爆炸特性，包括燃气的种类、爆炸极限、点火能量、相对密度等。对于破裂类的爆炸，容器及设备的升压特性以及液体的蒸汽压特性也是很重要的。

②了解安全装置的特性。要求安全装置所达到的实际效果，需要由安全装置的特性来加以满足。为此，必须要对其所有相关的特性进行研究，包括：形状、尺寸、强度、动作范围误差、动作灵敏性以及安装位置等。

③选择最恰当的设计原理。如果几种原理都能达到预防爆炸的目的，那么，应该寻找一种最恰当的方法。所谓最恰当的方法，指的是经济合理、施工简单、操作方便的方法。

④安全方法的分析比较。安全装置的设置，首先要使其能够有效地工作，但应该充分考虑装置本身对工艺或工程以及周围环境造成的影响，并尽可能缩小这些负面的影响。

⑤提供可靠的设计依据。安全装置的设计，应该有充分可靠的设计依据。为此应对可以采用的设计理论、经验、实验结果、经验公式以及同类安全产品的特性等进行大量的收集、研究、整理，并尽可能地加以合理的利用。

⑥进行安全装置的校核检验。尽管有充分的设计依据，所设计出来的安全装置能否达到预期的效果，还需要进行认真的校核检验。这项检验应该在实验条件较实际的运行工况、更为严格的条件下进行，实验的结果可以有效地检验安全装置的动作安全性和可靠性，同时也可证明装置的设计合理性、实用性和有效性。

## 11.2 燃气的泄漏与扩散

### 11.2.1 燃气的泄漏

燃气泄漏是燃气供应系统中最典型的事故，燃气火灾和爆炸绝大部分都是由燃气泄漏引起的，即使不造成大的人员伤亡事故，燃气泄漏也会导致资源的浪费和环境的污染。

（1）泄漏的分类

按照泄漏的流体分类，泄漏可以分为液体泄漏、气体泄漏、气液两相泄漏。

按照泄漏的构件分类，泄漏可以分为管道泄漏、调压器泄漏、阀门泄漏、补偿器泄漏、排水器泄漏、计量装置泄漏、储气设备泄漏等。

按照泄漏的模式分类，泄漏可以分为穿孔泄漏、开裂泄漏和渗透泄漏等三种。

① 穿孔泄漏：穿孔泄漏是指管道及设备由于腐蚀等原因形成小孔，燃气从小孔泄漏出来。穿孔泄漏一般为长时间的持续泄漏。常见的穿孔直径为 10mm 以下。

② 开裂泄漏：开裂泄漏属于大面积泄漏，开裂泄漏的泄漏口面积通常为管道截面积的 20%~100%。开裂泄漏的原因通常是由于外力干扰或超压破裂。开裂泄漏通常会导致管道或设备中的压力明显降低。

③ 渗透泄漏：渗透泄漏的泄漏量一般比较小，但是发生的范围大，而且是持续泄漏。燃气管道与设备以及设备之间的非焊接形式的连接处、燃气设备中的密封元件等经常都会发生少量或微量的渗透泄漏。燃气管道的腐蚀穿孔但防腐层尚未破裂，燃气透过防腐层的少量泄漏也可看作为渗透泄漏。

（2）泄漏量的计算

① 液体泄漏

液体泄漏的质量流量：

$$q_{mL} = C_{dL} A \rho_L \sqrt{\frac{2(p-p_0)}{\rho_L} + 2gh} \tag{11-1}$$

式中　$q_{mL}$——液体泄漏的质量流量，kg/s；

$C_{dL}$——液体泄漏系数，与流体的雷诺数有关，完全湍流液体的流量系数为 0.60~0.64，推荐使用 0.61，对于不明流体状况时，取 1；

$A$——泄漏口的面积，$m^2$；

$\rho_L$——液体的密度，$kg/m^3$；

$p$——容器内介质压力，Pa；

$p_0$——环境压力，Pa；

$h$——泄漏口之上的液位高度，m。

② 气体泄漏

气态燃气泄漏量可从伯努利方程推导得到，燃气泄漏的质量流量与其流动状态有关。

当 $\dfrac{p_0}{p} \leqslant \left(\dfrac{2}{k+1}\right)^{k/(k-1)}$ 时，气体流动属于音速流动，燃气泄漏的质量流量

$$q_{mG} = C_{dG} A p \sqrt{\dfrac{kM}{RT}\left(\dfrac{2}{k+1}\right)^{(k+1)/(k-1)}} \tag{11-2}$$

式中　$q_{mG}$——燃气泄漏的质量流量，kg/s；

$C_{dG}$——气体泄漏系数，与泄漏口形状有关，泄漏口为圆形时取 1，三角形时取 0.9，长方形时取 0.9，由内腐蚀形成的渐缩小孔取 0.9~1.0，由外腐蚀或外力冲击所形成的渐扩孔取 0.6~0.9；

$K$——气体绝热指数，双原子气体取 1.4，多原子气体取 1.29，单原子气体取 1.66；

$M$——燃气的摩尔质量，kg/mol；

$R$——气体常数，8.314J/(mol·K)；

$T$——气体温度，K。

当 $\dfrac{p_0}{p} > \left(\dfrac{2}{k+1}\right)^{k/(k-1)}$ 时，气体流动属于亚音速流动，燃气泄漏的质量流量：

$$q_{mG} = C_{dG} A p \sqrt{\dfrac{kM}{RT}\left(\dfrac{k}{k-1}\right)\left(\dfrac{p}{p_0}\right)^{2/k}\left[1-\left(\dfrac{p}{p_0}\right)^{(k-1)/k}\right]} \tag{11-3}$$

③ 两相流泄漏

在过热液体发生泄漏时，有时会出现液、气两相流动。均匀两相流的质量泄漏速度

$$q_m = C_d A \sqrt{2\rho_m(p_m - p_c)} \tag{11-4}$$

$$\rho_m = \dfrac{1}{\dfrac{F_V}{\rho_G} + \dfrac{1-F_V}{\rho_L}} \tag{11-5}$$

$$F_V = \min\left[1, \dfrac{c_p(T-T_b)}{\Delta H_V}\right] \tag{11-6}$$

式中　$q_m$——两相混合物的质量流量，kg/s；

$C_d$——两相流泄漏系数；

$\rho_m$——两相混合物的平均密度，kg/m³；

$p_m$——两相混合物在容器内的压力，Pa；

$p_c$——临界压力，一般假设为 $0.55p_m$，Pa；

$F_V$——闪蒸率，即蒸发的液体占液体总量的比例；

$\rho_L$——液体密度，$kg/m^3$；

$\rho_G$——液体蒸气密度，$kg/m^3$；

$c_p$——两相混合物的定压比热，$J/(kg \cdot K)$；

$T$——液体的储存温度，$K$；

$T_b$——液体在常压下的沸点，$K$；

$\Delta H_V$——液体的蒸发热，$J/kg$。

当$F_V \ll 1$时，可认为泄漏的液体不会发生闪蒸，此时泄漏量按液体泄漏量公式计算，此时泄漏出来的液体会在地面上蔓延，遇到防液堤而聚集形成液池；当$F_V < 1$时，泄漏量按两相流模型计算；当$F_V = 1$时，泄漏出来的液体发生完全闪蒸，此时应按气体泄漏处理；当$F_V > 0.2$时，可以认为不形成液池。上述公式用于介质从管道或设备直接泄漏到大气，对于埋地管道或设备，燃气从管道或设备泄漏经土壤渗透到大气时，应按渗透泄漏处理。

## 11.2.2 燃气的扩散

泄漏燃气的扩散模型与泄漏燃气的物理性质、泄漏管道系统的周边环境和气候条件有极大的关系。泄漏燃气温度、密度与大气温度、密度的差异及风速和泄漏现场各类障碍物的存在，使泄漏燃气扩散模拟变得十分复杂。

目前，泄漏燃气的扩散模型主要包括小孔泄漏模型、大孔泄漏模型和管道泄漏模型等，其中，小孔泄漏模型通常适用于因管道腐蚀产生细小的孔洞（直径20mm以下）引发的穿孔泄漏，由于管道腐蚀形成的孔洞极为细小，直径较小，因此不易被检查人员发觉，具有泄漏时间长、危险隐患大等特征；大孔泄漏模型是在泄漏孔洞直径在20~80mm之间时所采用的模型，在存在大孔泄漏的情况时，需要着重考虑管道气体流动状态，高压输气管道中，气体流动状态有两类，一是泄漏口位置对应的管道中心点压力稍微小于管道起始点压力且远大于临界压力时，泄漏过程为管道内亚临界流，二是当泄漏口位置对应的管道中心点压力远小于管道起始点压力而又大于临界压力时，泄漏过程变成管道内与泄漏孔为临界流的等熵膨胀过程；管道泄漏模型是指泄漏口直径几乎等于管道直径，即相当于燃气管道基本破裂时采用的一种模型，因为其泄漏直径与管道直径基本相等，因此，此时泄漏孔面积等于管道横截面面积，各个位置的气体压强与管道起始点压强相同。

以下介绍三种经典的燃气扩散模型，即高斯烟羽模型、高斯烟团模型和FEM3模型。

（1）高斯烟羽模型

高斯烟羽模型作为研究管道泄漏气体扩散的经典模型之一，具有适用性和条件性。其适用性和条件性主要体现在以下几个方面：一是泄漏气体性质，当泄漏气体为轻气及中性气体时，如天然气，可采用高斯烟羽模型；二是气体泄漏规模，泄漏规模较大时，可采用该模型；三是适用时间，高斯烟羽模型适用于短时间泄漏。除了具有适用性及条件性，该模型也具有计算量较小、计算精度较差、未考虑重力对气体扩散的影响等缺点，同时，也具备计算过程简单方便、应用范围广等优点。

（2）高斯烟团模型

高斯烟团模型在泄漏气体性质、泄漏规模、计算量、计算精度以及其他优缺点方面与高斯烟羽模型极为相似，其差异性主要体现在泄漏时间上。高斯烟羽模型适用于泄漏时间较短的情况，如突发性燃气泄漏，一般情况下，管道会因某些工程机械碰撞等原因，遭受挤压与外力撞击之后出现大口径破裂，而引起突发性燃气泄漏，出现此情况时，可通过高斯烟羽模型对泄漏气体的扩散情况进行计算；而高斯烟团模型则适用于泄漏时间较长的情况，如管道自身因自然磨损或者腐化而导致出现穿孔泄漏。这类泄漏由于孔洞直径较小，泄漏量也较小，不易被检查人员发现，因而出现持续泄漏。通过高斯烟团模型可分析诸如持续性燃气泄漏与扩散这一类型的燃气泄漏与扩散情况。

（3）FEM3模型

管道运输的燃气除天然气等轻气、中性气体之外，也存在重气。重气是指密度大于空气的气体，如液化石油气。当液化石油气等重气泄漏与扩散时，高斯烟羽模型与高斯烟团模型就不适用了，FEM3模型则适用于计算重气泄漏与扩散情况，并且在泄漏规模、泄漏时间等限制小，其计算量大、精度高。但是只适用于重气泄漏。

燃气泄漏模型与扩散模型均是为了通过该模型的使用与应用，计算燃气泄漏以及扩散情况，从而帮助相关人员掌握燃气泄漏与扩散的具体状况，有助于提高对燃气泄漏与扩散的理论认识，加强燃气泄漏与扩散的预防和监管工作，因而能够减少城镇管道燃气泄漏与扩散导致的重大事故，提高燃气使用安全性，保证城镇居民生命财产安全。

## 11.2.3 燃气泄漏扩散的中毒效应

有毒气体对人员的危害程度取决于毒气的性质、毒气的浓度以及人员与毒气接触的时间等因素。概率函数法是通过人们在一定时间接触某种有毒气体所造成的影响的概率来描述中毒效应。概率值 $P_T$ 与有毒气体的种类有关，且是接触时间和毒气浓度的函数：

$$P_T = A + B\ln I_f \tag{11-7}$$

$$I_f = C^n t \tag{11-8}$$

式中　$P_T$——概率值，是易感人员死亡百分数的量度，其值在 $1\% \sim 10\%$ 之间；

$A$、$B$、$n$——取决于有毒物质性质的常数，常见有毒燃气组分和燃气燃烧产物组

分的相关参数见表 11-2;

$I_f$——有毒物质载荷;

$C$——有毒气体的体积分数,$10^{-6}$;

$t$——接触有毒气体的时间为,min。

表 11-2　常见有毒燃气组分和燃气燃烧产物组分的相关参数

| 有毒气体组分名称 | 分子式 | $A$ | $B$ | $n$ |
|---|---|---|---|---|
| 一氧化碳 | CO | -37.980 | 3.700 | 1.00 |
| 硫化氢 | $H_2S$ | -31.420 | 3.008 | 1.43 |
| 二氧化硫 | $SO_2$ | -15.670 | 2.100 | 1.00 |
| 二氧化氮 | $NO_2$ | -13.790 | 1.400 | 2.00 |

当毒气浓度随时间而变化时,毒物载荷 $I_f$ 可用积分形式来表示:

$$I_f = \int C^n \mathrm{d}t \qquad (11-9)$$

对一定距离,由于毒气不断稀释,毒物浓度会随时间而改变,因而总的毒物载荷为

$$I_f = \sum_{i=1}^{m} C_i^n t_i \qquad (11-10)$$

式中　$I_f$——毒物荷载,kg;

$C_i$——指定距离内某一时间步内的浓度;

$t_i$——某一时间步持续的时间,s。

## 11.2.4　燃气的安全使用

燃气的安全使用主要涉及爆炸性和毒性,其原因分析如下:

(1)爆炸性

气体燃料容易与空气混合,当燃气泄漏到周围空气中,或空气混入灌装燃气的容器中,并且两者达到一定浓度比时,遇到明火就会燃烧以致爆炸。这是组织工程燃烧时应当严加防范的。

由燃烧理论可知,可燃混合气的着火爆炸是由火焰传播引起的。当可燃混合气中某个点着火后,则在其周围形成一个小火焰,这种高温火焰面又会引起临近燃气的着火,从而形成未燃气体中扩展的速度称火焰传播速度。火焰波经过的区域中将充满高温燃烧产物。若燃烧产物不能迅速排出,便会导致压力升高,这又会加速火焰传播。通常在火源附近火焰传播速度约每秒几米,以后可达每秒钟数百至上千米。由于火焰传播受阻,气体温度剧增,于是便发生爆炸。可燃混合气中燃气浓度不同,火焰传播速度也不同。当燃气处于某一浓度时,火焰传播速度都会减少,直到火焰不能传播。每种燃气的火焰传播速度都有两个极限值,对应

于低浓度的称为爆炸浓度下限，对应于高浓度的称为爆炸浓度上限。

不同燃气的爆炸极限宽窄各不相同，表11-3列出了若干常见气体燃料与空气混合时的爆炸浓度极限。可燃混合物的爆炸浓度极限与温度、压力、含氧量、点火源的能量、容器的大小及其壁面材料的性质等因素有关。通常初始温度高、压力高、含氧量大，其爆炸极限浓度扩大；容器小，向外散热快或其壁面能吸收活性基团，因而爆炸极限浓度减小。故下表给的参考值都是规定条件下的数值。燃气的爆炸浓度极限使用专用仪器测定，图11-1为爆炸极限测定装置示意图。其主要部件为用硬质玻璃制成的测爆管，其内径不小于50mm，长度不小于1m。燃气与空气按比例在其中混合，然后用点火电极点火。若不着火或火焰面升高不到1m，则判定为火焰不能传播。当火焰可传播，则在管中的指定位置测定火焰波到达时刻，即可得到火焰传播速度。

表11-3 若干气体燃料的爆炸浓度极限

| 名称 | 爆炸下限/% | 爆炸上限/% |
|---|---|---|
| 甲烷 | 5.3 | 15.0 |
| 乙烷 | 3.12 | 12.5 |
| 丙烷 | 2.2 | 9.5 |
| 丁烷 | 1.9 | 8.5 |
| 乙烯 | 3.05 | 28.6 |
| 丙烯 | 2.4 | 10.3 |
| 乙炔 | 2.6 | 80.0 |
| 氢气 | 4.1 | 75.9 |
| 一氧化碳 | 12.8 | 75.0 |
| 硫化氢 | 4.3 | 45.0 |
| 天然气 | 4.5~5.5 | 13.0~17.0 |

掌握了燃气的爆炸浓度极限，就能准确地估计生产过程中发生火灾和爆炸的危险程度，为制定防火措施提供依据。

（2）毒性

气体燃料中可能出现的有毒组分有 $CO$、$H_2S$、$SO_2$、$NO_x$ 等。

① CO的毒性　当CO吸入人体后，可与血液中的血红蛋白结合，生成离解缓慢的羟基血红蛋白。CO与血红蛋白的亲和力比氧气与血红蛋白的亲和力大200~300倍，这样一来就大大降低了血液向身体各部分输送氧气的能力，使机体中出现缺氧症状，从而损坏组织，乃至造成人员昏迷死亡。

② $H_2S$ 毒性　$H_2S$ 是无色有特殊臭鸡蛋气味的气体。短期内吸入高浓度的 $H_2S$ 后出现流泪、眼痛、眼内异物感、畏光、视觉模糊、流涕、咽喉部灼烧感、咳嗽、胸闷、头痛、头晕、乏力、意识模糊等。重者可出现脑水肿、肺水肿，极高浓度（1000mg/m³以上）时可在数秒内突然昏迷，发生闪电型死亡。高浓度接

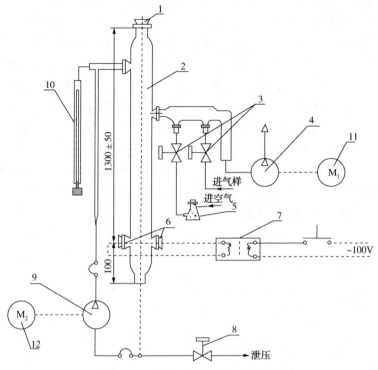

图 11-1　爆炸极限测定装置示意图

1—安全塞；2—反应管；3—电磁阀；4—真空泵；5—干燥瓶；6-放电电极；
7—电压互感器；8—泄压电磁阀；9—搅拌泵；10—压力计；11—$M_1$电动机；
12—$M_2$电动机

触眼结膜发生水肿和角膜溃疡。长期低浓度接触，可引起神经衰弱综合征和植物神经功能紊乱。

③ $SO_2$的毒性　$SO_2$是无色有刺激性臭味气体，引起中毒的途径为吸入、皮肤接触。$SO_2$轻度中毒时，发生流泪、畏光、咳嗽，咽喉灼痛等；严重中毒可在数小时内发生肺水肿；极高浓度吸入可引起反射性声门痉挛而致窒息。皮肤或眼接触发生炎症或灼伤。长期低浓度接触，可有头痛、头昏、乏力等全身症状以及慢性鼻炎、咽喉炎、支气管炎、嗅觉及味觉减退等。少数工人有牙齿酸蚀症。

④ $NO_x$的毒性　氮氧化物可刺激肺部，使人较难抵抗感冒之类的呼吸系统疾病，呼吸系统有问题的人如哮喘病患者，会较易受二氧化氮影响。对儿童来说，氮氧化物可能会造成肺部发育受损。研究指出长期吸入氮氧化物可能会导致肺部构造改变，但仍未确定导致这种后果的氮氧化物含量及吸入气体时间。

我国颁布的 GBZ 1–2010《工业企业设计卫生标准》明确规定，空气中 CO 最高允许浓度为$30mg/m^3$，$H_2S$ 最高容许浓度为 $10\ mg/m^3$，$SO_2$最高容许浓度为 $15\ mg/m^3$，氮的氧化物(折算为 $NO_2$)的为$5mg/m^3$。

318

（3）其他

为了防止因使用气体燃料而造成爆炸和中毒事故，在气体燃料的生产、输送与使用过程中均应充分注意安全。

首先应当避免气体燃料的泄漏。有关的造气设施、输送管道、储气柜与燃烧装置应当采用足够强度和寿命的材料制造、焊接并应连接牢固。投入使用前必须进行严格的检漏试验，对于那些承受较高压力的部分，必须在预定压力下进行检验。

对于那些难以完全避免出现少量泄漏的区域必须进行特殊的设计。例如，造气厂、气体燃料加压站、储气罐等应当远离居民区，且应设在该地区全年主要风向的下风侧。

建筑物壁面的存在容易造成某些气体的积累。因此在经常处理或使用气体燃料的建筑物内，保持通风良好具有十分重要的意义。一方面应当设计足够大的自然通风口；另一方面应根据建筑物的具体结构形式安装适当的送风机和排气机。在那些容易造成气体泄漏的工作地点，应建立经常性的空气试样分析。一旦发现有害气体超标就必须采取进一步的通风、换气措施。

若发现气体燃料确实发生了泄漏，则应当迅速采取应急措施。最主要是尽快将泄漏的气体排到室外。有些燃气的密度比空气大，容易沉积在地板附近，可利用这一特性将其沿较矮的开口驱出。另外在相关区域内严禁明火和非防爆电器的使用，它们产生的电火花很可能成为引发爆炸的直接原因。

那些在气体燃料泄漏危险较大场合工作的人员，应当采取特殊的防护措施，如配备适当的防毒面具、防火工作服等。

# 11.3 燃气的爆炸因素与爆炸效应

## 11.3.1 可燃混合气爆炸的因素

（1）火焰的传播

热爆炸理论又称为自燃理论，是关于系统内的化学反应放热与散热之间的关系导致的热自动点火的理论。分析火焰的传播便可以用这一理论来加以研究。假定火焰区由两个区域构成，如图 11-2 所示，一个区为燃烧区，另一个区为传导区或预热区。

火焰传播能维持的基本条件是从燃烧区内向预热区内的热流能够使预热区内的未燃气体达到着火温度，即

$$q_m c_p (T_i - T_0) = \lambda (T_f - T_i) \delta \qquad (11-11)$$

式中　$q_m$——进入火焰的未燃气体质量流率，kg/s；

　　　$c_p$——未燃气体的比热容，J/(kg·K)；

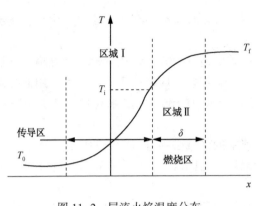

图 11-2　层流火焰温度分布

$T_i$——着火温度，K；

$T_0$——环境温度，K；

$T_f$——火焰温度为 $T_f$；

$\delta$——反应区厚度为，m；

$\lambda$——反应区的导热系数，J/（m·s·K）。

如果是一维层流燃烧，则有

$$q_m = \rho S_u A = \rho S_L A \quad （11-12）$$

式中　$\rho$——气体密度，kg/m³；

$S_L$——层流火焰传播速度，m/s；

$S_u$——燃烧速度，m/s。

由此可以得到层流火焰燃烧速度：

$$S_L = \frac{\lambda(T_f - T_i)}{\rho c_p(T_i - T_0)\delta} \quad （11-13）$$

此为根据热爆炸理论得到的关于火焰传播速度的数学表达式。

(2)爆炸形态

气体的燃烧形态可分为预混燃烧和扩散燃烧。预混可燃气体在大气中着火时，因为燃烧气体能自由的膨胀，火焰传播速度(燃烧速度)较慢，几乎不产生压力和爆炸声响，此情况可称为缓燃。而当燃烧速度很快时，将可能产生压力波和爆炸声，这种情形称之为爆燃。

在密闭容器内的可燃混合气体一旦着火，火焰便在整个容器中迅速传播。使整个容器中充满高压气体，内部压力在短时间内急剧上升，形成爆炸。而当其内部压力超过初始压力的 10 倍时，会产生爆轰。爆燃和爆轰的本质区别在于，爆燃为亚音速流动，而爆轰为超音速流动。

燃烧波加速产生爆轰波的机理如下：可燃混合气体开始点燃时形成燃烧波，燃气缓燃所产生的燃烧产物体积约为未燃气体的 5~15 倍，而这些已燃气体相当于一个燃气活塞，通过其产生压缩波，该燃气活塞给予火焰前面未燃气体一个沿管流向下游的速度。由于每个前面的压缩波必然能稍稍加热未燃混合气体，因此声速增加，而随后的这些波就追上最初的波，这种预热又必然使火焰速度进一步增加，于是也就进一步加速了未燃混合气体，达到在未燃气体中产生湍流的程度。这样就得到一个更大的火焰传播速度、更大的未燃气体加速度和压缩波，因此就可以形成激波。该波足够强，以至于依靠本身的能量就能点燃可燃混合气体，激波后的反应则连续向前传递压缩波，此波能阻止激波锋的衰减并得到稳定的爆轰波。

320

爆轰波中的火焰状态与提供所需维持能量的其他火焰状态没有什么不同。主要区别是爆轰波的波峰通过压缩(不通过热-热、热-质扩散)引起化学反应,并且本身能自动维持下去。另外的非本质差别就是,这种火焰能在高度压缩并已预热的气体中燃烧,而且燃烧极快。激波能直接引起爆轰的开始,而其他点火源(开式火源、正常火花等)就不能引起爆轰。在用其他点火源起爆时,最初传播的火焰受链载体的缓慢扩散或热传导的控制,而且仅在上述状态下才会发生爆轰。另外,当一个平面激波穿过一些可爆的新鲜气层时,由于压缩作用,它就连续不断地引起化学反应,而在该激波后面的火焰区就像前面一样紧接着持续下去。

扩散燃烧是可燃气体流入大气后,在可燃气体与助燃气体的接触面上所发生的燃烧。可燃气体从高压容器及其装置中泄漏喷出后产生的燃烧就是这种情况。其燃烧受可燃气体与空气或氧气之间的混合扩散速度支配。混合扩散速度越大或气体的湍流越强烈,燃烧的速度也就越快。

(3)燃烧速度

燃烧速度亦称为正常火焰传播速度,用来表示燃气燃烧的快慢。它指火焰从垂直于燃烧焰面向未燃气体方向的传播速度。在一定条件下,燃烧速度对于某种可燃气体是一定值。常见各种可燃气体的最大燃烧速度见表11-4。应该将燃烧速度与可见的火焰速度加以区分。可见火焰速度是未燃气体的流动速度与燃烧速度的和。已燃烧的气体因高温而使其体积膨胀,故可见火焰速度大都是呈加速状态的。同时,因未燃气体的流动速度是变化的,所以可见火焰速度不是定值。若在管道或风洞中,可见火焰速度则很大,其值在每秒数米到每秒数百米之间,当火焰进一步加速而转为爆轰时,速度可高达 1800~2000m/s。

表11-4 各种可燃气体与空气(氧气)混合物的最大燃烧速度

| 燃气种类 | 燃烧速度/(cm/s) | 混合比/% | 燃气种类 | 燃烧速度/(cm/s) | 混合比/% |
|---|---|---|---|---|---|
| 甲烷-空气 | 33.8 | 9.96 | 氢-空气 | 270.0 | 43.00 |
| 乙烷-空气 | 40.1 | 6.28 | 乙炔-空气 | 163.0 | 10.20 |
| 丙烷-空气 | 39.0 | 4.54 | 苯-空气 | 40.7 | 3.34 |
| 丁烷-空气 | 37.9 | 3.52 | 二氧化硫-空气 | 57.0 | 2.65 |
| 戊烷-空 | 38.5 | 2.92 | 甲醇-空气 | 55.0 | 12.30 |
| 己烷-空气 | 38.5 | 2.51 | 甲烷-氧气 | 330.0 | 33.00 |
| 乙烯-空气 | 38.6 | 2.26 | 丙烷-氧气 | 360.0 | 15.10 |
| 一氧化碳-空气 | 45.0 | 51.00 | 一氧化碳-氧气 | 108.0 | 77.00 |
| 丙烯-空气 | 68.3 | 7.40 | 氢-氧气 | 890.0 | 70.00 |

(4)理论氧含量与理论混合比

理论氧含量指可燃气体完全燃烧所必需的氧气量。所谓完全燃烧,则是指可燃气体在燃烧完成时，分子中的碳完全生成二氧化碳，氢则完全生成水。可燃气体在空气中完全燃烧时的燃气/空气比，通常用常温常压下空气中可燃气体的含量表示，称之为理论混合比或化学当量比。若可燃气体的分子式用 $C_nH_mO_\lambda F_k$ 来表示，燃烧反应方程式可表示为

$$C_nH_mO_\lambda F_k+[n+0.25(m-k-2\lambda)]O_2=nCO_2+0.5(m-k)H_2O+kHF$$

式中　$n$、$m$、$\lambda$、$k$——可燃气体中的碳、氢、氧及卤族元素的原子数。

因此，燃气与空气理论混合比 $C_{st}$ 的计算式为

$$C_{st}=\frac{100}{1+4.773\left(n+\dfrac{m-k-2\lambda}{4}\right)} \tag{11-14}$$

(5)爆炸界限

当空气中可燃气体的浓度比理论混合比低时，生成物虽然相同，但燃烧速度变慢，直至某一浓度以下火焰便不再传播。若可燃气体的浓度比理论混合比高，可燃组分则不能完全氧化而产生不完全燃烧，生成一氧化碳，此时燃烧速度亦会减慢，直至在高于某一浓度时不能传播。像这样火焰不再传播的浓度界限，称之为爆炸极限或燃烧极限。

因此，当可燃气体与空气或氧气混合时，存在着因可燃气体的浓度过高或过低而不发生火焰传播的浓度界限。其中，低浓度称为爆炸下限，高浓度称为爆炸上限。上、下限之间称为爆炸界限，或称为燃烧界限、可燃界限。

爆炸界限受到混合气体温度、压力的影响，不同燃气种类具有不同的爆炸界限。一般常温、常压下不同可燃气体的爆炸界限可通过一定的方法测量出来。表11-5 为常见燃气及蒸气常温常压下在空气中的爆炸界限。

表 11-5　常见燃气及蒸气的爆炸界限　　　　　　　　%(体积)

| 燃气种类 | 乙烷 | 乙烯 | 一氧化碳 | 甲烷 | 甲醇 | 戊烷 | 丙烷 |
|---|---|---|---|---|---|---|---|
| 爆炸上限 | 3.5 | 2.7 | 12.5 | 4.6 | 6.4 | 1.4 | 2.4 |
| 爆炸下限 | 15.1 | 34 | 74 | 14.2 | 37 | 7.8 | 8.5 |
| 燃气种类 | 丙烯 | 丁烷 | 焦炉煤气 | 发生炉煤气 | 高炉煤气 | 氢 | 甲苯 |
| 爆炸上限 | 2.0 | 1.55 | 5.6 | 20.7 | 35.0 | 4.0 | 1.2 |
| 爆炸下限 | 11.1 | 8.5 | 30.4 | 74.0 | 74.0 | 76 | 7.0 |

(6)可燃气体的着火

任何可燃混合气体即使在爆炸范围内，但如果没有点火源，它也是不能产生爆炸的。可燃混合气体的着火需要一定的条件，其条件之一便是着火温度。表11-6 是可燃气体在氧气和空气中的着火温度。

表 11-6　各种气体的着火温度　　　　　　　　　　℃

| 气体名称 | 在氧气中 | | 在空气中 | |
|---|---|---|---|---|
| | 着火温度④ | 着火温度⑤ | 着火温度④ | 着火温度⑤ |
| $H_2$ | 625 | 585 | 630 | 585 |
| CO | 687①，680② | 650③ | 693①，683② | 651③ |
| $CH_4$ | 664 | 556~700 | 722 | 650~750 |
| $C_2H_6$ | 628 | 520~630 | 650 | 520~630 |
| $C_3H_8$ | — | 490~570 | — | — |
| $C_5H_{12}$ | 355 | — | 600 | — |
| $C_2H_4$ | 604 | 510 | 627 | 513 |
| $C_3H_6$ | 586 | — | 618 | — |
| $C_2H_2$ | — | 428 | 435 | 429 |
| $C_6H_6$ | 685 | — | 710 | — |
| $CS_2$ | 132 | — | 156 | — |
| $H_2S$ | — | 227 | — | 364 |

①含 0.63%$H_2O$ 的空气；

②含 2%$H_2O$ 的空气；

③含 5.3%$H_2O$ 的空气；

④、⑤表示使用的不同测量方法。

（7）点火能量

导致可燃混合气体点燃的点火花，常见的有：静电、压电陶瓷、电脉冲以及电气机械造成的火花。通常电脉冲、压电陶瓷被用于需要点燃的场合，而静电以及电气机械造成的火花引起的点燃大多出现在不需点燃的非常场合，爆炸的发生经常是由这类火花造成的。电火花之所以能点燃可燃混合气体，是因为两极间的可燃混合气得到了点火花的能量而使其产生化学反应的结果。此时存在着点火所必需的能量界限，该能量称之为最小点火能。最小点火能的大小随可燃混合气的种类、组成、压力以及温度等因素的变化而变化。表 11-7 表示的是一些主要的可燃混合气体在常温、常压下的最小点火能。

表 11-7　几种可燃混合气体的最小点火能

| 气体种类 | 燃气/空气/%（体积） | 最小点火能/mJ |
|---|---|---|
| 氢气 | 29.5 | 0.019 |
| 乙炔 | 7.73 | 0.019 |
| 乙烯 | 6.25 | 0.096 |
| 丙炔 | 4.79 | 0.152 |
| 1,3-丁二烯 | 3.67 | 0.170 |

| 气体种类 | 燃气/空气/%(体积) | 最小点火能/mJ |
|---|---|---|
| 甲烷 | 8.50 | 0.280 |
| 丙烯 | 4.44 | 0.282 |
| 乙烷 | 6.00 | 0.310 |
| 丙烷 | 4.02 | 0.310 |
| 正丁烷 | 3.42 | 0.380 |
| 苯 | 2.71 | 0.55 |
| 氨 | 21.80 | 0.77 |
| 异辛烷 | 1.65 | 1.35 |

设电容为 $C(F)$，电压为 $V(V)$，气体的绝缘破坏电压为 $V_1$，放电终结后的电压为 $V_2$，则最小点火能 $E(J)$ 由下式计算：

$$E = \frac{1}{2}C(V_1 - V_2) \tag{11-15}$$

(8)绝热压缩引起的点火

当气体被压缩时，热损失很小，则可视为绝热压缩。设 $T_1$ 为气体的初始温度，$T_2$ 为气体被压缩后的温度，$p_1$ 为气体初始的绝对压力，$p_2$ 为压缩后气体的绝对压力。则绝热压缩时其温度变化的计算式为

$$T_2 = T_1 \left(p_2/p_1\right)^{(k-1/k)} \tag{11-16}$$

### 11.3.2 爆燃

可燃混合气爆炸后产生的影响，因爆炸的形态和爆炸所处的环境条件不同而不同。不同的环境条件导致爆炸所放出的能量亦不一样。爆炸时伴随而来的冲击波、噪声、火灾等现象，都会造成物体的破坏，碎片飞散及烧灼等有害影响。从不同环境的区别可以把爆炸分为密闭空间的爆炸和敞开空间的爆炸。其爆炸的不同形态可分为爆燃、爆轰和破裂。

燃气爆炸的能量指可燃气体与氧气反应产生的化学热以及被压缩气体因膨胀而放出的物理能等。爆炸过程能量通常用 TNT 当量来表征，TNT 当量取 4187kJ/kg。燃气的爆炸能量计算式为

$$W_{TNT} = \eta \frac{Q_g}{Q_{TNT}} W_f \tag{11-17}$$

式中　$W_{TNT}$——爆炸 TNT 当量，kg；

　　　$\eta$——爆炸有效系数；

　　　$Q_g$——燃气低热值，MJ/kg；

　　　$Q_{TNT}$——TNT 当量，kJ/kg；

$W_f$——燃料的总质量，kg。

爆炸有效系数的大小与燃料的种类有关，一般取值在 0.02～0.05，表 11-8 是可燃气体的 TNT 当量换算。

**表 11-8 可燃气体的 TNT 当量换算**

| 可燃气体 | 分子式 | 热值 $Q_g$/(MJ/kg) | $Q_g/Q_{TNT}$ | 可燃气体 | 分子式 | 热值 $Q_g$/(MJ/kg) | $Q_g/Q_{TNT}$ |
|---|---|---|---|---|---|---|---|
| 甲烷 | $CH_4$ | 50.0 | 11.95 | 异丁烷 | $i\text{-}C_4H_{10}$ | 45.60 | 10.90 |
| 乙烷 | $C_2H_6$ | 47.40 | 11.34 | 乙烯 | $C_2H_4$ | 47.20 | 11.26 |
| 丙烷 | $C_3H_8$ | 46.40 | 11.07 | 丙烯 | $C_3H_6$ | 45.80 | 10.94 |
| 正丁烷 | $n\text{-}C_4H_{10}$ | 45.80 | 10.93 | 氢 | $H_2$ | 120.0 | 28.65 |

# 11.4 燃气爆炸的预防与防护

## 11.4.1 燃气成分控制技术

燃气管道开始使用或者利用储气罐进行储气时，会遇到管内或罐内空气与将要存储燃气的安全置换问题，而在储气罐进行检修时，也会遇到罐内燃气与环境空气的安全置换问题。这是由于燃气与空气或空气与燃气的置换过程中，在储罐内或管内会形成爆炸性混合物，解决这一问题的主要方法是燃气的成分控制。

（1）含有惰性气体的爆炸范围

尽管燃气与空气的置换过程会进入燃气爆炸的浓度范围，如点燃条件不存在的话，爆炸是不会发生的。但在储气罐置换过程中，燃气与空气的混合是在罐内进行的，不容易监测和控制，而控制罐内燃气与空气混合物不在爆炸范围则是一项预防爆炸的可靠措施。

在储罐或管道进行置换之前，先给其中注入一定量的惰性气体，比如氮气、二氧化碳等，使装置内形成不具备爆炸性的混合气体。也就是说，在具有一定含量的惰性气体的燃气或空气中，即使再充入空气或燃气，也永远到达不了燃气的爆炸极限范围，这一点可以用正三角形或直角三角形线图来加以表示，如图 11-3 所示。

由图 11-3 可知，三角形的顶点和表示在氧气中的下临界点 $L_1$ 的连线为下临界线，与其上临界点 $U_1$ 的连线为上临界线。三角形具有如下的特征：在由某一单一成分相对应的顶点所引的直线上，能表示顶点组分与其他两种成分之比，所以甲烷与空气的混合物之比能在图中的空气线上求得。空气组分线与爆炸范围的交点 $L_2$、$U_2$ 即为甲烷在空气中的爆炸下限和上限。利用这一特征，各种气体成分的浓度变化，均可用上述方法通过图来表示。设有某一组分的混合气体 $M_1$，给其中添加甲烷，生成连接甲烷顶点与 $M_1$ 的所有各种不同组分的混合，混合均匀

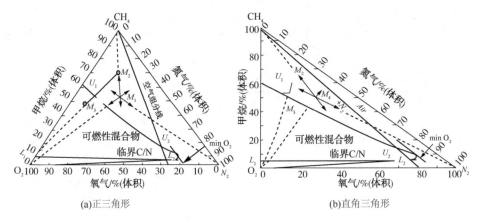

图 11-3 甲烷-氧-氮混合气体的爆炸范围(1atm，25℃)

后的新混合物组分为 $M_2$，若添加物为氧，则其组分位于连接 $M_1$ 和氧顶点的直线上。

添加两种以上的气体时，则可分为上述两个步骤来完成新的组成点的获得。比如添加甲烷和氧气时，首先加入甲烷得 $M_2$，其次再加入氧得 $M_3$。根据上述步骤组成的点和线，是在爆炸范围之内还是在爆炸范围之外，由此便可判断混合气体过程的爆炸危险性。从图得知，当往 $M_1$ 添加甲烷时，没有爆炸的危险，但在添加氧气后所构成的均匀混合气，则会处于爆炸范围之内。即使在均匀混合之前，由于要生成氧气的顶点与 $M_1$ 的连线上的各种成分的混合物，故此时具有爆炸的危险性。

连接顶点为 $CH_4$ 与 $N_2$ 的一边，是氧气浓度为 0 的线。平行与这条边的直线，表示在该直线上的混合物中的氧浓度为一定值。在氧气浓度为定值的许多条直线中，重要的是通过爆炸上限末端的线，它称为临界氧气浓度线，用 min $O_2$ 表示。如能添加惰性气体使可燃气体的氧浓度在临界值以下，即使其他组分的浓度发生任意的变化，也不会进入爆炸浓度范围。一些燃气的临界氧浓度见表 11-9。

表 11-9　各种可燃气体的临界氧含量(常温常压)

| 可燃气体 | 临界氧含量/%(体积) | | 可燃气体 | 临界氧体积分数/%(体积) | |
|---|---|---|---|---|---|
| | 添加 $CO_2$ | 添加 $N_2$ | | 添加 $CO_2$ | 添加 $N_2$ |
| 甲烷 | 14.6 | 12.1 | 汽油 | 14.4 | 11.6 |
| 乙烷 | 13.4 | 11 | 乙烯 | 11.7 | 11.0 |
| 丙烷 | 14.3 | 11.4 | 丙烯 | 14.1 | 11.5 |
| 丁烷 | 14.5 | 12.1 | 环丙烯 | 13.9 | 11.7 |
| 戊烷 | 14.4 | 12.1 | 氢 | 5.9 | 5.0 |
| 己烷 | 14.5 | 11.9 | 一氧化碳 | 5.9 | 5.0 |
| 苯 | 13.9 | 11.2 | 丁二烯 | 13.9 | 10.4 |

326

另外一条重要的线是从氧气线的顶点对下限线所作的切线，它表示可燃气体与惰性气体的临界比。如果在可燃气体中加入惰性气体使其浓度比在该临界比之下，那么，无论怎样加大氧含量，也不会使其处于爆炸范围之内。

同时，由于下临界线平行于底边 $O_2$-$N_2$ 线，故即使添加氮气等惰性气体也不会影响下限值。在采用添加惰性气体方法防止下临界线附近组分气体爆炸时，一定要考虑临界比，使惰性气体的浓度在临界比之上。特别值得注意的是，在往空气中添加惰性气体以防止可燃气体混合物燃烧、爆炸时，很多情况下要用到可燃气体-空气-惰性气体混合物的爆炸范围图。

图 11-4 是往空气中加入惰性气体时甲烷的爆炸范围图。从图中看出，如果添加卤化物，防止爆炸的效果是非常明显的。

（2）置换过程的选择

城市燃气工程中，储气设施的使用是广泛的。其中利用储气罐储气又极为平常，目的是用来平衡燃气用量的不均匀性。而在这些储气罐投产时和运行过程中需要检修时，通常要将储气罐内部的空气或燃气安全的置换出来，以防止罐内产生爆炸性混合物而发生爆炸事故。通常采用的方法有用水置换和用惰性气体置换，前者对于小容量的储气罐是可以的，而对于大型储气罐则用后者。

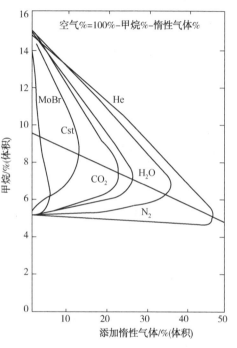

图 11-4　甲烷与不同种类的惰性气体混合物的爆炸范围

从图 11-3(a)中可以看出，一旦其中的惰性气体含量增加到某一临界值时，则其后的过程中，空气或燃气的浓度条件都不会达到该燃气的爆炸范围。在三角形线图内的任何一点所表示的是构成三角形线图的三种混合气体的组成，在添加其中的任何一种组成的时候，该点会在图中移动，这意味着其混合气体组成的变化。假如初始组分是 $M_1$，若添加甲烷，则 $M_1$ 点沿 $M_1$ 与甲烷顶点之连线移至 $M_2$，图中标明了这三种组分增减时的 $M_1$ 点的位移趋势，而且可以判断其位移是否通过爆炸浓度区域，进而说明，寻找一种不通过爆炸区域的混合气体过程是完全可能的。

① 储罐内的空气置换成燃气。假如储气罐内的初始气体为空气，最终应在

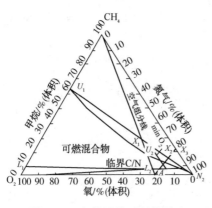

图 11-5　气体置换过程的图示

其中充装甲烷，如果不添加惰性气体，直接充装的话，储气罐内的气体组成将沿图 11-5 中的空气组分线与 $O_2$-$N_2$ 边的交点向上移动。气体的初始点在 A 处，显然这将穿过爆炸浓度范围。但是，如在罐内的空气中先注入一定量的惰性气体氮气，储气罐内的气体成分初始点将移至 $A_1$ 点，而 $A_1$ 与甲烷顶点之连线完全可能离开爆炸区域。是否不再穿过爆炸区域则以 $A_1$ 与甲烷顶点之连线与爆炸范围线相切为标志，其切点便为临界氧浓度。也就是说，当甲烷、氧气、氮气组成的混合气体中，氧浓度低于临界氧浓度时，则在其中充装甲烷是绝对安全的。不同燃气采用不同惰性气体置换时，都有相应的临界氧浓度。依据上述原理的置换，可以利用惰性气体置换的方法。其置换过程可以采取两种方式。一种是升压置换的方法，在储罐中充入一定数量的惰性气体，使储罐内混合气体中的氧浓度在临界氧含量以下，然后再充入可燃气体，这时储罐内的压力是升高的；另一种是等压置换的方法，该方法是在充入惰性气体的同时，排放出惰性气体与空气的混合物，直到储罐中的氧气含量低于临界氧含量为止。

② 储罐内的燃气置换为空气。若以空气置换燃气储罐，其置换方法同样有两种（图 11-5）。一种方法是在燃气中充入氮气，使其达到从 A 点向爆炸范围曲线所引之切线与 $CH_4$-$N_2$ 边的交点 $X_3$ 所示的浓度，然后再充入空气。另一种方法，由于甲烷的爆炸上限不高，故在储气罐内存在相当数量的空气都是安全的，为此，可利用三角形线图详细制作其置换过程。储罐内气体成分的起点在甲烷顶点，向内注入空气后其成分将沿空气组分线移动，直到 $U_2$ 直线交空气组分线于 $X_1$，当空气充装至 $X_1$ 点所表示的浓度时，停止注入空气，改注入氮气，其储罐内气体的成分将沿氮气顶点-$X_1$ 线移动。此时在三角形线图上再作一条从空气组分点 A 引向 $CH_4$-$N_2$ 边的直线与爆炸范围相切并 $CH_4$-$N_2$ 边于 $X_3$ 点。充氮过程至 $X_1$-氮气顶点与 A-$X_3$ 之交点 $X_2$ 结束，然后又改充空气，罐内的气体成分则沿 $X_3$-A 线从 $X_2$ 到达 A，置换过程结束。

③ 燃气安全置换工艺

气体置换工程中，经常采用添加惰性气体的方法来防止发生爆炸。在置换工艺的安排时，除了考虑气体的爆炸特性外，还应考虑燃气的性质（如比重、扩散特性、比热）、所用惰性气体的性质、惰性气体的出入口、置换气体的输入速度、置换时的升压速度等。由此可以合理的安排置换工艺，减少置换气体的用量，达到经济、安全的置换效果。在置换的过程中，防止被置换的管道或容器空间出现

328

难以置换的死角是很重要的。如液化石油气储气罐在检修之前的置换，若其中有死角未置换彻底，便会出现置换结束一段时间后又会出现爆炸性气体的可能。这是因为滞留部位的残液或附着污垢再次蒸发而成为可燃气体的缘故。

## 11.4.2 超压预防技术

燃气高压容器或具有压力的管道在特殊情况下有出现超压的可能，其后果会导致破裂。在燃气管道输送系统中，如高、中压燃气管网系统与低压燃气管网系统的连接通常是用高、中、低压调压器进行的，如果调压装置失灵，则会将高压或中压的燃气串入低压系统，由此引起低压管路的泄漏、用户设备的破坏、连接软管脱落，进而引起爆炸、火灾等事故。有些使用箱式调压装置的系统，高中压燃气的调压是在楼栋外进行的，如果箱式调压装置失灵，则同样会直接导致高、中压燃气进入用户，其后果也很危险。因此，超压预防技术对于燃气输送与储存系统十分重要。常用的超压预防技术是采用安全装置，如安全阀、安全水封、安全回流阀、超压安全切断阀、自动喷淋装置等。下面主要介绍安全阀的使用。

（1）安全阀的工作原理

安全阀是一种为防止压力设备超过使用极限压力而发生破裂的安全装置。它是一种常闭的阀门，平时利用机械荷重的作用（弹簧、重块等）来维持阀门的关闭状态，而当内部压力达到安全阀的排放压力时，阀门便被打开，内部介质喷出，起到泄压排放的目的。当储罐内的介质压力降低到安全阀的关闭压力时，安全阀又重新关闭。安全阀通常安装在：高压设备（如高压储气罐、高压管道、锅炉），操作压力大于 0.07MPa 的压力容器、压缩机或泵的出口，可燃气体或液体受热膨胀可能超过设备使用压力的设备上。

（2）安全阀的排放压力与排放面积

安全阀的排放压力指安全阀开始排放时容器内介质的压力，应根据容器的内部压力允许值来确定，一般为设计压力的 1.2 倍。安全阀的排放面积应保证足够的排放量，满足控制容器内介质继续升压的要求。安全阀的排放面积是根据容器内需要排放的介质流量来决定的。对于液化石油气而言，安全阀通常在储罐的温度升高（火灾等情况）时动作，此时的排放量依赖于储罐接受热量的多少。设安全阀的排放压力为 $p$（MPa），液化石油气的摩尔质量为 $M_{LPG}$，储罐内的液化石油气对应于排放压力的饱和温度为 $T$，可按下式计算：

$$F = \frac{67c_{SW}A_S^{0.82}}{rp\sqrt{M_{LPG}/T}} \qquad (11-18)$$

式中　$F$——安全阀口的总通过面积，$cm^2$；

　　　$c_{SW}$——储罐的保温修正系数，取值见表 11-10；

　　　$A_S$——储罐的湿表面积，$m^2$；

　　　$r$——LPG 的汽化相变焓，kJ/kg。

表 11-10    储罐的保温修正系数

| 保温情况 | 保温材料的总传热系数/[kJ/(m²·h·℃)] | | | 不保温 | 埋地 |
|---|---|---|---|---|---|
| | 83.740 | 41.870 | 20.935 | | |
| $c_{sw}$ | 0.300 | 0.150 | 0.075 | 1.000 | 0.300 |

## 11.4.3    静电消除技术

静电的产生是由于不同物质的接触和分离或相互摩擦而引起的。如生产工艺中的挤压、切割、搅拌、喷溅、流动和过滤以及生活中的行走、站立、穿脱衣服等都会产生静电。静电的产生与物质的导电性有很大的关系，电阻率越小，则导电性能越好。当电阻率为 $10^{12}\Omega \cdot cm$ 时，物质最易产生静电，而当物质的电阻率大于或小于该值都不易产生静电。

静电防护的方法有两类：一类是防止相互作用物体的静电积累，如将设备的金属件和导电的非金属件接地，增加电介质表面的电导率和体积电导率；另一类是事先预防不希望发生的情况和危险出现，如在工艺设备上安装静电中和器或使工艺过程中的静电放电发生在非爆炸性介质中。

常用的静电消除方法主要包括：

（1）静电接地

静电接地就是用接地的方法提供一条静电荷泄漏的通道。实际上静电的产生和泄漏是同时进行的，是带电体输出和输入电荷的过程。可以引起火灾、爆炸和危及安全场所的全部导电设备和导电的非金属器件，不管是否采用了其他的防止静电措施，都必须接地。静电接地的电阻大小取决于收集电荷的速率和安全要求，该电阻制约着导体上的电位和储存能量的大小。实验证明，生产中可能达到的最大起电速率为 $10^{-4}$ A，一般为 $10^{-6}$ A，根据加工介质的最小点燃能量，可以确定生产工艺中的最大安全电位，于是满足上述条件的接地电阻便可以计算出来。设静电接地的电阻为 $R$，最大安全电位即点燃界限电位为 $V_m$(V)，详见表 11-11，最大起电速率 $Q_f$(A)，则

$$R < \frac{V_m}{Q_f} \qquad (11-19)$$

表 11-11    可燃混合物的点燃界限与电位

| 可燃混合物 | 最小点燃能量/MJ | 点燃界限电位/kV |
|---|---|---|
| 氢和氧 | <0.01 | 1 |
| 氢、乙炔和空气 | 0.01~0.10 | 8~10 |
| 大部分可燃气体或蒸气与空气 | 0.1~1 | 20~30 |

在空气湿度不超过 60% 的情况下，非金属设备内部或表面的任意一点对大地

的流散电阻不超过 $10^7\Omega$ 者，均认为是接地的。这一阻值能保证静电弛豫时间常数的必要值，即在非爆炸介质中为十分之几秒，在爆炸介质中为千分之几秒。弛豫时间常数 $\tau$ 与器件或设备的接地电阻 $R$ 和电容 $C$ 的关系为 $\tau=RC$。电容 $C$ 如果很小，则电流流散电阻可能高于 $10^7\Omega$。依据这一观点计算出的最大允许接地电阻值见表 11-12。防止静电接地装置通常与保护接地装置接在一起。尽管 $10^7\Omega$ 完全可以导出少量的静电荷，但是专门用来防静电的接地装置的电阻仍然规定不大于 $100\Omega$。

**表 11-12　器件电容与允许接地电阻**

| 周围介质 | 器件中电容 $C$(F)时的允许接地电阻 $R(\Omega)$ | |
| --- | --- | --- |
| | $10^{-11}$/F | $10^{-10}$/F |
| 爆炸危险($\tau=10^{-3}$s) | $10^8$ | $10^7$ |
| 非爆炸危险($\tau=10^{-1}$s) | $10^{10}$ | $10^9$ |

（2）静电中和

一种结构简单的防静电装置由金属、木质或电介质制成的支承体，其上装有接地针和细导线等。带电材料的静电荷在静电感应器的电极附近建立电场，在放电电极附近强电场的作用下产生碰撞电离，结果形成两种符号的离子。

碰撞电离的强度取决于电场强度，而电场强度的提高，在其他条件相同的情况下，首先是依靠放电电极的曲率半径的减少和电极最佳间距的选择。

（3）降低工艺管道的流速

通过管道输送的液态液化石油气，为保证其输送至储罐中是安全的，应该控制液体在管道中的流速。不同管径允许的最大流速见表 11-13。

**表 11-13　不同管径允许的最大流速**

| 管径/mm | 最大流速/(m/s) | 管径/mm | 最大流速/(m/s) |
| --- | --- | --- | --- |
| 10 | 8.0 | 200 | 1.8 |
| 25 | 4.9 | 400 | 1.3 |
| 50 | 3.5 | 600 | 1.0 |
| 100 | 2.5 | — | — |

## 11.4.4　安全切断技术

当事故发生时，与事故现场相邻的管道或设备会处于危险状态，或者管道和设备本身是可以使事故扩大的一种源头，那么采用安全切断的方法可以使事故扩散的可能性减小。因此，在许多系统中，采用安全切断技术作为系统的安全保证是必要的。

(1)紧急切断系统

高压管路的紧急切断系统由紧急切断装置和危险参数感应装置构成，系统中使用的主要设备是紧急切断阀和易熔合金塞。它在正常状态下依靠高压油的压力使阀口开启，油泵将加压的油沿油管送到紧急切断阀上部的油孔并进入油缸中。加压的油在阀内油缸中克服弹簧力，推动带阀芯的缸体下降，使阀芯与带活塞杆的固定阀座离开，阀门开启，液体由下而上流出。当发生事故时，使油缸泄压，这时阀芯在弹簧力的作用下向上移动，恢复到原来的位置，阀芯也紧紧地压在阀座上，起到紧急切断的作用。危险参数的感应装置通常使用易熔合金塞，用它感应危险场所的温度。利用易熔合金的低熔点性质，当火灾导致温度上升时，将金属熔化而使紧急切断阀的高压油路泄压，实现紧急切断。在需要紧急切断的系统中，采用电磁阀和电动液压阀。传统电磁阀的电动部件可以是交流螺线管、整流交流螺线管或直流螺线管，气阀部件可以是直接作用式的阀门，当螺线管中有电流通过时，阀门被线圈所产生的磁力吸住而开启，一旦螺线管的电流被切断时，阀门则在弹簧力的作用下迅速关闭。也可以用手动复位的阀门或断电开启的阀门。电磁阀广泛用作控制阀和紧急切断阀。在燃烧系统中用于控制燃烧器气源的电磁阀，对于阀口的密封力，一般不小于14kPa。电力液压阀是应用普通电磁阀作为控制阀的安全切断阀。

(2)安全切断系统

在燃气应用设备的供气管路上，管道的内漏往往会导致重大事故的发生。在类似于工业加热装置的燃烧系统中，燃气通路的安全关闭是需要绝对可靠的，必须尽量减少关断的失败。减少关断失败可能性的最简单方法是在需要关断的管路上设置两个串联起来的阀门。如果一个阀门失效的可能性是 $P$，则两个阀门失效的可能性则为 $P$ 的平方，这可以明显的提高可靠性。但如果不及时对阀门的情况进行检查，就可能发生两个阀门连续失效的可能性。为了消除制造误差产生的影响，可采用不同批次生产的两个阀门进行串联，也可使两个阀门按不同的方式工作。当燃气压力低于某一数值的时候，有必要对燃烧器前的燃气进行切断，可采用低压断流开关。它通常安装在压缩机的进口，用于在进气压力低于某一数值时，切断压缩机的电源。由于膜片的辅助补偿作用，当此阀处于关闭状态时，单靠恢复进口的压力不能使之开启，必须手动复位。这是所有起保护作用的阀门所必须具备的特点。为恢复向燃烧器供气，需要满足三个条件：燃气压力到达某一正确值；关闭下流所有的阀门；手动复位阀门。

(3)熄火保护系统

一般熄火保护装置应符合下列要求：保证燃烧器正确的点火程序；在小火点燃以前，确保燃气不流向主燃烧器；在主燃烧器点燃之前，确保燃气不以满负荷流向主燃烧器；不存在任何固有的缺陷，只要正确的组装，就不会失效而造成危险；在火焰意外熄灭时，中断向燃烧器的全部供气，然后要求手动复位(在装有熄火保护装置的任何燃烧设备中，不宜使用不加保护的小火点火器）；只对小火焰为主火进行点火的部分进行检测，也就是说，火焰检测器不会因为直接为主火点火火焰的存在而动作，也不因某些模拟火焰条件的存在而发生动作；除热电式和热胀式装置外，都应具有安全启动检查程序，只要点火前处于"火焰-开"的状态，就应制止燃气阀门和电点火装置动作，热电式装置在小火确实点燃前，都应确保能手动切断主火燃气；机械和电气构造都应便于维修，并应适应燃气特性和供电电压等因素的变化；对于不同的安全保护对象，熄火保护装置的动作时间要求并不一样，最短的动作时间要达到 $1~2s$，而最长的时间也不会超过 $60s$。

### 11.4.5 爆炸泄压技术

爆炸泄压技术是一种对于爆炸的防护技术，其目的是减轻爆炸事故所产生的影响。爆炸泄压对于爆轰的防护是不起作用的。所谓泄压防爆就是通过一定的泄压面积释放在爆炸空间内产生的爆炸升压，保证包围体不被破坏。

## 11.5 燃烧装置噪声的来源与控制

### 11.5.1 燃烧装置噪声的来源

在燃烧系统中，噪声主要来源于风机、气流和火焰。

（1）风机噪声

风机在一定工况下运转时，产生强烈的噪声，其中包括空气动力性噪声和机械性噪声。所谓空气动力性噪声是由周期性的排气噪声（即气流旋转噪声）和涡流噪声两部分组成。当鼓风机叶轮在一定压力条件下运转时，周期性地挤压气体并撞击气体分子，导致叶轮周围气体产生速度和压力脉动，并以声波的形式向叶轮辐射，这就产生了周期性的排气噪声。而在叶轮高速旋转的同时，其表面会形成大量的气体涡流，当这些气体涡流在叶轮界面上分离时，就产生了涡流噪声。

旋转噪声的强度主要与风机叶轮的转速、排气的静压力、风机的流量等因素有关，其噪声频谱一般为中频（$300~1000Hz$）和低频（$300Hz$ 以下），并且伴有一定的峰值，而涡流噪声则取决于风机叶轮的形状以及气体对于机壳的流速和流态等，通常是连续的中频和高频（$1000Hz$ 以上）噪声。

鼓风机运行时产生的机械性噪声，主要是由齿轮或皮带轮传动以及由于风机装配精度不高、机组运转时不平衡所产生的冲击噪声与摩擦噪声。此外，还有电机的冷却风扇噪声、电磁噪声。风机排气管与调节阀在整个机组运行时会产生强烈的噪声。特别在调节阀处，由于气流速度高，产生湍流，也引起很大噪声。

显而易见，鼓风机是一个多种噪声的声源，它在运行时，有高强度的噪声从进（排）气口、管道、调节阀、机壳以及传动机械等各部位辐射出来。

（2）气流噪声

当燃烧系统中的气流形成湍流时，出现了速度和压力的脉动，便产生了噪声。由于这种脉动具有随机性，因此气流噪声是宽频带噪声。

喷嘴流出的燃气向相对静止的气体中扩散时，气流方向和流束截面突然变化，会引起很大的噪声。喷嘴有毛刺或孔口粗糙不圆时，气流经喷嘴收缩便产生了偏位噪声。燃气压力越高，偏位噪声越大。燃气流出喷嘴后，在与周围空气进行强烈混合的过程中还产生射流噪声。其强度正比于 $\nu_1^8 F_j$（此处 $\nu_1$ 是喷嘴出口速度，$F_j$ 是喷口截面积），主要分布在其轴向的 $20° \sim 60°$ 范围内，随着离开喷嘴距离的增加而显著减弱。这种噪声属于宽频带噪声，其最高频率约为 $\nu_1/d$（$d$ 是喷嘴直径）。

引射器工作时，如果混合管粗糙或有毛刺，气流通过时也要产生噪声。此外，喷嘴到喉部的距离不合适、一次空气吸入口的形状和尺寸不合适，也会产生噪声。实验证明，一次空气吸入口采用大孔比开一些小孔产生的噪声少。

（3）火焰噪声

火焰噪声是由于燃烧反应的波动引起的局部地区流速和压力变化而产生的。均匀混合的层流火焰是无声的。火焰噪声来源于气流的紊动和局部地区组分不均匀。

火焰噪声的大小和燃烧器的火孔热强度及一次空气系数有关。火孔热强度越大，混合物离开火孔的速度越大，噪声也越大。增大一次空气系数，火焰变硬，产生的噪声也大。

在燃烧点火时，若点火器失灵或安装位置不合适；或者火孔传火性能不好，开启阀门后便不能立刻将燃气点燃，就会在火孔周围积聚大量燃气-空气混合物。当这些气体着火时，由于气体体积膨胀便引起一种振荡，产生噪声。

燃烧过程产生回火时，先出现一个回火噪声，然后在喷嘴附近管路中的燃烧又不断地产生噪声。

突然关闭燃气阀门，随着火焰熄灭也会发出噪声。灭火噪声可以看成是燃气流量为零时的回火噪声。焦炉煤气比天然气和液化石油气更容易产生灭火噪声。

（4）燃烧振荡

有时燃烧系统发出的是主要由单一频率组成的大噪声。这时燃烧器、燃烧室、加热炉和烟道内常形成驻波（发送出去的振动波与由固定壁返回的相同振动波相叠加而形成等距波节，波节两端各点位置始终不变，这样的波看起来并不向前传播，叫驻波）。驻波与火焰相互作用引起供气和燃烧过程的脉动。在一定条件下就形成共振。比如，风机产生的某一频率振动与燃烧器中燃气流相互作用而产生共振噪声。也可能是两个类似的噪声源之间相互作用，例如一对燃烧器的相邻火管，单用一个时没有什么噪声，而当两个火管同时使用时就发出很大的噪声。

## 11.5.2 燃烧装置噪声的控制

(1)控制声源

① 提高风机装配的精确度，消除不平衡性。选用低噪声的传动装置，避免电机直联而又无声学处理。采用合适的叶轮形状和降低叶轮转速可减少旋转噪声。对于已定风机，应当准确安装并注意维修保养以减少机械噪声。

② 改变喷嘴形状减少噪声的产生。花形喷嘴和多孔喷嘴较单孔喷嘴产生的噪声小。这是由于射流相互干扰使射流起始段的特性发生变化的结果。但是，花形喷嘴加工困难，工程上常采用多孔喷嘴，特别是对中压引射式燃烧器更为合适。此外，降低燃气的压力和喷嘴的出口流速，不仅可以减少射流噪声，而且还可降低燃烧噪声。

③ 减少燃烧器热负荷，可以减少噪声。当燃烧器热负荷为 $Q$，其声功率 $W$ 为

$$W = kQ^2 \tag{11-20}$$

若将燃烧器数目增为 9 个，每个燃烧器的热负荷为 $Q$，则整个声功率为

$$W' = nk\left(\frac{Q}{n}\right)^2 = \frac{1}{n}W \tag{11-21}$$

由此可见，增加燃烧器的数目，可以降低噪声功率。此外，合理选择燃烧器设计参数和注意运行工况的调整，使燃烧器稳定工作，也是减少噪声的有力措施。

(2)控制噪声的传播

对已产生的噪声采取吸声、消声、隔声和阻尼等措施来降低和控制噪声的传播，也是十分有效的。常用的减噪装置有：

① 隔声罩

将发出噪声的机器(如风机等)完全封闭在一个隔声罩内，防止噪声向外传播。在隔声罩内须衬以多孔材料，通过摩擦把声能消耗掉。或者在隔声罩内壁覆以具有黏滞阻尼的材料防止罩内声强积累。为防止机器噪声通过连接管道带出罩外，必须采用柔性接管。

② 吸声材料

多孔性吸声材料的构造特征是具有许多微小的间隙和连续的孔洞，有良好的通气性能。当声波入射到其表面时，将顺着这些孔隙进入材料内部并引起孔隙中的空气和材料细小纤维的振动。因为摩擦和黏滞阻力的作用，就使相当一部分声能转化为热能而被消耗掉。这就是多孔材料吸声的原理。通常使用的吸声材料有玻璃棉、矿渣棉、毛棉绒、毛毡、木丝板和吸声砖等。

多孔吸声材料的吸声系数(被吸收的声能与入射声能之比)一般在实验室测定。它的吸声性能不仅与材料的厚度、密度和形状有关，而且也与材料和刚性壁

面之间的距离以及入射声音的频率有关。一般来说，多孔材料对高频入射声音的频率有关，多孔材料对高频吸收比低频好。随着材料厚度的增加，对高频的吸收并不增加，但提高了低频吸收。如果把多孔材料装置在刚性壁外某个距离处（即在材料后面留一段空气层），则它的吸声系数有所提高。空气层厚度近似于1/4波长时，吸声系数最大。另外，还可将吸声板做成一种由薄板和板后空气层组成的振动系统，当入射声波碰到薄板时，就引起这一系统产生振动，并将一部分振动能变为热能，如继续激发并保持板的振动，就消耗了声能。当入射声波的频率接近于振动系统的固有频率时，就产生了共振。此时系统振动得厉害，从而得到显著的吸收，其特点为能吸收低频噪声。

③ 消声器（声学滤波器）

导管中使用的消声器是靠声阻抗的变化来阻止声波自由通过，部分反射回声源，来减少噪声。常用的基本方法是改变导管横截面和提供旁侧支管。

# 11.6　碳氧化物的生成与防治

## 11.6.1　碳氧化物的生成

碳氧化物包括一氧化碳（CO）与二氧化碳（$CO_2$）。一氧化碳是无色、无臭的有毒气体，化学性质较稳定，它的人为来源主要是矿物燃料燃烧、石油炼制、钢铁冶炼、固体废物焚烧等，一氧化碳是排放量最大的大气污染物，据统计，现今每年人为排放一氧化碳总量为 $(3\sim4)\times10^8 t$，其中一半以上来自汽车废气。大气中一氧化碳的消除作用现已知道的有羟基自由基氧化作用（形成二氧化碳），更主要是土壤微生物的代谢过程。

一氧化碳能够与血红蛋白相互结合，降低后者的输氧能力，严重时可使人窒息死亡，但环境大气中的一氧化碳浓度尚不会造成此种危害。关于人体长期接触低浓度一氧化碳对健康的影响问题，现今还没有肯定的结论，一氧化碳可参与光化学烟雾的形成反应而造成危害。

防止与控制一氧化碳污染的主要措施包括：改进燃烧装置与汽车发动机；优化燃烧技术，使燃料得到充分燃烧；综合利用含一氧化碳的工业废气；采用不排放一氧化碳废气的无污染能源；加强管理，减少工业装置泄漏与逸散等。此外，许多国家都制定了控制一氧化碳的环境标准，中国颁布的《大气环境质量标准》明确规定，自然保护区、风景游览区等地区执行一级标准，一氧化碳日平均浓度值不得超过 $4mg/m^3$，任何一次采样的测定值不得超过 $10mg/m^3$；居民区、文化区等地区执行二级标准，一氧化碳的浓度容许值同一级标准；工业区等地区执行三级标准，一氧化碳日平均浓度值不得超过 $6mg/m^3$，任何一次采样的测定值不得超过 $20mg/m^3$。

二氧化碳是无色、无毒气体，对人无害，一般不列为环境污染物。然而，由于大气中的二氧化碳浓度不断上升，可能引起地球气候的变化并产生"温室效应"等后果，因而受到人们的关注，据估计，现在每年排入大气中的二氧化碳总量为$(100\sim200)\times10^8t$，几乎全部来自矿物燃料的燃烧，其天然来源有森林火灾与火山爆发，但数量很少。一氧化碳的光化学氧化也产生二氧化碳，二氧化碳可为海水吸收与参与植物的光合作用而被消耗一部分，它在大气中的存留时间为10年左右。

（1）温室效应

太阳表面的温度大约为6000K，这一高温表面不断地以电磁辐射的形式向四周发射能量，其波长较短。地球上的陆地和海洋接受了太阳的辐射，温度有所升高，也连续地把热量辐射出去，但其波长较长。大气中有一些气体，如$CO_2$、$H_2O$、$CFC_s$、$N_2O$等，在红外区（即波长为$5\sim20\mu m$）内有较强吸收能力。它们能吸收由地面反射回来的红外辐射，并将其中一部分辐射回地面。这样，大气层允许太阳辐射的能量穿过而进入地表，却阻止一部分长波能量从地球逃逸，从而使地球表面保持一定的温度。这一现象恰似温室的作用，故被称为"温室效应"。这些气体，则被称为"温室效应气体"，据分析，$CO_2$对温室的作用占55%，$CFC_s$占24%，两者之和高达80%。

在大规模使用矿物燃料和开采森林资源以前，碳在海洋、大气、生物圈之间的循环，基本上保持在一个稳定的水平。最新研究证实，在过去几千年中，二氧化碳在大气中的浓度变化不超过40ppm（体积比）。但是，工业革命和经济发展给碳的循环带来了巨大变化，到1980年，全球一年的碳燃烧量达$50\times10^8t$，燃烧后释放出的二氧化碳大大超过了地面植物和海洋的吸收能力。据统计，19世纪80年代中叶大气中二氧化碳的浓度为290ppm（体积比）；20世纪70年代增加到328ppm（体积比），到20世纪末达到375ppm（体积比），2005年达到380ppm（体积比）。在二氧化碳浓度不断增长的同时，大气中的其他温室效应气体也在不断增加，这不仅加强了二氧化碳的作用，而且还与二氧化碳一起形成了对温室效应的放大作用，使地球表面温度升高。

（2）温室效应气体带来的后果

如果大气中没有二氧化碳等温室效应气体，则地球表面将是一个−18℃的冰冷世界。但是，温室效应气体在大气中的浓度不断增加，也会带来许多难以估量的后果。

① 地表温度升高：据统计，从1850～1980年，地面平均温度升高0.7～2℃，而1980年以后的50年中，温度将升高1.5～4.5℃，为前130年的2倍。

② 海平面升高：全球变暖后，由于海水膨胀、冰山融化、冰架移入海中，海平面将升高。据估计，到2080年全球海平面可升高57～368cm。其后果将是淹没陆地、侵蚀海滩、增加洪水泛滥的灾害以及海口盐碱化。

③ 改变降水规律：由于地球变暖改变了大气环流及大气含水量，从而改变正常的降水规律。预计温带地区温度将明显升高，使降水量减少。现在的肥沃土地将因干旱而使耕种困难，而在一些较寒冷地带气候将变得温和些，水源也较前丰富，全球农作物生产将出现新情况。

## 11.6.2 碳氧化物的防治

大气中痕量气体浓度增加带来的影响已逐渐被人们所认识。科学家们通过大量测试数据建立起许多模式，预测各种变化及其后果。

防止气候变暖是全人类的事，1988 年成立了"国际气候变化专门机构（IPCC）"，对控制温室效应气体进行合作。在该机构内进行着以英国为首的科学研究、以苏联为首的气候变化预报和以美国为首的政策研究。与此同时，一些工业发达国家（用能多的国家）先后采取了一些相应的对策，例如 1986 年美国国会提出了"使大气中温室气体稳定在现有水平的一项试验性政策"，并且制订了一个耗资 250 万美元的研究计划。1990 年提出到 2000 年二氧化碳的排放量减少20%。英国政府则规定了在 2005 年使二氧化碳的排放量维持在 1990 年的排放量。德国的目标是到 2005 年使二氧化碳的排放量减少 25%。控制就意味着对能源的有效利用以及减少矿物燃料的使用。在 2009 年 12 月召开的哥本哈根会议上，中国和与会各国一致赞同减排（二氧化碳排放量），中国承诺，到 2020 年单位 GDP 的二氧化碳排放下降 40%~45%。2015 年 12 月 12 日在巴黎气候变化大会上通过、2016 年 4 月 22 日在纽约签署的《巴黎协定》为 2020 年后全球应对气候变化行动作出安排，主要目标是将 21 世纪全球平均气温上升幅度控制在 2℃ 以内，并将全球气温上升控制在前工业化时期水平之上 1.5℃ 以内。作为协议中重要的缔约方，中国对于巴黎气候协定提出了多项 2030 年目标：二氧化碳排放到达峰值，并争取提早达到峰值。相比 2005 年，单位国内生产总值二氧化碳排放下降 60%。

污染物排放系数又称排污系数，是指在一定的技术经济条件和管理水平下，生产单位数量的产品、燃烧单位数量的燃料或其他单位强度的行为过程中，排放到环境中的某种污染物的数量，目前国际上采用每获得单位热量燃料燃烧所排放的污染物量来进行统计，这就是污染物排放系数。表 11-14 所示为英国 1989 年公布的污染物排放系数，表 11-15 是我国目前的污染物排放系数。不同国家、不同时期排放系数的数值是不相同的，因为它和用能技术的水平有关。随着能源利用效率和污染控制技术的提高，排放系数就会减小。但从该表可以看出同一年份中使用各种不同能源时污染物排放量的大小。燃煤的排放系数最大，使用天然气则污染物排放系数最少。使用电能时，由于火力发电的一次能源利用率仅为0.33，其污染物的排放系数高达燃煤、燃油时的 3 倍。因此合理使用能源、提高燃料的利用率已不只是节约资源的问题，还要从保护环境、防止地球变暖的角度认识其重要性。

表 11-14　英国的污染物排放系数　　kg/GJ

| 能源形式 | 排放的有害物 | | | | | |
|---|---|---|---|---|---|---|
| | $CO_2$ | $CH_4$ | $SO_2$ | $NO_x$ | VOC | CO |
| 煤 | 98.5 | 35.4 | 1.06 | 0.191 | 2.74 | 162.7 |
| 燃料油 | 82.4 | 20.2 | 0.99 | 0.193 | 1.59 | 14.7 |
| 汽油 | 78.8 | 21.9 | 0.19 | 0.121 | 1.65 | 5.4 |
| 液化气 | 74.8 | 20.8 | 0.08 | 0.121 | 1.65 | 5.4 |
| 天然气 | 56.4 | 19.1 | 约 0.005 | 0.111 | 1.51 | 3.1 |
| 电能 | 232.6 | 73.0 | 2.57 | 0.47 | 6.3 | 346.7 |

表 11-15　我国的污染物排放系数

| 能源形式 | 污染物 | 炉型 | | | 备注 |
|---|---|---|---|---|---|
| | | 电站锅炉 | 工业锅炉 | 采暖炉及家用炉 | |
| 煤炭 | 一氧化碳(CO) | 0.23 | 1.36 | 22.7 | 单位：kg/t |
| | 碳氢化合物($C_mH_n$) | 0.091 | 0.45 | 4.5 | |
| | 氮氧化物(以 $NO_2$ 计) | 9.08 | 9.08 | 3.62 | |
| | 二氧化硫($SO_2$) | 16.0S* 注：S* 指煤的含硫量，%。若煤的硫含量为2%，则 1t 煤燃烧排放 $SO_2$ 的量为 16.0×2＝32kg | | | |
| 油 | 一氧化碳(CO) | 0.005 | 0.238 | 0.238 | 单位：kg/m³ |
| | 碳氢化合物($C_mH_n$) | 0.381 | 0.238 | 0.357 | |
| | 氮氧化物(以 $NO_2$ 计) | 12.47 | 8.57 | 8.57 | |
| | 烟尘 | 1.20 | 渣油燃烧 2.73 蒸馏油燃烧 1.80 | 0.952 | |
| | 二氧化硫($SO_2$) | 20S* 注：S* 指燃料含硫量，%，计算方法与燃煤同，油类 含硫量：原油 0.1%～3.3%，汽油<0.25%，轻油 0.5%～0.75%，重油 0.5～3.5%。 | | | |
| 燃料气 | 一氧化碳(CO) | 忽略不计 | 630 | 630 | 单位： kg/10⁶m³ |
| | 碳氢化合物($C_mH_n$) | 忽略不计 | 忽略不计 | 忽略不计 | |
| | 氮氧化物(以 $NO_2$ 计) | 6200 | 3400.46 | 1843.24 | |
| | 烟尘 | 238.50 | 286.20 | 302.0 | |

　　发达国家的能源利用效率较高，火力发电厂的平均效率为 35%～40%，工业锅炉约为 80%，工业炉和民用炉具为 50%～60%，而我国的相应设备的效率依次为 30%以下、60%左右和 20%左右。由此可见，提高矿物燃料有效利用率的潜力

是很大的，需制定相应的经济政策和采用先进的燃烧技术，推动其稳步提高。

开发新能源取代矿物燃料的燃烧，也是当今世界发展经济和保护环境的紧迫课题。太阳能、风能、水力能等都可看作是新能源。其共同优点是取之不尽、用之不竭，对环境没有明显不利影响。但是太阳能和风能有其间歇性和多变性的缺点。从目前技术条件来看，用它们来取代矿物燃料的燃烧尚有一定距离。

核能也是一种新能源，它分为核裂变和核聚变两种类型。核裂变能源已有一定规模的利用。据 BP2017 能源年鉴统计，从全世界来看，核能在一次能源消费中所占比例不大，约为 5%。法国最高达 37.87%，韩国为 11.36%，美国为 8.58%，英国为 8.32%，德国为 5.13%。核聚变能源尚无商业利用。核裂变反应产生巨大的能量，同时也产生放射性物质，如控制不好，对生态环境和人体健康会造成危害。但只要对它的每个环节采取切实有效的防范措施，制订必要的法规，认真加以执行，核电将是一种清洁、安全、经济效益较好的能源。

森林植被的光合作用可以吸收大量二氧化碳，放出氧气，对全球气候起着重要的调节作用。分布在赤道地区的热带森林，总面积近 $20\times10^8$ha，是很宝贵的植被。但由于人口激增，毁林开荒，热带森林每年减少约 $2000\times10^4$ha，而造林面积每年仅 $100\times10^4$ha，还不到森林消失面积的 1/10。从防止气候变暖的角度考虑，森林的破坏已受到世界各国的普遍关注，并已提出了各种挽救措施。

人类应该勇于面对气候变暖等全球性环境问题的挑战，同心协力调整自身的经济行为和社会活动，以保护和改善我们的生存环境。

# 11.7 硫氧化物的生成与防治

## 11.7.1 硫氧化物的生成

硫氧化物是硫的氧化物的总称，通常包括一氧化硫、二氧化硫、三氧化硫和三氧化二硫四种氧化物，此外还有七氧化二硫和四氧化硫两种过氧化物。大气中的硫氧化物主要是指二氧化硫和三氧化硫。硫氧化物的混合物用 $SO_x$ 表示，都是酸性气体。二氧化硫是目前大气污染物中排放量最大、危害最严重、影响面最广的污染物质，主要来自含硫燃料的燃烧、金属冶炼、石油炼制、硫酸生产和硅酸盐制品焙烧等过程。

二氧化硫是无色且具有刺激性气味的气体，密度是空气的 2.26 倍，在水中具有一定的溶解度，能与水和水蒸气结合形成亚硫酸，腐蚀性强，它在一定条件下还可被进一步氧化成为三氧化硫。二氧化硫在大气中只能存留几天，除被降水冲刷和地面物质吸收一部分外，都被氧化为硫酸雾和硫酸盐气溶胶。尽管二氧化硫在大气中的氧化机制极为复杂，但它大体可归纳为二氧化硫催化氧化和二氧化硫光化学氧化两个主要途径。

各种燃料中均会含有一定的硫，但不同燃料中硫的含量与硫的存在形态差别较大。其中，气体燃料中的硫含量较少，主要以硫化氢的形式存在，一般在0.5%以下，故由气体燃料燃烧造成的硫化物污染一般不太严重，同时气态的硫化氢比较容易清除；液体燃料中的硫小部分为无机硫，大部分为硫与碳、氢、氧等元素组合的复杂化合物，由于轻质液体燃料是经严格炼制而成的，其含硫量较小，例如，柴油的硫含量不大于10mg/kg(国Ⅵ标准)，汽油不大于10mg/kg(国Ⅵ标准)，但重质液体燃料的含硫量则大得多，这主要是原油经过多次炼制而使硫化物浓缩的结果，目前国标明文规定20号重油含硫量不得超过1%，60号重油不大于1.5%，100号重油不超过2%，而200号重油不超过3%。实际上不少粗渣油的含硫量大大超过这些控制标准，未进行脱硫加工前它们不允许作为燃料油使用；固体燃料中的硫主要是在燃料形成过程中混入的，其含量变化较大，如有些煤的含硫量可超过5%，煤中的无机硫含量比液体燃料大，其中以黄铁矿形式存在的无机硫是主要组分，煤中的有机硫的结构则更加复杂。

燃料中的这些硫燃烧后，部分形成不可溶性的硫酸盐留在灰渣中，这部分硫化物不会造成大气污染，但相当一部分的硫燃烧生成二氧化硫，其反应过程可表示为

无机硫 $$[S]+O_2 \longrightarrow SO_2$$

有机硫 $$[C,H,O,S]+O_2 \longrightarrow H_2S+[C,H,O]$$

而硫化氢可一步按下式氧化生成二氧化硫：

$$H_2S+O_2 \longrightarrow H_2O+SO_2$$

二氧化硫可进一步氧化成三氧化硫。在常温条件下，二氧化硫的再氧化反应不快，但在高温条件下，如果氧浓度较高，则氧分子可发生分解生成活性很强的氧原子，它与二氧化硫的反应更快。同时，受热面上的某些积灰对该反应有催化作用，这些因素均会导致烟气中的三氧化硫浓度增大。烟气进入大气后，二氧化硫还会因光合作用而生成三氧化硫。

硫氧化物的危害主要是二氧化硫的危害，以及更严重的二氧化硫与其他污染物的协同效应和二次污染物的危害。它不仅危害人体健康和植物生长，而且还会腐蚀设备、建筑物和名胜古迹。二氧化硫对人体健康的影响是通过呼吸道吸入并被水分吸收变为亚硫酸、硫酸和硫酸盐，首先刺激上呼吸道黏膜表层的迷走神经末梢，引起支气管反射性收缩和痉挛，导致咳嗽和呼吸道阻力增加，接着呼吸道的抵抗力减弱，诱发慢性呼吸道疾病，甚至引起肺水肿和肺心性疾病。

二氧化硫与飘尘的协同毒性作用是飘尘将二氧化硫带到肺的深部，使其毒性增加3倍。飘尘中的三氧化二铁等催化氧化形成的硫酸雾被飘尘带入呼吸道深部，其毒性比二氧化硫大10倍。二氧化硫可以增强致癌物苯并芘的致癌作用。

二氧化硫对植物的影响也很大，一般植物对二氧化硫的耐受力较弱。二氧化硫的侵害作用可使农作物减产，如水稻在扬花期危害最严重，减产可达86%，也

会造成森林大片死亡，如落叶松、马尾松森林易于受害，另一类树如槐树、梧桐、棕榈等则对二氧化硫耐受力较强，可用于绿化二氧化硫污染源附近的环境，并能吸收部分二氧化硫，还可利用植物耐受二氧化硫的能力作环境监测的辅助手段，如隐花植物地衣、苔藓、花苜蓿，在二氧化硫浓度年均 $0.015 \sim 0.105\ mg/m^3$ 范围内即会死亡。

二氧化硫对各种材料的腐蚀也十分严重，金属材料在二氧化硫污染区比清洁空气区腐蚀速度高 $1.5 \sim 5$ 倍。低碳钢在 $0.12\ mg/m^3$ 二氧化硫的环境中暴露，每年失重约 16%。二氧化硫高污染地区输电线的寿命比其他地区缩短 1/3。酸性大气使建筑材料及文物古迹，特别是大理石材料腐蚀，如希腊雅典古建筑及雕像受到的严重剥蚀。二氧化硫还会使皮革、纸张及纤维变脆，强度降低，色泽改变。

二氧化硫形成的气溶胶可引起能见度降低。酸雨会对土壤、水域等造成酸化，严重影响植物和水生生物的生长，给人类造成巨大的经济损失，譬如 1978 年美国东北部酸雨造成的经济损失达 50 亿美元之多。其他损失，特别是人体健康受危害，人承受疾病的折磨和痛苦，是很难用经济价值来估计的。

## 11.7.2 硫氧化物的防治

减少硫氧化物的排放主要有两条基本途径：一是减少其生成；二是清除烟气中硫氧化物之后再进行排放。现在主要从以下几个方面着手。

(1) 采用低硫燃料

由于有些燃料的含硫量较低，例如气体燃料的硫化氢含量一般低于 0.5%，而且目前已有较成熟的技术可以将硫化氢除去，因此在那些有条件的燃烧场合可优先选用含硫量低的气体燃料。但是，天然含硫量低的燃料储量是有限的，改变燃料形式是获取低硫燃料的另一重要途径，例如将含硫量大的固体燃料在规定条件下制取气体燃料，在加工过程中用专门的技术将硫除去，所得燃料的含硫量就会大大降低。

值得指出的是，制取低硫燃料尤其是无硫燃料的成本较高，这是许多实际使用部门不得不考虑的问题，需要综合权衡这种方案与其他除硫方案的利弊。对于大部分普通燃烧场合，应尽量使用低硫燃料。现在有些大城市已对所用燃料的含硫量做了明确的限制，对于含硫量超过规定的煤严禁在市区内使用。

(2) 燃烧前脱硫

这是指在不改变燃料形式的情况下，在投放到燃烧设备之前对含硫量高的燃料进行脱硫处理。这种工作一般在燃料的生产地或加工厂进行。

对于气体燃料中的硫化氢，主要采用吸附法对其进行处理，既可采用物理吸附，也可采用化学吸附，其具体方法是使气体燃料连续流过装有吸附剂的容器，气体燃料中的硫化氢便被捕集下来。常用的吸收剂有氨水、碳酸钠、乙醇胺等。

液体燃料脱硫主要是在其炼制过程中增加一道除硫工序，加氢脱硫是一种常用方法，在工序中主要发生下述反应：

$$[S]+H_2 \longrightarrow H_2S$$

然后用气体除硫的方法将硫化氢收集并清除。

固体燃料（主要是煤）脱硫是选煤过程中的一道工序。选煤是利用煤炭与其他物质的理化性质不同的特点，在选煤场中使用多种方法除去煤中杂质的过程。灰分和硫分是需要脱除的主要杂质。重力分离法是脱去灰分和黄铁矿硫的主要方法，通常采用水（或其他悬浮液）作为介质，将破碎到一定粒度的煤块与水掺混，然后令混合液在一定空间内逐渐沉淀。由于石头和黄铁矿的比重比煤大，其颗粒便沉到下层，进而可用机械将其清除。然而，当黄铁矿颗粒较小时，这种方法的效果不太理想，而且这种方法不能清除煤中的有机硫。化学反应法也是一种有效的方法，它是往煤中加入某些碱性反应剂，使其与硫化物反应生成易分离出来的物质。但这种方法的成本太高，在多数场合难以实用化。此外，高强度磁力脱硫和微波脱硫等方法近年来也得到了一定的应用。

（3）燃烧中固硫

这种方法主要适用于固体燃料的除硫，其具体方法是在煤炭送入炉膛前，向燃料中掺入一定量的固硫剂，使其在炉膛内与煤中的硫化物发生反应，生成固体硫酸盐而进入灰渣。煤与固硫剂混合得越充分，固硫效果就越好。目前常用的固硫剂为石灰石（$CaCO_3$）和白云石（$MgCO_3 \cdot CaCO_3$）。

以石灰石为例，当其进入高温燃烧区，可分解并与 $SO_3$ 反应，即

$$CaCO_3 \longrightarrow CaO+CO_2$$
$$CaO+SO_3 \longrightarrow CaSO_4$$

在燃烧过程中固硫主要有型煤燃烧法和流化床燃烧法。所谓型煤是指将破碎成约 5mm 以下的煤颗粒与固硫剂掺混，然后利用成型机械将其制成球状或蜂窝状，以代替煤块进行燃烧或作为炼焦工艺的中间产品，将其进行炭化炼制而制得型焦。

按照使用场合的不同，型煤可以分为工业型煤和民用型煤；按是否使用黏结剂，型煤又分为黏结剂型煤和无黏结剂型煤。型煤的尺寸和形状应当与燃烧装置相适应，对于需要进行运输或储期较长的型煤，为了确保其有一定的强度，一般应加入适量黏结剂，例如，炼焦型煤常见的黏结剂有煤焦油黏结剂、煤焦油沥青黏结剂，改性沥青与若干其他材料配成的复合黏结剂也在迅速发展中。近年来，为了降低成本，民用型煤除使用少量沥青类黏结剂外，还常使用纸浆和黄土作为黏结剂。

需要说明的是，固硫剂应尽量选择在沸腾燃烧时加入，这是因为在沸腾燃烧过程中，煤颗粒和固硫剂能够反复、充分接触，更容易取得良好的脱硫效果。

对于含硫量不太大的煤，采用石灰石之类的固硫剂是适当的。然而，当煤的含硫量较大时，为了确保固硫反应充分进行，必须加入大量的固硫剂，而这会大

大降低燃料的热值，进而影响燃烧装置的效率。

（4）低氧燃烧

在炉内的高温条件下，若同时具有较高的氧浓度，则燃烧生成的二氧化硫很容易转化为三氧化硫。采用低氧浓度（过量空气系数一般为 1.03～1.05）进行燃烧，可使烟气中的剩余氧减少，从而抑制了三氧化硫生成。设备内硫酸烟雾的减少有助于防止硫酸腐蚀。不过，这种方法并没有减少二氧化硫的生成，若让它们排到大气中，还会造成污染，因此这不是一种治本的方法。当这种方法与二氧化硫回收方法配合使用时，收到的效果较好。

（5）烟气脱硫

烟气脱硫是一种燃烧后处理法，它是在将烟气排入大气之前，用氢氧化物、氨、石灰石粉、活性炭、钒触媒等物质吸收或吸附烟气中的硫氧化物，使之转化为石膏、硫酸铵、硫酸或硫。

按是否需要用水冲洗，烟气脱硫可分为干式和湿式两类方法。干法是用粉状或粒状的吸收剂、吸附剂或催化剂脱除烟气中的硫氧化物；湿法则是用液体吸收剂洗涤烟气，以除去硫氧化物。干法脱硫后烟气温度降低不多，烟气从烟囱中排出后易于扩散出去；湿法脱硫效率好，操作容易，但存在废水的后处理问题，同时，由于烟气的温度降低过多，不利于烟囱排放，容易对工厂所在区造成污染。

下面简单介绍几种常用的脱硫方法：

① 碱水冲洗法

这是一种使用含氢氧化钠或碳酸钠等的碱水清洗烟气的方法，它常在喷淋塔上使用。在烟气与碱水流动过程中，可发生下述化学反应：

$$NaOH+SO_3 \longrightarrow Na_2SO_4+H_2O$$
$$Na_2CO_3+SO_3 \longrightarrow Na_2SO_4+CO_2$$

生成的硫酸钠随水流下，进而沉淀后清除。用这种方法除了可以清除硫氧化物外，还可清除烟气中的粉尘。

② 氨气加入法

在锅炉的空气预热器出口附近，向烟道中吹入一定量的氨气，使其与二氧化硫反应生成硫酸铵，主要反应式为

$$NH_3 \cdot H_2O+SO_2 \longrightarrow (NH_4)_2SO_4+H_2O$$
$$(NH_4)_2SO_4+SO_2+H_2O \longrightarrow NH_4HSO_3$$
$$NH_3 \cdot HO_2+SO_2 \longrightarrow NH_4HSO_3$$

当烟气中存在三氧化硫时还可发生下面的反应：

$$NH_3 \cdot HO_2+SO_3 \longrightarrow (NH_4)_2SO_4+H_2O$$

当吸收液含有的硫酸氢铵和硫酸铵达到一定的浓度，便倒出来用浓硫酸处理，于是可回收一定的硫酸铵和二氧化硫气体。

③ 石灰粉加入法

将石灰石或粉状石灰石吹入高温烟气中，石灰石分解成的氧化钙可与三氧化硫反应生成硫酸钙(石膏)，在有条件的场合下可用除尘器将其回收利用。

④ 活性炭吸附法

该方法使烟气流过活性炭层，其中的二氧化硫便被吸附下来。若希望回收，可在不加水的情况下，将吸附有二氧化硫的活性炭放入预定容器内，用约 300℃ 的过热蒸汽进行解附处理，这样在活性炭上的硫酸被还原成二氧化硫。但在多数情况下是用水清洗，这样可以得到稀硫酸。

⑤ 焦炭吸附法

先将锰、氧化铁等物质吸附于焦炭之中，用这种焦炭吸收二氧化硫，然后使其在 400℃ 条件下解附，由此可得到二氧化硫。

⑥ 催化净化法

催化净化是将烟气通过催化剂床层，使其中的有害污染物转化为无害物或处理成易于回收的物质的方法。这种方法不需将污染物与烟气流进行分离，操作简单，对不同污染物的转化率都很高，但催化剂比较昂贵，且需要定期更换，故运行成本较高。

净化不同污染物所使用的催化剂有很大区别。当主要处理二氧化硫时常使用"五氧化二钒+硫酸钾"催化剂，实际上主要的活性催化物质是五氧化二钒，而硫酸钾起到助催化作用，它的存在可加速 $SO_2 \rightarrow SO_3$ 的反应。

目前工业上应用的主要是固定床催化反应器，其结构形式多种多样。为了保证反应器正常使用，应当根据催化反应热的大小和催化剂的活性温度范围，选择合理的催化床结构和尺寸，以使床层温度保持在适当的范围内。为了提高转化效率，应使催化剂的充填系数尽量大些，但同时应当保证床层阻力尽量小些。

催化法不仅用于处理二氧化硫，还用于二氧化氮、碳氢化合物等物质的净化，只是所使用的催化剂种类不同。净化后面两类物质的催化剂大多含有贵金属，因而其成本更高，一般只用于一些特殊场合。

由于燃烧生成的烟气量很大，而其中含硫量相对较少，一般来说它比正常提炼硫的矿石含量要少得多，采取烟气除硫时装置和操作的成本较高，单独使用的效果也不够理想，因此现在一般是将脱硫的燃烧前处理和后处理配合使用。

# 11.8 氮氧化物的生成与防治

## 11.8.1 氮氧化物的生成

随着能源消耗的增长，燃料燃烧后排放出来的有害物越来越多，成为大气污染的一个重要因素。燃料燃烧产生的有毒气体主要有 CO、$SO_x$ 和 $NO_x$。当燃烧完全时，烟气中的 CO 含量会比较少；当燃料进行了脱硫处理后，烟气中的 $SO_x$ 也会大大减少，但 $NO_x$ 的控制比较困难，而且它对人的危害性比前两者都大。因此，在燃气燃烧过程中如何减少氮氧化物的发生量，就成为一个比较突出的问题。

从燃烧装置中排出的氮氧化合物主要是 NO，在大气中它进一步氧化成 $NO_2$，这两者通称 $NO_x$。NO 是无色气体，难于液化，比空气稍重，标准状态下的密度为 1.34g/L。$NO_2$ 为棕色气体，比空气重，具有强氧化性，可与水或盐的水溶液作用生成亚硝酸、硝酸及其盐类。$NO_2$ 是非常有害的气体，它可使人体的血色素硝化，吸入 $NO_2$ 可引起呼吸系统的疾病，它的毒性约为 $SO_2$ 的 10 倍。当浓度为 $90 \sim 100mg/m^3$ 时，接触 3h 就可致人死亡。在太阳紫外线的照射下，排入大气中的 $NO_x$ 与碳氢化合物可发生反应生成具有强氧化能力的有害物质，并形成光化学烟雾。由 $NO_x$ 和 $SO_x$ 生成的硝酸和硫酸同为酸雨的主要组分。光化学烟雾和酸雨都是十分有害的环境污染物。

在燃烧过程中产生 $NO_x$ 的氮有两个来源，一个是燃烧用空气中的氮气，一个是燃料中所含的氮。根据 $NO_x$ 的生成机理，它们可分为热-$NO_x$、燃料-$NO_x$ 和瞬时-$NO_x$ 三类。

当将燃烧用的空气加热到高温时，其中的氮气和氧气将发生下述反应：

$$N_2 + O_2 \longrightarrow 2NO$$

在一定温度和压力下，上述反应会达到某种平衡状态。随着温度升高，NO 的平衡浓度增加，按这种方式生成的 $NO_x$ 称为热-$NO_x$。

由燃料中的氮与氧反应生成的 $NO_x$ 称为燃料-$NO_x$。在燃烧过程中燃料中的含氮化合物容易生成 N 原子或其他活性含氮原子，它们极易与氧反应生成 $NO_x$，这类 $NO_x$ 是在 $600 \sim 900℃$ 的不太高温度下生成的。实验表明，当燃烧温度为 800℃ 时，烟气中的 $NO_x$ 主要是这一类。

瞬时-$NO_x$ 是碳氢系燃料热分解产生的 CH 游离基与空气中的氮气反应生成的 HCN 或 N 原子，再进一步与氧反应，以极快速度生成的 $NO_x$。瞬时-$NO_x$ 是在燃料过浓的条件下产生的。

空气是工程燃烧时最常用的氧化剂，但使用空气不可避免带入大量的氮气，而在通常的燃烧温度下，它将会生成热-$NO_x$。通常热-$NO_x$ 是燃烧产生的 $NO_x$ 的主要部分。

理论分析表明，从燃料开始燃烧到烟气排出之间，热-$NO_x$ 的生成量可用下式表示：

$$[NO]_e = \int_0^{t_e} A e^{-\frac{E}{RT}} [N_2] \cdot [O_2]^{1/2} dt$$

式中　$[NO]_e$——排气口处 NO 的浓度；

$t_e$——从燃料燃烧至烟气排出的停留时间。

热-NO$_x$浓度随温度、O$_2$浓度和停留时间的增加而升高，减少热-NO$_x$生成量应当从降低燃烧温度和 O$_2$ 的浓度以及缩短烟气在高温区的滞留时间入手。如果燃烧室内流场组织不合理，可能出现平均温度不高而局部高温的情形，这也会造成 NO$_x$ 生成量增加，所以还应改善燃烧室的空气动力场以避免温度分布不均匀。

降低燃烧温度对抑制热-NO$_x$生成的效果显著，但对抑制燃料-NO$_x$却没有多大作用，因为后者是在不太高的温度下形成的，而降低 O$_2$ 浓度则对两者都有比较好的抑制效果。

目前一些燃烧设备都是力图进行高负荷燃烧，即在较小的空间内进行燃烧。为了燃烧完全而供给充分的空气，并且要求达到高温及设法使烟气在高温区内停留时间加长，以提高热效率，但这些方法也助长了 NO$_x$ 的生成，因而提高燃烧效率与降低 NO$_x$ 污染是一对矛盾，在工程上不能只强调一个方面而忽视另一个方面。

## 11.8.2 氮氧化物的防治

减少烟气中 NO$_x$ 含量主要有两条途径，一是改进燃烧方法以减少其生成，二是设法清除烟气中的 NO$_x$，使烟气净化到一定程度再行排出。用后一种方法可以脱除烟气中的 NO$_x$，效果比较好，但需要专门的装置，运行和管理费用都很高，因此一般只用于大型燃烧装置。前一种方法是一种治本的方法，无论哪类燃烧装置都应酌情考虑采用。

减少产生 NO$_x$ 的办法基本上有以下三类：改变燃烧装置的运行条件；采用一些新的、特殊的燃烧方法；设计专用的节能型低 NO$_x$ 燃烧器。在此先介绍前两种。

(1)改变运行条件

这种方法是降低燃烧温度和 O$_2$ 浓度来抑制 NO$_x$ 生成的，其措施是降低过剩空气量、热负荷和空气预热温度等。

当燃料和空气的混合比例改变时，火焰各部分的温度和 O$_2$ 浓度也发生变化，图 11-6 为使用热值约 18840kJ/Nm$^3$ 的城市煤气的某工业炉，在炉温为 1250℃时的测试结果。可以看出，在过剩空气系数 $\alpha$ 为 1.05～1.1 左右时，NO$_x$ 的生成量最高。减少 $\alpha$ 可使 NO$_x$ 的生成量迅速减少，增大 $\alpha$ 也使 NO$_x$ 生成量减少，但变化比较缓慢。而 $\alpha$ 增大时，排烟热损失亦增大，燃烧装置的热效率降低，因此实际上多采用减少 $\alpha$ 的方法。

在锅炉装置中，很早就采用了降低过量空气量的方法。对于大型燃烧设备来说，由于具有完善的控制装置和很高的自动化水平，取得的效果比较明显。例如大型电站锅炉可在 $\alpha=1.01$ 的条件下良好运行，可达到既提高热效率，又减少 NO$_x$ 生成的目的。但在中小型燃烧设备上较多地降低过剩空气量容易使燃烧恶化，因而采用这种方法来降低 NO$_x$ 是有限制的。

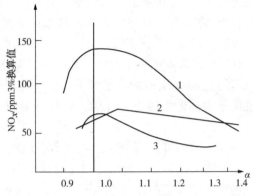

图 11-6　过量空气系数 $\alpha$ 与 NO$_x$ 生成量的关系
1—短焰燃烧器；2—长焰燃烧器；3—高速燃烧器

　　燃烧室的热强度越大，火焰温度越高，NO 的平衡浓度越高。对于一定的燃烧室，降低其热负荷可使 NO$_x$ 浓度降低，但也降低了装置效率，因而不宜采用。只是在设计燃烧装置时可以酌情适度加大燃烧室尺寸，使其热强度不致过高。

　　预热燃烧所用的空气会使火焰温度上升，可以改善炉内燃烧过程，减少不完全燃烧损失，是节能的一种有效的途径。它的另一方面的结果却是引起 NO$_x$ 含量增加。在实际运行中应当综合考虑这两个方面的影响。一般空气预热是应当坚持的，只是需要控制燃烧室内的温度不至于过高，当发现过高时可以适当降低空气的预热温度。

　　改变运行条件不需要对燃烧装置进行大规模的改造，比较简单易行，不过它的改进范围有限，而且可能带来效率下降、不完全燃烧等不良影响。所以仅靠这种方法难以取得各方面都满意的效果。

　　(2) 采用新的燃烧方式

　　这类方法通过改善燃料和空气进入燃烧室的形式或烟气在燃烧室内的流动形式，使燃烧室内的气体流动和分布更加合理，从而减少了 NO$_x$ 的生成。目前应用较多且效果较好的有烟气循环法、阶段燃烧法和浓淡燃料配合燃烧法。

　　烟气循环法是将一部分烟气与燃烧用的空气混合后再送入燃烧室，空气中混入烟气后，其氧气浓度降低，使燃烧速度减慢，燃烧温度降低，因此这种方法是降低燃烧温度来抑制生成的。烟气混入量不能过大，否则将影响火焰稳定性。通常，混入的烟气量不超过总烟量的 20%。

　　阶段燃烧法是将燃烧所需的空气分为两段或多段供给。在第一段中，用少于理论空气量的空气量进行燃烧。由于氧气供应不足，不能实现完全燃烧，火焰温度较低。在第二阶段中，再供给剩余的空气量以达到完全燃烧，在这一段中可燃物质偏少，燃烧反应也不快。从整个燃烧过程来看，这种方法是使燃烧缓慢进行，降低了火焰温度的峰值和平均值，从而抑制 $NO_x$ 的生成。分段燃烧法可使 $NO_x$ 减少 40%~80%。需要指出，在第一段中空气量不能太少，否则燃料容易发生热分解，产生难以燃烧的碳烟。同时，若第一段燃烧产物中 CO 含量过大，在第二段燃烧中也难以完全燃尽，通常使用气体燃料时，第一段的空气量不应低于理论空气量的 70%；使用液体燃料时，第一段的空气量不应低于理论空气量的 85%~95%。

浓淡燃料配合燃烧法是将燃料浓度较大和浓度较小的燃烧器顺序组成起来，形成一个燃烧区域。通常浓燃料燃烧器安在中间，其周围配有淡燃料燃烧器，这样，中部呈富燃料燃烧，会有不完全燃烧产物，当周围有淡燃料火焰存在时，有利于这些产物进一步氧化，这种燃烧方式，可使燃烧区域内各部分反应强度比较均匀，避免了局部高温的出现，从而达到减少 $NO_x$ 生成的目的。从原理上讲这也是一种分段燃烧法。

（3）节能型低 $NO_x$ 燃烧器

低 $NO_x$ 燃烧器是通过燃烧器本身的作用来控制 $NO_x$ 生成的。在设计燃烧器时，把可有效抑制生成新的技术在燃烧器上体现出来，有利于保证应用效果和推广使用。用户可以不必逐一改造各个燃烧设备，而只需选用合适的燃烧器就行了。因而低 $NO_x$ 燃烧器尤其适用于各种中小型燃烧场合，现在它已被公认为是抑制 $NO_x$ 生成的最有效方法。在设计燃烧器时还可综合考虑改善燃烧过程的措施，使燃烧器既能节能又能控制 $NO_x$ 的产生，因此这种燃烧器一般称为节能型低 $NO_x$ 燃烧器。下面介绍几种应用效果较好的型式。

① 自身回流型低 $NO_x$ 燃烧器

这是一种将改善燃烧性能和低 $NO_x$ 性能相结合的燃烧器，通常称为 SNT（Straight Narrow Tile）型低 $NO_x$ 燃烧器。在该燃烧器中，空气通过旋流器时产生强烈旋转，进入狭窄的通道又得到加速，然后喷入炉内，燃烧的起始点在通道的出口处，火焰则在炉膛内形成。

在普通燃烧器中，燃料是在火道内开始燃烧的，火道内是局部高温区，容易生成 $NO_x$。而在 SNT 燃烧器中，空气的旋转使气流的中心区产生较大的负压，其周围则为正压区，这种压力是火焰内出现燃烧产物的循环流动。这种循环促进了燃料与空气的混合，有利于燃烧，这样在过量空气系数很接近 1 时也能实现完全燃烧，就是说可使燃烧区中的 $O_2$ 浓度较低。循环还可使火焰温度均匀化，不会出现局部高温，并对火焰的稳定有一定的作用。

这种燃烧器对抑制 $NO_x$ 生成的效果十分明显，表 11-16 给出一些实例。这类燃烧器在大型热处理炉中的实际运行结果表明，可节约燃气 10% 以上，在加热炉上可节约 7%。当空气系数降至 1.03 时，燃烧器也不发生不完全燃烧，且火焰稳定。

表 11-16 SNT 燃烧器对减小 $NO_x$ 的影响（$\alpha=1.1$）

| 炉型 | 燃料种类 | 含氮量 /% | 炉内温度 /℃ | 空气温度 /℃ | $NO_x$ 生成值（ppm，$O_2$：11%） | | $NO_x$ 减少量 /% |
|---|---|---|---|---|---|---|---|
| | | | | | SNT 燃烧器 | 普通燃烧器 | |
| 热处理炉 | 焦炉气 | 微量 | 950 | 350 | 30 | 75 | 60 |
| | 液化石油气 | — | 950 | 350 | 20 | 40 | 50 |
| 加热炉 | 焦炉气 | 微量 | 1250 | 350 | 78 | 195 | 60 |
| | 液化石油气 | — | 1250 | 350 | 57 | 210 | 73 |

② 空气两段供给和高速混合型燃烧器

这种燃烧器是将高速混合、分段燃烧和炉气再循环结合在一起的燃烧器。在此燃烧器中，燃气或燃油与一次空气(约占所需空气总量的 80%)输进一次燃烧室进行燃烧，该室内的温度约为 800℃，一次燃烧室还具有稳焰的作用。二次空气沿一次燃烧室四周流入，对火道有冷却作用，并在一次燃烧室出口处与一次烟气混合，经调整喷入炉膛内进行二次燃烧，高速流出的烟气可使炉内大量烟气产生循环，一般循环烟气可达喷出气体的几十倍。

这种燃烧器本身具有一次燃烧室，可以实现两段燃烧。一次燃烧室内是富燃料燃烧，燃烧温度低，气流速度很高，在其中停留时间极短，通常仅为 0.01～0.03 秒，因而可有效地抑制 $NO_x$ 的生成。一次燃烧烟气喷入二次燃烧室(炉膛)后，使大量炉内气体回流，有利于温度高的二次火焰与温度较低的炉气发生混合，从而降低了平均火焰温度，并防止了局部高温，并随之显著地减少了 $NO_x$ 的生成量。

这种燃烧器在多种工业炉和锅炉上的应用都具有良好的效果，与普通燃烧器相比，可降低 $NO_x$ 生成量 50%～70%，但会产生很强的燃烧噪声。

③ 燃料与回流炉气混合型低 $NO_x$ 燃烧器

与使热炉气与空气混合以降低整体温度的方法不同，这种燃烧器是使热炉气与燃料先混合，以防止局部高温。热炉气可以用燃料引射，也可用空气引射。燃烧用的空气从环形喷嘴喷出，由于其引射作用，热炉气被引入回流通道，先与燃料混合，然后与空气混合，进而发生燃烧。

热炉气与燃料先进行混合，燃料被稀释后再燃烧，这样有利于燃料的分布均匀，从而防止出现局部高温。当使用液体燃料时，可使燃料完全汽化，不论是哪种燃料，温度升高都有利于汽化和燃烧反应的进行。通常燃料预热容易引起其热分解，产生难以燃尽的碳烟，然而循环烟气中含有水和二氧化碳，它们可以与燃料发生水煤气反应，生成一些活性基团和其他中间产物，从而使游离碳的生成受到了抑制。这样便不会产生碳粒燃烧所形成的局部高温，减少 $NO_x$ 的生成；而且由于活性基团容易进行氧化反应，燃烧可以在很低的过量空气条件下进行。

实验表明，这种燃烧器在 $\alpha=1.1$ 的情况下燃烧也相当完全，其 $NO_x$ 的生成量仅为普通燃烧器的1/3左右。这种燃烧器本身带有火道，火焰稳定性也很好，故很适于在中小型工业炉和锅炉应用。

④ 燃气两段供给低 $NO_x$ 燃烧器

这种燃烧器是近年来针对气体燃料设计的。它将燃气分成两次供给，先使一次燃气与燃烧所需的全部空气混合并燃烧，一次燃烧后残余的氧气再与二次燃气进一步燃烧。

在这种燃烧器的一次燃烧时，空气量大， $O_2$ 浓度较高，燃气浓度较低，所进行的是低温快速燃烧，因而热-$NO_x$ 和瞬时-$NO$ 的生成受到了抑制。二次燃烧时，燃气先被炉气稀释，再与一次燃烧产物混合，并与其中的残余氧气进行反应，因而炉内温度虽高，但燃烧却较缓慢，也有助于抑制 $NO_x$ 的生成。从总体来看，这种燃烧器可以使 $NO_x$ 含量大幅度的降低。实际运行表明，即使是高炉温(炉温为1350℃)使用本身不含氮的燃料时，$NO_x$ 的浓度仅为 $50mg/m^3$。

在组织燃烧时，从节能的角度出发，希望预热空气；从减少 $NO_x$ 角度出发，希望空气不预热，最多也是低温预热，这是一般燃烧方法所难以两全的问题。燃气两段供应燃烧器却较好地处理了这一矛盾。在它的一次燃烧中，空气是过量的，燃烧温度不太高，即使空气已预热到较高温度，由此引起的 $NO_x$ 增加也不太大，而在二次燃烧区域中几乎不受空气预热的影响。燃气两段供给低 $NO_x$ 燃烧器在节能和降低 $NO_x$ 两个方面都有良好的效果。

# 参 考 文 献

[1] 毛宗强. 氢能——我国未来的清洁能源[J]. 化工学报，2004，55(增刊)：296-302.

[2] 吴宝华. 清洁能源——太阳能的应用与展望[J]. 应用能源技术，2004(4)：48.

[3] 袁玉琪，杨校生. 风、风能、风力发电——21世纪新型清洁能源[J]. 太阳能，2002(2)：
    7-9.

[4] 周理志，孟祥娟. 天然气——21世纪能源[M]. 北京：石油工业出版社，2018.

[5] 张金川，薛会，王艳芳，等. 中国非常规天然气勘探雏议[J]. 天然气工业，2006，26
    (12)：53-56.

[6] 王遇冬. 天然气处理原理与工艺(第二版)[M]. 北京：中国石化出版社，2012.

[7] 刘炜. 天然气集输与安全[M]. 北京：中国石化出版社，2010.

[8] 业渝光，刘昌岭，等. 天然气水合物实验技术及应用[M]. 北京：地质出版社，2011.

[9] 张金波，吴财芳. 煤层气开采技术应用现状及其改进[J]. 煤炭科学技术，2012，40(8)：
    88-92.

[10] 张卫东，王瑞和. 煤层气开发概论[M]. 北京：石油工业出版社，2013.

[11] 叶建平，傅小康，李五忠. 中国煤层气技术进展[M]. 北京：地质出版社，2011.

[12] 徐继发，王升辉，孙婷婷，等. 世界煤层气产业发展概况[J]. 中国矿业，2012，21(9)：
    24-28.

[13] 孙茂远，黄盛初. 煤层气开发利用手册[M]. 北京：煤炭工业出版社，1998.

[14] 惠熙祥，田炜，等. 我国煤层气田地面工程存在的问题及对策[J]. 石油规划设计，
    2012，23(2)：14-16.

[15] 瞿光明，何文渊. 抓住机遇，加快中国煤层气产业的发展[J]. 天然气工业，2008.28
    (3)：1-14.

[16] 王登海，郑欣，薛岗. 煤层气地面工程技术[M]. 北京：石油工业出版社，2014.

[17] 张新民，赵靖舟，等. 中国煤层气技术可采资源潜力[M]. 北京：科学出版社，2010.

[18] 陈永红，范凤英，丛洪良. 油田污水水质改性技术[M]. 东营：中国石油大学出版
    社，2006.

[19] [美]凯特琳·M·纳什. 页岩气开发技术[M]. 上海：上海科学技术出版社，2013.

[20] 奚祥光，张建芹，张秋微. 世界各国页岩气概况[J]. 世界环境，2012(3)：86-87.

[21] 张抗，谭云杰. 世界页岩气资源潜力和开采现状及中国页岩气发展前景[J]. 当代石油石
    化，2009，17(3)：9-14.

[22] 张金，徐波，聂海宽，等. 中国页岩气资源勘探潜力[J]. 天然气工业，2008，28(6)：
    136-140.

[23] 肖钢，陈晓智. 页岩气——沉睡的能量[M]. 武汉：武汉大学出版社，2012.

[24] [美]纳什(Nash, K. M.). 页岩气开发技术[M]. 汪丽华，等，译. 上海：上海科学出版
    社，2013.

[25] 许俊斌，余耀，孙华. 页岩气开发及应用展望[J]. 国内外动态，2013.4，63-72.

[26] [澳]雷泽雷扎. 页岩气基础研究[M]. 董大忠，邱振，译. 北京：科学出版社，2018.

[27] 汪民，李金发，叶建良. 页岩气知识读本[M]. 北京：科学出版社，2013.

[28] 肖钢，陈晓智．页岩气[M]．武汉：武汉大学出版社，2012.

[29] 中国电力科学院生物质能研究室．生物质能及其发电技术[M]．北京：中国电力出版社，2008.

[30] 朱锡峰．生物质热解原理与技术[M]．合肥：中国科技大学出版社，2006.

[31] 吴占松，马润田，赵满成．生物质能利用技术[M]．北京：化学工业出版社，2009.

[32] 吴创之，马隆龙．生物质能现代化利用技术[M]．北京：化学工业出版社，2003.

[33] 任姝燕，王蓓，余楠，等．2011年世界天然气工业发展评述[J]．天然气技术与经济，2012，6(4)：3-8.

[34] [土]丹米尔巴斯．生物燃料：未来全球能源需求的保障[M]．高雄厚，译．北京：石油工业出版社，2011.

[35] 马龙隆，吴创之．生物质气化技术及其应用[M]．北京：化学工业出版社，2007.

[36] 钱伯章．新能源——后石油时代的必然选择[M]．北京：化学工业出版社，2007.

[37] 苏亚欣，毛玉茹，赵敬德．新能源与可再生能源概论[M]．北京：化学工业出版社，2006.

[38] 姚向君，田宜水．生物质能资源清洁转化利用技术[M]．北京：化学工业出版社，2004.

[39] 袁权．能源化学进展[M]．北京：化学工业出版社，2005.

[40] 朱清时，阎立锋，郭庆祥．生物质清洁能源[M]．北京：化学工业出版社，2000.

[41] 李希宏．国内外生物液体燃料发展趋势[J]．当代石油石化，2007，15(3)：7-17.

[42] 闵恩泽，姚志龙．近年生物柴油产业的发展——特色、困境和对策[J]．化学进展，2007，19(7/8)：1050-1059.

[43] 刘广青，董仁杰，李秀金．生物质能源转化技术[M]．北京：化学工业出版社，2009.

[44] [土]艾汉·丹米尔巴斯．生物燃料：未来全球能源需求的保障[M]．高雄厚，等，译．北京：石油工业出版社，2011.

[45] 刘广青，董仁杰，李秀金．生物质能源转化技术[M]．北京：化学工业出版社，2009.

[46] 吴创之，马隆龙．生物质能现代化利用技术[M]．北京：化学工业出版社，2003.

[47] 钱伯章．生物质能技术与应用[M]．北京：科学出版社，2010.

[48] 李方运．天然气燃烧及应用技术[M]．北京：石油工业出版社，2002.

[49] 霍然．工程燃烧概论[M]．合肥：中国科学技术大学出版社，2001.

[50] 刘蓉，刘文斌．燃气燃烧与燃烧装置[M]．北京：机械工业出版社，2009.

[51] 严传俊，范玮．燃烧学[M]．西安：西北工业大学出版社，2006.

[52] 万俊华，郜冶，夏允庆．燃烧理论基础[M]．哈尔滨：哈尔滨工程大学出版社，2009.

[53] [美]Turns，S.R..燃烧学导论：概念与应用(第2版)[M]．姚强，李永清，王宇，译．北京：清华大学出版社，2009.

[54] 业渝光．天然气水合物实验技术及应用[M]．北京：地质出版社，2011.

[55] 徐旭常，吕俊复，张海．燃烧理论与燃烧设备[M]．北京：科学出版社，2012.

[56] 杨肖曦．工程燃烧原理[M]．东营：中国石油大学出版社，2008.

[57] 同济大学，重庆大学，哈尔滨工业大学，北京建筑工程学院．燃气燃烧与应用[M]．北京：中国建筑工业出版社，2011.

[58] 李方运．天然气燃烧及应用技术[M]．北京：石油工业出版社，2002.

[59] [美]Stephen R·Turns．燃烧学导论[M]．姚强，译．北京：清华大学出版社，2009.

[60] 詹淑慧，王民生．燃气供应(第二版)[M]．北京：中国建筑工业出版社，2011.

[61] 廖传华，史勇春，鲍金刚．燃烧过程与设备[M]．北京：中国石化出版社，2008.

[62] 王红霞．煤层气集输与处理[M]．北京：中国石化出版社，2013.

[63] 崔永章，史永征，陈彬剑．燃气气源[M]．北京：机械工业出版社，2013.

[64] 赵磊．燃气生产与供应[M]．北京：机械工业出版社，2013.

[65] 徐文渊，蒋长安．天然气利用手册(第2版)[M]．北京：中国石化出版社，2006.

[66] 曾自强，张育芳．天然气集输工程[M]．北京：石油工业出版社，2001.

[67] 王淑娟，汪忖理．天然气处理工艺技术[M]．北京：石油工业出版社，2005.

[68] 冯叔初，郭揆常．油气集输与矿场加工[M]．北京：中国石油大学出版社，2006.

[69] 花景新，张培刚，马志远．燃气管道供应[M]．北京：化学工业出版社，2007.

[70] 郭景云．液化石油气组成色谱分析技术探讨[J]．石油与天然气化工，2015，44(01)：87-92.

[71] 刘素丽，雍晓静，任立军，等．Lurgi MTP工艺LPG副产品组分分布研究[J]．石油化工应用，2013，32(08)：79-81.

[72] 赵力，李之璇．毛细管气相色谱与质谱联用测定液化石油气中$C_1 \sim C_5$组分研究[J]．高师理科学刊，2000，(03)：44-45+54.

[73] 贺行良，夏宁，刘昌岭，等．FID/TCD并联气相色谱法测定天然气水合物的气体组成[J]．分析测试学报，2012，31(02)：206-210.

[74] 伍坤宇，张廷山，杨洋，等．昭通示范区黄金坝气田五峰–龙马溪组页岩气储层地质特征[J]中国地质，2016，43(01)：275-287.

[75] 满秀焱，张建平，贺建学，等．人工煤气管网在天然气转换中的利用[J]．煤气与热力，2003，(10)：631-632.

[76] 苑卫军，郭健，陈玲．发生炉煤气湿度对爆炸极限的影响分析[J]．冶金动力，2017，(10)：19-21.

[77] 周淑霞．沼气液化制取生物质LNG关键技术研究[D]．山东大学，2012.

[78] 王遇冬．天然气处理原理与工艺[M]．北京：中国石化出版社，2007.

[79] 杨光，王登海．天然气工程概论[M]．北京：中国石化出版社，2013.

[80] 蒋洪，梁金川，严启团，等．天然气脱汞工艺技术[J]．石油与天然气化工，2011，40(1)：26-31.

[81] 樊栓狮，徐文东，解东来．天然气利用新技术[M]．北京：化学工业出版社，2012.

[82] 马国光，吴晓南，王元春．液化天然气技术[M]．北京：石油工业出版社，2012.

[83] 胡奥林．新版《天然气利用政策》解读[J]．天然气工业，2013，33(2)：110-114.

[84] 严铭卿，宓亢琪，黎光华．天然气输配技术[M]．北京：化学工业出版社，2006.

[85] 李帆，周英彪．城市天然气工程[M]．北京：华中理工大学出版社，2006.

[86] 王遇冬．天然气开发与利用[M]．北京：中国石化出版社，2011.

[87] 花景新，崔永章，张道远．燃气应用技术[M]．北京：化学工业出版社，2009.

[88] 汪寿建．天然气综合利用技术[M]．北京：化学工业出版社，2003.

[89] 项友谦，王启．天然气燃烧过程与应用手册[M]．北京：中国建筑工业出版社，2008.

[90] 邢运民，陶永红．现代能源与发电技术[M]．西安：西安电子科技大学出版社，2007.

[91] 华贲．天然气冷热电联供能源系统[M]．北京：中国建筑出版社，2010.

[92] 宋泓明，王明友，杨智勇．燃气冷热电三联供系统发电装置的选择[J]．建筑电气，

2011, 7：29-32.

[93] 郭忠贵．天然气知识与使用技术[M]．北京：石油工业出版社，2012.

[94] 贺永德．天然气应用技术手册[M]．北京：化学工业出版社，2010.

[95] 袁春，陈彬兵，陈兆海，等．微型燃气轮机发电技术[M]．北京：机械工业出版社，2012.

[96] 刘蔷，诸林，邓雪琴．天然气燃料电池的发展及应用[J]．化工时刊，2007，21(10)：50-54.

[97] 孙济美．天然气和液化石油气汽车[M]．北京：北京理工大学出版社，1999.

[98] 彭育辉，林腾飞，孙太平，等．车用发动机柴油天然气双燃料改进研究综述[J]．节能技术，2014，32(05)：461-464.

[99] 冯陈玥，段兆芳，单卫国．LNG 汽车发展现状及相关问题分析[J]．中国能源，2014，36(2)：32-35.

[100] 金颖．液化天然气汽车应用与技术[J]．上海煤气，2014，1：30-32.

[101] 区建霞．液化天然气(LNG)车用瓶[J]．广东化工，2014，41(272)：168-169.

[102] 花景新．燃气管道供应[M]．北京：化学工业出版社，2007.

[103] 张引弟，伍丽娟，张瑞．燃气工程及应用技术[M]．北京：石油工业出版社，2016.

[104] 胡杰，朱博超，王建明．天然气化工技术及利用[M]．北京：化学工业出版社，2006.

[105] 丰恒夫，罗小林，熊伟，等．我国焦炉煤气综合利用技术的进展[J]．武钢技术，2008，46(4)：55-58.

[106] 杨力，董跃，张永发，等．中国焦炉煤气利用现状及发展前景[J]．山西能源与节能，2006，1(40)：1-4.

[107] 刘志凯，王国兴，雷家珩，等．焦炉煤气的能源化利用技术进展[J]．广东化工，2010，9(37)：67-69.

[108] 何建平，李辉．炼焦化学产品回收技术[M]．北京：冶金工业出版社，2006.

[109] 刘耀东．我国焦炭工业现状、问题及其调整建议[J]．中国能源，2009，31(1)：7-13.

[110] 蒋善勇，张凯，胡祥训，等．焦炉煤气综合回收利用[J]．广东化工，2011，38(5)：15-21.

[111] 徐广成．加强炼焦行业结构调整[J]．中国焦化业，2007，(5)：9-12.

[112] 刘文宇，江宁，倪维斗等．焦炉煤气资源及利用系统[J]．煤化工，2005(3)：7-11.

[113] 王柱勇，杨滨，刘旺生，等．独立焦化厂焦炉煤气综合利用方式的选择研究[J]．应用化工，2006，35：381-391.

[114] 胡延韶，王丽杰，王育红，等．炼焦技术发展与焦炉煤气综合利用研究[J]．洁净煤技术，2013，19(6)：76-78.

[115] 四川天一科技股份有限公司．从焦炉煤气中提纯氢气的方法[P]．ZL00132036.X，2006-06-26.

[116] 戴四新．变压吸附技术在焦炉煤气制氢中的应用[J]．山东冶金，2002，24(2)：65-66.

[117] 徐世洋，张敏，朱亚军．变压吸附技术在焦炉煤气制氢中的应用[J]．辽宁化工，2006，35(7)：410-412.

[118] 石其贵．焦炉煤气转化氢气和在焦炉煤气转化油中的应用技术[P]．200710129315.6，2009-01-07.

[119] 宁红军，赵新亮，曹晓宝．焦炉煤气变压吸附制氢新工艺的开发与应用[J]．现代化工，2007，27(7)：42-46.

[120] 陈银隆. 焦炉煤气制氢工艺及控制[J]. 攀枝花学院学报, 2003, 20(4)：76-79.

[121] 郑文华, 张兴柱. 焦炉煤气的使用现状与应用前景[J]. 燃料与化工, 2004, 35(4)：1-3.

[122] 李昊堃, 沙永志. 焦炉煤气利用途径分析[J]. 冶金能源, 2010, 29(6)：37-40.

[123] 王太炎. 焦炉煤气开发利用的问题与途径[J]. 燃料与化工, 2004, 35(6)：1-3.

[124] 蒿云, 鲍蒙. 对焦炉煤气的合理利用及前景[J]. 煤炭与化工, 2013, 36(4)：144-146.

[125] 杜文广, 刘守军, 程加林, 等. 一种从焦炉气中生产液化天然气的方法[P]. ZL200610102040.2, 2007-04-25.

[126] 王鹏, 董卫果. 煤炭气化[M]. 北京：中国石化出版社, 2015.

[127] 刘建卫, 张庆庚. 焦炉煤气生产甲醇技术进展及产业化现状[J]. 煤化工, 2005, 5：12-15.

[128] 西南化工研究设计院. 一种利用焦炉气制备合成天然气的方法[P]. ZL200610021836.5, 2007-04-25.

[129] 毛建新. 焦炉煤气制甲醇与液化天然气工艺的比较[J]. 现代工业经济和信息化, 2012, 40：59-60.

[130] 杨明, 张顺平, 李永鑫. 浅谈焦炉煤气制取天然气[J]. 河南化工, 2011, 28(6)：9-11.

[131] 山西科灵环境工程设计技术有限公司. 一种利用焦炉气制取合成天然气的方法[P]. 200910074849.2, 2009-12-09.

[132] 范兆耀. 焦炉煤气制取液化天然气技术探讨[J]. 技术与市场, 2014, 21(4)：131-132.

[133] 化学工业部第二设计院. 换热式焦炉煤气加压催化部分氧化法制取合成气的工艺[P]. ZL01116056. X, 2007-02-18.

[134] 李训明, 张长征. 焦炉煤气制液化天然气技术探讨[J]. 化学工程与装备, 2014, 8：68-70.

[135] 吴创明. 焦炉气制备甲醇的工艺技术研究[J]. 煤气与热力, 2008, 28(1)：36-42.

[136] 杨丽, 汪红有. 焦炉煤气的综合利用技术[J]. 河北化工, 2011, 34(2)：11-12.

[137] 周剑伟. 焦炉煤气制甲醇的工艺技术分析[J]. 技术与市场, 2014, 21(7)：179-180.

[138] 郑明东. 焦炉煤气制甲醇技术的发展[J]. 燃料与化工, 2008, 39(3)：5-8.

[139] 李继宁. 焦炉煤气制甲醇生产中干法脱硫工艺的改进[J]. 科技情报开发与经济, 2009, 19(16)：180-181.

[140] 白越川. 利用焦炉气发展合成氨工业[J]. 科技情报开发与经济, 2007, 17(31)：247-248.

[141] 文德国, 苏庆贺, 陈世通. 焦炉煤气制合成氨工艺方案的选取和实施[J]. 化肥设计, 2014, 54(1)：22-23.

[142] 刘艳娜, 张丕祥, 龙菊兴等. 焦炉煤气甲烷化研究进展[J]. 云南化工, 2012, 39(5)：29-35.

[143] 顾军. 燃气互换性判定方法综述[J]. 城市公用事业, 2012, 26(3)：49-55.

[144] 邹雪春, 梁栋. 燃气互换性几种常用判定方法的比较与选择[J]. 广州大学学报(自然科学版), 2007, 6(3)：87-90.

[145] 彭世尼. 燃气安全技术[M]. 重庆：重庆大学出版社, 2005.

[146] [日]新井纪男. 燃烧生成物的发生与抑制技术[M]. 赵黛青, 等, 译. 北京：科学出版社, 2001.